图 4-6　伽利略在宗教裁判所

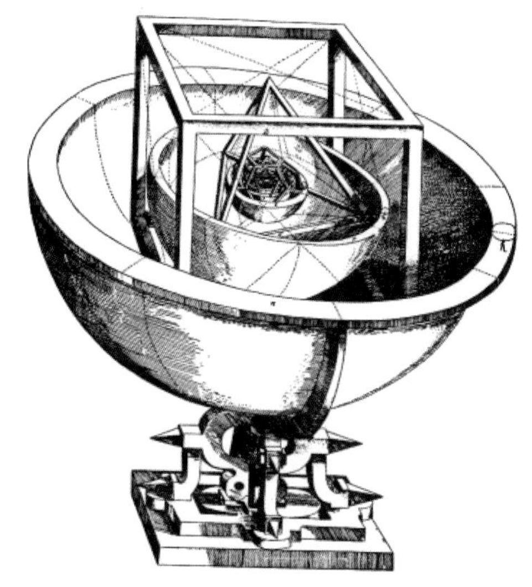

图 4-11　正多面体宇宙模型

图 4-14　牛顿与落地的苹果

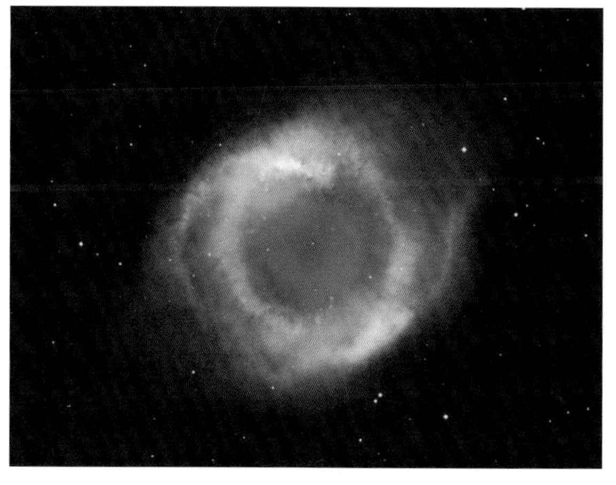

图 6-7　行星状星云

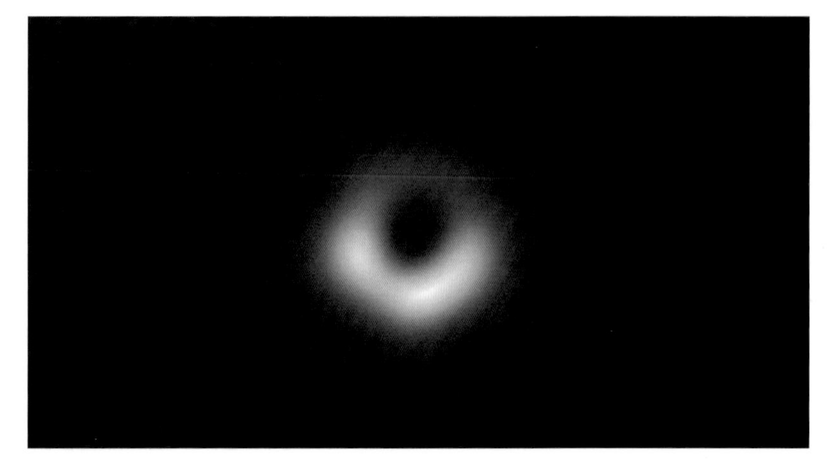

图 7-12　2019 年发布的黑洞照片

图 8-9　从月球看地球

图 8-13　水星

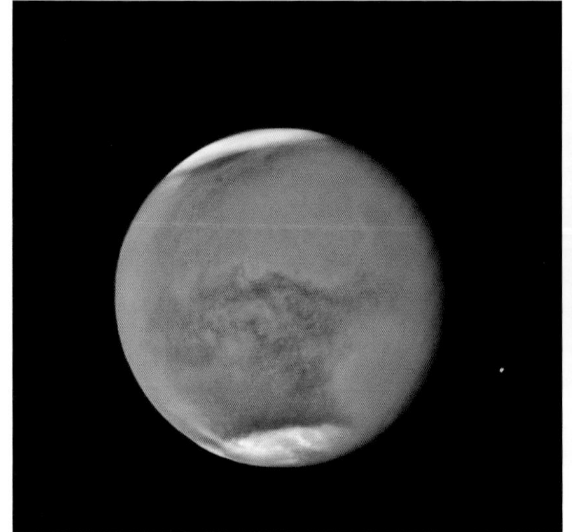

图 8-15　火星

图 8-19　金星

图 8-21　木星

图 8-22　木星及其四颗卫星

图 8-24　土星

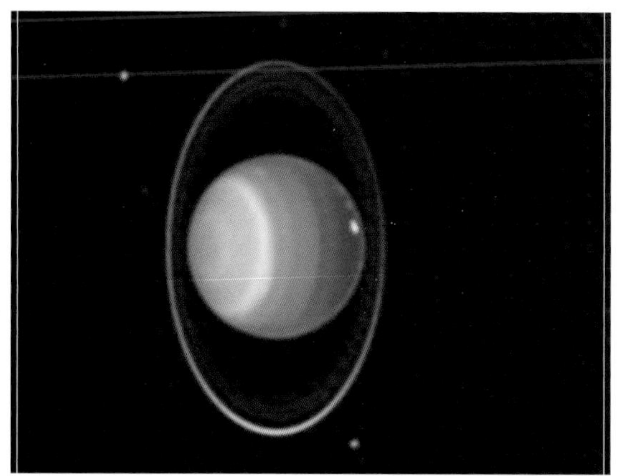

图 8-26　天王星

图 8-27　海王星

图 8-28　冥王星

图 8-29　从冥卫一上看冥王星（想象图）

图 8-32　小行星对地球的撞击（想象图）

图 8-33　小行星撞击地球导致恐龙灭绝（想象图）

图 8-47　冬夜的星空

图 8-48　猎户座

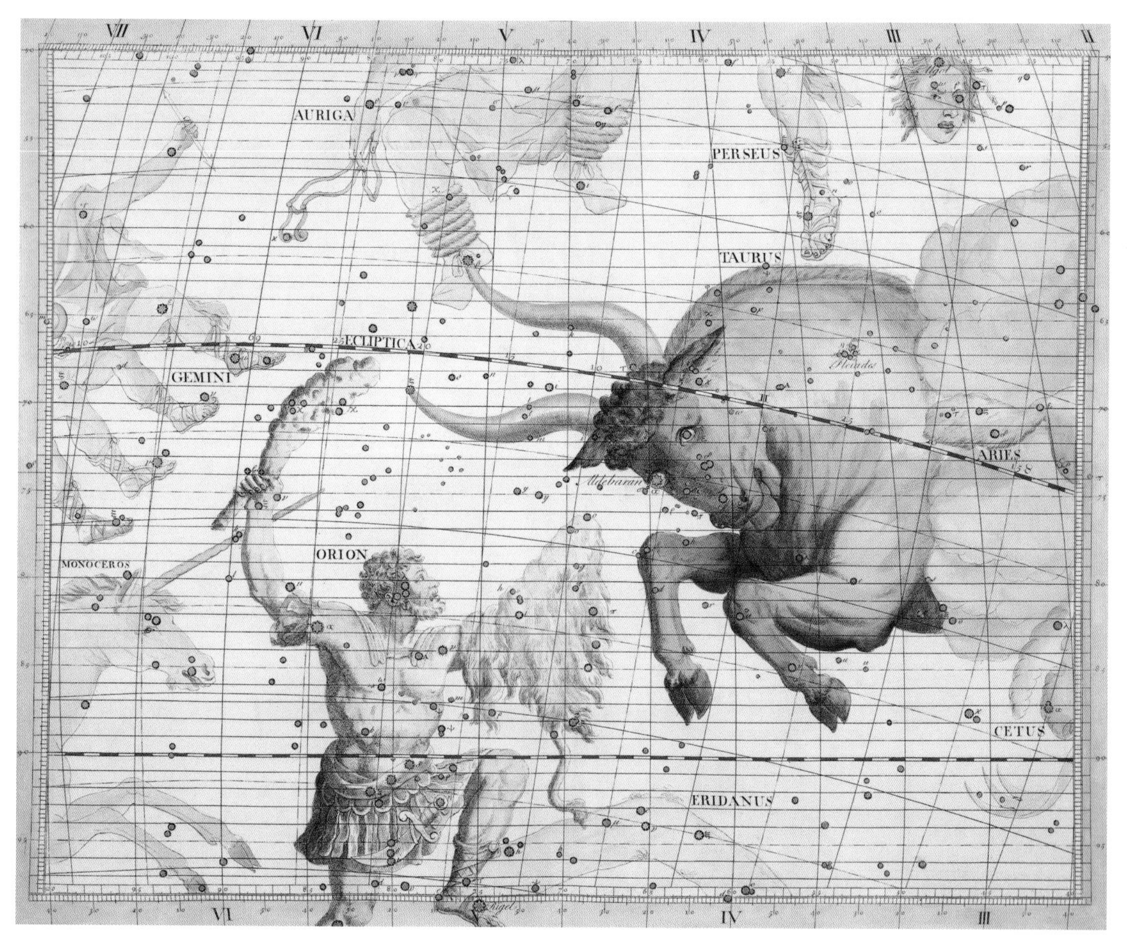

图 8-49　猎户与金牛

图 8-50　马头星云

图 8-51　猎户星云

图 8-57　2.16 米光学望远镜

图 8-58　射电望远镜阵列（图片来源：ESO/Y.Beletsky）

图 8-62　银河系艺术图（图片来源：NASA/JPL-Caltech）

图 8-64　仙女星系

图 8-65　大、小麦哲伦云

图 8-66　宇宙中的星系团与星系群

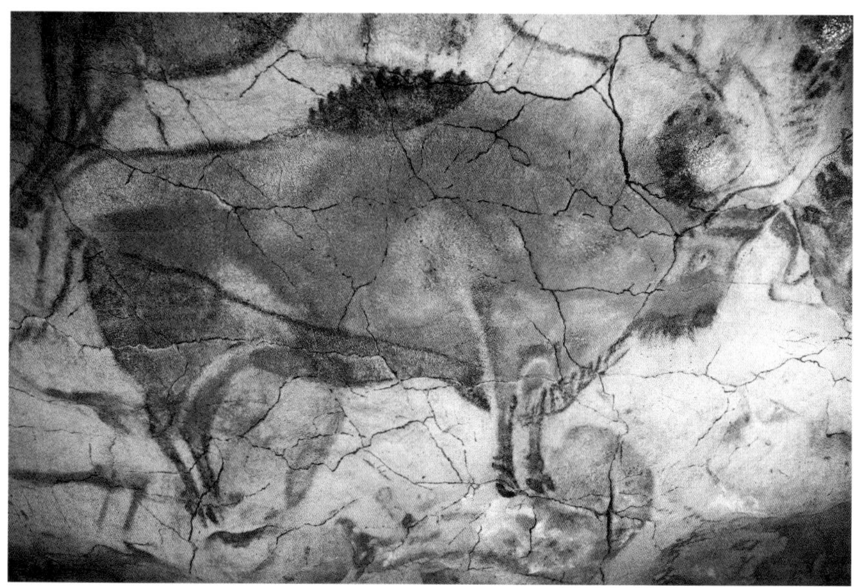

图 11-1　旧石器时代晚期的壁画

图 11-23　法老夫妇

图 12-7　独孤信的煤精印章

物理学与文明的脚步

PHYSICS AND THE FOOTSTEPS OF CIVILIZATION

赵峥 著

人民邮电出版社
北京

图书在版编目（CIP）数据

物理学与文明的脚步 / 赵峥著. -- 北京 : 人民邮电出版社, 2024.8
ISBN 978-7-115-63170-1

Ⅰ. ①物… Ⅱ. ①赵… Ⅲ. ①物理学－普及读物
Ⅳ. ①04-49

中国国家版本馆CIP数据核字(2023)第225022号

内容提要

本书源自作者多年来在各大高校和网络平台开设的“从爱因斯坦到霍金的宇宙”系列讲座，从近代物理的两大领域——相对论和量子理论讲起，介绍了核物理、恒星演化、黑洞、宇宙学、时间疑义等知识。本书还将物理学的发展融入人类文明的历史长河中，介绍了东西方文明的诞生、发展与变革，使读者对物理学与文明的依存关系和相互影响有一个宏观的认识。

本书既有专业的物理知识，又有妙趣横生的科学和历史故事，全书融科学性、知识性、趣味性于一体，适合对物理学的发展和人类文明、历史感兴趣的高中及以上学历的读者阅读。

◆ 著　　　　赵　峥
责任编辑　俞　彬
责任印制　陈　犇

◆ 人民邮电出版社出版发行　　北京市丰台区成寿寺路 11 号
邮编　100164　　电子邮件　315@ptpress.com.cn
网址　https://www.ptpress.com.cn
涿州市京南印刷厂印刷

◆ 开本：787×1092　1/16　　彩插：4
印张：24.5　　2024 年 8 月第 1 版
字数：621 千字　　2024 年 8 月河北第 1 次印刷

定价：79.00 元

读者服务热线：(010)81055410　印装质量热线：(010)81055316
反盗版热线：(010)81055315
广告经营许可证：京东市监广登字 20170147 号

序 言

笔者长期以来，在北京师范大学开设面向文理各专业大学生和研究生的系列科普讲座——“从爱因斯坦到霍金的宇宙”，也曾应邀在其他高校开设类似的课程和讲座，历时近 30 载，深受广大同学的欢迎。这一讲座还曾被定为北京地区跨专业的校际选修课，后来又在“超星尔雅”“读书人”“知鸭”等平台录制过相应的音像作品，被许多院校选为网课。不过，令人遗憾的是，一直没有相应的图书出版。针对这一情况，近年来笔者把有关讲座的内容逐渐整理成这本书，以与音像资料相呼应。

本书主要介绍物理学发展的不平凡历程和一些最新成就，特别是有关相对论、量子论、弯曲时空、黑洞、引力波和宇宙演化的知识。本书收集了许多科学家的逸闻趣事，介绍了一些重大科研发现的曲折过程。希望广大读者能轻松、愉快地读完这本书，并有所收获。书中列举了许多事迹来说明：历史上，青年是科学发现和科技创新的主力军。希望有志于科学研究和科技创新的年轻人，能从本书中得到一些启发，增强自己的研究能力和创新能力。

为了使读者看清人类在自然界的位置，看清科学在人类历史上的地位，本书不仅介绍了宇宙的起源和演化，而且特别介绍了人类文明的起源和演进，介绍了自然科学如何从人类文明中诞生和发展。本书以哥白尼、伽利略、牛顿和爱因斯坦的贡献为主线，来讲述自然科学的重大成就和重要思想；以霍金和彭罗斯的贡献为核心，来阐述当代的时空理论，介绍相对论和量子论探究的前沿与最新成果。书中涉及许多读者感兴趣的问题，如双生子佯谬、宇宙创生、时空隧道、时间机器、薛定谔的猫、关于量子力学的论战、黑洞的结构和神奇性质等。

本书把科学家作为有血有肉的人展现在大家面前，尽可能使读者看到真实的历史和鲜活的人物形象，从而了解到，科学家不一定是完人，但都是创造历史的伟人。

当前的中国正处在一个伟大变革的时代，一个超越汉唐的盛世正在到来。时代为年轻人提供了施展才华的无限空间和机遇，也向年轻人提出了重大的挑战。

清代诗人赵翼说过：“江山代有才人出，各领风骚数百年。”

曾子也曾经勉励过年轻人：“士不可以不弘毅，任重而道远。”

本书的写作，断断续续进行了多年，前期曾得到北京师范大学物理系研究生王鑫洋、王天志、韩善忠、闫浩鹏等人的帮助，并得到了超星尔雅工作人员的协助。从 2021 年开始，笔者在北京师范大学物理系和天文学社同学的大力帮助下，用了一年多时间终于完成了全部书稿，参加这一工作的有唐艺萌、刘晟羿、冯少玉、苏雨桐、朱传嘉、罗珏及单秋雨等同学，笔者在此对他们表示深深的感谢。在出版过程中，本书还入选了北京市科学技术协会科普创作出版资金资助项目，笔者在此对北京市科学技术协会表示感谢。

赵 峥

2024 年 6 月

目　录

第一讲

爱因斯坦与物理学的革命

图 1-1　青年时代的爱因斯坦

请大家先看一下图 1-1 这张照片，它不是大家通常熟悉的那张爱因斯坦的照片。大家通常见到的是他头发乱糟糟、满脸皱纹、叼个大烟斗的照片。很多人觉得他的那个脑袋太了不起了，是世界上最聪明的脑袋。其实他那时的脑袋已经不行了，老年的爱因斯坦早已过了他一生中创造力最旺盛的时期。老年的爱因斯坦更加成熟了，知识更加丰富了，但是创新力也降下来了。他创造力最强的时期，是他的青年时期，也就是他 20 多岁到 30 多岁的时期。我们这里选用的就是他 30 岁上下，在专利局工作和创建相对论时期的照片，这张照片上的脑袋，才是世界上最聪明的脑袋。

年轻人往往有一种误解。通常大家看到的科学家的照片，都是他们老年时已经功成名就之后的照片。这时他们已经世界闻名，知识也比年轻时更加丰富，更加全面，但是他们的创新力一般也不行了。

我们应该展示给年轻人看的是科学家们做出重大成就时期的照片，那往往是他们年轻时的照片。应该告诉年轻人，珍惜自己的黄金时期，珍惜自己思想活跃、精力充沛、充满批判精神的时期，努力在这一时期，冲击科学技术的高峰，争取做出尽可能大的贡献。

一、物含妙理总堪寻

“物含妙理总堪寻”这句话，来自乾隆皇帝的一副对联：“境自远尘皆入咏，物含妙理总堪寻。”“总堪寻”就是总可以寻、总能够寻的意思。这副对联刻在颐和园五方阁的一座石牌坊上，位于万寿山的铜亭附近（见图 1-2）。

我是从郝柏林先生写的一本书上看到这副对联的，觉得这句话非常好，并引用在这里。

图 1-2　五方阁的石牌坊

物理学的起源

“物理学（Physics）”这个词是古希腊学者亚里士多德首先提出的。他是公元前300多年生活在古希腊的人。这一时期相当于我国的战国时期。当前中国史学界一般把“春秋时期”和“战国时期”的分界线定在韩赵魏三分晋国的这一年，即公元前403年。司马光的《资治通鉴》，就是从这一年开始写起的。这一年也被历史界认为是中国从“奴隶社会（井田制）”过渡进入到“封建社会（地租制）”的一年。

这段时期，作为当时欧洲政治、经济、文化中心的古希腊，也处在与中国类似的“百花齐放、百家争鸣”的“战国”时期。后来影响西方乃至世界的许多哲学、政治、文化、数学和科学的思想，都诞生于这个时期，这个时期还产生了许多伟大的艺术作品，有一些（主要是建筑和雕塑）一直保留到今天，深深影响着当代的人类文明。

“物理”一词在中国

中国最早出现“物理”二字的文献，当推战国时期的著作《庄子》，庄子说“原天地之美，而达万物之理”。

另外，“格物致知”出自春秋战国时期的《礼记·大学》，文中说“致知在格物。物格而后知至”。

南宋的朱熹则将“格物致知”引申为“格物穷理”。然而，“格”是什么意思，何为“格物”，不同的学者则有不同的理解。

一般认为,“格”就是“感通”,“格物”就是穷究事物的原理。然而事物的原理存在于何处，如何去感通，自古以来，学者们就有完全不同的理解。

程朱理学（“程”指北宋的程颢、程颐，“朱”指南宋的朱熹）认为天理存在于人心的外部。程颐认为格物为“至物”，朱熹认为格物为“即物”，意思差不多，二者都是说，人应该用心去接触事物，然后就会感通到天理。

明朝的王阳明曾和几个朋友一起坐在竹子边上“格”竹子，冥思苦想三天后，什么也没有格出来，于是几个朋友都走了，剩下王阳明一个人继续在那里格。格到第七天，他都快休克了，还是什么也没有格出来，没有感通出与竹子相关的天理。于是他对程、朱的理论产生了怀疑。他想出了一个新理论，认为天理并不存在于外部，而是存在于自己的心中，由于自己的心往往被各种外物污染，所以一般感通不到天理。他认为“格物”就是要格去自己心中污染的外物，这样人心自明，天理自知。

在我们今天看来，程朱的学说是客观唯心主义，王阳明的学说是主观唯心主义。

王阳明是一个清官，而且文武双全，他不仅刻苦努力创立起自己的哲学学派，而且为朝廷立过很多功。不管是平定藩王叛乱还是镇压农民起义，他都干得很利索。在日本的明治维新时期，王阳明受到日本维新派的大力追捧。为什么会这样，是值得今天的中国人研究的。

王阳明学派的王艮（被称为“王学左派”）进一步改造了王阳明的学说，他认为“格物”就是“量度”，这已经非常接近今天辩证唯物主义的观点了。

毛主席在《实践论》中提到的“变革”也可以理解为“格物”中“格”的一种含义。“变革”的思想是值得我们深思的，我们将在后面讨论量子论的时候，再次回到对这一问题的探讨上来。

二、物理学的诞生与发展

亚历山大科学院

公元前300—前200年，古希腊经历了短暂的科学繁荣。当时在埃及这片土地上出现了一个以希腊人为统治民族，埃及人为被统治民族的托勒密王国。这个王国最初的几任国王对科学很有兴趣，他们设立了人类历史上第一个科研机构——亚历山大科学院。这个科学院有动物园、植物园、开会用的厅堂，以及一个藏书50多万卷的图书馆。国王还设立了科研基金，用以资助科学研究。

欧几里得在那里把古埃及和古巴比伦积累的数学知识，总结成欧几里得几何，并沿用至今。这一几何创立的意义，远远超出了数学领域，它对人类整个的思想和文明发展都产生了重大影响。

他的学生的学生阿基米德，则把数学进一步发展，使算术和代数从几何中分离出来，成为独立的数学分支。

特别值得强调的是，阿基米德对物理学做出了重大贡献。他提出了阿基米德原理（关于浮力的理论）和杠杆原理，还提出了重心的概念。他曾骄傲地说：“给我一个支点，我可以撬动地球。”这两个定律是人类历史上首次出现的成熟的物理定律。

物理学的开端——伽利略

然而，物理学的真正建立则要等到1800多年后的伽利略时代。那时的欧洲正处在对人类历史影响深远的文艺复兴时期。在著名的艺术家米开朗琪罗去世的1564年，诞生了文学家莎士比亚和物理学家伽利略。

伽利略强调实验，强调测量。他使物理学成为一门实验的科学、测量的科学。近代著名的数学家、哲学家，同时精通物理学的庞加莱（又译为彭加勒）指出：“凡是不能测量的东西都不能进入自然科学。”而强调实验，并把测量引入物理学（从而引入自然科学）的人正是伽利略。所以我们说，是伽利略首先使物理学成为一门成熟的自然科学。物理学为自然科学其他分支的建立树立了样板、打下了基础。

伽利略对物理学的贡献很多，我们在这里只介绍一下他对惯性定律（牛顿第一运动定律）、相对性原理和自由落体定律的贡献。这三条定律在古典物理学和现代的相对论中都非常重要。

最早正确叙述惯性定律的人是公元前400年左右古希腊的哲学家德谟克利特。他是原子论的提出者之一，他认为原子是构成物质的最小微粒。他曾论述："虚空中运动的原子，由于没有阻力，将一直等速运动下去。"这正是惯性定律所表达的意思。

然而这一论述被比他稍晚的哲学家亚里士多德搞乱了。亚里士多德强调观察，比起他的老师柏拉图来，我们应该认为这是一个巨大的进步。然而他有时观察得不够仔细，也会导致一些错误。例如，他发现运动的物体如果不被推动，就会慢慢停下来。他没有进一步认识到摩擦力的存在，而是简单地得出了一个错误的结论：力是维持物体运动的原因。这就是说，必须不断地用力推动，物体才会保持运动状态。于是他否定了德谟克利特关于惯性运动的正确思想。由于亚里士多德的崇高威望，他的这一错误结论一直沿用到伽利略时代。

伽利略用斜面实验重新肯定了惯性定律。他配置了如图 1-3 所示的斜面装置。该装置板面非常光滑，摩擦力小到基本可以忽略。他让一个小球从左边斜面滚下，平滚一段后，再滚上右边的斜面。伽利略发现小球在右边斜面爬升的高度，与它从左边斜面下滚时的初始高度相同。如果把右边斜面再放倒一些，小球仍会爬升到原来下滚时的初始高度，但从水平距离来看，小球滚得更远了。伽利略总结道，如果右边斜面越来越放平，小球依然会爬升到初始下滚时的高度，但水平运动的距离和时间都会越来越长。他发挥思想实验的威力，认为如果把右边斜面彻底放平，小球就会沿着放平的面，永远匀速地滚动下去。他认为小球从左边斜面做加速运动滚下，是受到重力作用的结果；沿右边斜面减速爬升，也是受到重力作用（这时重力起阻碍作用）的结果。在水平面上滚动时，小球速度保持恒定不变，因为这时小球所受的重力与水平板面对它的向上弹力平衡，对小球的水平运动不起作用，小球的水平滚动相当于没有受到力的作用。于是，他总结出了惯性定律：不受外力作用的物体将保持做惯性运动的状态不变。

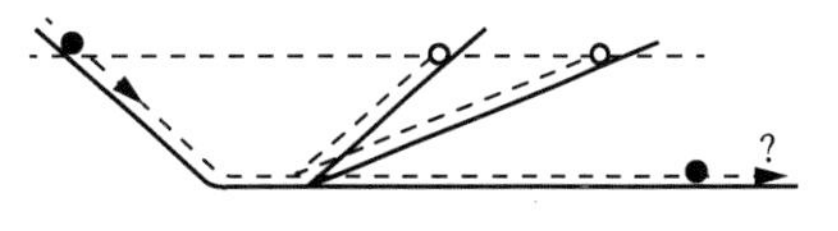

图 1-3 伽利略阐明惯性定律的斜面实验

什么是惯性运动的状态呢，伽利略认为静止或匀速直线运动的状态都是惯性运动状态。不过，伽利略当时犯了一个错误，他认为匀速圆周运动也是惯性运动。这可能是他受到行星绕日运动的启发而得出的一个错误结论。伽利略相信哥白尼的日心说，认为所有的行星都在不停地围绕太阳做匀速圆周运动，而行星绕日的运动又似乎没有受到什么外力的推动。关于这个问题，我们将在后面介绍爱因斯坦的广义相对论时进一步讨论。

关于运动的相对性，自古以来人们就从日常生活中有不少体会，而且不断有人进行一些总结。

例如，我国宋代的文人陈与义就在一首诗中阐述过他对运动相对性的体会：

飞花两岸照船红，百里榆堤半日风。

卧看满天云不动，不知云与我俱东。

陈与义生于北宋，死于南宋。曾先后做过礼部侍郎和参知政事。他生活在剧烈动荡的年代，写过不少好诗。

在他之前很久，在汉朝的《尚书纬·考灵曜》中就有如下对运动相对性的论述："地不止而人不知，譬如人在大舟中，闭牖而坐，舟行不觉也。”

不过，真正对相对性原理做出正确的科学论述的是伽利略。他在《关于托勒密和哥白尼两大世界体系的对话》(1632年)和《关于两门新科学的谈话及数学证明》(1638年，中译本名为《关于两门新科学的对话》)中详细论述了他的“相对性原理”的思想和内容。不过，他当时叙述的相对性原理还主要限于物理学中的力学规律，用现在的语言表述出来就是：力学规律在所有惯性系中都是相同的，或者说不能用任何力学实验来区分惯性系之间的相对运动速度，当然也不能用任何力学实验确认一个惯性系是在运动，还是处在静止状态。所以，伽利略相对性原理又称为力学相对性原理。

图1-4　比萨斜塔

有一个众人皆知的故事：伽利略在比萨斜塔上做过自由落体实验。他手持两个重量不同的小球，在比萨斜塔上两手同时松开，结果两个球同时落地，于是他得出结论：自由落体的加速度与它们的重量无关(这一结论也称为自由落体定律)。比萨那个地区地质结构有点问题，那里的塔多少都有点儿斜。不过，伽利略做自由落体实验的斜塔，大家一致认为是图1–4所示的这座。

这个故事很优美，流传很广。不过，后来的意大利史学家经过研究得出了令人沮丧的结论：可能有人在这座斜塔上做过自由落体实验，但肯定不是伽利略；伽利略也许做过类似的自由落体实验，但肯定不是在这座斜塔上。

比较可靠的是，一些反对自由落体实验的人曾在这座塔上做过实验，结果两个重量不同的小球没有同时落地。于是，塔下的观众爆发了激烈的争吵。因为观众中既有反对伽利略观点的人，也有拥护伽利略观点的人。拥护伽利略观点的人怀疑做实验的人两手没有同时松开。其实，我们今天知道，即使实验者两手精确地同时松开，两个重量不同的小球也不会准确地同时落地，因为这个实验必须排除空气阻力的影响。自由落体实验只有在真空中进行，才能准确地得到自由落体定律。

那么，伽利略是怎么得到这一定律的呢？其实，在伽利略之前很久，就不断有人质疑亚里士多德认为重物下落比轻物快的结论。有人设想把一个重物和一个轻物绑在一起，其重量肯定比单独一个更重。那么，按照亚里士多德的结论，绑在一起的两个物体将下落得比其中任何单独一个都要快。但是，你换一个思维方式就会得到不同的结论：绑在一起时，其中的重物下落快，重物就扯动轻物使其加速下落，而轻物则将拖重物后腿，让它慢一点下落。由此看来，这两个绑在一起的物体下落时将比单独的重物下落慢，而比单独的轻物下落快。于是得到了与前面不同的结论。怎么才能化解这一矛盾呢？唯一的办法是认为重物与轻物下落得一样快。

伽利略考虑了一个思想实验。把同样大小的金球、铅球和木球放在一盒水银上，根据阿基米德定律，金球将下沉，铅球和木球将浮在水银面上。如果把它们放在水箱中，根据阿基米德定律，金球和铅球将下沉，金球会比铅球下沉得更快。如果在空气中让它们下落，金球和铅球将几乎同时落地，木球下落速度会略慢一些。伽利略由此推测，如果排除空气阻力，这三个球很可能会同时落地。这就是说，在真空中自由下落的物体，不管其成分和重量，将会下落得同样快，于是他猜出了自由落体定律。

然而，光有上述思考还是不够的。伽利略通过斜面实验最终确认了他的自由落体定律。

伽利略做了图 1–5 所示的小球沿光滑斜面下滚的实验。他发现，只要固定一个斜面的角度，则不同重量的小球的下滚加速度就相同。如果把斜面竖直一些，则各种小球的下滚加速度仍然相同，只不过加速度的值大了一些。斜面越接近竖直，小球的下滚加速度越大，但各种重量的小球的下滚加速度仍然保持相同。他想，按照这个趋势，如果把斜面完全竖直，各种重量的小球的下滚加速度仍然会相同。而这时的小球不就是自由落体了吗？于是他确认了自由落体定律：自由下落物体的加速度与它们的重量无关。

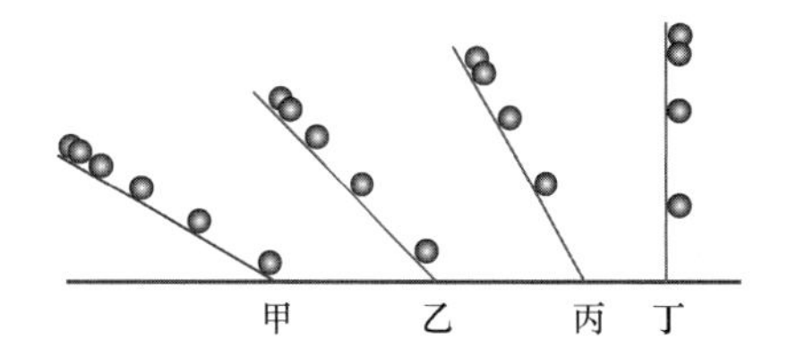

图 1–5　研究自由落体定律的斜面实验

所以，虽然伽利略可能没有在斜塔上做过自由落体实验，但是他做了上述小球从斜面上自由下滚的实验。他认识到斜面上小球的下滚运动，就是“冲淡了”或“减缓了”的自由落体运动。于是我们明白了，他是通过斜面运动，发挥思想实验的威力，证实了自由落体定律。

伽利略做过多次斜面实验，熟能生巧，他把这个实验推广为思想实验，把斜面竖直得到了自由落体定律。前面我们曾说到，他把斜面放平，得到了惯性定律。在科学研究中，研究者经常把自己用熟的技能举一反三，应用于其他领域，得到新的重要的结果。

1642 年：物理学重要的一年

20 世纪 60 年代我在中国科学技术大学上学时，钱临照先生给我们上普通物理力学课。他一开始就说，有一个年份，你们这些学物理的学生应该记住，那就是 1642 年。这一年的 1 月 8 日伽利略逝世，圣诞节 12 月 25 日的晚上牛顿出生。记住这一年，就记住了经典力学创建的大致时间。我后来查了一下这相当于中国的什么时候——明末清初。1644 年李自成进北京，同年，清军入关。通过这一对比可以看出，当时的中国虽然国内生产总值（GDP）仍然世界第一，但早已不是世界领先的大国，科学技术和文化已经大大落后于西方了。

后来我了解到，对于牛顿是否出生在 1642 年的圣诞节，科学史上有一些争议。这是因为，按照现在的公历（格列高利历），伽利略确实逝世于 1642 年的 1 月 8 日，但是牛顿却是出生在 1643 年的 1 月 4 日。这是怎么回事呢？大家知道，古代的希腊和罗马，原来用的是阴历。从凯撒开始，欧洲才用古埃及使用的阳历取代阴历，这就是公历。这一历法在历史上称为儒略历，儒略是凯撒的名字。按照儒略历，一年有 365 又 1/4 天，四年一闰。但是这一历法在使用 1000 多年后，与天文观测出现了较大的偏差。于是在 16 世纪后期，教皇格列高利组织一批天文学家对历法进行修订。最终在 1582 年公布了经过修改的公历，即格列高利历。这个历法与儒略历差了 10 天。到 1642 年前后，在意大利等天主教控制的国家和地区已全部改用新的格列高利历，但是在不听从罗马教廷的地区，例如信奉新教、东正教地区，则仍然使用旧的儒略历。按照格列高利历，伽利略逝世于 1642 年 1 月 8 日，牛顿则出生在 1643 年 1 月 4 日。但是牛顿诞生的英国，不听从罗马教廷的指挥，仍然使用旧的儒略历，按照儒略历，牛顿确实出生在 1642 年 12 月 25 日的晚上。

牛顿自己，他的母亲和同胞，都认为他出生在 1642 年圣诞节的晚上。这一时间很有戏剧性，而且便于和伽利略的生平相联系，所以大家都愿意认为，伽利略逝世和牛顿诞生都发生在 1642 年。

顺便说一点，我们只要注意一下，就会发现首先使用新历的天主教国家，基本上都是罗曼语族（又称拉丁语族）的国家，例如意大利、法国、西班牙、葡萄牙和拉丁美洲的国家，它们都是听从罗马教廷的国家。后来采用新历的新教国家，则主要是日耳曼语族的国家，例如英国、德国、荷兰和美国。欧洲最晚使用新历的东正教国家，一般是斯拉夫语族的国家，例如俄罗斯、白俄罗斯、乌克兰、塞尔维亚等。俄国是在 1917 年十月革命之后才使用新历。按照旧的儒略历，革命确实发生在 10 月；按照新的格列高利历，十月革命则发生在 11 月 7 日。我国则是 1911 年辛亥革命之后才用公历的，直接就用了格列高利历，跳过了儒略历。

我们从上面的资料注意到，天主教、新教和东正教可以说是不同的文明，可以说它们之间存在文明的冲突。但是我们更应该注意这三种文明的背后是使用三大语系的民族。所以，文明的冲突背后往往隐藏着利益的冲突。只说文明的冲突，不能认为已经说到了点子上。文明冲突的背后，更本质的是利益的冲突，是不同国家、民族、阶级、阶层之间利益的冲突。

“上帝说，让牛顿去吧”

伽利略时代的科学研究，积累了大量的实验资料，并总结出一些初步的物理规律，当然主要是在力学领域和光学领域。这些初步的知识，有待升华成系统的理论。

这时，牛顿诞生了。牛顿在前人工作的基础上，进行了大量的深入研究，并加以系统总结，最终在 44 岁的时候，出版了经典力学的巨著——《自然哲学的数学原理》(以下简称《原理》)。这本书堪称经典物理学的“圣经”，使经典力学成为一门成熟而完备的科学，为物理学的其他分支树立了样板，也为其他的自然科学树立了榜样。

这本书仿照欧几里得几何的公理体系写成，首先定义了时间、空间、质量、惯性、外力等基本概念，然后以公理的方式提出了力学三定律和万有引力定律，把它们作为基本理论，再从这些定律出发得出许多推论，并解决各种具体问题。牛顿是微积分的创建者，但当时微积分处于构想阶段，还没有成熟到可以大规模应用，所以牛顿这部巨著所用的数学工具仍然主要是欧几里得几何，书中有不少几何插图。

牛顿认为存在脱离物质和运动的独立的绝对时间和绝对空间。他说：“绝对的、真实的和数学的时间自身在流逝着，而且因其本性，均匀地、与任何外部事物并不相关地流逝着，它又可以叫作绵延（Duration）；相对的、表观的和普通的时间是延续性的一种可感知的、外部的（无论是准确的还是不均匀的）借助运动来进行的量度，我们通常就用它来代替真实时间，例如一小时、一个月、一年。”

“绝对空间，就其本性而言，与任何外部事物无关，它总是相同的和不可动的。相对空间是绝对空间的某个可动的部分或量度……”

从上面的叙述可以看出，牛顿认为，在存在绝对时间和绝对空间的同时，还存在相对时间和相对空间。相对于不可直接感知的绝对时间和绝对空间而言，相对时间和相对空间则是可感知、可度量的。他认为我们通常用运动去度量、去测量的时间和空间，都是相对时间和相对空间。不难看出，他所谓的相对空间，就相当于现在所说的参考系。

他在《原理》这本书一开始的“运动的公理式定律”部分的推论Ⅴ中写道：“一个给定的空间，不论它是静止，或者做不含圆周运动的匀速直线运动，它所包含的物体自身之间的运动不受影响。”这里面包含了惯性系的定义和相对性原理的思想。

他把质量定义为物质的量，并认为质量与物体的重量成正比。他又指出，质量与物体的惯性成正比。不难看出，前一个说法定义的是引力质量，后一个说法定义的是惯性质量。这样定义的两种质量，居然在物理测量中没有表现出差异，是非常奇怪的事情。牛顿曾经思考过这一问题，但没有得出答案。爱因斯坦后来也思考过这个问题，并由此建立了他的广义相对论。

牛顿是人类历史上两位最伟大的科学家之一，另一位是后来的爱因斯坦。当牛顿做出轰动全球的成就之后，英国诗人蒲柏写下了如下的赞美诗句：

> 自然界和自然界的规律隐藏在黑暗中，
> 上帝说，
> 让牛顿去吧！
> 于是一切成为光明。

光是波还是微粒

牛顿61岁时，出版了他的另一部物理巨著《光学》，总结了他一生研究光的性质所得到的各种结论。不过，这本书远没有《原理》成就大。

牛顿主张光的微粒说，他认为光本质上是一种微粒。然而在他之前，欧洲的一些学者就提出了光的波动说，认为光是一种波动。著名科学家笛卡儿、惠更斯和胡克都认为光是一种波动。这些学者都比牛顿资历要老，当牛顿初出茅庐时，这些学者已经功成名就，甚至有的已经过世。牛顿一提出光的微粒说，就遭到波动说占统治地位的学术界的反对，当时已经担任英国皇家学会实验主持人的胡克，拒绝在皇家学会会报上刊登牛顿关于微粒说的论文。牛顿非常生气，从此以后不再给皇家学会会报投稿。所以，牛顿一生中发表的论文很少，他的科学成就几乎全部集中在《原理》和《光学》两部著作之中。人们有时看到的他的一些短文，例如《论运动》等，都是后人从他给别人的信件中摘出来的。牛顿经常在通信中长篇大论并给出计算过程，所以后人常把相关内容摘下来，作为他的文章刊登出来，供学术界和公众参考。

光的微粒说比较简单、直观，易于被世人理解。而人们在对光的研究中长期观察不到光的干涉现象，干涉应该是波动说必然导致的一种现象。在这种情况下，随着牛顿在力学方面的成就被公认，他在学术界的威信越来越高，大多数人逐渐放弃光的波动说，转而相信光的微粒说。于是，光的微粒说压倒了波动说。这种局面维持了 100 多年，直到 1801 年（一说 1802 年）托马斯・杨完成了光的双缝干涉实验（称为杨氏双缝实验）才发生改变，这一实验的现象是微粒说完全不能解释的。

英国人托马斯・杨是历史上有名的天才，据说他 2 岁就能读书，4 岁时将《圣经》通读了两遍，14 岁时已通晓拉丁语、希腊语、法语、意大利语、希伯来语、波斯语和阿拉伯语等多种语言，还会演奏多种乐器。他在物理、化学、生物、医学、天文、哲学、语言学、考古学等领域都有贡献。托马斯・杨先当医生，研究视觉，发现了眼睛散光的原因；转而研究光学，完成了光的双缝干涉实验。他认识到光是横波，并提出了颜色的三原色理论。此后他又破译了古埃及的罗塞塔（又译为罗塞达）石碑上的一些文字，对考古学做出了重大贡献。法国人商博良在此基础上进一步努力，最终完全破译了碑上的文字，奠定了研究古埃及历史的文字学基础。

光既然是波动，就需要有载体。那么，遥远恒星的光通过什么载体穿越辽阔的宇宙到达我们这里呢？人们想到了亚里士多德的以太学说。亚里士多德主张地心说，认为地球是宇宙的中心，而太阳、月亮和行星都镶在各自的透明天球上，随天球一起围绕地球转。离地球最近的天体是月亮。月亮天把宇宙分为内外两个部分，月亮天以下是月下世界，月亮天以上是月上世界。月下世界存在的东西都是会变化、会腐朽的。月上世界则充满了永恒存在的、轻而透明的以太。

于是人们把光波解释为以太的弹性振动，并让以太渗透到月下世界，包括地球上的万物之中。然而，以太相对于地球运动吗？令人没有想到的是，对这个看似简单的问题的讨论把学术界引向了相对论的发现，引发了物理学的革命。

从 18 世纪末到 19 世纪前半期，人类对电学和磁学的研究取得了长足的进展。库仑定律、毕奥 – 萨伐尔定律、安培定律和法拉第电磁感应定律相继被发现。1864 年，麦克斯韦提出电磁场的基本方程组（即麦克斯韦方程组），电磁学的理论框架构建起来，成为一门成熟的物理学分支。所以学术界认为，麦克斯韦是继牛顿之后最伟大的物理学家。

有趣的是，麦克斯韦的正确的电磁方程组是从介质的弹性振动得出的。现在我们知道，电磁规律与任何介质的力学弹性都毫无关系。他从错误的学说得出了正确的结论，为什么会出现如此神奇的事情呢？实际上，他是根据当时已知的大量电磁实验结论，猜到了正确的结果，然后再用那时最时髦、最容易让学术界接受的学说来凑出自己希望得到的结果。正如苏联物理学家福克所说："天才的，甚至不仅是天才的发现，都不是按照逻辑推理得出的，而是猜出来的。"

完全按照逻辑推理得到的结论，都不是最根本的原理，而只是原有理论的推论。真正带有原创性的科学发现，都是原有理论所没有的，直接来自人类对大量实验资料的思考、分析、总结，是由人类头脑中产生的从感性认识到理性认识的飞跃而得到的。

在对麦克斯韦方程组和其中的电磁学常数进行分析测量后，大家发现电磁场的传播速度恰是光速，于是认识到光波本质上就是电磁波。

革命风暴中的学者

1789 年，法国大革命爆发。为反对保皇党和外国干涉军，革命党发出保卫祖国、保卫革命的号召："祖国在危机中！"法国大部分知识分子和人民大众一起被卷入了革命的洪流，许多人担当起重任，数学家拉扎尔·卡诺（物理学家萨迪·卡诺的父亲）担任了革命政府的陆军部长，另一位数学家蒙日（画法几何的创始人）担任了海军部长，化学家富克鲁瓦担任了火药局局长。整个巴黎成了宏大的工厂，人民群众在科学家的指导下打造武器、制造火药。

随着人们革命热情的高涨，革命的刀斧指向了越来越多的人，著名的化学家拉瓦锡也成了牺牲品。

拉瓦锡是著名的化学家。一开始，革命政府对他还不错，待如上宾。但随着革命的发展，激进派渐渐把他归入剥削者的行列，后来又发现他与保皇党有来往，于是把他作为了革命对象。

革命之前，法国的国王和政府已经非常腐败。国王嫌收税麻烦，于是起用了不少包税官，由他们去向国民收税。他们只要向国王交够规定的税金就行，至于他们向老百姓收多少税，国王和政府则懒得管。于是这些人向老百姓大肆搜刮，中饱私囊。为了压制、管理老百姓，许多包税官还组成了包税公司。民众十分痛恨包税官和包税公司，把这些家伙视为吸血鬼、寄生虫。

拉瓦锡也是一个包税官，而且娶了包税公司老板的女儿。不过拉瓦锡通过包税官身份拿到的钱基本都用于了科研，所以还是应该被谅解的。但革命处于失控状态后，事情就麻烦了。拉瓦锡被捕入狱，革命法庭把他判处死刑。有人为他辩护，说他是学者，希望从宽处理。然而，法庭上出现了一个丑恶的声音："共和国不需要学者！"

拉瓦锡的夫人玛丽·拉瓦锡非常贤惠，平时除去做好家务，不让拉瓦锡分心之外，还帮他打扫实验室，帮他做实验。在历史上，拉瓦锡夫妇被视为科学家夫妻的典范。在刑场上，玛丽捧着拉瓦锡的头，希望政府能在最后一刻宽容他。然而，奇迹最终未能出现。断头机砍下了拉瓦锡的头颅。第二天，数学家拉格朗日悲痛地说："砍下拉瓦锡的头，只需要一瞬间，但法国再过 100 年也难以长出这样的头了。"三年之后，革命政府为拉瓦锡平反，在巴黎为他建造了半身铜像。但铜像不能思考，法兰西蒙受了无法弥补的损失。

拉瓦锡死后，玛丽改嫁给拉姆福德。拉姆福德是美国人，美国独立战争爆发时，他站在英国政府一方，反对独立。失败后，他去了英国、法国，又转到德国。他是一位工程师，在行政管理方面也很有才能，后来当过德国的陆军部长。不过，玛丽嫁给拉姆福德后，还是觉得生活不如以前美满。

拉姆福德在工厂监制大炮时，发现在切割制造炮筒的黄铜时会产生很多热，甚至能把铜屑熔化。当时热被认为是一种物质，被称为热质。拉姆福德非常疑惑：黄铜中怎么会有那么多热质流出来呢？有时候由于切削刀钝，甚至一点黄铜屑也没有削下来，不可能有热质从内部流出，但黄铜还是变得非常热，怎么回事呢？他开始怀疑热质说。后来，他写了一篇文章，不同意热质说，认为热是一种"运动"。这应该看作人类认识上的一次飞跃。

英国学者戴维看了拉姆福德的文章后，非常赞同后者的观点。他在一次对公众的科普讲演中，把两块冰相互摩擦，观众看到两块冰在摩擦中渐渐融化，都相信了戴维的观点——是摩擦时的运动转换成了热。于是“热是一种运动”的观点在大众中逐渐传播开来。后人分析这一实验后，认识到仅仅摩擦产生的那一点热量，完全不足以使冰块融化，更重要的原因是实验表演中隔热措施不够严，有外界的热量流入了冰块。然而，无论如何，戴维的实验表演是成功的，它使公众相信了“热是一种运动”这个正确的观点，在宣传上沉重打击了热质说。

热学研究的突破性进展

（1）卡诺循环与卡诺定理

第一位对热学研究做出重大贡献的人是法国青年物理学家萨迪・卡诺。他是曾经担任过革命政府和拿破仑政府陆军部长的数学家拉扎尔・卡诺的儿子。青年卡诺毕业于大革命中创立的巴黎综合理工大学，毕业后潜心于研究热机效率。拿破仑失败后，他的父亲被撤职流放，他也被从军工部门赶出。此后，他更加注意基础理论的研究，并在 28 岁时提出了卡诺循环，还证明了卡诺定理。这个定理指出，工作于高温热源 T_1 和低温热源 T_2 之间的循环热机的效率为 $\eta \leqslant 1-\frac{T_2}{T_1}$。其中以理想的可逆热机的效率为最高（即上式中的等式）；一般的、实际的热机都是不可逆热机，效率用上式中的不等式表示。

他是用当时流行的热质说来证明这一定理的。按照热质说，热机做功与水轮机做功类似。就像水从势能高的地方落向势能低的地方，推动水轮机做功一样，热质从高温热源落向低温热源，推动了热机做功。他认为，正如水轮机做功时，水的质量并未发生变化一样，热机做功时热质的多少也没有发生变化，只是热质从高温处落向了低温处。

现在我们知道，热质并不存在，不过卡诺证明的定理却是正确的，而且在热学中十分重要。我们又看到了一个用错误的学说推出正确的结论的例子。实际上，卡诺也是在研究了大量热机的例子后，猜到了正确的科学结论，然后用当时学术界承认的最时髦的理论来凑出一个证明，以使大家相信这一正确的科学结论。

卡诺一生很不幸。36 岁那一年是他的灾难年，他 6 月份先后患了猩红热和脑膜炎，8 月份又患了霍乱，这些都是致命的传染病。最终，他在 8 月份没有扛过霍乱，与世长辞。因为害怕传染，他的遗物包括科研资料均被焚毁。

46 年后，卡诺的弟弟在家中阁楼上发现了一个他遗留的笔记本，从上面的记录看，他当时已对热质说产生了怀疑。不幸的是，他没有来得及公布这些研究结果，就与世长辞了。

（2）热力学第一定律

19 世纪中叶，热力学第一定律和第二定律相继被发现。

热力学第一定律就是大家熟悉的能量守恒定律在热力学问题中的形式。它的发现者一共有三个人，迈尔、焦耳和亥姆霍兹。

迈尔是德国的一位医生。他青年时曾跟随一艘考察船到热带去考察。他在比较人和动物在热带和温带的血液时，注意到血液颜色随气候变化而变化。受此启发，他悟出了能量的概念，并认识到不同种类的能量可以转换，但总量守恒。他把这一研究成果写成论文投给一家物理杂志社，以为能发表出来，所以每当这个杂志出版的时候，他就去翻阅，结果是连续的失望——人家根本没有登他的论文。他的论文观念新颖，所用词汇又往往不是物理学的标准词汇，编辑部认为他胡扯，早就放到一边，不予理睬了。于是他转而去求一位在一家生物杂志社编辑部工作的朋友，那位朋友真的设法在这个生物杂志上刊登了他的第一篇论文，他很高兴，又写了第二篇，希望能在这个杂志上继续发表。那位朋友不得不告诉他，由于发表他的第一篇论文，自己已经受到同事的责难，指责他刊登与生物学无关的论文，所以不能再发表他这方面的论文了。

迈尔是非常不幸的：两个儿子早夭，弟弟由于参加革命活动被捕；他精神受到很大打击，决定跳楼自杀，摔断了双腿，幸未致死，人们把他送入精神病院。稍微令人欣慰的是，他最终看到了自己的研究成果被承认。

第二位对热力学第一定律做出重大贡献的人是英国人焦耳，他是一位啤酒厂老板的儿子，后来自己也当了啤酒厂的老板。他不是学物理的，但对物理极感兴趣，业余时间进行了不少关于热学和电磁学的研究。他做了很多实验，有不少重要发现，但是他投给物理杂志社的稿也被拒了，原因是他用的词汇和说法都不是物理学专用的。于是他只好把自己的文章投给一些小报，在小报上刊登。幸运的是，小报上的文章被大物理学家开尔文看到了。由于他词汇和用语不标准，开尔文还去拜访他，终于弄懂了他的发现。开尔文是一位品德高尚，不仅自己成就很大，而且乐于推荐别人的伯乐式的人物。在开尔文的推荐下，焦耳参加了一次物理学研讨会，获得了小组发言的机会。但是，由于他用词不标准，与会者都没有听懂他的意思，幸而开尔文现场发言进行补充说明，大家终于听懂了他的发现。

第三位独立对热力学第一定律做出重大贡献的人是德国的亥姆霍兹。他最终明确提出了能量守恒和转换定律，把能量概念明确地从机械能推广到各种物理领域。

能量守恒定律的提出，很大程度上是针对第一类永动机的。当时社会上的一些人痴迷于设计不需要能源而可以永远运作的永动机，即科学史上所说的第一类永动机。人们从实践中逐步悟出这种一本万利的永动机似乎造不出来。亥姆霍兹明确指出，由于能量守恒，这种永动机是根本不可能造出来的。所以，热力学第一定律，即能量守恒定律的另一种说法就是：第一类永动机是不可能造出来的。

（3）热力学第二定律

1850 年，德国学者克劳修斯提出一条新的物理定律：

热量不能自发地从低温物体流向高温物体而不产生其他影响。

言外之意是，热量只能自发地从高温物体流向低温物体，这与人们日常的生活经验是一致的。

这条新的定律被称为热力学第二定律，也就是说，它在科学中的地位和热力学第一定律（能量守恒定律）同等重要。热力学第一定律告诉我们存在一个重要的物理量：能量。克劳修斯指出，热力学第二定律也告诉我们，还存在另一个重要的物理量：熵。熵是什么？它往往不容易被理解，通俗点说，熵就是混乱度的度量。一个系统内部的混乱度越高，它的熵就越高。

熵与能量不同，它不守恒。在孤立系统或绝热系统（即与外界没有热交换的系统）中，熵只会增加不会减少。

熵这个物理量的提出十分重要。孤立系统中的熵只会增加不会减少，反映了时间的流逝性和方向性，指出自然界存在“时间箭头”。到目前为止，除去熵及其衍生的物理量之外，没有任何东西可以反映时间的流逝性。所谓宇宙学的时间箭头，生物进化的时间箭头，心理学的时间箭头，都不过是“熵增加原理”这个物理学时间箭头的反映。

我们看到，克劳修斯的贡献是非常巨大的。他在提出热力学第二定律的同时，提出了“熵”这个物理量。

第二年，英国学者开尔文发表了另一篇重要论文，提出热力学第二定律的另一种表述：

不能从单一热源吸热做功，而不产生其他影响。

这种表述是针对第二类永动机的。不需要能源的第一类永动机被热力学第一定律彻底否定了。然而还有另一部分痴迷于永动机的人，他们避开热力学第一定律，希望设计从单一热源吸热做功的第二类永动机。例如从海洋中不断地提取能量做功，海洋中的热量似乎是无穷尽的，而且温度似乎也没有下限，他们希望制造这样从单一热源吸热做功的永远运作的永动机。

热力学第二定律堵塞了他们的幻想，这条定律的另一个说法就是：第二类永动机是不存在的。

开尔文在完成了自己的论文，准备发表时，看到了克劳修斯刚刚发表的论文，他感到非常遗憾。他承认克劳修斯的发现早于自己。他申明自己不想和克劳修斯争夺热力学第二定律的发现权。不过他也想申明，他是在没有看到克劳修斯的论文时独立完成自己的工作的。

容易证明，他们二人的上述发现是等价的，他们的表述只是措辞不同，实际上是同一条定律。这两种表述，在热力学中同等重要，并一直沿用至今。

人们后来发现，卡诺定理等价于热力学第二定律的上述两种表述，所以，卡诺定理也可以看作热力学第二定律的另一种表述。

物理学家兰兹伯格认为，热力学第二定律的发现者是两个人，卡诺和克劳修斯，排除了开尔文。不过，笔者认为，排除开尔文是不对的。应该承认，开尔文也是热力学第二定律的发现者之一。

历史资料表明，开尔文是一位十分谦虚的人，他没有为自己争夺名利，他向科学界举荐了许多当时不为人知的小人物，例如前面提到的焦耳，后面我们还会提到的皮埃尔·居里（著名的居里夫人的丈夫）。

开尔文除去对热力学第二定律有独立贡献之外，还提出了被科学界沿用至今的热力学温标，并预见到热力学第三定律的存在。

（4）热力学第三定律与第零定律

1912 年，德国物理学家能斯特从热力学第二定律得到一个推论：

不能通过有限次操作把系统的温度降到绝对零度。

也就是说，绝对零度是达不到的。爱因斯坦指出，这个结论是正确的，但不可能从热力学第二定律推出。爱因斯坦认为，这个结论是一条独立的定律，这就是热力学第三定律。

兰兹伯格总结说：热力学第一定律的发现者有三个人，迈尔、焦耳和亥姆霍兹；热力学第二定律的发现者有两个人，卡诺和克劳修斯；热力学第三定律的发现者只有一个人，能斯特。按照这个规律，如果有热力学第四定律，它的发现者数目是零，换句话说，不可能存在热力学第四定律。

当然，这是开玩笑。我们确实没有发现热力学第四定律。但是后来的研究发现，实际上还存在一条和上面三条定律同等重要的定律。不过这条定律在物理学中的位置，不应该排在上述三条定律之后，而应该排在它们之前，所以后来人们把这条定律命名为热力学第零定律。

20 世纪初，德国的卡拉特奥多里建立了一套公理式的热力学理论。他模仿欧几里得几何的体系来表述热力学。1909 年，他在“热平衡具有传递性”的假设下，证明存在一个描述热平衡的物理量——温度。他指出了温度这个众人皆知的物理量在热力学中的位置。

1939 年，英国的福勒明确指出，“热平衡具有传递性”应该被看作一条独立的公理（定律），即热力学第零定律。热力学第零定律的提出比热力学第三定律晚了 30 年左右，比热力学第一、第二定律的提出则晚了 100 年左右。

三、两朵乌云

1900 年 4 月，德高望重的老科学家开尔文，在英国皇家学会迎接新世纪的庆祝大会上展望了物理学的未来：“物理学的大厦已经建成，未来的物理学家们只需要做些修修补补的工作就行了。但是，明朗的天空还有两朵乌云。”这两朵乌云，一朵与黑体辐射有关，另一朵与迈克耳孙 – 莫雷实验有关。

前面我们已经谈到，在 20 世纪降临的前夜，物理学中的力学、光学、热学和电磁学的理论框架都已建成，物理学家们信心满满，以为剩下的问题只是些修修补补的小问题，以及如何把这些辉煌的物理成就应用于工业、其他科学分支和人们的日常生活中去的问题了。

让人意想不到的是，很快局面就发生了重大变化。就在开尔文讲话的当年，1900 年末，从第一朵乌云中就降生了量子论；1905 年，又从第二朵乌云中降生了相对论。人们突然发现了更为辽阔的现代物理学的天空，原来引以自豪的经典物理学，只不过是其中的一些小小的庙堂而已。

黑体辐射难题

黑体辐射问题被科学界重视，是由于钢铁工业的发展。1871 年普法战争结束，普鲁士从法国赢得了一大批战争赔款，法国的阿尔萨斯和洛林也被迫割让给普鲁士。《最后一课》这篇文章反映的就是这件事。法国的这两个地区割让给普鲁士至关重要，因为这两地紧靠普鲁士的鲁尔区，鲁尔区有煤矿没有铁矿，法国这两地则有铁矿没有煤矿，现在都归了普鲁士。普鲁士还从法国获得一大笔战争赔款。当时的普鲁士是改革派掌权，他们充分利用这些有利条件，力图把普鲁士从一个以生产土豆为主的农业国变成一个以生产钢铁为核心的工业国。

发展钢铁工业，关键的技术之一是控制炉温。为了测钢水的温度，工程技术人员在炼钢炉上开了一个小孔，让热辐射出来。他们发现从热辐射的能谱可以估算出钢水的温度。所谓黑体辐射，就是热辐射，严格点说是处于热平衡状态的物质发出的热辐射。人们发现，从热辐射能谱的形状可以估算出辐射体的温度。

图 1–6 是描述黑体辐射的曲线，其中的横坐标表示辐射的波长，纵坐标是辐射的能量密度。图中的圆点是从实际测量数据得到的点。德国物理学家维恩得到一个公式（维恩公式，或称维恩位移律）:

$$\lambda_{\mathrm{m}}T=\text{常数} \tag{1.1}$$

式中，λ_{m} 是曲线峰值（极大值）处的辐射波长，T 就是辐射体（钢水）的温度。用这个公式可以简单快捷地确定炉温。

但是，黑体辐射为什么会呈现这种形状的曲线，为什么会满足维恩公式呢？物理学家们对此进行了研究。他们设想构成辐射体的物质都是一个个小的谐振子，相信原子论的人认为这些谐振子就是原子，不相信原子论的人认为是其他某种抽象的东西，这些谐振子吸收辐射时振动就加剧，放出辐射时振动就减弱。

维恩按这样的物理图像设计了一种辐射模型，按照这种模型算出的理论曲线（图 1–6 中的维恩线）在短波波段与图中圆点连成的实验曲线符合得很好，但在长波波段却偏离了实验曲线。

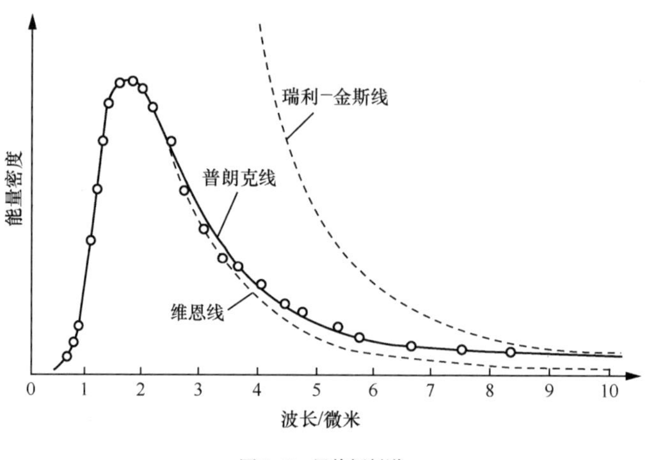

图 1–6　黑体辐射谱

当时，进行了工业革命的英国，也在发展钢铁工业。英国物理学家也在研究黑体辐射曲线。他们同样把辐射体看作谐振子，但具体模型与维恩的模型不同。他们也得到一条理论曲线（图1–6中的瑞利–金斯线），这条曲线在长波波段与实验曲线符合得很好，但在短波波段则产生了严重偏离，瑞利–金斯线趋于无穷大，成为历史上著名的“紫外灾难”。这样称呼是因为紫外光波长很短，而曲线正好在短波方向趋于无穷大。

量子论的诞生

总之，理论曲线都与实验曲线不符。这时，德国物理学家普朗克也参与进来研究。他发现，如果假设谐振子在发射和吸收辐射时是一份一份的，不是连续的，则可以得到与实验点相符的曲线（即图1–6中的普朗克线）。他推测辐射体（谐振子）在吸收和发出辐射时呈现出量子性，辐射和吸收的量子，能量和辐射频率呈现如下的简单关系：

$$E = h\nu \tag{1.2}$$

这就是著名的普朗克公式。式中的系数 h 是一个常数，即现在所说的普朗克常数。

今天我们知道，物理学中最基本的物理常数有四个，它们是普朗克常数 h、真空中的光速 c、万有引力常数 G 和电子电荷 e。

辐射怎么可能是一份一份的呢？普朗克简直不敢相信自己的结论。不过，物理学是一门实验科学。一个理论再漂亮，但与实验不符，一定会被大家拒绝；一个理论看起来很荒唐，但能解释实验，学术界还是会勉强接受的。

普朗克决定公布自己的研究成果。但是，“人怕出名猪怕壮”，这时普朗克已经是教授了。在德国的大学，教授是极少的，一个系只有一个，都是全国闻名的学者。本来，德国大学的物理系还规定，教授必须是搞实验物理的，搞理论研究的只能当副教授。教授位置只有一个，副教授位置有两个（一个实验，一个理论），但是后来普朗克的水平实在太高了，他所在的大学的物理系，才专门为他设置了一个理论物理教授的位置。

普朗克很怕闹笑话，在学校里作报告时，十分保守，以至于有些学生根本没有听懂他讲了什么，觉得自己白来了一趟：“今天普朗克教授什么也没有讲出来。”

普朗克的儿子后来回忆，父亲在和他一起外出散步时，对他讲：“我最近得到一个研究结果。这个结果如果正确，将可以和牛顿的成就相媲美。”可见，他内心是估计到了自己研究结果的分量的。

普朗克的量子说认为，辐射体（谐振子）在发射辐射和吸收辐射时是一份一份的，但是量子在离开辐射体时，仍然是融合在一起的，并不呈现量子状态。也就是说，脱离辐射体的辐射仍然是连续的。

这样，有些人就听不懂了。有一位记者问他：“普朗克教授，您一会儿说辐射是连续的，一会儿又说是不连续的，那么它到底是连续的还是不连续的呢？”

普朗克解释说，有一个湖，湖边有一口水缸，有人用小碗从缸中舀水倒入湖中，你说水是连续的呢，还是不连续的？从普朗克打的这个比方可以看出，他认为辐射在本质上还是连续的，只是在辐射体发射或者吸收辐射时，才呈现量子性。

1905 年，德国最重要的物理杂志《物理年鉴》（又称为《物理学杂志》）转给普朗克一篇论文，请他审查，作者是当时还名不见经传的爱因斯坦。这篇论文是解释光电效应的。论文认为，脱离辐射体的辐射，仍然是一份一份的，即辐射仍然保持量子性。这一理论被称为光量子理论，以区别于普朗克的量子论。普朗克认为他的这个观点不正确，但是爱因斯坦用这个观点完美地解释了光电效应。由于物理学是一门实验的科学，必须尊重实验，所以虽然普朗克认为爱因斯坦的理论很可疑，但考虑到它能解释实验，还是同意《物理年鉴》发表这篇论文，同时他写信向爱因斯坦“教授”请教其中的问题。其实，当时爱因斯坦根本不是什么教授，只是瑞士伯尔尼专利局的一个小职员。爱因斯坦根本没有想到普朗克这位大物理学家会给他写信。他猜想一定是自己的几个朋友搞的恶作剧。他一边看信，一边嘟囔：“准是这几个小丑干的。”他的太太在一边洗衣服，她一把把信夺过来，一看，信封上的邮戳是德国的，而他们和朋友在瑞士，于是说那几个朋友不可能跑到德国去发这封信。为了进一步弄清爱因斯坦的观点，后来普朗克又派自己的助手劳厄（就是那位因发明用 X 光分析晶体结构的方法而闻名的学者）专程到伯尔尼拜访了爱因斯坦。

普朗克表现了大家风范，一方面同意杂志公开发表爱因斯坦的论文，另一方面仍然对爱因斯坦的光量子理论保持怀疑。他在给维恩的信中谈到爱因斯坦的这篇论文时说：“当然了，爱因斯坦的这一观点肯定是错误的……”

普朗克很长时间保持对光量子理论的怀疑。他后来推荐爱因斯坦担任普鲁士科学院院士，德国威廉皇家物理研究所所长兼柏林大学教授，对爱因斯坦在相对论等方面的许多成就大加赞扬时，仍然谨慎地保持着他对光量子理论的保留意见。

光行差现象

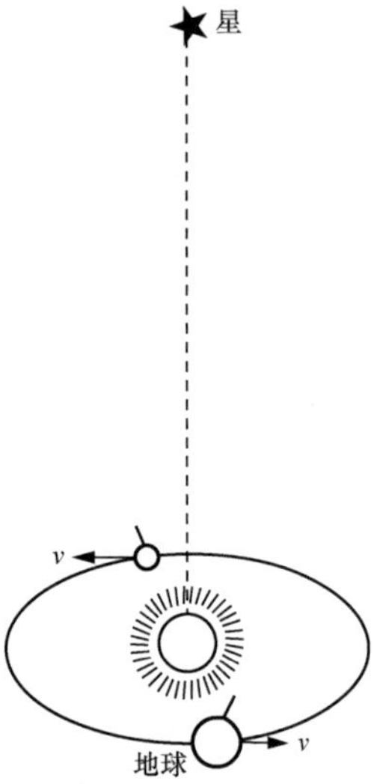

星

v

v

地球

图 1-7　光行差现象

19 世纪，学术界一致认为光是波动，它的传播需要载体。遥远恒星的光能传播到我们这里，是因为宇宙中充满轻而透明的以太，远方恒星的光正是用以太的弹性振动的方式传播过来的。换句话说，光波是以太的弹性振动。

学术界感兴趣的一个问题是，以太相对于地球运动吗？当时，哥白尼的日心说早已战胜了地心说，布鲁诺指出，恒星是遥远的太阳。显然，地球和太阳都不是宇宙的中心。因此设想以太相对于地球或者太阳静止，似乎都不合理。比较合理的设想是，以太相对于牛顿所说的绝对空间静止。如果是这样，地球相对于以太和绝对空间应该运动。天文学上的光行差现象似乎支持了这一观点。

1725 年，天文学家发现，指向一颗确定恒星的望远镜，一年四季（即随着地球绕日公转），镜筒的指向要向不同方向倾斜。1810 年，天文观测再次确认了这一点。这就是光行差现象，如图 1-7 所示。

为什么会出现这一现象呢？可以用雨天打伞和水桶接雨水的实验来加以说明，如图 1–8 所示。下雨天，不刮风时，静止不动的人只需垂直打伞就可以了。如果人要往前走，则雨伞的方向必须向前倾斜才能挡雨。这相当于有风时人不动，雨伞必须迎向风的方向倾斜才能挡雨。接雨水的桶也类似。不刮风时把水桶竖直放置就可以接到雨水。刮风时，水桶必须迎风斜放才能接雨。无风而人抱着桶往前走时，也同样需要把桶向前进方向倾斜才行。

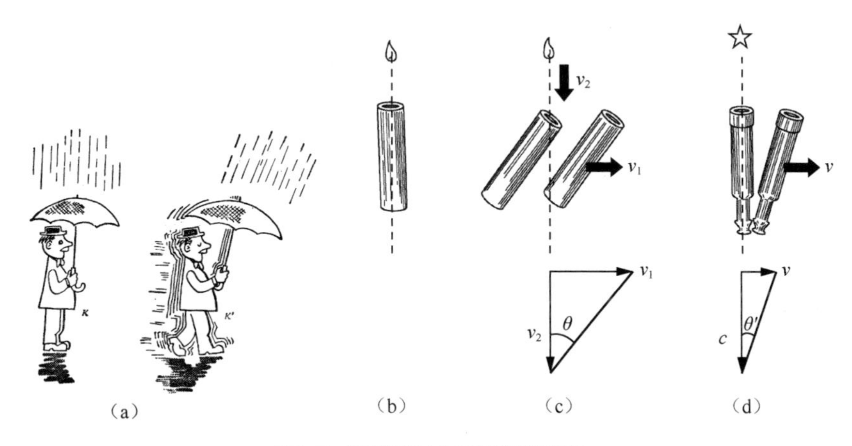

图 1–8　用雨滴和水桶说明光行差现象

光行差现象虽然说明地球相对以太有运动，但是对它的观测不够精确。美国物理学家迈克耳孙试图用他设计的干涉仪来精确测量地球相对于以太的运动速度。为什么物理学家对这一速度很感兴趣呢？这是因为以太相对于牛顿设想的绝对空间静止，测出这一速度也就相当于测出了地球相对于绝对空间的运动速度。学术界认为这是很有意义的事情。

迈克耳孙 – 莫雷实验

图 1–9 是迈克尔孙 – 莫雷实验原理图。从图左边的光源 A 射出的光，到达呈 45° 放置的半透明玻片 D，被玻片分成两束。一束穿过玻片到达右端的反射镜 M_1，在那里被反射回 D，又被 D 反射到图下方的观测器 T。另一束被玻片 D 反射到反射镜 M_2，又被 M_2 反射回来，穿过玻片 D 到达观测器 T。把此装置水平放置，图中 c 为光速，v 为以太漂移速度（与地球运动方向相反）。DM_1 与以太漂移方向平行，DM_2 与以太漂移方向垂直。

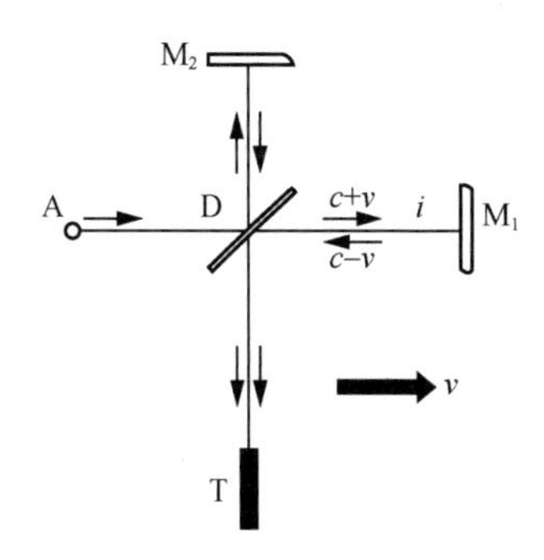

图 1–9　迈克耳孙 – 莫雷实验原理图

我们用在河中游泳的人来说明迈克耳孙干涉仪的原理，如图 1–10 所示。图中的河水相当于以太，游泳的人相当于光。河水以速度 v 向下游流动，游泳者以速度 c 相对于河水游泳，河宽为 l_0。他先顺着河水的方向游泳，从 A 点游到 C，A 与 C 相距为 l_0，与河的宽度相同。由于游泳者相对于河水的速度是 c，河水自身流速是 v，所以游泳者相对于河岸的速度为 $c+v$。到达 C 点后，他再以相同的游速游回 A 点，这时他相对河岸的速度是 $c-v$。他完成这一次游泳所用的时间为 $\frac{l_0}{c+v}+\frac{l_0}{c-v}$。

再考虑游泳者横渡此河，从 A 点游向正对岸的 B 点，然后再返回来。刚才已经说过 A 与 B 的距离为

l_0。然而要注意，由于河水流动方向与游泳者渡河方向垂直，所以他游泳的方向不能垂直向 B 点，否则他将被水冲向下游而不能到达 B 点。他必须向左前方游，这样才能抵消河水流动的影响正好到达 B 点（如图 1–10 中的右图所示）。由于游泳者以速度 c（相对于河水）向左前方游，而河水以速度 v 向下游流，所以游泳者的垂直渡河速度为$\sqrt{c^2-v^2}$。他游到 B 点再返回来的时间是$\frac{2l_0}{\sqrt{c^2-v^2}}$。

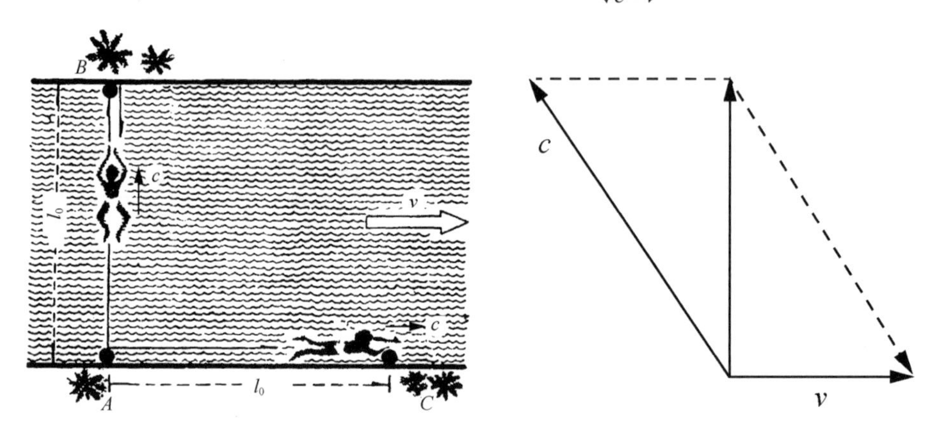

图 1–10　河中游泳的人

游泳者来回横渡河的路程和沿着河水流动方向从 A 到 B 再返回的路程相同，都是 $2l_0$，但所用的时间则相差

$$\Delta t=\frac{l_0}{c+v}+\frac{l_0}{c-v}-\frac{2l_0}{\sqrt{c^2-v^2}}\approx\frac{l_0}{c}\left(\frac{v^2}{c^2}\right) \tag{1.3}$$

图 1–9 中，光从 D 到 M_1，再反射回 D 的运动，就相当于图 1–10 中游泳者顺着河水从 A 游到 C 再逆着河水流动返回 A 的情况。光从 D 射向 M_2 再返回 D 的情况则相应与游泳者横向渡河的情况。

我们看到，虽然干涉仪的两臂 DM_1 和 DM_2 等长，但光沿着两臂做往返运动的时间长短却不同，如式（1.3）所示。

迈克耳孙和莫雷把干涉仪水平转 90°，这时 DM_1 将与以太运动方向垂直，DM_2 则变为与以太运动方向平行。所以干涉仪转 90° 前后，光在两条光路中走的时间将改变

$$\Delta t=\frac{2l_0}{c}\left(\frac{v^2}{c^2}\right) \tag{1.4}$$

这将引起 T 处看到的干涉条纹移动。

迈克耳孙是做实验的高手，他采取了很多措施来提高实验精度，他把仪器安装在光滑的花岗岩石板上，再让石板漂浮在水银上；为了增加光程差，他让光在干涉臂中多次往返。然而，不管他如何提高干涉仪的精度，却始终观测不到干涉条纹的移动。这就是说光沿两条光路运动（沿着以太运动方向及垂直以太运动方向）所用的时间似乎是相同的，$\Delta t=0$。似乎以太没有相对于地球漂移，也就是说似乎以太相对于地球静止。这是怎么回事呢？这一实验结论与光行差现象矛盾。

这就是开尔文所说的第二朵乌云。光行差现象表明，以太相对于地球有运动。而精确的迈克耳孙–莫

雷实验则似乎表明以太相对于地球静止，似乎运动介质（地球）带动了周围的以太与自己一起运动。

洛伦兹的探索

这在当时成为物理界的一大难题。当时最杰出的物理学家之一、电磁学权威洛伦兹对此结果甚为惊讶。他反复思考后提出了一个解释。他认为这表示有一个以前我们不知道的物理效应存在：物体在相对于以太（也就是绝对空间）运动时，会沿运动方向有收缩。例如，一把相对于以太（即相对于绝对空间）静止时长为 l_0 的尺子，在以太中以速度 v 运动时，长度会沿运动方向收缩为

$$l = l_0\sqrt{1 - \frac{v^2}{c^2}} \tag{1.5}$$

如果是这样，迈克耳孙干涉仪与以太漂移方向平行的臂将发生收缩，于是式（1.3）将变为

$$\Delta t = \frac{l}{c+v} + \frac{l}{c-v} - \frac{2l_0}{\sqrt{c^2-v^2}} = 0 \tag{1.6}$$

把式（1.5）代入，读者很容易证明式（1.6）。

有了这个收缩效应，光沿干涉仪两臂运动的时间就相同了，所以转动干涉仪看不到干涉条纹的移动。这一尺缩效应被称为“洛伦兹收缩”。

这样，第二朵乌云的问题似乎就解决了。

然而从伽利略变换推不出洛伦兹收缩，伽利略变换

$$\begin{cases} x' = x - vt \\ y' = y \\ z' = z \\ t' = t \end{cases} \tag{1.7}$$

是两个做相对运动的惯性系（见图 1–11）之间的坐标变换，(x, y, z, t) 为 S 系中的空间坐标和时间，(x', y', z', t') 为 S' 系中的空间坐标与时间。S' 系沿 S 系的 x 轴方向以匀速 v 运动，运动中保持 x' 轴与 x 轴重合（为便于理解，图 1–11 中 x 与 x' 轴未画成重合）；y' 轴与 y 轴平行，z' 轴与 z 轴平行。S' 系与 S 系中的钟已校准同步，保持 $t = t'$。

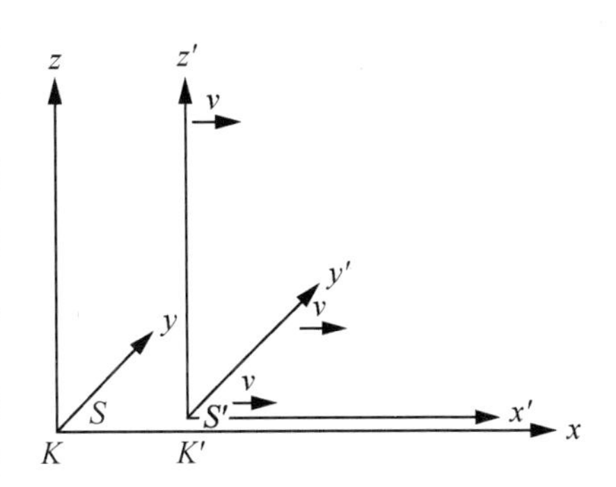

图 1–11　两个惯性系之间的相对运动

在经典力学中，伽利略变换被视为相对性原理的体现，它表明两个相对做匀速运动的惯性系完全是平等的。在伽利略变换下的物理规律应该保持不变。在中学教学中所用的运动叠加的平行四边形法则就来源于伽利略变换。

伽利略变换体现的相对性原理，认为所有的惯性系都是平等的。但洛伦兹收缩则表明存在优越参考系，相对于以太（即相对于绝对空间）静止的参考系是优越参考系，在其中静止放置的尺子最长。而静置于相

对以太运动的惯性系中的尺子，则会沿运动方向缩短，缩短的效应体现在式（1.5）中。居然存在优越参考系！这似乎表明相对性原理不正确了。

问题还不止于此。当时电磁学的麦克斯韦理论已经形成，电磁学已成为一门与牛顿力学并列的物理分支。然而在伽利略变换下，麦克斯韦方程组却不能保持不变，似乎相对性原理对电磁理论不成立。这可是大事。

在各种批评意见下，洛伦兹把伽利略变换进行了修改，他凑出下面形式的坐标变换：

$$\begin{cases} x' = \dfrac{x - vt}{\sqrt{1 - \dfrac{v^2}{c^2}}} \\ y' = y \\ z' = z \\ t' = \dfrac{t - \dfrac{v}{c^2}x}{\sqrt{1 - \dfrac{v^2}{c^2}}} \end{cases} \tag{1.8}$$

在这个变换下麦克斯韦电磁理论的形式保持不变，而且从式（1.8）可以推出洛伦兹收缩公式。这个变换被庞加莱命名为洛伦兹变换。

不过，洛伦兹认为，这一变换并不代表相对性原理。伽利略变换中的 S 系和 S' 系是两个平等的惯性系，并不涉及绝对空间的概念，两个惯性系是完全平等的。而洛伦兹变换中的 S 系和 S' 系不平等，S 系是相对于绝对空间和以太静止的优越参考系，而 S' 系是一般的相对于 S 系运动的惯性系。在洛伦兹变换中，速度 v 有绝对意义，是相对于绝对空间和以太运动的速度。而在伽利略变换中，坐标系的运动速度 v 只有相对意义，只是两个平凡而任意的惯性系之间的运动速度，与以太和绝对空间无关。

他认为，在洛伦兹变换下，S' 系用 (x', y', z', t') 表示的麦克斯韦方程组虽然形式上与 S 系中用 (x, y, z, t) 表示的一样，但不具有真实的测量的意义，仅仅是形式相同而已。

我们看到一个惊人的情况：洛伦兹放弃了相对性原理。洛伦兹和他的学生开始在上述工作的基础上做进一步研究，他们认为，一个相对于以太运动的原子，会在运动方向上收缩而变扁，这种变扁是真实的，他们开始讨论这时原子中电荷分布的变化。

然而，这时候，一个意想不到的理论出现了，那就是爱因斯坦的相对论。

四、爱因斯坦和相对论的创建

在介绍爱因斯坦的研究之前，我们先来介绍一下他的成长经历。

家中来的大学生

1879 年 3 月 14 日，爱因斯坦出生于德国乌尔姆一个小工厂主的家庭，父母都是犹太人。后来他们家迁居到慕尼黑，爱因斯坦在那里度过了他的中、小学生涯。

爱因斯坦小时候说话很晚，父母都担心他智力有问题。他平时不爱与人交流，专注于自己关心的东西。有一次父亲给他带回一只电表，他独自玩了很久，对指针在磁铁影响下的转动很感兴趣。后世研究爱因斯坦的人认为，能够长时间集中注意力，是他的一大特点。

他在学校中沉默寡言，不受老师和同学的喜爱。由于犹太血统和无神论信仰，他常常受到歧视。

爱因斯坦 9 岁开始上中学。10 岁时家中来了一位犹太大学生，叫塔尔梅，是一位学医科的大学生。当时德国的犹太人有一个传统，中产阶级以上的犹太家庭，都会在周末时请一位贫困的犹太大学生到自己家里吃饭，度周末。塔尔梅应邀成为爱因斯坦家的常客。他的出现对小爱因斯坦影响很大。他发现爱因斯坦爱看书，就经常带一些书到爱因斯坦家来。爱因斯坦对所有的书都表现出很大兴趣。他虽然一般不愿与大人交流，对大人谈话的内容也没有兴趣，但对塔尔梅是个例外。他非常欢迎这位大学生，滔滔不绝地与他交谈，问他各种问题，讨论书中感兴趣的内容。科学史学家认为，塔尔梅是小爱因斯坦的第一位启蒙老师。

塔尔梅给他带来一套自然科学丛书，有讲植物的、动物的、矿物的，还有讲化学、物理的，有时还给他带来数学和哲学方面的书。爱因斯坦对所有的书都表现出兴趣，尤其喜欢数学和物理方面的书。其中有的书特别谈到了光的传播特性，谈到光速是最快的速度，而且实验似乎表明光速与光源的运动没有关系。爱因斯坦对这些论述很感兴趣，他后来一直思考光速问题，这个问题的反复思考最终把爱因斯坦引向了相对论的发现。爱因斯坦的父亲发现他爱看书之后，经常在开学前提前给他把课本买好，小爱因斯坦对这些新书爱不释手。他对几何方面的书尤其感兴趣，欧几里得几何的严密结构和推理对他影响很大。爱因斯坦后来发表的狭义与广义相对论，其理论结构都深受欧几里得几何的影响。

有长达五年的时间，塔尔梅是爱因斯坦家的常客，塔尔梅和他带来的科普图书对爱因斯坦的思想启蒙起了重大作用。

对学校教育的反思

与此相反的是，学校教育对爱因斯坦的正面影响不大。德国的中小学教育带有军国主义色彩，老师对学生总是居高临下地讲话。爱因斯坦喜欢自由讨论，厌烦军国主义教育，所以他在学校往往沉默寡言。不过他有时想问老师一些与教学内容无关的问题，那是他在科普书上看到的，以及他自己想到的、与教学内容无关的问题。一问，老师不会，觉得很丢面子，就越发讨厌他。他看科普书后，对《圣经》上的上帝创造世界、创造人的说法产生了怀疑，于是去问老师上帝是否存在，惹得老师非常愤怒。总之，中小学时代的爱因斯坦不受老师和同学的喜爱。

后来，爱因斯坦父亲的工厂经营得不好，只好全家前往意大利投亲靠友。他父亲觉得意大利的科学水平不如德国高，于是就把小爱因斯坦一个人留在了慕尼黑，把他安排进一所优秀中学学习，并托一位远房亲戚照料他的生活。

这所学校同样是军国主义教育，学生不能与老师平等交流。爱因斯坦过得很不舒服，于是去找自己的家庭医生开了一张神经衰弱的证明，想休学半年去与家人团聚，缓解一下精神压力。他还没有把证明拿出来，老师就通知他校长找他。校长建议他退学，因为学校的老师都不喜欢爱因斯坦，觉得他的存在有损学校的声望。据说只有一位老师对爱因斯坦还比较好，不过不是因为看出他有才华，而是觉得他太可怜，大家都看不起他。爱因斯坦一听要他退学，吓了一跳：这怎么跟父母交代啊！后来他一想，这样也好，以后就不用再来这所学校了。于是，他愉快地接受了校长的建议，办好退学手续，翻越风景秀丽的阿尔卑斯山，到意大利去与父母团聚。

阿劳中学

在家里待了一些时候，父母要求他继续上学，以便成年后能找到好一点的工作，能够担起生活的重担。意大利的教育水平不够高，而且爱因斯坦不会意大利语，父母建议他还是回德国学习。可是爱因斯坦不喜欢军国主义的德国，于是他选择了瑞士。瑞士有德语区和法语区，德语区通行德语，和德国差不多，但没有德国的军国主义气氛。于是他决定到瑞士德语区去报考苏黎世联邦理工学院。他喜欢物理，报考了该校的师范系，这是个专门培养大学和中学的数学、物理老师的系。

爱因斯坦第一次没有考上。原因是他中学的课程没有学完，数学、物理成绩还可以，但文科的课程不行。于是学校建议他先到中学去补习一年。物理教授韦伯很喜欢爱因斯坦，觉得这个年龄很小（16 岁）的孩子对物理很有兴趣，而且学得还可以，于是鼓励他好好补习，第二年再来考。而且告诉他，如果他愿意，可以在上补习学校的同时来旁听自己的物理课。大学校长则对他说，他只要拿到中学的毕业文凭，就可以入学。

小爱因斯坦来到阿劳中学补习。瑞士的教育风气与德国差别很大，没有军国主义气氛，老师与同学平等讨论。学校还组织各种活动，丰富学生生活。学生享有充分的学习的自由和生活的自由。爱因斯坦在这里度过了愉快的一年补习生活。

他利用宽裕的时间，思考了很多问题，例如以太问题、光的运动问题等。他想了一个追光实验。他觉得，既然光是波动，如果有一个人以光速跟着光跑，这个人似乎应该看到一个不随时间变化的波场。可是谁也没有见过这种情况，这是怎么回事呢？他又想，假如一个手拿镜子的人以光速飞奔，这个人能从前面的镜子中看见自己吗？由于镜子也在以光速运动，自己的脸反射的光能够到达镜子吗？他怎么也想不明白这些问题。此后他经常在空闲的时候思考这些问题，对这些问题的思考，最终把他引向了狭义相对论的发现。

自学为主的大学生涯

第二年，爱因斯坦如愿以偿考上了苏黎世联邦理工学院的师范系。物理教授是韦伯。刚开始爱因斯坦很喜欢韦伯的课，一口气选了他的 15 门课，但越听越失望。韦伯课程的内容太陈旧，连麦克斯韦电磁理论都不讲。韦伯的课偏重于实用的电工，爱因斯坦感兴趣的却是物理理论。他经常问韦伯一些关于以太、光速的问题。韦伯对他说，这些抽象的东西毫无用处，你好好听我的实用的电工理论，将来很容易找到好工作。然而爱因斯坦的兴趣全然在理论方面，韦伯的话他听不进去。他对韦伯的课越来越失望，韦伯也渐渐厌恶他。后来，爱因斯坦干脆不去听韦伯的课了，自己买了几本物理学家写的书，躲进租住的小阁楼自学。他也不是不去学校，一般下午下课之后他就会去，找班上要好的同学一起喝喝咖啡，问问他们今天的课讲了什么内容，谈谈自己从书上看到的东西；另外就是到实验室去做做实验，验证一下从书本上看到的东西。瑞士大学的实验室对学生是自由开放的，学生可以在课余时间自己来做实验。不过，爱因斯坦不是做实验老师安排的实验，而是做自己想做的实验。实验老师对他很恼火。爱因斯坦做实验时曾经闯过祸，有一次还发生了爆炸，幸好没有出大事。校方给了他警告处分。期末，实验老师给了他个最低分——1 分。这样爱因斯坦和韦伯教授及实验老师的关系都搞坏了。

数学教授是闵可夫斯基，爱因斯坦也逃他的课，以至于闵可夫斯基称他为“懒狗”。

他不去听课，考试怎么办呢？没有关系，他们班唯一的女生米列娃和他关系不错，帮他记笔记。这是一个腿有残疾的塞尔维亚姑娘，和他很谈得来。不过米列娃功课一般，考试时只靠米列娃的笔记不够用。爱因斯坦还有一位要好的朋友叫格罗斯曼。格罗斯曼是一位标准的好学生，每天西装革履，对老师有礼貌，功课好，字也写得漂亮。刚上大学时，爱因斯坦是班上成绩最好的学生，格罗斯曼第二。后来由于爱因斯坦老不去听课，成绩就降下去了，格罗斯曼成为班上成绩最好的学生。爱因斯坦每到考试前就向格罗斯曼借笔记，格罗斯曼每次都慷慨借给他。大家都有体会，考试后有人来跟自己借笔记问题不大，考试前来借可比较麻烦，因为自己也正需要看呢。不过，格罗斯曼每次都很痛快地借给爱因斯坦。爱因斯坦拿着格罗斯曼的笔记突击几天，一考就通过了。考完后，爱因斯坦常发表感想：这门课简直太没有意思了。大家想，这样的学习方式，怎么可能觉得课程内容有意思呢？

好不容易熬到了大学快毕业的时候，要做毕业论文了。爱因斯坦想测以太相对于地球的运动速度，韦伯认为他想入非非，不同意。韦伯要爱因斯坦测一些物质的热导率，并让米列娃和他一起测。爱因斯坦又问是否可以测热导率和电导率的关系，韦伯说不行，叫他按自己的要求做，爱因斯坦只好按韦伯的要求做。结果爱因斯坦得了 4.5 分，米列娃得了 4.0 分，是班上的两个最低分。格罗斯曼得了 5.6 分，全班第一，满分是 6 分。毕业总成绩，爱因斯坦得了 4.9 分，全班第四，也就是倒数第二（全班一共五个同学），勉强拿到了毕业文凭。米列娃得了 4.0 分，倒数第一，这个成绩连毕业文凭都拿不到。

爱因斯坦对学校教育持批评态度，一生中除了在阿劳中学那一年的补习班外，他对学校教育没有好印象。

他高度评价阿劳中学的教学：“这个中学用它的自由精神和那些不倚仗外界权势的教师的纯朴热情，培养了我的独立精神和创造精神。正是阿劳中学，成为孕育相对论的土壤。”他没有说他的大学是孕育相对论的土壤。

四面碰壁的求职者

1900 年，爱因斯坦从苏黎世联邦理工学院毕业了。格罗斯曼和另一个同学被数学教授闵可夫斯基留下来当助教。爱因斯坦想韦伯大概会把自己留下来当助教，但是韦伯不要他。为什么爱因斯坦觉得韦伯会把他留校呢？一个重要的原因是韦伯与西门子公司的总裁是朋友，西门子公司愿意赠送苏黎世联邦理工学院一个现代化的电气实验室，条件是必须让韦伯当主任。苏黎世联邦理工学院当然同意了。所以，韦伯当时正需要人。但是韦伯没有要爱因斯坦，也没有要他的几个同班同学，而是从工科系要了几个毕业生。

爱因斯坦十分失望，于是向一些高校写了求职信，但都石沉大海。1901 年，爱因斯坦发表了第一篇论文，是研究毛细现象的。他给著名的物理化学家奥斯特瓦尔德写了一封求职信，并附上自己的第一篇论文。他在信中强调了自己的论文是受到奥斯特瓦尔德工作的启发而完成的，表达了对奥斯特瓦尔德的钦佩，希望能到他那里工作，但没有回音。爱因斯坦的父亲看到儿子的处境，十分难过。他拉下老脸来给奥斯特瓦尔德写了一封信，恳求他考虑自己儿子的求职申请，但是依然没有回音。爱因斯坦知道自己的好友贝索的舅舅在一个大学担任数学副教授，就恳请贝索通过自己的舅舅帮他在那个大学求职，但是依然没有结果。爱因斯坦感叹道："上帝不仅创造了蠢驴，还给了它一张厚皮。"

爱因斯坦推测求职不顺的原因："可能是韦伯捣的鬼。"他想，当时的大学不多，每个大学只有一个物理教授，这些物理教授可能都相互认识，收到他求职信的教授一看是苏黎世联邦理工学院的学生，肯定会去写信征求韦伯的意见。爱因斯坦想，韦伯一定没有讲自己的好话。他对别人说："这肯定是韦伯捣的鬼。"其实他并没有什么真凭实据。另外，爱因斯坦也意识到了自己求职不顺可能和当时人们对犹太人的种族歧视有关。米列娃后来曾在给自己的好友的信中说："你要知道我的丈夫有一张臭嘴，而且他还是一个犹太人。"

倒霉的事还不止于求职受挫。他与米列娃的恋情也遭到父母的反对。爱因斯坦的父母认为米列娃不仅不是犹太人，而且出身于被压迫民族，还身有残疾，觉得她无论如何也配不上自己的儿子。爱因斯坦对父母的干预很反感，坚持要与米列娃结婚。于是，他与父母的关系处于紧张状态。

专利局——宽松的环境

1902 年，终于时来运转。爱因斯坦的好友格罗斯曼的父亲认识伯尔尼发明专利局的局长。格罗斯曼决心尝试帮一下爱因斯坦的忙。他对父亲讲，你那个局长朋友不是老说他想找一些聪明人到他那里工作吗？你看我的同学爱因斯坦不就很聪明吗？你能不能把爱因斯推荐给你的局长朋友？从史料来看，第一个看出爱因斯坦有才华的人就是他的同学格罗斯曼。

格罗斯曼的父亲真的向局长推荐了爱因斯坦。局长与爱因斯坦谈了一下，觉得他还可以。为了场面上过得去，局长大人组织了一个招聘小组，不过，对招聘小组的考查内容，局长做了有利于爱因斯坦的安排。然而，爱因斯坦仍然回答得不够理想。招聘组长建议局长不要他算了。局长只好把爱因斯坦找来，自己亲自再考查一下，他觉得这个年轻人还可以，于是给了他一个三等职员的岗位。本来爱因斯坦是想申请二等职员，但不管怎么说，爱因斯坦还是很高兴，因为总算有了一个正式的工作，而且，专利局的职员是公务员，这是铁饭碗，有一份固定的工资。

这时候，爱因斯坦的父亲病危，他非常可怜自己的儿子，在临终前同意了爱因斯坦与米列娃的婚事。犹太家庭中，男人是家长，父亲同意了母亲不愿意也不行。这样，爱因斯坦的婚姻问题也解决了。

米列娃原来一直埋怨爱因斯坦找不到工作，她说：“没有工作就没有钱，没有钱我们怎么结婚？”现在两道坎都跨过来了。爱因斯坦到专利局上班，并和米列娃结婚，不久他们就有了两个孩子。

专利局的工作很适合爱因斯坦，主要是事情少，比较空闲，爱因斯坦有时间想想自己感兴趣的问题。而且，局长大人很宽容。爱因斯坦经常把自己想看的书和资料带到办公室，放到抽屉里。空闲时，一看周围没有人，他就悄悄拉开抽屉看这些书和资料。其实，局长大人有几次发现了他在看与本职工作无关的东西，但一看那都是些科学书籍，并非无聊的小说之类，所以也就装作没有看见。空闲而宽容的环境，给爱因斯坦的研究带来极大便利，他的思想开始在科学的天空中自由翱翔。

奥林匹亚科学院

爱因斯坦和他的几个朋友组织了一个自由读书的俱乐部（见图 1-12），取名“奥林匹亚科学院”。这些朋友包括索罗文、哈比希特、沙旺和斐索，他们不都在专利局工作，其中有学哲学的，有学数学的，有学物理的，有学工程技术的。他们先后出现在这个小组中，每次活动的参加者大都是三个人。爱因斯坦是这个读书俱乐部的核心人物，虽然他年龄最小，但大家还是称他为“院长”。他们读的书有哲学的，科学的，也有文学的。科学方面的书大都是专家写的带有科学色彩的高级科普读物。例如数学家庞加莱的《科学与假设》，短文《时间的测量》（1898 年），物理学家马赫的《力学及其发展的历史批判概论》和《感觉的分析》，以及哲学家休谟、斯宾诺莎等人的著作。对这些著作的阅读和自由讨论，对爱因斯坦产生了深远的影响。爱因斯坦成名之后，有些记者不断追问爱因斯坦小时候的情况，试图弄清他成才的原因。爱因斯坦曾回答：“你们为什么老问我小时候的情况，为什么不问一下奥林匹亚科学院呢？”可见，爱因斯坦觉得对自己成才作用最大的是这个自由读书的俱乐部。

图 1-12　爱因斯坦与俱乐部成员哈比希特和索罗文

1905 年：爱因斯的奇迹年

爱因斯坦 1902 年进入专利局工作，直到 1909 年。去专利局之前，他已经在 1901 年发表过一篇论文，是关于毛细现象的。进入专利局后，1902 年他发表了两篇论文，1903 年发表了一篇论文，1904 年又发表了一篇论文。他发表论文的数目不多，当然，这都是他的业余工作，与专利局的本职工作无关。

1905 年，他连续发表了几篇重要论文：3 月完成了解释光电效应的论文（6 月发表），提出了光量子理论；4 月提交了他的博士论文《分子大小的新测定法》；5 月完成了解释布朗运动的论文（7 月发表）；6 月完成了他的划时代论文《论动体的电动力学》，即创立狭义相对论的论文（9 月发表）；9 月完成了相对论的第二篇论文，给出了著名的公式 $E = mc^2$（11 月发表）。此后，他还完成了另一篇关于统计物理的论文，投稿后于第二年发表出来。

从今天看来，除去那篇博士论文之外，爱因斯坦在 1905 年发表的剩下四篇论文都是诺贝尔奖级的，其中最杰出的是关于相对论的论文。他一年之内完成这么多优秀的成果，只有牛顿 22 岁到 24 岁之间，在乡下躲避瘟疫的时候取得的成就，可以与之相媲美。那一年半左右的时间，在历史上称为“牛顿的奇迹年”，于是，人们也把 1905 年称为“爱因斯坦的奇迹年”。

爱因斯坦的教授生涯

爱因斯坦对相对论、光量子理论和统计物理的杰出贡献，逐渐使他誉满全球，开始有大学聘请他去工作。1909 年，已经担任苏黎世联邦理工学院数学物理系主任的格罗斯曼，邀请他到母校工作。好友的盛情，自然难以推辞，他从此离开了专利局到高校工作。

爱因斯坦科研搞得非常好，但教学效果不行。一堂课开始时，往往教室挤得满满的，座无虚席。爱因斯坦开讲十几分钟后，人们纷纷起身离去，只剩下十几个人。这十几个人是专门来听课的，其他的人都是仰慕他的盛名前来见见这位奇人的。

爱因斯坦讲课的优点是把自己的思维过程直接展示给学生；缺点是有时候会忘记了自己的公式是怎么证明的，然后抱歉地对同学们讲，他一时想不起公式的证明方法了，不过这个公式他亲自证过，他保证是正确的，然后就往下讲。格罗斯曼有一次悄悄来旁听，从门缝往里一看，讲台上没有人，一扫视，才发现那天只来了一个学生。爱因斯坦和那个学生骑在一条长条桌上，各叼着一个烟斗，在那里讨论。格罗斯曼叮嘱自己的好友，要注意改进教学方法。

爱因斯坦后来曾经应邀在奥匈帝国的布拉格大学讲过课。1914 年，在普朗克等人的动议下，德国向他发出了邀请，邀请他担任柏林大学教授、威廉皇家物理研究所所长和普鲁士科学院院士。爱因斯坦虽然对德国印象不好，但那里有那么多的朋友，那么多优秀的科学家，那么高的研究水平，那么高的职位和薪金，所以他还是接受了这一邀请。

当他乘火车到达柏林时，德国物理界的精英全都到车站迎接他。普朗克致欢迎词：“您终于回到了您诞生的国度。”

爱因斯坦在德国有机会与希尔伯特等数学、物理学家交流。1915 年他终于提出了广义相对论，达到了他一生成就的顶峰。

1922 年，爱因斯坦获得了 1921 年度的诺贝尔物理学奖。诺贝尔奖评委会宣布，1921 年度的诺贝尔物理学奖授予德国的爱因斯坦。但授奖原因并非他的最大成就狭义和广义相对论，而是他解释了光电效应。正当德国人为自己的同胞获得诺贝尔奖而沉浸在欢乐之中时，爱因斯坦私下里对人说："我什么时候成了德国人了，我兜里揣的是瑞士护照。"的确，他在苏黎世联邦理工学院上学时，就放弃了德国国籍，有几年是无国籍者，大学毕业前才取得了瑞士国籍，此后他一直保留瑞士国籍。爱因斯坦这一番话，真是大煞风景。德国科技部部长不得不出来解释："在爱因斯坦教授同意担任普鲁士科学院院士的时候，他已经默认自己获得了德国国籍。"爱因斯坦没有再说什么。

在爱因斯坦获得成功之后，曾有一些人出来说："看，我们的社会有多么的不公，像爱因斯坦这么优秀的人，居然没有一所大学愿意要他，如果他一开始就进入大学工作，肯定会取得更多更大的成就。"

针对这一说法，爱因斯坦的好友、数学家希尔伯特说："没有比专利局更适合爱因斯坦的工作单位了。"因为那里空闲、宽容，爱因斯坦可以自由支配自己的时间。而在大学工作，则必须完成规定的教学任务和科研任务，科研项目和时间往往也不能自主选择。

1933 年，由于希特勒对犹太人的迫害，爱因斯坦不得不借道比利时前往美国。此后他一直在美国普林斯顿高等研究院工作，直到 1955 年 4 月 18 日逝世。

婚姻与家庭

1903 年 1 月 6 日，爱因斯坦与米列娃在伯尔尼登记结婚，双方的父母和亲属都没有参加，证婚人是爱因斯坦的好友索罗文和哈比希特。仪式简单朴素，他们在一家小餐馆举行了庆祝活动，饭后爱因斯坦和米列娃走回寓所，结婚仪式就算完成了。

爱因斯坦与米列娃的自由恋爱和前半段婚姻是幸福的，他们很快有了两个可爱的儿子。但是爱因斯坦的母亲始终对儿子的婚姻耿耿于怀，她不喜欢米列娃，甚至还曾经直接写信给米列娃的父母，把他们的女儿臭骂了一顿。她还在给自己朋友的信中说："这位米列娃小姐，给我造成了终身最大的痛苦。"米列娃当然知道婆婆的不满，她在自己的信中也曾提到："这个老太婆怎么这个样子，其实我没有对她不好，……"

爱因斯坦的亲戚和一些朋友也看不上米列娃，主要是觉得她有残疾。

时间一长，这些因素对爱因斯坦产生了影响。他在感情上与米列娃逐渐疏远，终于在 1919 年与她离婚。此后，米列娃一直和两个儿子生活在一起。爱因斯坦则大病一场，病中得到他表姐的照料，不久就和表姐结了婚。这位表姐叫爱尔莎，同时是他的堂姐。爱尔莎的母亲和爱因斯坦的母亲是亲姐妹，父亲则与他的父亲是堂兄弟，这桩婚姻可以说是亲上加亲。对爱因斯坦与爱尔莎的婚姻最满意的是他的母亲。

有人说，爱因斯坦对自己的第二段婚姻很满意，非常幸福。但这恐怕不是事实。爱尔莎对爱因斯坦生活上的照料是细致尽心的。不过，她总在外人面前标榜自己是爱因斯坦的夫人，这一点令他不大痛快。当然，在爱因斯坦的心中，与米列娃离婚的阴影始终存在。爱因斯坦的好友贝索去世时，他给贝索夫人的哀悼信中曾提到："我真羡慕你们的婚姻，你们的婚姻是如此的美满成功，我的两段婚姻都不成功。"爱因斯坦与贝索一家的关系十分密切，贝索夫人的弟弟是爱因斯坦的妹夫。

爱因斯坦与米列娃离婚后，按照承诺把自己获得的诺贝尔奖奖金全部给了米列娃和两个儿子（见图 1-13），但这并不能减轻米列娃的痛苦。她和两个儿子都对爱因斯坦很不满意。长子后来成了水利专家。米列娃和小儿子则患了精神病（可能有家族遗传史），在精神病院度过了余生。

图 1-13　米列娃与他们的两个儿子

关于米列娃是否对爱因斯坦的科研工作有贡献的问题，曾经有过一些讨论。因为米列娃是爱因斯坦的同班同学，是学物理的，所以当然对他的研究工作能大体看懂。在他们二人的通信中，爱因斯坦大段大段地谈论他的工作，而且二人有一定的交流。爱因斯坦还在信中多次提到这些论文"是我们二人的共同工作"。

爱因斯坦喜欢讲话，米列娃是他的忠实听众，不但耐心听他讲述科研内容，还不时有一些反驳或提问，使爱因斯坦更加兴趣盎然。这些讨论肯定对爱因斯坦有一些启发。而且，她帮助爱因斯坦打字、誊清稿件，承担了主要家务，所以她对爱因斯坦的帮助肯定是很大的。但是，没有证据表明，她有创造性的贡献。有人认为，在最早的几篇论文的手稿上，爱因斯坦的签名上挂有米列娃的姓"玛里奇"，这表明爱因斯坦承认了妻子的贡献。但这是一种误解，瑞士人有一个习惯，男人在结婚后签名时，往往会带上夫人的姓。

爱因斯坦的探索

爱因斯坦也看到了第二朵乌云造成的难题，不过他注意的不是迈克耳孙 - 莫雷实验和光行差现象的矛盾，而是斐索实验与光行差的矛盾。法国物理学家斐索研究了以太是否被介质（流水）带动的问题，结论是流水似乎部分地带动了以太，但又没有完全带动，这一结论也和光行差现象矛盾。光行差现象表明地球在以太中穿行，即地球这种介质没有带动以太。

爱因斯坦赞同马赫对牛顿“绝对空间”和“以太论”的批判。他接受了马赫的观点，认为根本就不存在绝对空间，也不存在以太。爱因斯坦认识到相对性原理是一条根本性的原理，应该坚持。

爱因斯坦还注意到天文观测的一个结论：没有看到双星轨道发生形变的现象（见图 1-14）。宇宙中像我们太阳系这种只有一颗恒星的天体系统是很少的，大多数天体系统都是由两颗恒星或多颗恒星组成的。有两颗恒星的天体系统叫双星系统，有多颗恒星的叫聚星系统。在双星系统中，两颗恒星围绕它们的质心转动。我们观察它们时会发现，它们往往一颗向着我们运动，另一颗背向我们运动。如果光速与光源运动有关，那么朝向我们运动的恒星发出的光速度就会加快，远离我们的恒星发出的光速度就会减慢。这些光在穿越漫长的星际空间到达地球后，我们同时看到的两颗恒星将不是它们“同时”所处的轨道位置，这样我们就会看到恒星围绕它们质心运动的轨道发生形变，不再是椭圆轨道。但是天文观测从来没有发现过双星轨道变形，这说明，恒星发出的光和恒星自身（光源）的运动无关。

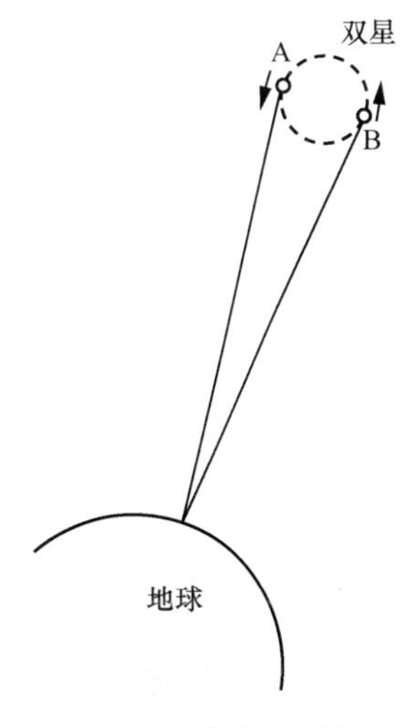

图 1-14 双星自转示意图

爱因斯坦想起了自己少年时代塔尔梅给他带来的科普书中，有的作者就强调了从来没有发现光速和光源的运动有关的现象。也就是说，似乎光速与光源是否运动无关。现在他发现，天文观测注意到的双星轨道不变形，和那些科普书中的猜测是一致的。

爱因斯坦早就注意到，在麦克斯韦电磁理论中，真空中的光速（电磁波的速度）是一个恒定值 c。如果坚持相对性原理，麦克斯韦理论就应该在所有的惯性系中都一样，也就是说真空中的光速在所有惯性系中都是同一个 c，与这些惯性系的相对运动速度无关。他又回忆起了自己在阿劳中学时想过的那个追光实验：假如一个人追上光，与光以相同速度跑，那么他将看见一个不随时间变化的波场，可是谁也没有见过这一情况。这说明光相对于任何观测者都是运动的，也许都是同一个速度 c。

这时，爱因斯坦的思想产生了一个飞跃：真空中的光速与光源相对于观测者的运动无关，都是同一个值 c。他把这个结论称为“光速不变原理”。

光速不变原理和相对性原理一起，成为爱因斯坦的新理论（即现在所说的狭义相对论）的基础。

爱因斯坦走向突破

然而，光速不变原理与伽利略变换冲突，而当时伽利略变换被看作相对性原理的数学表达。

我们从伽利略变换式（1.7）不难得出$\frac{\mathrm{d}x'}{\mathrm{d}t'}=\frac{\mathrm{d}x}{\mathrm{d}t}-v$，即 $u'=u-v$。

v 是 S' 系相对于 S 系的运动速度，此式体现的就是中学物理中学到的速度叠加的平行四边形定则。若速度 u 和 u' 分别是光速 c 和 c'，则 $c=c'+v$。它表明，按照伽利略变换，S 系和 S' 系中的光速不同，此结果与光速不变原理冲突。这是怎么回事呢？经过思考后，爱因斯坦认为伽利略变换并不等同于相对性原理，应该坚持光速不变原理和相对性原理，放弃伽利略变换。相对性原理比伽利略变换更基本，应该构建能正确表达相对性原理的坐标变换，来取代伽利略变换。

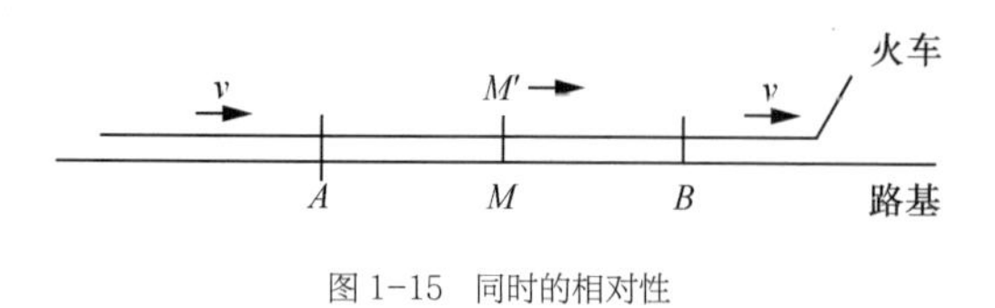

图 1-15　同时的相对性

困扰爱因斯坦时间最长的问题与时间的定义有关，也就是与“同时性”的定义有关。他思考过这样一个例子。如图 1-15 所示，当一列火车以速度 v 通过站台时，恰有两个闪电分别击中站台上的 A 点和 B 点，静止于 AB 这段距离中点 M 的站长同时看到来自 A 点和 B 点的闪光。由于光速各向同性，站长认为“闪电击中 A”与“闪电击中 B”是两个“同时”发生的事件。

然而事件 A 和事件 B 也分别对应着火车上的 A 点和 B 点。站台上的人认为，闪电“同时”击中 A 与 B 时，位于列车上 M' 点的列车长恰好与站台上 M 点的站长相遇。由于光信号的传播需要时间，沿着 $A \to B$ 方向行驶的火车，在从闪电击中 A、B 两点，到闪光传到列车长眼睛的这段时间里，已向车头的方向移动了一段距离。所以，虽然静止于 M 点的站长会同时看到来自 A、B 两点的闪光，但列车长将先看到来自车头 B 的闪光，后看到来自车尾 A 的闪光。列车长静止于列车 AB 的中点，他也认为在他所处的惯性系中光速应该各向同性，既然先看到闪电击中 B，后看到闪电击中 A，他当然认为事件 A 与事件 B 不是同时发生的，“闪电击中 B”是先发生的事件，“闪电击中 A”则是后发生的事件。

这是怎么回事呢？在一个惯性系中“同时”发生的事件，在另一个相对于它运动的惯性系中看居然会不是同时发生的，问题出在哪里呢？

这个问题困扰了爱因斯坦多年，他曾设想放弃光速不变原理，但仍找不到出路。1905 年的一天，那是一个天空晴朗的下午，爱因斯坦带着这个问题去找他的朋友贝索讨论。经过一段时间的讨论后，爱因斯坦突然眼前一亮，他的头脑中闪现出了一个亮点：这个问题的解决和时间的定义有关。他激动地对贝索表示感谢，说他的问题已经解决了。贝索感到迷惑，没有明白问题怎么就解决了。

爱因斯坦立刻回家去整理自己的思想，第二天上班时碰见贝索（贝索也在专利局上班），又对他表示了感谢，贝索依然很迷惑。四五个星期之后，爱因斯坦开创相对论的论文《论动体的电动力学》就完成了。在论文的最后，他再次对贝索表示了感谢，他写道：“最后，我想指出，在研究这里讨论的问题时，曾经得到我的朋友和同事贝索忠实的帮助，对他提出的几个有价值的建议，我表示谢意。”

论文发表之后，贝索激动地对爱因斯坦说：“阿尔伯特，你把我带进了历史。”

这个突破的第一步，是爱因斯坦想到了“同时性”的定义与对光速的“约定”（或者说“规定”）有关。

庞加莱在短文《时间的测量》中就指出，想要把位于两点的时钟校准成“同时”或者“同步”，必须首先对信号传播速度有一个“约定”。当时，人们已经知道最快的信号传播速度是真空中的光速。庞加莱建议，首先约定真空中的光速各向同性，这样才能把位于不同地点的钟对好，从而才能有“公共的时间”。爱因斯坦曾经读过庞加莱的这篇短文，所以爱因斯坦在与贝索的讨论中可能想到了庞加莱的这一思想。不过，仅有庞加莱的这一思想还不足以形成突破。由于爱因斯坦坚持相对性原理和光速不变原理（注意，光速不变原理不是指真空中的光速各向同性，而是指真空中的光速与光源相对于观测者的运动无关）。所以这时他在庞加莱思想的基础上又往前走了一大步，认识到在做相对运动的各个惯性系中，每个惯性系都可以定义自己系中的“同时”概念，各个惯性系中的“同时”可以是不同的，这就是“同时的相对性”。光速不变原理必将导致同时的相对性。“同时”不是一个绝对的概念，每个惯性系都有自己的“同时”。在一个惯性系中同时发生的事件，在另一个做相对运动的惯性系中则不同时。“同时的相对性”是爱因斯坦首先想到的，包括庞加莱在内的其他人均没有想到。而这一点，正是建立相对论的关键。

坚持光速不变原理，并认识到这一原理必将导致的同时的相对性，是创建相对论的关键的关键。

相对论的创建

爱因斯坦自幼喜欢读几何书，他深受欧几里得几何的影响。这时，他依据欧几里得几何公理体系，建筑起相对论的大厦。

他首先确认了两条公理：相对性原理和光速不变原理。然后他在这两条公理的基础上推出洛伦兹变换，作为他的理论的核心公式。再从这一核心公式出发，得出一系列重要的推论，例如同时的相对性、动钟变慢、动尺收缩、质量公式、质能关系等。

爱因斯坦得到的洛伦兹变换与洛伦兹本人给出的变换形式完全一样，但物理解释根本不同。而且，爱因斯坦有以相对性原理和光速不变原理为基础的完整的理论体系，而洛伦兹给出的这个变换是凑出来的，并无更深的理论依据。洛伦兹放弃了相对性原理，认为存在绝对空间和以太。式（1.8）中的 S 系不是一般的惯性系，而是一个相对于绝对空间和以太静止的优越参考系。S' 系则是一般的惯性系，它相对于 S 系的速度 v，就是相对于绝对空间和以太的速度，有绝对意义。爱因斯坦坚持相对性原理，认为根本不存在绝对空间和以太，所以也不存在优越参考系，所有的惯性系，例如式（1.8）中的 S 系和 S' 系，都是平等的，它们之间的运动速度 v 只是相对速度，没有绝对意义。

洛伦兹反对爱因斯坦的解释。为了区分自己的理论和爱因斯坦的理论，他建议把爱因斯坦的理论称为“相对论”，爱因斯坦接受了这一建议。爱因斯坦后来又把他的相对论往前推进了一大步，发展成新的理论。于是，他把原来的相对论称为“狭义相对论”，后来发展创建的新理论叫作“广义相对论”。

五、狭义相对论

狭义相对论的核心公式是洛伦兹变换。

下面我就来介绍一下从相对论的洛伦兹变换推出的一些重要推论。式（1.8）反映的是图 1-11 中两个相对做匀速直线运动的惯性系之间的坐标变换。为了下面讨论的方便，我们给出式（1.8）的逆变换：

$$
\begin{cases}
x = \dfrac{x' + vt'}{\sqrt{1 - \dfrac{v^2}{c^2}}} \\
y = y' \\
z = z' \\
t = \dfrac{t' + \dfrac{v}{c^2} x'}{\sqrt{1 - \dfrac{v^2}{c^2}}}
\end{cases}
\tag{1.9}
$$

二者完全等价。

同时的相对性

把式（1.8）的第四个方程两边微分，得

$$
dt' = \frac{dt - \dfrac{v}{c^2} dx}{\sqrt{1 - \dfrac{v^2}{c^2}}} \tag{1.10}
$$

其中 $dt' = t_2' - t_1'$，$dt = t_2 - t_1$，$dx = x_2 - x_1$。考虑 S 系中“同时”发生在 x_1 处和 x_2 处的两个事件。S 系中的观测者看到它们“同时”发生，也就是 $t_1 = t_2$，$dt = 0$。但是，从式（1.10）可以得到一个奇怪的结论，由于这两个事件发生在 S 系的两个不同地点，$dx \neq 0$，所以 $dt' \neq 0$。也就是说，在 S' 系中的观测者看来，$t_1' \neq t_2'$，这两个事件不是同时发生的。

同样，在 S 系中“同时”发生的两个事件，在相对于 S' 系做匀速直线运动的系中的观测者看来，也不是“同时”发生的。我们只要把式（1.9）的第四式微分

$$
dt = \frac{dt' + \dfrac{v}{c^2} dx'}{\sqrt{1 - \dfrac{v^2}{c^2}}} \tag{1.11}
$$

很容易通过类似的讨论得到这一结论。

这就是“同时的相对性”。同时的相对性从表面上看是和我们的日常生活经验相抵触的。

生活经验告诉我们，在相对做惯性运动的两个参考系中，在一个参考系里“同地”发生的两件事，在另一参考系里往往不是“同地”发生的。也就是说，“同地”是一个相对的概念。我们在日常生活中都有这方面的经验。例如在一辆匀速行驶的公交车上，一位乘客买车票，他把钱给售票员，售票员把票给他。由于乘客和售票员面对面站着没有动，车上的人都认为这两件事发生在车的同一地点。但是，在车下的路人看来，这两件事没有发生在马路的同一地点。当售票员收到钱再把票递给乘客时，车已经开出去十几米了。因此，两件事没有发生在马路的同一地点。所以“同地”是一个相对的概念，这一点大家都明白。

但是如果车上的两个地方，“同时”发生了两件事，车上的人和车下的人会有相同的看法吗？例如，有

两个淘气的孩子，一个在车头，一个在车尾，“同时”各放了一个鞭炮（这是被禁止的行为）。警察来了，问：“是谁先放的？”车上的人一致认为是同时放的。那么车下的人呢？日常经验告诉我们，车下的人也觉得这两个鞭炮是同时响的。所以，在我们的日常生活中，“同时”似乎是一个绝对的概念。

相对论指出“同时”是相对的，似乎和我们的日常经验不符。这是为什么呢？相对论告诉我们，上述例子是由于车速不够快，如果车速非常快，快到接近光速，那么大家就可以感受到“同时”的相对性了。影响“同时”相对性的效应含在式（1.10）的因子 $\frac{-\frac{v}{c^2}\mathrm{d}x}{\sqrt{1-\frac{v^2}{c^2}}}$ 中。由于公交车速度远远小于光速，即 $v \ll c$，所以这个因子完全可以忽略。然而，如果公交车（也许用星际飞船打比方更好）的速度 v 接近光速 c，上面的因子的分母趋于零，这一效应就不能再忽略。同时的相对性将变得非常显著。

曾经长期困扰爱因斯坦，使他迟迟建立不起相对论的主要困难，就是他原先没有认识到“同时”不是一个绝对的概念，而是一个相对的概念。“同时的相对性”是他的光速不变原理的直接推论。当他想通了这一点之后，相对论的大厦很快就建立起来了。爱因斯坦在回忆自己构建相对论的关键突破时，强调了与贝索的讨论对他的启发，这个启发就是使爱因斯坦想到了“同时”不是一个绝对的概念，“同时”的定义与光速的特性有关。只要光速不变原理成立，“同时”这个概念就是相对的。

由于同时的相对性与人们的日常经验相抵触，因此很难被理解。理解这一点是读懂相对论的关键。

动钟变慢

现在我们来介绍相对论中的“动钟变慢”效应。为了讨论方便，我们在 S 系中沿 x 轴摆放一列钟，在 S' 系中沿 x' 轴也摆放一列钟，如图 1–16 所示。在 S 系中的这列钟是静钟。S 系中的观测者把这列钟进行校准，让它们走得一样快。S' 系中的观测者也把静置于自己系中的这列钟校准，让它们走得一样快。双方都认为自己的钟是静钟，对方的钟是动钟。

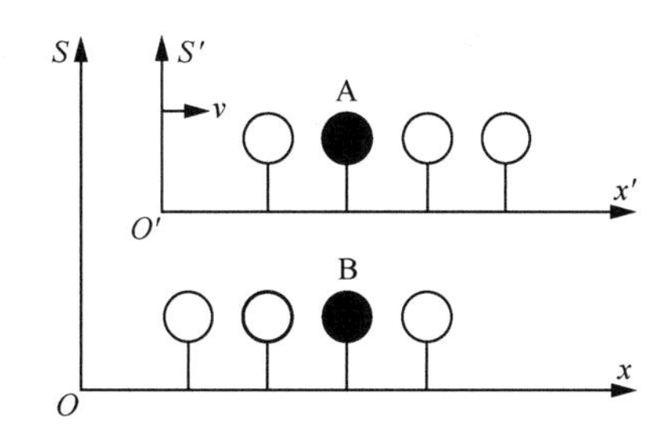

图 1–16　动钟变慢

由于 S' 系沿 x 轴方向以速度 v 运动，S' 系中的每个钟从 S 系中的这列钟身边掠过，与它们中的每一个只相遇一次。同样，S 系中的每个钟也与 S' 系中的这列钟的每一个只相遇一次。那怎么比较它们的快慢呢？幸好，S 系中的这列静钟已调整同步，S' 系中的观测者也已把自己的这列静钟调整同步。所以，他们都只需盯住对方的一个钟（动钟），让它依次和自己的一列静钟比较快慢就可以了。

例如，S 系的观测者盯住 S' 系中的 A 钟，由于 A 钟在 S' 系中静止，所以 $\mathrm{d}x' = 0$，从式（1.11）可得

$$\mathrm{d}t = \frac{\mathrm{d}t'}{\sqrt{1-\frac{v^2}{c^2}}} \tag{1.12}$$

从式（1.12）容易看出，A 钟每走 1 秒，即 $\mathrm{d}t' = 1$ 秒，则 S 系中的钟走的时间将大于 1 秒，而且，A 钟（也即 S' 系）运动速度 v 越快，$\mathrm{d}t$ 就越大，如果 A 钟速度趋近光速，即 $v \to c$，则 $\mathrm{d}t \to \infty$。也就是说，高速运动的钟走 1 秒，静钟将走极长的时间，所以在 S 系中的观测者看来，高速运动的钟 A 时间走得非常慢。

同样，对于 S' 系中的观测者，只需盯住 S 系中的一个钟（动钟，例如 B）来与自己这列钟比较就行了。由于 B 钟在 S 系中静止，所以 $\mathrm{d}x = 0$，从式（1.10）可得

$$\mathrm{d}t' = \frac{\mathrm{d}t}{\sqrt{1 - \frac{v^2}{c^2}}} \tag{1.13}$$

进行类似讨论可知，S' 系中的观测者也认为动钟 B 比他的一列静钟慢了。

总之，动钟变慢效应是相对的。

只要注意下面这一点，讨论这一效应时，就不会出现混乱：动钟是单独的，而静钟是一列钟，单独的动钟总是比一系列的静钟慢。

动尺收缩

设在 S 系中沿 x 轴放置一把尺子，对 S 系中的观测者而言它是静尺，长度为 l_0。在 S' 系中沿 x' 轴也放置一把相同的尺子，对 S' 系中的观测者而言它也是静尺，长度当然也是 l_0。他们都认为对方的尺子是动尺，自己的尺子是静尺。

要特别注意的是，测静尺的长度时，测尺子的两端的位置可以不受时间限制，可以测完一端再测另一端。但测动尺就不同了，观测者必须“同时”去测动尺的两端，否则动尺的移动就会造成测量发生错误。

现在我们讨论 S 系中的观测者去测静置于 S' 系中的尺子。对于 S' 系它是静尺，$\Delta x' = l_0$；对 S 系来说它是动尺，必须“同时”去测它的两端。我们把洛伦兹变换式（1.8）的第一式微分：

$$\Delta x' = \frac{\Delta x - v\Delta t}{\sqrt{1 - \frac{v^2}{c^2}}} \tag{1.14}$$

S 系中的“同时”意味着 $\Delta t = 0$，测得的动尺长度 $l = \Delta x$，用式（1.14）可得

$$l = \Delta x = \Delta x' \sqrt{1 - \frac{v^2}{c^2}} = l_0 \sqrt{1 - \frac{v^2}{c^2}}$$

于是我们得到了动尺收缩的公式：

$$l = l_0 \sqrt{1 - \frac{v^2}{c^2}} \tag{1.15}$$

注意，它与当年洛伦兹假设的收缩公式［式（1.5）］完全一样。然而爱因斯坦对这个动尺收缩公式的解释

却与洛伦兹完全不同。洛伦兹认为，这个收缩效应是绝对的：尺子在相对于以太（也即相对于绝对空间）静止的时候最长，是 l_0；如果这把尺子相对于以太（绝对空间）运动，它将沿运动方向发生收缩。而且，这种收缩具有实质性，构成尺子的原子中的电荷分布将会发生变化。

而爱因斯坦认为根本不存在绝对空间和以太。这一收缩效应是相对的，两个相对做匀速直线运动的惯性观测者，都认为相对于自己静止的尺子最长，为 l_0；静止于对方参考系中的尺子相对于自己是动尺，自己必须同时去测它的两端以得到它的长度，这时将会发现动尺长度收缩为 l，如图 1-17 所示。

图 1-17　动尺收缩

总之，相对论认为动尺收缩没有绝对意义，两个观测者都认为对方的尺子是动尺，产生了收缩。而且，这一收缩只是时空效应，构成动尺的原子并没有发生实质变化，例如，原子中的电荷分布依然保持原样。

考虑到这一收缩公式是洛伦兹首先提出的，爱因斯坦在相对论中依然称其为洛伦兹收缩。

相对论中的速度叠加

考虑图 1-18 所示的假想情况，如果有一列火车以 $v = 0.9c$ 的速度向前行驶，车顶上有一个人以 $u' = 0.9c$ 的速度相对于火车奔跑，那么这个人相对于地面的奔跑速度 u 是多少？如果按照牛顿力学中的叠加公式，$u = u' + v$。这个人将以 $1.8c$ 的速度运动，看起来他将做超光速运动。然而，相对论中得到的速度叠加公式与牛顿理论不同，是

$$u = \frac{u' + v}{1 + \frac{u'v}{c^2}} \tag{1.16}$$

按照此公式，在车顶上奔跑的这个人无论如何也不可能超过光速。在上例中可以算出他相对于地面的速度约为 $0.9945c$。

图 1-18　相对论中的速度叠加

静质量与动质量

相对论发表之前，1901 年，德国物理学家考夫曼在实验中发现，电子的质量似乎随运动速度的增加而

增大，但他没有得出严格的公式。1904 年，洛伦兹把他的动尺收缩效应应用于电子研究，首先得出了下面的质量公式，即洛伦兹变换公式（庞加莱称为洛伦兹变换和质量与速度的关系式），此式表明电子运动时质量会增加。

$$m = \frac{m_0}{\sqrt{1 - \frac{v^2}{c^2}}} \tag{1.17}$$

式中：m_0 是粒子静止时的质量，称为静质量；m 是它运动时的质量，称为动质量。显然，对于属于同一种类的粒子（例如电子），静质量是一个常数，动质量则随粒子的运动速度变化，运动速度 v 越快，动质量越大。爱因斯坦的相对论用洛伦兹变换，也推出了这一质量公式。

目前，对于动质量是否算质量的问题，学术界有不同意见。这个意见首先是苏联物理学家朗道提出来的。朗道认为动质量和能量一样，是四维矢量的一个分量，在坐标变换下会发生变化；而静质量是个标量，对于具体的基本粒子还是常数。标量在坐标变换下不变，所以只有静质量才反映粒子的本质属性。他认为动质量不应算作质量，式（1.17）中的 m 只不过是个符号。朗道的观点目前是相对论界的主流观点。

有人说，爱因斯坦也同意这一观点。这种说法并不确切，爱因斯坦只是在通信中，对有人提出的“动质量不算质量”的观点表示“你也可以这样认为”。但是爱因斯坦从来没有在正式的文章和讲话中说“动质量不算质量”。

实际上，如果动质量不算质量，质量守恒定律将不存在。例如，电子和正电子就具有相同的质量，二者相撞就湮灭为两个光子，而光子没有静质量，只有动质量。这样，质量就不守恒了。

另外，动质量不算质量的观点，在粒子物理界并没有被接受，在相对论界也有一部分人存在异议。

质能关系

1881 年，汤姆孙推测电磁场有能量，但他没有给出具体的结果。

1905 年，爱因斯坦在他创建相对论的第二篇重要论文中，推出了如下的质能关系：

$$E = mc^2 \tag{1.18}$$

对于静止物体

$$E_0 = m_0 c^2 \tag{1.19}$$

此关系指出，质量和能量是同一事物的两面性质。凡是质量都具有能量，凡是能量都具有质量。

在此之前，物理学中的质量和能量是两个毫无关系的独立的物理量。现在，爱因斯坦指出它们具有实质联系，它们本质上是同一个物理量。

在牛顿的经典物理学中，质量有两个本质属性，一个反映物体惯性的大小（惯性质量），另一个反映物体产生万有引力的大小（引力质量）。现在，爱因斯坦又指出了质量的第三个属性：反映物体潜在的做功能力。这实在是太惊人了。

这里还要指出，质能关系反映的物体潜在能量（可以称为固有能量）是十分巨大的。

我们拿起一杯热水，从经典物理学的角度我们知道这杯水有能量，具体来说就是构成热水的分子具有热运动的动能。质能关系中的能量可不是指的这点热运动内能，这点内能太小了。按照质能关系可以算出，1 克物质的固有能量释放出来，相当于 2 万吨炸药的能量。这杯水的固有能量如果以热和光的形式释放出来，足以炸毁一座大城市。

我们常常听到关于能源危机的讨论，认为人类面临能源短缺的难题。质能关系告诉我们，自然界并不缺乏能源，只是需要我们找到新的把固有能量转化为可利用的热能、光能和电能的方法。

经典物理学中的动能

下面我们看一下经典物理学中的动能在相对论中的位置。利用式（1.18）和式（1.19）不难得出

$$\begin{aligned} T &= mc^2 - m_0c^2 \\ &= m_0c^2\left(\frac{1}{\sqrt{1-\frac{v^2}{c^2}}} - 1\right) \\ &= \frac{1}{2}m_0v^2 + \frac{3}{8}m_0\frac{v^4}{c^2} + \cdots \end{aligned} \tag{1.20}$$

我们看到经典物理学中的动能$\frac{1}{2}m_0v^2$只是相对论中物体动能的一级近似。

相对论中的能量、动量关系

从式（1.17）与式（1.18）不难得出相对论中能量与动量之间的关系

$$E^2 = p^2c^2 + m_0^2c^4 \tag{1.21}$$

其中动量定义为

$$p = \frac{m_0v}{\sqrt{1-\frac{v^2}{c^2}}} \tag{1.22}$$

式中，m_0 是物体或粒子的静质量。

世界线与固有时

一个质点（例如一个人或一个物体）在三维空间中是一个点，但在四维时空中将描出一条线，这是因为时间总在流逝，任何人或物体都必须“与时俱进”。如果这个质点在三维空间中不动，它将描出一条与时

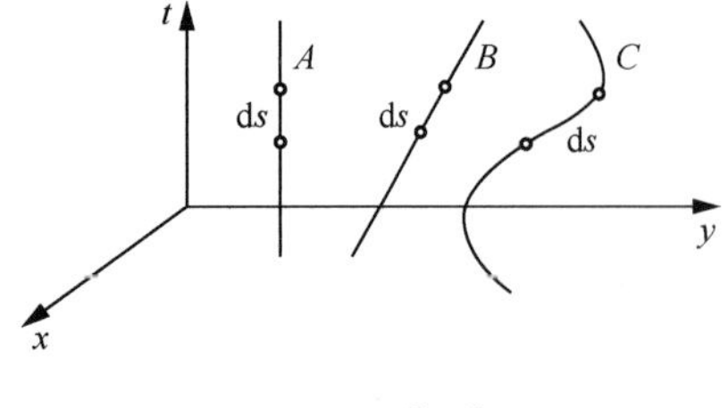

图 1-19　世界线

间轴平行的直线；如果它做匀速直线运动，将描出一条斜线；如果做变速运动，将描出一条曲线。具体情况如图 1-19 所示。

质点在四维时空中描出的线统称为世界线。如果它做亚光速运动，它或者它的切线（当世界线是曲线时）与时间轴的夹角将小于 45°，这种世界线称为类时线；当它做光速运动（例如光子）时，与时间轴的夹角恰为 45°，这种世界线称为类光线；当它做超光速运动时，与时间轴的夹角将大于 45°，这种世界线称为类空线。由于相对论禁止超光速运动，所以有实际意义的只能是类时线和类光线。

在相对论中，任何观测者，不管他是静止还是在做各种亚光速运动，我们都可以设想他手持一个钟。这个钟相对于他静止，所记录的时间就是他经历的真实时间，我们称其为“固有时”。这个观测者描出的世界线的长度就是他经历的“固有时”。为什么呢？这是因为世界线的长度正是由他手持的钟所走的时间来定义、刻度的。

观测者和任何钟表都不能以光速运动（只有光才可以），所以类光线的长度不能用固有时度量，而要用另一种仿射参量。由于这个问题过于专业，我们这里就不多说了。

双生子佯谬

相对论提出后，法国物理学家朗之万提出一个有趣的问题：双生子佯谬。

这个问题说，有一对双胞胎兄弟，哥哥乘宇宙飞船去做星际旅行，弟弟留在地球上，若干年后哥哥返回，这时却发现自己比弟弟年轻了。这是真的吗？相对论认为这是真的。

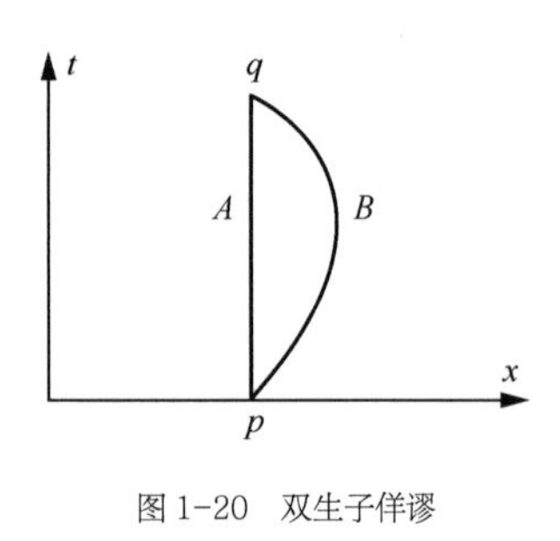

图 1-20　双生子佯谬

我们看图 1-20，横坐标代表三维空间，纵坐标代表时间。地球绕日的运动与飞船的星际航行相比可以忽略，所以弟弟相当于在三维空间中静止，他描出的世界线是一条与时间轴平行的直线，即图中的 *A* 线。哥哥做星际航行，先加速，达到高速后再做惯性飞行，到目的地附近再减速，考察完目的地后再以同样的方式返回，他描出的世界线是图中的 *B* 线。我们刚才已经说过世界线的长度就是描出这条世界线的人经历的时间，所以世界线长的人经历的时间多，会比较老，而描出较短世界线的人就会比较年轻。从图 1-20 来看，谁经历的时间长呢？似乎曲线 *B* 应该比直线 *A* 长，这样的话，描出曲线 *B* 的哥哥似乎经历的时间比地球上的弟弟长。可是刚才我们不是说重新相会时，哥哥会比弟弟年轻吗？这是怎么回事呢？

这是因为我们刚才对 *A*、*B* 线的讨论上了几何的当。根据欧几里得几何，在直角三角形中，斜边的平方等于两条直角边的平方和，所以曲线 *B* 当然比直线 *A* 长。可是相对论中用的四维时空不是欧几里得时空，而是伪欧时空，图 1-20 中斜边的平方等于两条直角边的平方差，所以直线 *A* 反而比曲线 *B* 长。

因此，做星际航行的哥哥经历的时间短，返回时哥哥会比弟弟年轻。这个结论是相对论得出的正确结果。

这个效应明显吗？苏联物理学家诺维科夫曾经研究过两个例子。第一个是假设星际飞船到离我们太阳系最近的恒星比邻星附近去旅行。比邻星距我们很近，有多近呢？4.2 光年，光走 4.2 年就到了，这在宇宙尺度上是个很近的距离。我们让宇航员以 3 倍的重力加速度（$3g$）加速，把飞船加速到 25 万千米 / 秒，然后关闭发动机让飞船做惯性飞行，这是为了节省燃料。飞船接近比邻星后，再以 $3g$ 减速（不减速就撞上去了），到达那里考察完以后以同样的方式返回。宇航员觉得完成这次星际航行经历了 7 年。地球上的人呢？经历了 12 年，这是相对论计算出的结果。做宇宙航行的哥哥，比留在地球上的弟弟年轻了 5 岁。

有些人可能觉得这个结果不是太显著。于是诺维科夫和同伴又研究了一个到银河系中心去旅行的例子。太阳系距离银河系中心大约 2.8 万光年，也就是说光要走 2.8 万年才能到银河系中心。这么远，我们能去得了吗？相对论告诉我们可以。

这次设想飞船以 $2g$（2 倍重力加速度）加速，飞到路程一半的时候再以 $2g$ 减速。到达那里考察完后再以同样的方式返回。

大家都知道，加速度越大，飞船达到高速就越快。但是加速度太大，宇航员受不了。例如以 $3g$ 加速时，体重 80 千克的人将重达 240 千克，这样的变化一般人都承受不了，经过锻炼的宇航员也许能短时间承受。考虑宇航员身体的承受能力，这次让飞船以 $2g$ 加速，体重 80 千克的人将变成体重 160 千克，比 $3g$ 的例子好一点，但人也会很不舒服。上例中以 $3g$ 加速，然后关闭发动机，宇航员处于失重状态，再以 $3g$ 减速，又处于超重状态，这样变来变去可能更难承受。所以这次航行让飞船一直保持 $2g$，虽然从 $2g$ 加速变到 $2g$ 减速也是一个变化，但只是惯性力的方向变了，大小没有变，宇航员始终保持 160 千克体重，也许这样会比体重变来变去好受一点。

那么，完成此次航行，宇航员经历了多长时间呢？相对论的计算告诉我们，经历了 40 年。小伙子出发时 20 岁，回来时 60 岁，似乎还可以接受。那么地球上的人经历了多长时间呢？ 6 万年！这真是太惊人了，宇航员回来时他已经没有一个认识的人了，他的亲朋好友都早已作古，成为历史人物了。有朝一日如果真有人完成了这样一次星际旅行，人类一定会开一次盛大的庆祝会，欢迎自己 6 万年前的祖宗回来了！

对于根据相对论得出的上述有关双生子佯谬的结果，往往会有人怀疑。有人想，在我们看来，飞船加速出去，又加速回来，所以宇航员经历的时间短，显得年轻。那么从宇航员的角度看，是地球加速离开了飞船，旅行后又加速返回来，这样看来，不是地球人更年轻吗？似乎双生子佯谬可以得出相反的结论。

真相是，上面这个讨论是错误的，双生子佯谬不会得出相反的结论。这是因为地球上的人看飞船的加速是真加速，宇航员感受到了加速产生的惯性力；而飞船上的宇航员看地球的加速是假加速，地球上的人没有感受到惯性力。加速而没有感受到惯性力，这只是三维加速度，三维加速度是相对的。但是感受到惯性力的加速是四维加速度造成的，这是绝对的。所以，宇航员比地球人年轻的结论是肯定的，在学术界没有争议。

六、究竟是谁创建了相对论

在相对论诞生之前，已经有许多科学家做了大量铺垫工作，特别是电磁学权威、荷兰物理学家洛伦兹，法国数学大师庞加莱和奥地利物理学家、哲学家马赫，现在我们就来介绍一下他们的工作和贡献。

洛伦兹等人的贡献与局限

大家都知道，在相对论诞生之前，学术界就出现了洛伦兹收缩和洛伦兹变换，这两个公式在相对论中继续运用，而且十分重要。

洛伦兹是 1892 年提出洛伦兹收缩公式的。但是爱尔兰物理学家斐兹杰惹声称这个公式是他首先提出的，他从 1889 年就开始在课堂上讲授这一公式，他的学生们也证实了这一点。然而学术界看到的他给出这一公式的最早论文发表在 1893 年。所以大家仍然认为这件工作应该首先归功于洛伦兹。斐兹杰惹去世之后，他的一些学生想为老师讨还公道，就去查阅各种资料。他们注意到老师曾给英国的《科学》杂志投过这方面的稿，但这个杂志没过多久就停刊了，斐兹杰惹认为自己的论文没有登出来。但是他的学生不肯罢休，就去查阅此杂志，终于发现该杂志在停刊前的倒数第二期上登出了这篇论文，时间是 1889 年，比洛伦兹发表的论文要早。斐兹杰惹的学生们大喜过望，终于为老师讨还了公道。所以今天，洛伦兹收缩的正式名称改成了“洛伦兹－斐兹杰惹收缩”，也有人认为应该称“斐兹杰惹－洛伦兹收缩”。

1904 年，洛伦兹提出了洛伦兹变换，这一发现很快就传遍学术界。然而，研究表明，最早提出这一变换的人还不是洛伦兹。1887 年，佛格特就提出了一个与洛伦兹变换相似但又有误的变换，佛格特变换的每一项都比洛伦兹变换多了一个 $\sqrt{1-\frac{v^2}{c^2}}$ 因子。据说洛伦兹知道他的变换，但未特别注意。正确的变换公式是 1898 年英国物理学家拉摩首先给出的。据说斐兹杰惹也在洛伦兹之前给出了这一变换。但是佛格特、拉摩和斐兹杰惹的有关工作都没有在学术界广泛传播，真正造成巨大影响的是洛伦兹的工作。

尽管有不少人的成果发表在洛伦兹的成果之前，但真正对洛伦兹收缩和洛伦兹变换做过比较深入探讨和广泛传播的肯定是洛伦兹本人。

此外，洛伦兹还在 1904 年首先提出了质量公式［式（1.17）］，这个公式后来也为爱因斯坦的相对论所沿用。

庞加莱的贡献与局限

数学大师庞加莱据说是一位无所不能的多面手，他的研究工作广泛深入数学、物理和哲学的各个领域，他写的《科学与假设》等高级科普读物对年轻人有极大影响。

庞加莱否认存在绝对空间，坚持相对性原理，认为相对性原理不仅适用于力学，也肯定适用于电磁学。他对洛伦兹放弃相对性原理的做法进行了批评。而且，相对性原理最正确的表述，也是庞加莱首先给出的。

庞加莱推测真空中的光速是一个常数，而且可能是极限速度。他认为要想校准固定于不同地点的时钟，从而定义全空间的统一时间，必须约定光速各向同性，即两点间的往返光速相同。这对爱因斯坦创建相对论有很大的启发。

庞加莱的缺点是在放弃绝对空间的同时，没有放弃以太。实际上，承认存在以太就相当于承认存在一个优越参考系，即以太参考系。所以虽然庞加莱理论上坚持相对性原理，但承认以太参考系的存在，使他不能彻底坚持这一原理。爱因斯坦和他的朋友们在奥林匹亚科学院的活动中，曾经阅读并热烈讨论过庞加莱的《科学与假设》和《时间的测量》等书和短文。这一点是爱因斯坦的朋友们谈到的，爱因斯坦本人没有谈到这一点。实际上庞加莱的许多论述对爱因斯坦影响很大，在他的相对论论文中很容易看出庞加莱对他的影响。爱因斯坦后来之所以不谈庞加莱的影响，可能与庞加莱对他的工作评价不高有关。

爱因斯坦一开始对庞加莱寄予很大希望，希望这位数学大师能够支持他的相对论。爱因斯坦与庞加莱只见过一次面，那是在一次索尔维会议上。会后爱因斯坦很失望，对他的朋友们说“庞加莱根本不懂相对论”。

庞加莱对相对论从来没有表示过赞同。在他应苏黎世联邦理工学院之邀，对爱因斯坦申请教授职位发表意见的信中写道：“爱因斯坦先生是我所知道的最有创造思想的人物之一，尽管他还很年轻，但已经在当代第一流科学家中享有崇高的地位。……不过，我想说，并不是他的所有期待都能在实验成为可能的时候经得住检验。相反，因为他在不同方向上探索，我们应该想到他所走的路，大多数都是死胡同；不过，我们同时也应该希望，他所指的方向中会有一个是正确的，这就足够了。”

写完这封信不久，庞加莱就去世了。

但是历史与这位数学大师开了个很大的玩笑，爱因斯坦在 1905 年前后的工作全部都是正确而且重要的。

马赫的贡献与局限

奥地利物理学家马赫对物理学的具体贡献并不大，比较著名的是他在声学领域提出了“马赫数”的概念。一个飞行器的飞行速度达到声速的几倍，就说它的马赫数是几。

马赫最大的贡献是他从科学哲学的角度对“祖师爷”进行了批判。他公然否定牛顿关于绝对空间和绝对运动的观点，认为根本就不存在绝对空间，也不存在以太，一切运动都是相对的。

在奥林匹亚科学院的活动中，爱因斯坦和他的朋友们一起研读过马赫的《力学及其发展的历史批判概论》。爱因斯坦对马赫的著作赞不绝口。他认为马赫说得太对了，根本不存在什么绝对空间，也不存在以太，一切运动都是相对的。马赫的思想，直接把爱因斯坦引向了建立狭义相对论的正确道路。

后来，马赫对牛顿论证惯性起源的水桶实验的批判，又引导爱因斯坦提出了等效原理，并最终建立起广义相对论。

相对论发表之后，爱因斯坦高度赞扬马赫思想对自己的启发和引导。爱因斯坦认为马赫和他的思想太伟大了，正是受他的启发，自己才创建起狭义和广义相对论。他认为自己的相对论中包含了马赫的思想。

但是马赫不同意爱因斯坦的看法，他认为自己的思想与相对论毫无共同之处，表示自己坚决拒绝爱因斯坦的相对论。

他说完这些话不久就病死了。这真是大煞风景的一件事。

不过，仔细分析爱因斯坦创建相对论的过程，可以看出马赫确实对他影响极大，马赫的思想确实起了引导他创建相对论的作用。马赫真的功不可没。

但是相对论也确实与马赫的思想不完全一致。后来的一些物理学家也指出了马赫原理与相对论有矛盾，并尝试创建完全符合马赫原理的物理理论，例如布兰斯和迪克的标量 – 张量理论。但是，天文观测并不支持布兰斯和迪克的标量 – 张量理论，而仍然支持爱因斯坦的相对论。

应该认为，马赫的思想确实对爱因斯坦创建相对论产生了巨大的启发作用，马赫的哲学分析给爱因斯坦指出了通向相对论的桥梁。

爱因斯坦——相对论的唯一创建者

洛伦兹、庞加莱和马赫等人为相对论的创立做了很多前期的铺垫工作，但是相对论的创建者只有一个人，那就是爱因斯坦。

这是因为：

① 爱因斯坦最彻底地坚持了相对性原理，他在抛弃绝对空间的同时，也抛弃了以太；

② 他提出了光速不变原理，并指出了同时的相对性，从而抛弃了同时的绝对性，抛弃了绝对时间观；

③ 他明确提出相对论是一个关于时间与空间的理论，认识到时空是一个不可分割的整体；

④ 他以欧几里得的《几何原本》为样板，公理化地提出了完整的狭义相对论。

爱因斯坦强调，他的相对论与牛顿经典物理学的分水岭不是相对性原理，而是光速不变原理。

关于光速不变原理，笔者这里想多解释几句。

西方的著作中谈论的不是光速不变原理，而是光速恒定性原理，它包含以下两点。

① 在同一个惯性系中约定（或者说“规定”）真空中的光速点各向同性（甚至是一个常数），从而校准空间中各点的钟，在全空间定义统一的时间。

（应该说明，这一点是庞加莱首先提出的，但他没有写出具体如何操作。爱因斯坦在他的《论动体的电动力学》这篇创建相对论的论文中进行了具体论述。）

② 假定“光速与光源相对于观测者的运动速度无关”。

（这第二点才是我们通常所说的光速不变原理，才是爱因斯坦最重要的原创。）

承认光速不变原理必定导致同时的相对性，这两个概念是相对论中最难懂、最不好理解的物理内容。正是光速不变原理和同时的相对性彻底改变了人类的时空观，让人类彻底抛弃了绝对空间和绝对时间。

同时的相对性最让人难以接受。在爱因斯坦之前，庞加莱和其他物理学家均未谈论过同时的相对性。这也表明，他们并未认识到光速不变原理。

杨振宁先生曾有过以下评论：

洛伦兹只有近距离的眼光，没有远距离的眼光（笔者注：洛伦兹只重视解释实验和观测结果，局部修改物理理论，而不从哲学角度考虑）；庞加莱只有远距离的眼光，没有近距离的眼光（笔者注：庞加莱只从哲学和数学的角度来考虑问题，不从实验和测量的角度考虑）；爱因斯坦有自由的眼光，既近距离又远距离地观察问题（笔者注：既重视实验和观测，又注重哲学探讨，例如在奥林匹亚科学院阅读讨论过马赫和庞加莱等人的著作）。

第二讲

激动人心的量子之谜

一、原子物理学的发展

元素周期律的发现

19 世纪下半叶，随着化学和物理学的发展，不断有新的化学元素被发现。这些元素之间是否存在什么规律呢？有一些化学家开始了思考。

首先做出一些成绩的是英国青年化学家纽兰兹。他发现如果将元素按原子量从小到大的顺序排列，似乎每 8 个元素的性质就呈现周期性重复，他称之为“八音律”。但是这个“八音律”的周期性在前几个周期的元素上表现比较明显，后面的元素就有较大的出入了。他在英国皇家化学学会上报告了自己的工作成果，结果遭到一片嘲笑和反对。有人对他说，你真聪明，你想到按元素的原子量的大小排列可能会出现规律，你怎么不试试按各种元素的拉丁名称的字母顺序 A、B、C、D 排列一下，看看有没有什么规律呢？纽兰兹一气之下就停止了这方面的研究。

真正在这方面做出重大贡献的是俄国化学家门捷列夫。他是俄罗斯人与蒙古人的混血儿，出生在中亚，父亲是一个工厂主，他有 11 个兄弟姐妹。门捷列夫父亲死后，母亲又经营了一段时间的工厂，后来觉得很困难，就带着孩子们返回俄罗斯内地，投亲靠友。他的母亲历尽艰辛把孩子们一个个培养成人，当她把最小的儿子门捷列夫送入圣彼得堡师范学院之后，就与世长辞了。为什么要把门捷列夫送入师范学院呢？因为他们家境贫寒，而师范学院不收学费，还提供食宿。

门捷列夫在师范学院先学数学、物理，后来又学了化学。他对各种元素之间的关系极有兴趣，他把各种元素写在卡片上，上面还写着它们的主要物理、化学性质，以及原子量等。在学习和工作之余，他就经常摆弄、研究这些卡片。1869 年，门捷列夫终于发现了元素周期律，他也是将元素按原子量的大小的顺序来排列的，但他不像纽兰兹做得那样机械，而是在有的地方留了空位。他认为那里很可能存在尚未发现的元素。留了空位后，元素的周期性变得非常明显。后来的研究发现了门捷列夫通过留空位预言的未知元素，使他的周期律取得了令人信服的成功。

元素周期律可以说是人类历史上最伟大的科学发现之一。虽然做出了如此巨大的成就，但门捷列夫既没有获得诺贝尔奖，也没能当选圣彼得堡科学院院士。未能当选院士是因为他同情和支持学生运动，沙皇政府不允许他成为院士。诺贝尔奖评委会曾经考虑过是否给他诺贝尔奖，但经过投票，5 票对 4 票，1 票弃权，否决了门捷列夫，把诺贝尔化学奖授予了另外一位化学家穆瓦桑。

穆瓦桑确实成就很多，但最令人赞赏的却是一个假发现：从石墨烧制出金刚石。当时人们已经知道，石墨和金刚石是碳元素的同素异形体，穆瓦桑就想用石墨烧制出金刚石，但是烧了一炉又一炉，都失败了。助手们逐渐失去了耐心，只有穆瓦桑坚持要继续尝试。助手们不想再浪费时间，但又无法说服穆瓦桑，于是有一个助手就搞了一个恶作剧。在一次装炉的时候，他悄悄把一粒小金刚石放在了里面。等烧制结束一开炉，发现真的有一粒小金刚石，穆瓦桑高兴坏了，十分得意，到处宣传这一成就。他至死都不知道这是一个恶作剧，许多化学家也以为他做出了这一贡献，对他更为钦佩。诺贝尔奖评委会并没有把这一具体发现写入颁奖词，但大家内心都认为这是他一生最闪亮的成就。穆瓦桑在颁奖典礼上也高调宣扬了自己的这一成就。现在我们知道，石墨确实能够烧制成金刚石，但那不仅需要高温，还需要超高的压强。而穆瓦桑的实验都是在常压下进行的，这肯定是一场乌龙。

第二年，诺贝尔奖评委会觉得，这次的奖应该授予门捷列夫了，但他不幸恰在此时去世了。诺贝尔奖只颁发给在世的人。因此，门捷列夫最终与诺贝尔奖失之交臂。所以，想获得诺贝尔奖的年轻人，除了努力做出重大贡献之外，身体也要尽量搞得好一点。

伟大的师范生

门捷列夫是最伟大的化学家。在化学界，你可以想出与他贡献差不多大的人，但是你绝不可能找出比他贡献更大的人。我想提醒读者，这位最伟大的化学家是师范生，毕业于圣彼得堡师范学院。我还想提醒读者，最伟大的物理学家爱因斯坦也是师范生，他毕业于苏黎世联邦理工学院师范系，那是一个培养大学和中学的数学、物理老师的系。我还想再提醒大家，20 世纪最伟大的政治家、革命家、军事家毛主席也是一位师范生，他毕业于湖南省立第一师范学校，那是一所中等师范学校，目标是培养小学教师。

为什么会有这么多优秀人物毕业于师范院校呢？我认为以下几个因素值得注意。

① 穷孩子上师范院校的比较多，这是因为很多师范院校不收学费还有助学金，吸引了许多家境贫寒的优秀学生进入师范院校学习。他们本来素质就不错，而且，贫寒的生活造就了他们的奋斗精神和吃苦精神。这对创造发明是极为需要的素质。

② 师范院校的专业与综合性大学相似，比较全面，易于学生进行跨学科的交流。

③ 学校重视基础课教学，因此师范生一般基础牢固。

④ 学习压力适中，竞争不十分激烈，使学生有比较充分的自由读书、思考、讨论的条件和时间，这对第一流人才的形成极为重要。

光谱线和 X 射线的发现

19 世纪初，人们发现太阳光谱不是完全连续的，明亮的连续背景上有一条条分离的暗线（吸收线）；后来又发现各种物质的火焰发出的光谱也不是连续的，而是呈现为一条条亮线（发射线）。为什么会有光谱线呢？它们反映了物质的什么内在性质呢？有一位中学的数学教师叫巴耳末，他有一个爱好，就是不管什么自然现象，他都想寻找一下其中有没有数学规律。在从朋友那里听到有关光谱线的情况后，他就开始寻找这些光谱线之间的规律。最后真的被他找出了一个规律，这就是原子光谱学中的巴耳末系。后来，其他一些人模仿巴耳末的工作，也陆续发现了原子的另外一些光谱系。原子的光谱线呈现的这些规律告诉我们，原子内部似乎有结构。现在我们知道，当初发现的这些呈现规律的光谱线，都是原子的外层轨道（能级）

上的电子跃迁造成的。

当时在社会上引起极大轰动的科学发现，是德国物理学家伦琴做出的。他发现了一种穿透力极强的、看不见的射线，并将其称为 X 射线，后来又被称为伦琴射线。这种射线可穿透人体，透视出骨骼，这一下子就在社会上引起了轰动。元素的周期性和光谱线只引起了学术界的兴趣，普通人并不在意。但一听说 X 射线能够透视骨头，公众一下就有了兴趣。伦琴充分利用了公众的兴趣，大力宣传和展示自己的发现，为经费短缺的实验室募到了不少捐助。后来，他也因为此发现，获得了 1901 年的诺贝尔物理学奖。这是诺贝尔奖评委会颁发的第一个物理学奖。

进一步的研究表明，X 射线是用高电压下（数万伏）产生的高速电子流把原子核外的内层电子打飞，从而导致外层电子跃入内层轨道而发出的射线。这种射线由能量很强（波长极短）的光子构成。也就是说，X 射线和可见光一样，都是电磁波，都是原子核外的电子跃迁发出的电磁波。不过，可见光是外层轨道之间的电子跃迁发出的光子，能量较小，频率较低。X 射线是外层电子跃迁入内层轨道发出的，光子能量较大，频率较高。不同元素的原子不仅发出的可见光的光谱不同，发出的 X 射线的光谱也不同。但这些射线都是原子核外的电子跃迁造成的，与原子核本身无关。

天然放射性的发现

法国的贝可勒尔家族祖孙三代都在研究发荧光的物质（如磷酸盐）。1896 年，贝可勒尔发现了一个奇怪的现象。他把一块铀矿石偶然地放在抽屉里的一叠未使用过的胶片上，胶片装在避光的黑纸袋里。当他使用这些胶片时，发现这些胶片已经曝过光了，上面有这块铀矿石的像。他觉得这说明铀矿石发出了一种类似于 X 射线的射线，能够穿透黑纸袋使胶片感光。

贝可勒尔的这一发现引起了刚结婚不久的居里夫妇的注意。下面我们简单介绍一下做出重大科学贡献的居里夫妇。

皮埃尔・居里出身于一个医生家庭。他的父亲参加过巴黎公社起义，曾在家中救治过负伤的公社社员。皮埃尔・居里不大适应学校的教学方式，他主要是自学成才的。父亲为他请了家庭教师，他和哥哥一起边学习边搞科研，兄弟二人发现了压电效应，后来他又独自发现了磁学中的居里定律和居里点。因为皮埃尔・居里并非毕业于名校，所以他只能在一所中等专业学校里担任实验室主任。但他的出色科研成果引起了著名英国物理学家开尔文的注意。开尔文是一位伯乐一样的人物，他利用到法国开会的机会拜访了皮埃尔・居里。回国后他写文章对居里的成就大加赞扬并进行了详细介绍，使皮埃尔・居里得以名扬四海。

皮埃尔・居里的夫人玛丽・居里就是历史上著名的居里夫人。她是波兰人，原名曼娅，法语名字是玛丽，父亲是一位中学教师。当时波兰已经亡国，被德国和沙皇俄国（沙俄）瓜分。曼娅的家在沙俄统治区。她在上学时因为俄语发音不准，而受到沙俄派到学校的监督官的训斥。这使她深受刺激，大大激发了她对祖国波兰的怀念和热爱。中学毕业以后，她到一个波兰贵族家做家庭教师，挣点钱资助她在法国留学的姐姐。当时全世界只有法国的大学收女生。有一年的暑假，女主人在外地上学的儿子回到家里，对这位聪明的家庭教师产生了爱慕之情。但男孩子的母亲看不起平民出身的曼娅，把自己的儿子训斥了一顿，坚决切断了他们之间的恋爱关系。此事使曼娅深感屈辱，她决心像姐姐那样去法国上大学。曼娅 16 岁中学毕业，当了 5 年家庭教师，到法国上大学时已经 21 岁了。玛丽（居里夫人的法语名）在法国度过了 3 年节俭勤奋的大学生活，她有几次因为贫血而晕倒，家中的食品有时只剩下水萝卜。当时大学女生很少，尤其是学数学、物理的女生更是凤毛麟角。玛丽毕业时同时获得了数学和物理两个学位。毕业前，她在波兰侨民组织的一次聚会上认识了皮埃尔・居里。皮埃尔・居里在这次聚会上出现，有可能是玛丽的某个同胞特意安排，让玛丽有机会结识这位卓有才华的法国青年学者。这次见面果然点燃了皮埃尔・居里对玛丽的爱慕之情。

不过，玛丽思念父母和家乡，她告诉皮埃尔自己要回国。皮埃尔劝她不要回去，说你回去什么事也做不成，留在法国学术上才能有成绩。但玛丽思乡心切，还是回去了。皮埃尔感到很失望。半年后，皮埃尔收到玛丽的信，表示她在家乡确实什么也做不成，自己想再去法国。皮埃尔一听，喜出望外，表示非常欢迎她回来，她有什么困难自己都能帮助解决。

不久，玛丽又来到法国，皮埃尔把玛丽领到乡下自己家的庄园，见了他的父母。皮埃尔全家都喜欢才华横溢的玛丽。他们家没有偏见，很爽快地接纳了这位出身于被压迫民族的姑娘。不久，皮埃尔和玛丽就旅行结婚了。所谓旅行结婚，就是二人各骑一辆自行车在巴黎附近旅游。婚后，居里夫人（玛丽）对皮埃尔说，自己想申请博士学位，皮埃尔向她介绍了贝可勒尔的发现，认为这方面的研究可能会大有前途，于是玛丽在皮埃尔的帮助下进入了这一研究领域。他们发现铀矿石的放射性比铀盐还强，这说明铀矿石中可能含有放射性比铀还强的元素。他们决心尝试提取。

这项工作十分艰苦。居里夫妇借用了学校的一座废旧仓库，在库房里弃置的实验台上支起仪器，居里先生就在那里做实验（见图 2-1）。在仓库外的院子里，他们修了个炉子，支起一口熬沥青的铁锅。居里夫人穿着工人的服装，用铁棒不断搅动锅里的含有铀矿石成分的沥青。休息时二人就在实验仪器旁一边喝咖啡一边讨论各自工作中的问题。

图 2-1　居里夫妇在实验室

他们进行了艰苦的工作和高水平的分析，其间还利用了居里先生发现的压电效应。功夫不负有心人，他们在 1898 年接连发现了两种放射性元素。他们把发现的第一种元素命名为钋，以纪念居里夫人已经灭亡了的祖国波兰；把发现的第二种元素命名为镭。镭的放射性很强，可以用来治疗癌症。为了造福癌症患者，他们放弃了镭的发明专利权，虽然他们并不富裕。

居里夫妇和贝可勒尔一起，由于发现天然的放射性而获得了 1903 年的诺贝尔物理学奖。居里夫人是第一位获得诺贝尔奖的女科学家。

正当他们的研究工作如日中天的时候，居里先生不幸遭遇车祸身亡。此后，居里夫人在挑起抚养两个女儿的重担的同时，化悲痛为力量，继续在科研中奋斗，终于创建起“放射化学”这门学科，并于 1911 年获得了诺贝尔化学奖。居里夫人是第一位两次获得诺贝尔奖的科学家。此外，她还把自己的大女儿也培养成了一位杰出的科学家。她的小女儿学音乐，并为自己伟大的母亲写了一本非常好的传记——《居里夫人传》。

后来的研究表明，天然放射性是从原子核内部发出的，这表明不仅原子有结构，原子核也有结构。

1897 年，英国的汤姆孙发现了电子。大家都知道，原子是电中性的，但是它里面居然有带负电的电子，这告诉人们原子中必定还有带正电的部分。

探索原子模型

元素周期律的发现，已经启示人们原子可能是有结构的。光谱线、X 射线、天然放射性和电子的发现，更使科学界认识到原子肯定不是不可分的，原子一定有结构。

1904 年前后，出现了两个原子结构模型。一个是汤姆孙（电子发现者）提出的“西瓜模型”，这个模型认为原子是一个均匀带正电的实心球，带负电的电子则像西瓜的籽一样有规律地镶嵌在原子中。这个模型可以解释元素周期律，但不能解释光谱线。

另一个模型是日本学者长冈半太郎提出的“土星模型”，这个模型也认为原子的主体是一个均匀带正电的实心球，不过带负电的电子像土星的光环一样围绕带正电的实心球转动。这个模型可以解释光谱线，但不能解释元素周期律。

一般人都知道汤姆孙的西瓜模型，但很少有人知道长冈半太郎的土星模型。这可能是当时的学术界和整个社会都存在对黄种人的种族歧视的缘故。

日本近代对中国进行过侵略，所以中国人都十分痛恨日本侵略者。但是我们也应该认识到，日本侵略者并不能代表全体日本人民。面对西方的入侵，日本人实行了“明治维新”。明治维新后的日本，也曾是中国的榜样，吸引了许多爱国的中国年轻人试图向他们学习，例如康有为、梁启超、谭嗣同等。孙中山先生的革命活动也曾争取到过不少日本朋友的帮助。

日本走向富强，为黄种人树立了自信心——我们并不比白种人差。日本变强大不仅表现在国力上，也表现在其他方面。例如体育运动，特别是乒乓球和女排，现在很少有人提起，中国女排在走向世界时曾得到过大松博文等日本朋友的真诚帮助和指导。我们中华民族是一个有良心的民族，在憎恨侵略者的同时，也不应该忘记那些朋友的帮助。

对原子结构的进一步认识，来源于卢瑟福的突破。卢瑟福出生在新西兰，后来到英国追随汤姆孙学习物理。他于 1898 年发现，从铀原子中产生的射线有两种，一种是带正电的 α 射线，另一种是带负电的 β 射线。1900 年，法国的维拉尔发现，从镭原子射出了一种不带电的 γ 射线。1902 年，卢瑟福又发现，从镭原子产生的射线中，α、β、γ 三种射线成分都有。不久之后，人们确认了 β 射线就是电子束，γ 射线是波长比

X 射线更短的电磁波（光子），最后确认了 α 射线的成分就是氦原子的原子核。

卢瑟福设计了一个实验试图研究原子结构。他用带正电的 α 粒子去轰击原子。他想，原子既然是一个均匀带正电的实心球，所以入射的 α 射线在静电排斥效应下，应该呈现出图 2-2 所示的偏折。出乎意料的是，入射的 α 粒子进入原子后，似乎是穿过真空，然后撞在了一个硬的小核上。也就是说，似乎原子的正电荷和质量都集中在一个极小的核上，原子的其他部分都是真空的，如图 2-3 所示。

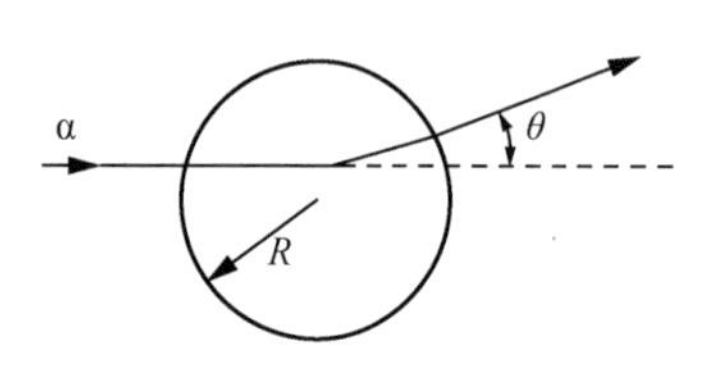

图 2-2　原子是均匀带正电的实心球时产生的 α 射线偏折

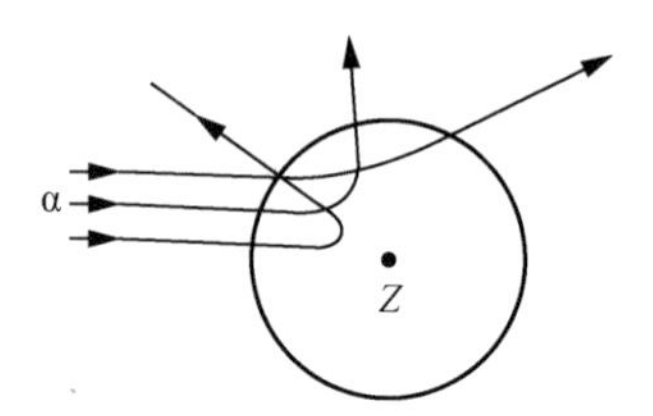

图 2-3　原子的质量和正电荷集中在核心时的 α 粒子散射

这个 α 粒子散射实验，启发卢瑟福提出了原子的行星模型。按照这个模型，原子的主要质量和全部正电荷都集中在中心的一个体积极小的核上，原子的其余部分都是真空的。那么原子中的电子呢？卢瑟福猜想，电子可能会绕核转动。于是他提出了原子的行星模型，即原子中的电子绕核运动，就像行星围绕太阳旋转一样。

这个模型可以解释 α 粒子的散射实验，但不能解释元素周期律，也不能解释光谱线。而且，这个模型不稳定。电子绕核的“行星式”转动是变加速运动，电磁学理论指出，这种运动一定会辐射电磁波，消耗能量，电子轨道半径将越来越小，电子最终会落在原子核上。

如何克服这些难题呢？卢瑟福的学生玻尔做出了重大贡献。卢瑟福不仅科研搞得出色，也培养了许多杰出的人才，其中包括玻尔、查德威克、卡皮察等人。他的学生中后来有 11 位获得诺贝尔奖。

说到卡皮察，有一件有趣的事情。卡皮察是苏联人，到西欧访问时就不想回去了，想追随卢瑟福学物理。卢瑟福怕影响苏、英两国的学术交往，当然也怕影响他自己今后与苏联的学术交流，所以不答应卡皮察的要求，借口是他的研究生已经招满了。卡皮察问他：“你招多少研究生？”他说：“30 个。”卡皮察说：“没有误差吗？”卢瑟福说：“不超过 5%吧。”卡皮察立刻跟上去说：“增加我一个，不也才 3%吗！”卢瑟福笑了，最后收下了他。后来他在低温物理方面取得重大成就。卡皮察并没有忘记自己的祖国，做出成就后他回国访问，但被扣下了。不过苏联政府知道爱惜人才，并没有迫害他，而是给了他充足的经费，希望他留在国内为祖国的发展做贡献。卢瑟福为此送了一套当时最先进的低温物理设备给卡皮察，以便他能继续进行研究。

轨道量子化

现在，我们回过头来接着讨论原子模型。玻尔做出的突破性贡献是轨道量子化模型，如图 2-4 所示。此模型认为原子核外的电子轨道是“量子化”的，不能连续变化。也就是说，电子绕核运动的轨道不能渐渐缩小，是多大就是多大。在上层轨道运动的电子可以跳到下层的另一条轨道上（跃迁），同时把自身在两条轨道上的能量差以光量子的形式射出，从而形成光谱线（发射线）。当然，下层轨道上的电子也可以跳到上层轨道，但必须同时吸收相当于两条轨道能量差的光量子，这就形成了光谱中的吸收线。

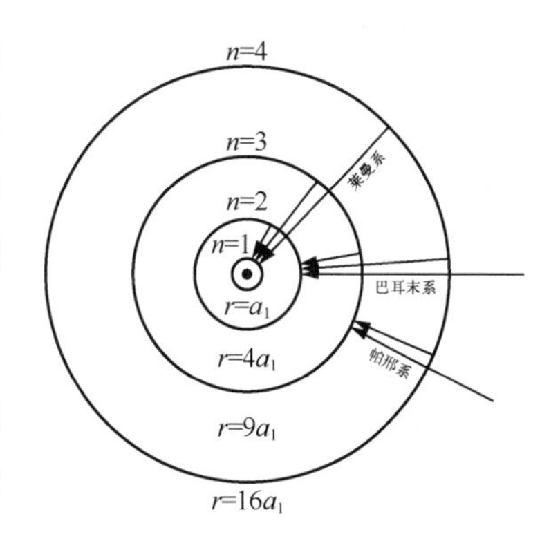

图 2-4　玻尔模型——轨道量子化

有人可能会提出，原子核外的电子会不会都从外层轨道落到能量低的内层轨道上，从而最终所有的核外电子都会聚集在最内层的轨道上呢？

这时一位青年物理学家泡利提出了“不相容原理”。这条原理认为，每个电子状态只允许存在一个电子，每条轨道上只有两个电子状态，所以每条轨道上最多只能容纳两个电子。更多的电子就只能往能量更高的外层轨道上排。加上泡利不相容原理的玻尔轨道模型，既克服了卢瑟福行星模型的不稳定难题，又能解释光谱线和元素周期律。玻尔和泡利的工作取得了巨大的成功！当然，这里遗留了两个未解决的问题，电子轨道为什么会量子化？为什么会有泡利不相容原理？这两个问题当时都不能回答。不过，你只要承认这两点就能解释当时原子物理学中的几乎一切问题。

“上帝之鞭”

泡利是难得的才子，极其聪明的他 19 岁时写成了《相对论》的讲稿，21 岁时正式出版。我看过此论著的中译本，今天看来它依然很有价值。

一方面，泡利自视甚高，自信能够解决一切难题，经常痛感遗憾，自己怎么总也碰不到革命性的难题；另一方面，他常常看不起别人的研究工作，对任何人的工作都想挑毛病。由于他眼光犀利，一般的学生和科研人员都害怕他。有一次，泡利对一个年轻人的科研工作产生了兴趣，这个青年的朋友听说后就赶忙去告诉他：“听说泡利最近也对这个问题有兴趣，这可不是一个好消息。”

泡利反对过李政道、杨振宁先生提出的宇称不守恒理论。李、杨的理论认为，在基本粒子的弱相互作用中，不存在镜像对称，也就是说左与右不对称。泡利听说后，就用讽刺的口吻说：“我就不相信上帝是个左撇子。”后来他又听说吴健雄准备用实验检验一下李、杨的理论，就对周边的同事讲：“我可以跟你们打赌，吴的实验将证明李、杨的理论是错的。我可以押上我的全部财产，你们谁愿和我打赌？”几个月后，吴健雄的实验结果从美国传到德国。泡利回忆说：“那天下午我一连收到三封信，都是告诉我吴的实验结果支撑了李、杨的理论，当时我几乎休克过去。现在李、杨两个人很高兴，我也很高兴，因为幸好没有人跟我打赌，否则我就破产了。”

在此之前，泡利还正面质疑过杨振宁的另一个更为重要的成果，那就是粒子物理中的杨－米尔斯理论，即规范场论。当时泡利到美国普林斯顿高等研究院访问，正好杨振宁要进行这方面的报告。院长奥本海默主持会议。当时还属于初出茅庐的杨振宁，小心翼翼地开始了自己的报告。但他刚讲了一两句，坐在前排的泡利劈头就问："你说的这种场质量是多少（意思就是这种场量子化之后的粒子，静止质量是多少）？"杨回答说："目前还不太清楚。"然后他就转过身去继续演讲。没想到泡利紧追不放，马上追问道："质量到底是多少？"杨振宁又说："现在不太清楚。"泡利说："连这个场的质量是多少都不清楚，你的理论还有什么意义？"于是杨振宁站在那里，十分尴尬。这时奥本海默出面解围，对泡利说："你先让他讲。"杨振宁才得以继续进行他的报告。

第二天早晨，杨振宁在住房外的信箱中发现了泡利写给他的一封信："像你这种治学态度，我根本无法和你讨论。"然后告诉他应该去看一下哪几个人的论文。杨振宁先生说，他按泡利的指点看了那几篇论文之后，确实有些收获。

泡利还批评过反质子的发现者塞格雷。有一次，听完塞格雷的报告后，泡利和他一起步出会场。泡利对他说："你今天的这个报告，是我最近听过的报告中最差的一个。"这时身后传来一阵笑声，泡利回过头去又对那个发笑的年轻人说："你上次那个报告除外。"

泡利还反对过"电子自旋"的想法。有一位美国青年提出电子自旋的想法后，来征求泡利的意见。泡利对他说："你的想法很聪明，可惜上帝不喜欢它。"于是，那位美国青年终止了自己的工作，结果痛失做出重大发现的机会。其实泡利也不是故意害他，很久以前泡利就产生过电子是否具有自旋的想法，但他后来自己放弃了。他的想法是，在量子理论中，包括轨道、自转一类的经典概念都是应该抛弃的。这一点泡利没有全错，现在所说的电子自旋确实跟行星自转有本质不同，到目前为止，我们甚至还没有测出电子的半径，不知道电子的大小。

泡利爱挑毛病，青年学者都怕他。但是，任何一篇文章，只要泡利挑过毛病，一般就不会再发现别的毛病了。

泡利对精细结构常数这个特别的无量纲常数非常感兴趣，百思不得其解，它为什么是 1/137 呢？泡利病危住院时，朋友们去看他。他对朋友们说："你们注意了没有，我的病房号是 137。"

泡利被科学家们称为"上帝之鞭"。这个比喻来自欧洲人对古代匈奴领袖的恐惧。公元 1 世纪，东汉的大将军窦宪，联合南匈奴击败北匈奴，北匈奴从此远离中国北方，前往中亚，然后继续不断西迁。公元 4 世纪，匈奴人侵入欧洲，把欧洲各国打得落花流水，引起欧洲历史上著名的民族大迁移。所有的民族都往西挪了一大块，为新来者腾地方。公元 5 世纪，匈奴人深入法国、意大利，恐惧的欧洲人称匈奴领袖阿提拉为"上帝之鞭"。

二、人才特别快车

索末菲的人才特别快车

研究原子物理的量子理论的发展，走了两步。第一步是我们上面介绍的玻尔的轨道量子化，这是一个半经典、半量子的理论。第二步是建立起比较彻底的量子理论——量子力学。现在我们先来介绍一下量子力学的创建人之一海森伯。

海森伯是德国人，从小喜欢数学，父亲是慕尼黑大学的希腊语教授。海森伯最初想追随慕尼黑大学的林德曼教授学习数学。在父亲的引荐之下，他有了与林德曼教授面谈的机会。林德曼教授研究纯数学，是超越数方面的专家。他为外界所知的重要成就之一是解决了数学史上的三大作图难题之一——“化圆为方”问题。这个问题是问能否用直尺和圆规画出一个正方形，使其面积与一个已知圆的面积相等。另外两大作图难题是：能否用直尺和圆规三等分一个角；以及能否用直尺和圆规画出一个立方体，使其体积是已知立方体体积的两倍，即“倍立方”问题。这三大难题的最后答案都是不能。

与林德曼见面那天，海森伯独自来到他的办公室外，敲门后听到一个微弱的声音说：“进来。”海森伯进入房间后觉得光线很暗，半天才看清楚桌子后面坐着一个白胡子老头，手中抱着一只小狗。这只小狗对海森伯很不友好，不停地发出叫声，弄得他心烦意乱。林德曼问了海森伯几个问题，最后又问他：“你看过谁写的数学书啊？”他回答说：“外尔。”林德曼的眉头皱了起来，说：“看来你学数学是没有什么希望了。”

这是怎么回事呢？林德曼和外尔都出身于当时德国的数学中心（也是世界的数学中心之一）格丁根大学，两个人认识。不过，林德曼研究纯数学，外尔则侧重研究与物理有关的应用数学。可能搞纯数学的林德曼看不起应用数学，对外尔的工作不以为然。

还有另一个可能。当时格丁根大学有一位学哲学的女士，非常漂亮，引起了聚集于该校的数学才子们的关注。经过激烈的竞争，这位女士被外尔抢到手了。这引起了其他才子们的不满。钱学森的老师冯・卡门也是当时的失败者之一。可能林德曼因此对外尔印象不好。

海森伯看学数学不行了，就想改学物理了，于是又在父亲的引荐之下见到了物理教授索末菲。索末菲给海森伯的初印象像是一个普鲁士军官，服装整齐，两撇胡子上翘，表情威严，但他说话的声音很温和。在问了海森伯几个问题后，索末菲表示愿意接收他这个学生，并建议他参加自己设置的一个由研究生和优秀本科生组成的研讨班。海森伯表示自己刚入学，参加这个班恐怕听不懂。索末菲鼓励他说，没有关系，慢慢就听懂了，并告诫他，年轻人应该立大志，在学习中要勤奋地做练习，做科研时则要注意先易后难。

前面提到的泡利，担任这个班的助教，协助索末菲教授工作。这个研讨班，被称为“人才特别快车”，海森伯有幸在这辆快车上度过了自己的大学生涯。

格丁根大学——人才的摇篮

下面我们要介绍一下当时世界上最优秀的一所大学，德国的格丁根大学。这所古老的大学长期是欧洲的数学中心，高斯、黎曼、克莱因等都曾在那里工作。第一次世界大战后，希尔伯特在那里主持数学研究。他领导的队伍中涌现了一批卓越的数学家，例如外尔、冯・卡门、冯・诺依曼、诺特等人。这段时期，杰出的物理学家玻恩也在那里主持物理学科，他更是培养了一大批物理人才，劳厄、奥本海默（第一颗原子弹的总设计师）、康普顿、狄拉克、玛丽亚·格佩特（即迈耶夫人）、鲍林、洪德、约尔旦（又译为约尔丹）等都是他的学生。希特勒上台后，玻恩前往英国。中国的许多物理学家，如彭桓武、程开甲、杨立铭、黄昆等都曾追随他学习或者与他有过合作。

格丁根大学之所以人才辈出，是因为它是全世界第一所在教学和科研上具有充分自由空气的大学。在格丁根大学，教学和科研活动常常越出学校的课堂。人们经常看到，在路上行走的教授被学生围住。老师在大街上发表演讲，并与学生进行自由讨论。有一次，一个学生不小心摔倒在地上，别人过来扶他，他却说："别扶我，我正在思考问题。"他怕别人的热心帮助打断自己的创造性思维。学生们经常在咖啡馆中讨论，直至咖啡馆关门。有的学生还叮嘱老板不要擦去他们在桌子上写的公式，说明天你们一开门，我们就来继续讨论。还有的学生，半夜跑去敲同学的窗户，说："快起来，白天讨论的问题我搞清楚了。"

有一本书，叫《比一千个太阳还亮》，是讲第一颗原子弹的研制的。其中有一章介绍了格丁根大学的学习风气，很值得青年学子们读一读。

对比格丁根大学的风气和我们中国大学的情况，很值得深思。笔者觉得，我们有时候是在用办中小学的方法来办大学，我们的学校最缺乏的是刻苦钻研和自由探讨相结合的学习风气。

玻恩的物质结构研讨班

玻恩在格丁根大学主持了一个"物质结构研讨班"。在索末菲的建议下，泡利和海森伯经常前往参加这个班的活动。上面提到的奥本海默、康普顿、狄拉克、鲍林、洪德、约尔旦等人都在这个班中。数学大师希尔伯特也经常参加他们的活动。这个班有一句名言："愚蠢的问题不仅允许，而且受欢迎。"

1922 年 6 月，玻恩邀请玻尔到格丁根大学访问，索末菲也带领泡利和海森伯两个年轻人前往出席。玻尔这 10 天的访问，在格丁根大学的历史上被称为"玻尔节"。报告之余，他们一起登山。玻尔对泡利和海森伯印象深刻，邀请他们以后随时访问哥本哈根。

当时的量子论研究领域有三位学术带头人：索末菲、玻恩和玻尔。索末菲侧重实验，着重对玻尔的原子核模型做局部修订。玻恩的研究强调可观测性，同时强调数学。玻尔则强调物理思想，强调直觉、灵感和哲学。

海森伯有幸同时受到这三位物理大师的影响。

三、矩阵力学和波动力学

矩阵力学的建立

海森伯深受玻恩"要重视可观测量"的观点的影响。玻恩认为，物理学中最重要的东西是那些可以观测到的物理量。对于那些貌似直观但不能观测到的东西不要太看重。

海森伯接受了玻恩的这一观点。他想，玻尔模型中的电子轨道谁也没有见过，我们看到的只是光谱线，而光谱线反映的只是轨道之间的能量差，而不是轨道本身，所以，我们应该把注意力从轨道本身转移到轨道间的能量关系上来。

恰好在这段时间，海森伯得了一种过敏性疾病“枯草热”，于是他到北海中的一个小岛上去疗养。在没有外人打扰的环境下，海森伯深入思考了这个问题，得出了一套数学符号。这套符号中的每一个元素，可反映原子中每两条轨道之间的能量差。于是他建立起一套新的量子理论。用这套符号，不用原子的电子轨道模型，就能直接计算出可观测的光谱线。玻恩在看到海森伯的文章后，觉得海森伯创建的这套符号可能本质上就是数学家提出的矩阵，如图 2-5 所示。但是当时的物理学界并不熟悉矩阵。身在格丁根大学这个数学中心的玻恩，听到数学家们讨论过这个东西，但也知道得不多。这时，玻恩团队中的一个年轻人约尔旦对他说：“玻恩教授，我懂矩阵，要不然咱们两个一起干。”于是他们合作发表了一篇论文。然后，他们邀请海森伯过来，三个人一起又发表了一篇论文。这在科学史上叫作“一个人的文章”“两个人的文章”“三个人的文章”。这样，矩阵力学就在 1925 年建立起来了。按照这套力学理论，不用玻尔的原子模型，就能成功地描述原子光谱。

$$
\begin{bmatrix}
E_{11} & E_{12} & \cdots & E_{1n} \\
E_{21} & E_{22} & \cdots & E_{2n} \\
\vdots & \vdots & \vdots & \vdots \\
E_{n1} & E_{n2} & \cdots & E_{nn}
\end{bmatrix}
$$

图 2-5　矩阵

从矩阵力学的角度看，光谱线只对应电子轨道间的能量差，并不反映电子轨道本身，如图 2-6 所示。也就是说，我们只观察到了电子的初态能级与终态能级间的能量差，并未观察到能级或者看到轨道本身，而且，能级是否就是轨道状态也未可知。后来的研究表明，原子中并不存在电子轨道，只有电子能级。而处在不同电子能级上的电子，并不按轨道运动，而是呈现为各种“电子云”的状态，如图 2-7 所示。电子根本就没有轨道，电子云的密度反映的只是电子在空间各点出现的概率。

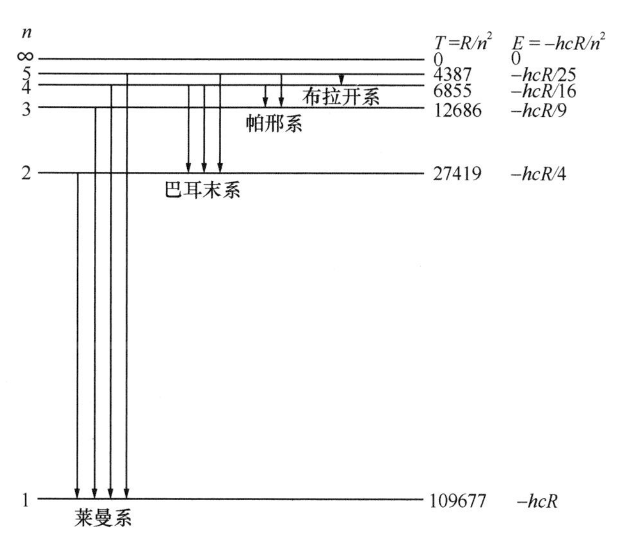

图 2-6　能级跃迁

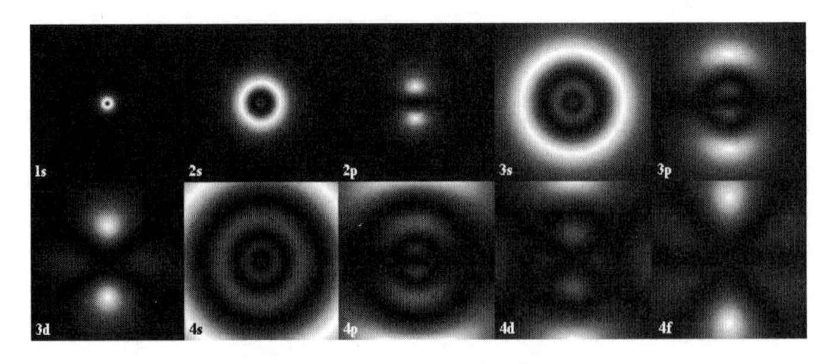

图 2-7 原子核外处在各种能级的电子云

建立矩阵力学前，海森伯非常担心一个问题，那就是他创建的这套符号不满足乘法的交换律。海森伯担心这一问题会导致他的理论失败。在认识到他这套符号是矩阵，并且建立起矩阵力学之后，海森伯的担心自然就消除了，因为数学中的矩阵本来就不满足乘法的交换律。而且，人们很快就认识到，正是因为不满足乘法的交换律，矩阵力学才能体现出物质的量子性，才能得到不连续的原子光谱。

哥本哈根理论物理研究所的玻尔和格丁根大学的玻恩团队，以及慕尼黑大学的索末菲团队之间经常有学术交往，形成了一个学派，通常称为哥本哈根学派或格丁根学派。矩阵力学在哥本哈根学派中得到了广泛的认可，学派内部把矩阵力学看作玻尔原子轨道理论的一次大升级。他们对量子理论的成功非常乐观。

波动力学的建立

正在此时，一个消息从瑞士传来，一位叫薛定谔的学者创造了一套与矩阵力学毫无关系的理论，称为波动力学。用波动力学也能正确地计算出原子光谱和其他量子效应。

我们现在就介绍一下波动力学的创建。法国科学家朗之万有一个学生叫德布罗意。他在钻研普朗克和爱因斯坦的量子理论时突发奇想：他们既然认为光波有粒子性，波是粒子，那么我们通常认为的粒子会不会也有波动性呢？经过思考后，他在狭义相对论的框架下，写下了“物质波”的公式。他认为电子等实物粒子的能量 E 和动量 $\boldsymbol{p}$ 分别对应着物质波的频率 ν 和波长 λ，满足

$$\begin{gathered} E = h\nu \\ \boldsymbol{p} = \hbar \boldsymbol{k},\ \boldsymbol{k} = \frac{2\pi}{\lambda},\ \hbar = \frac{h}{2\pi} \end{gathered} \tag{2.1}$$

式中，h 是普朗克常数，$\boldsymbol{k}$ 为波矢。德布罗意把他的创新内容写入了自己的博士论文。

德布罗意的老师朗之万觉得这篇文章很有新意，但不能断定是否正确。由于法国的博士论文不公开发表，朗之万就把德布罗意的博士论文寄给了爱因斯坦，征求他的意见。爱因斯坦看后大加赞扬，肯定了德布罗意的这一突破性成果，并在自己的一篇论文中提到了德布罗意的创新工作。德布罗意提出的“物质波”，后来被称为德布罗意波。

这时，奥地利物理学家薛定谔来到苏黎世大学工作。苏黎世大学和苏黎世联邦理工学院（爱因斯坦的

母校）的老师们经常聚会，轮流作报告，进行学术交流。有一次，薛定谔作报告之后，主持会议的德拜教授说：“你今天这个报告没什么意思，听说法国的德布罗意的工作比较有意思，你能不能准备一下，下次讲讲。”于是，薛定谔设法弄到了德布罗意关于物质波的文章，并在苏黎世的学术活动中对德布罗意的理论作了介绍。在报告进行中，主持人德拜问了个问题：“既然是波，有没有波动方程啊？”薛定谔一想，对呀，这个问题应该好好考虑一下。几个星期后，薛定谔又来作报告，说：“上次德拜教授提出德布罗意波没有波动方程，我现在找到了一个。”这就是量子力学中著名的薛定谔方程。这样，薛定谔就建立起来了波动力学，对量子理论做出了重大贡献。这时他已经 39 岁了，在理论物理学家中可以说是大器晚成。许多理论物理学家在取得重大成就时，只有二十几岁。

薛定谔年轻时，曾经碰到过一位使他倾心的女孩，那是一位贵族小姐。这位小姐也很喜欢薛定谔。但是，女孩的母亲嫌弃薛定谔出身平民，坚决切断了他们之间的恋爱关系。这件事对薛定谔伤害很深。他后来虽然和别的姑娘结了婚，但一直都不幸福。婚后他经常出轨，不过，婚姻还是一直维持到了最后。

薛定谔在受到德拜提醒，开始寻找物质波的波动方程的那段时间，是在 1926 年的新年前后。当时他和一位女友到阿尔卑斯山去度圣诞节和新年。正是在这段时间，他的灵感被激发，找到了物质波的波动方程，即薛定谔方程。薛定谔的这段激发出灵感的假期，曾引起一些科学史专家的兴趣。有人还专门去了当年薛定谔住过的旅店，想弄清楚对他的灵感有影响的女士是谁。这位女士肯定不是他的妻子，也不是他的初恋女友，但到底是谁，最后还是没有搞清楚。

薛定谔后来在他关于波动力学的四次演讲中，回顾了自己创建波动力学的思维历程。他强调自己做了经典力学和光学的类比，也就是经典力学中的“最小作用量原理”和光学中的“费马原理”的类比，这对他启发很大。最小作用量原理是法国数学家、物理学家马保梯（又译为莫培督）先猜出，后来又被拉格朗日证明的。

薛定谔最初从相对论的能量–动量关系［式（1.21）］出发来寻找波动方程，但是得到的方程与原子物理实验不符。后来他又退一步，从非相对论性的能量–动量关系出发

$$E = \frac{p^2}{2\mu} + V \tag{2.2}$$

（式中，p 和 μ 分别为粒子的动量和质量，V 为外场的势能）来寻找波动方程，这次取得了成功。下面这个式子就是薛定谔找到的波动方程（后来被称为薛定谔方程）。

$$i\hbar\frac{\partial\psi}{\partial t} = -\frac{\hbar^2}{2\mu}\nabla^2\psi + V\psi \tag{2.3}$$

式中的 ψ 为波函数。

用薛定谔的波动力学，完全不需考虑海森伯的矩阵力学，同样可以得出原子光谱和其他量子效应。而且，波动力学的数学工具是当时一般物理学家所熟悉的微积分，而矩阵力学中的矩阵则是当时物理学家所不熟悉的东西（虽然今天看来，矩阵力学并不难懂）。所以波动力学立刻受到了物理学界的欢迎和重视。这使海森伯和整个哥本哈根学派感到吃惊，他们一时无法接受波动力学。于是，这两派开始了激烈的论战。

第一次交锋

第一次交锋发生在1926年7月。当时索末菲和维恩两位教授邀请薛定谔到慕尼黑大学访问，介绍他的波动力学。报告厅里挤满了听众。薛定谔讲完后，海森伯就从拥挤的座位上站了起来，问了薛定谔一些尖锐的问题。海森伯特别问道，波动力学中的波函数和物理量都是连续的，那么不连续性（也就是量子性）是怎么产生的呢？这个问题把薛定谔问倒了，他答不上来，场面十分尴尬。这时，主持会议的维恩教授站了起来，示意海森伯坐下，说："薛定谔教授工作中的问题，他自己会逐步解决，你还是把自己的功课做好吧。"索末菲也表示赞同薛定谔的工作，搞得海森伯十分难看。这是怎么回事呢？

原来，维恩三年前参加过海森伯的博士论文答辩，而且担任答辩委员会的主席。海森伯提交的论文是流体力学方面的，起初答辩进行得很顺利。但在海森伯报告完之后，维恩无意中问了个光学里的误差问题，海森伯没有答上来。维恩于是就问他法布里－珀罗干涉仪的原理，他又没有答上来。这一下引起了维恩的注意，又问他望远镜的原理、显微镜的原理、蓄电池的原理……海森伯一个也答不上来，十分狼狈。海森伯退出答辩室之后，维恩就对其他答辩委员说，海森伯连本科的水平都达不到，怎么能给他博士学位呢？海森伯的导师索末菲极力为他辩护，但还是没能改变维恩的态度。投票时，维恩投了个四等，不及格，索末菲投了一等，其他的几个教授有的投了二等，有的投了三等。一平均，最终成绩是三等，勉强能拿到博士学位。海森伯十分沮丧，连答辩后的庆祝酒会都没有参加，就赶火车去了格丁根，向玻恩诉苦。玻恩觉得不能以一次成败论英雄，鼓励了他一番，并表示欢迎他常来格丁根进行学术交流。

这次在薛定谔的报告会上，海森伯咄咄逼人的表现，大概使维恩联想起了他在答辩会上的狼狈场面，心中十分不快，而且觉得他对客人太没有礼貌，所以不客气地批评了他。

会后，海森伯也十分沮丧。剩下的几天会他就没有参加，跑去登山散心去了。不过他把这次会上的讨论情况，写信告诉了玻尔。

玻尔收到海森伯的信后，也觉得应该邀请薛定谔到哥本哈根理论物理研究所来进行学术交流，讨论一下他的波动力学。

第二次交锋

1926年，薛定谔应邀来到哥本哈根，玻尔安排他住在自己家里。从到火车站接他见面开始，二人就展开了学术讨论。

第二天，正式的报告会开始了。在玻尔的研究所工作的人并不多，但这20位左右的年轻人都是天下才俊，先后都得了诺贝尔物理学奖。

薛定谔一开讲，听众的问题就像连珠炮一样，弄得薛定谔招架不住，十分狼狈。特别是有人问物质波和粒子是什么关系，薛定谔说，粒子就是不同波长的物质波叠加在一起形成的波包。那些年轻人立刻指出：物质波不同于光波，各种频率的波在真空中速度不同，因此波包会在运动中散开。按照你的解释，岂不是波包对应的物质粒子就会散掉，就会消失吗？这怎么解释？薛定谔十分狼狈，答不出来。在交流会上一连串的炮轰之后，薛定谔终于病倒了。玻尔去看他时，他对玻尔说："我真后悔，干吗要来这儿？"玻尔安慰他说，你不该这么想，他们这样问你，是因为重视你的工作。要是他们认为你的工作不行，他们可能根本就不问你问题了。安慰完后，玻尔又接着问他问题。

这些年轻人很不客气，他们认为"薛定谔方程比薛定谔本人更聪明"。薛定谔在哥本哈根度过了难熬的几天，终于熬到了交流活动结束，十分不快地离开了哥本哈根。

回到家中后，薛定谔反复思考了波动力学和矩阵力学这两种理论。同年，他终于弄懂了，波动力学和矩阵力学是两种等价的理论。这一结论发表在他的著名论文《关于海森伯、玻恩和约尔旦的量子力学与薛定谔的量子力学的关系》中。现在的量子力学就是由波动力学和矩阵力学两部分构成的。薛定谔的波动力学和海森伯的矩阵力学完全等价，使用时则各有优点。

四、奇妙的波粒二象性

德布罗意波

薛定谔的波动方程，描述了德布罗意的物质波的运动。然而物质波与粒子之间究竟是什么关系？当时众说纷纭。有人认为，波是大量粒子的行为。然而实验告诉我们，稀少的粒子仍然表现出波动性。薛定谔本人则认为粒子就是不同波长的物质波叠加形成的波包。但哥本哈根学派的人曾经指出，不同波长的物质波在真空中的速度不同。所以波包会在运动中散开而消失。但人们没有看到过粒子逐渐膨胀、消失的现象。因此，薛定谔的这一解释肯定不对。

那么，波和粒子之间究竟是什么关系呢？玻恩在 1926 年提出了一个大胆的见解，他认为物质波本质上是概率波，波的强度表示粒子出现的概率。他可能受到了爱因斯坦光量子理论的启发。爱因斯坦 1905 年在解释光电效应时，曾把光的强度解释为光子数目的多少。

玻恩把这一解释应用于德布罗意波，并且进行了改造：德布罗意波的强度不是表示粒子数的多少，而是表示粒子出现的概率。

实验支持了玻恩对于德布罗意波的概率解释。图 2-8 是实验中获得的电子双棱镜干涉（与双缝干涉等价）图样形成的过程。

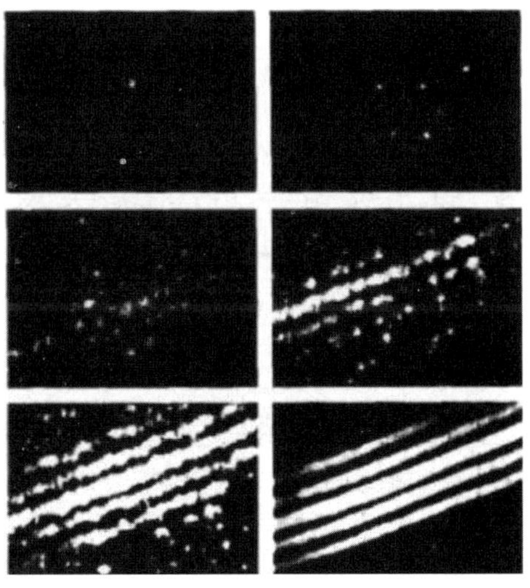

图 2-8　电子双棱镜干涉图样的形成

由于电子流非常稀疏，运动电子之间不会产生显著的相互影响。它们打在屏幕上的干涉图样是一点一点形成的。打的电子数多了，屏幕上的点逐渐积累形成条纹。这张干涉图样的形成过程，有力地支持了玻恩对于物质波的概率解释。

后来的各种实验也都支持了玻恩对波函数的概率解释。

不确定关系

1927 年，海森伯提出了量子力学中的一个重要内容：不确定关系（又称测不准关系）。他得到了下面两个式子：

$$\Delta x \Delta p \geqslant \frac{\hbar}{2} \tag{2.4}$$

$$\Delta t \Delta E \geqslant \frac{\hbar}{2} \tag{2.5}$$

式中，x 和 p 分别表示粒子的位置和动量，t 和 E 分别表示粒子所处的时刻和能量，$\hbar = h/2\pi$。式（2.4）告诉人们，粒子的位置和动量不能同时精确确定。位置确定得越精确（即 Δx 越小），动量就确定得越不精确（即 Δp 越大），反之亦然。在经典力学中，粒子轨道的确定，需要同时精确知道粒子的位置和动量，而不确定关系等于告诉我们，在量子力学中，粒子没有轨道，不能用轨道来描述粒子运动。这一结论太惊人了。

式（2.5）则告诉人们，粒子在某个能级上的寿命越长（即 Δt 越大），它的能量就越精确，即这个能级越窄；相反，越不稳定的能级（粒子在上面不能长期停留），能级的宽度越大。所以亚稳态的能级宽度比基态的能级宽度大很多。

海森伯的不确定关系与他的矩阵力学之间是什么关系呢？这个问题是玻恩解决的。早在 1925 年，玻恩就在研究矩阵力学时发现，广义坐标 q 与广义动量 p 之间存在如下的对易关系：

$$[q, p] = qp - pq = i\hbar \tag{2.6}$$

这一关系正是海森伯不确定关系的理论基础。

我们看到，玻恩对量子力学的贡献是巨大的。他提出的“可观测量原则”，启发海森伯去创建矩阵力学。矩阵力学的创建，不仅有海森伯的贡献，也有玻恩的贡献：他首先把海森伯创建的符号与数学中的矩阵联系起来，并与海森伯、约尔旦一起完成了对矩阵力学的完整构建。

玻恩发现的式（2.6）所示的对易关系，是海森伯不确定关系的理论基础。

除去以上两点对矩阵力学的贡献之外，玻恩还提出了薛定谔方程中的波函数的概率解释，正确认识到德布罗意波是概率波，从而对波动力学也做出了重大贡献。

但是，玻恩获得诺贝尔奖比海森伯和薛定谔都要晚很多。这是不公平的。1932 年，关于矩阵力学的诺贝尔奖只授给了海森伯一个人。当时玻恩坐在听众席上，激动地自言自语：“其实我的位置不应该在这个地方。”他痛苦地觉得，自己没有能与海森伯同时获奖是不公平的。

为什么会出现这种情况呢？这是因为海森伯这个人耍了大滑头。他多次在私下谈话和信件中对玻恩讲，自己的成就应该归功于玻恩的启发和合作，但是他在公开场合从来不这样讲，从来不讲玻恩对他的帮助，也不讲玻恩与他的合作。海森伯在公开场合大肆宣扬爱因斯坦和玻尔对他的启发和帮助，实际上他们两人对海森伯创建矩阵力学没有什么具体的启发和帮助。这就是一个高级滑头人物的表现，这样才能抛开真正有贡献的合作者，堂而皇之地把全部功劳归到自己头上。

玻恩对量子力学的创建和发展做出了巨大的贡献，并培养了大批第一流的学生。他是创建量子力学的真正统帅，玻尔只是从经典力学走向量子力学的中间阶段的大功臣。

使玻恩难过的事情还不止于此，他的夫人生活上十分不检点，经常出轨。

不过，最后令人欣慰的是，玻恩终于获得了 1954 年的诺贝尔物理学奖，虽然这比海森伯（1932 年获奖）、薛定谔（1933 年获奖）都要晚很多。但学术界最终还是认可了他的伟大贡献。

电子的干涉现象

下面我们比较一下经典粒子、经典波和量子粒子（电子）在双缝实验中的表现，从中可以看到量子性质那神秘莫测的一面。

图 2-9 显示了子弹双缝实验。左边有一挺机枪，右边一堵墙上有两个缝，后面是一个屏障。当我们把下缝关闭，只开上缝时，穿过上缝打在探测器上的子弹分布密度如 P_1 所示。当我们关闭上缝，只开下缝时，子弹打在探测器上的密度分布如 P_2 所示。如果我们把上、下缝同时打开，则打在探测器上的子弹密度分布为 P_{12}。比较表明，$P_{12}=P_1+P_2$，这说明有的子弹通过了上缝，有的则通过了下缝。

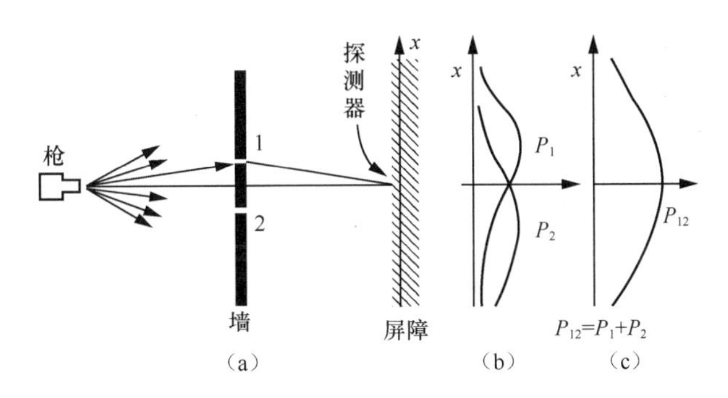

图 2-9　子弹双缝实验

图 2-10 显示了水波双缝实验。当只开上缝时，水波打在探测器上的强度分布为 I_1；当只开下缝时，强度分布为 I_2；如果同时打开上、下缝，所得水波打在探测器上的强度不是 I_1 与 I_2 的叠加，即 $I_{12}\neq I_1+I_2$，呈现为干涉条纹。这表明分别穿过上、下二缝的水波发生了干涉。这种干涉现象是一切波所具有的共同特性。它表明同时穿过上、下缝的波之间发生了相互作用。

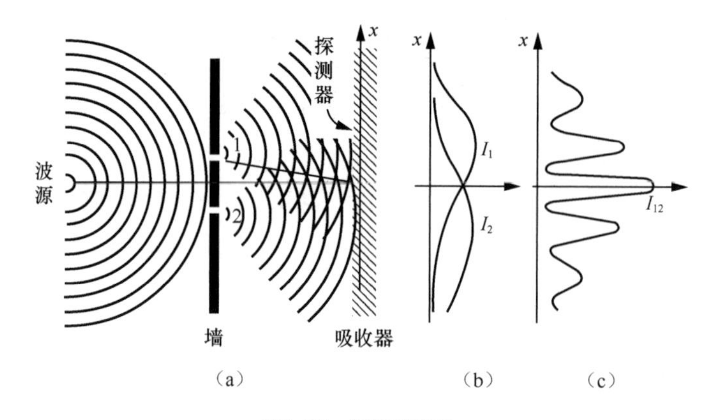

图 2-10　水波双缝实验

现在我们再来看电子双缝实验，如图 2-11 所示。左边是一个电子枪，我们让它尽可能稀疏地发射电子，降低电子密度，以排除电子之间的相互影响。

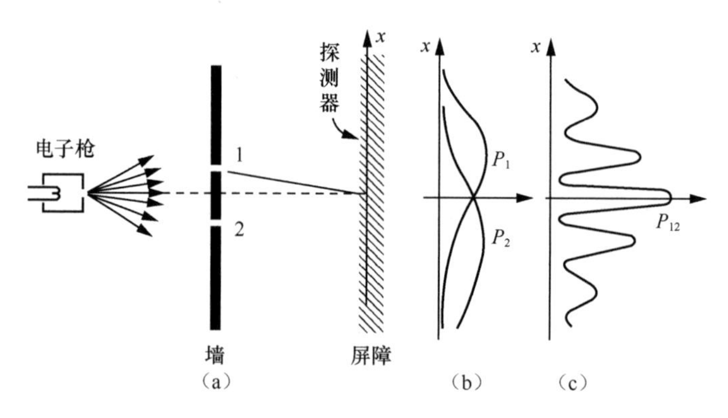

图 2-11　电子双缝实验

我们看到，只开上缝，关闭下缝时，打在探测器上的电子密度分布为 P_1；只开下缝，关闭上缝时，打在探测器上的电子密度分布为 P_2；如果同时打开上、下缝，则打出的电子密度分布为 P_{12}，与经典子弹不同的是，$P_{12} \neq P_1 + P_2$，这与水波情况类似，密度分布呈现出干涉条纹。

这是一件非常奇怪的事情。它首先告诉我们，电子在运动过程中与经典粒子完全不同，而是呈现出波动性。这表明电子是以波的形式在运动。而且，与经典波的情况相似，电子的德布罗意波似乎是同时穿过了上、下两个缝。那么电子本身怎样运动呢，难道电子也分成了两半，分别穿过了上、下两个缝？如果电子不能分成两半，只能从一个缝中通过，它的干涉表现似乎告诉我们，它在穿过一个缝时，应该知道另一个缝开不开，它的运动受到了另一个缝开闭的影响。所以曾有人提出，电子似乎有“自由意识”。

这真是太奇怪了。有人画了图 2-12 这张神奇的图来打比方。上坡（往右滑）的滑雪者，在与对面而来的滑雪者擦肩而过后，一回头，看到那个下坡（向左滑）的滑雪者在雪上留下的滑雪板印，似乎两只脚是从大树的两侧分别滑过去的。这是怎么回事呢？上坡的滑雪者是个“经典”的滑雪者，下坡的那个则是个“量子”滑雪者。“经典”滑雪者实在无法理解这个“量子”滑雪者是怎么通过大树的。这种情况就与我们看到的电子双缝实验类似。

图 2-12　神秘的滑雪者

为了弄清电子究竟是通过哪个缝，还是同时通过两个缝，有人把上述双缝实验改造成“双孔干涉”实验，其实本质是一样的：在墙的后面安装了精密的照明装置，以便看清电子究竟如何穿过孔。遗憾的是，只要一打开照明装置去看，电子就只通过上孔，或者只通过下孔。在有光源照明的情况下，两孔同时打开时，并不出现干涉条纹，只出现与机枪子弹打出的图相似的非相干叠加图，如图 2-13（c）所示。

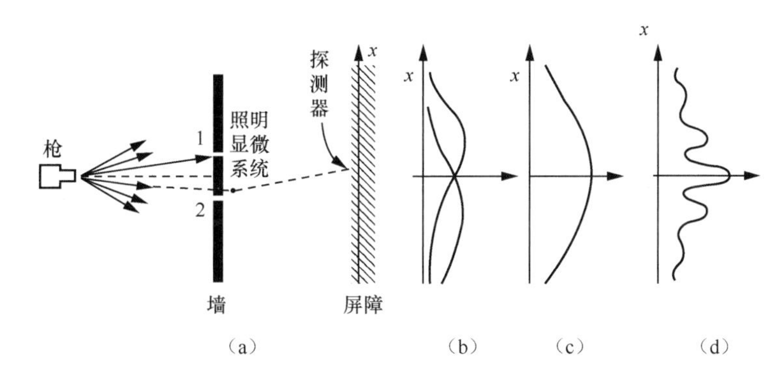

图 2-13　追踪电子的双孔实验

隧道效应

同样让人难以理解的还有微观粒子（如电子）贯穿势垒时的隧道效应。

我们先看一个经典例子。一个小球在一个光滑的平面上滚动，平面上有一个小山坡。小球位于坡顶时的势能为 V。如果小球的动能 E 大于势能 V，经典力学告诉我们，小球一定能越过坡顶，到达山坡的另一侧。如果小球的动能 E 小于 V，则小球一定到达不了坡顶，而会倒滚回来。

现在我们再来看一个电子的情况。它前面有一个高度为 V 的势垒，电子的动能为 E。如果电子是遵守经典力学的粒子，$E > V$ 时它一定能越过势垒，$E < V$ 时它一定会被势垒反射回来，不可能越过势垒。但是量子力学告诉我们，具有量子性质的电子会表现出与经典粒子不同的奇异的性质。当它的动能 $E > V$ 时，它不一定能越过势垒，它有一定的概率越过势垒，但还会有一定的概率被反射回去。更为奇妙的是，当它的动能 $E < V$ 时，它居然会有一定的概率越过势垒，透射过去。要知道这时它的动能 E 是小于势垒的势能

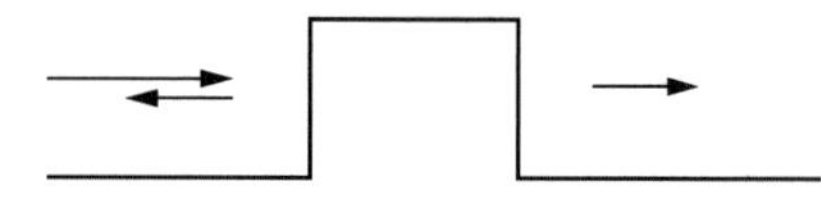

图 2-14　隧道效应

V的。量子力学把这一现象称为隧道效应，如图 2-14 所示。这就是说，好像势垒上有隧道一样，电子有一定的概率穿过隧道。

这里要强调的是，我们只能算出电子穿越隧道的概率，并不能确定每一次射过去的电子是否一定能穿过势垒，或者一定会被反射回去。也就是说，我们只能利用量子力学算出电子穿过势垒的可能性。

至今为止，我们并没有在任何势垒上观察到任何隧道。所谓隧道效应只是打一个比方，给出一种似乎直观一点的类比解释。隧道效应到底是怎么回事，现在人们还并没有真正弄清楚。

那么隧道效应违反能量守恒定律吗？目前普遍的看法是不违背。多数人认为，穿越势垒的粒子可以从真空中借取能量，越过之后再把能量还给真空。一些人通过不确定关系对这一过程进行了解释。按照这种解释，势垒越高，粒子从真空中借用的能量就越多，于是粒子穿越势垒的速度就越快，甚至可能会超过光速。当然，这是一种在时间－能量不确定关系限制下的不可观测的虚过程。

也有人认为，穿越势垒根本不需要时间。笔者在和别人合作研究黑洞附近的势垒贯穿时，就发现假设穿越势垒（通过隧道效应）的过程是“瞬时过程”，并不会引起任何矛盾。

测量问题

测量问题是量子力学中一个十分有趣，而人们又没有完全弄清楚的问题。

如图 2-15 所示，隔板把暗箱分成 A、B 两个部分，隔板上有一个小孔连通 A、B 两区。暗箱中有一个电子，电子处在 A 区还是处在 B 区？如果打开看，我们可以肯定，电子不是处在 A 区就是处在 B 区，两种情况必居其一。那么打开暗箱前呢？大概很多人认为，电子当然还是不在 A 区就在 B 区。但是量子力学告诉我们，这个答案有问题。量子力学认为，在开箱前，电子同时处在 A、B 两区。开箱观测时，观测者和电子之间会产生相互作用，使得电子缩在 A 区，或者缩在 B 区。

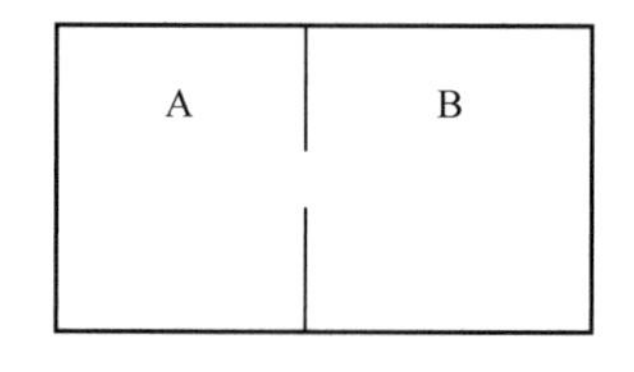

图 2-15　暗箱中的电子

所以我们开箱看时，电子不是在 A 区就是在 B 区，不再是同时处在 A、B 两个区。如果 A、B 两个区不一样大，那么由量子力学可以得出电子处在 A 区的概率和处在 B 区的概率。开箱检验时，电子处在 A 区的概率和处在 B 区的概率会与理论计算的相同。我们不能肯定每一次开箱时电子在 A 区还是在 B 区，只能得知它出现在 A 区和 B 区的概率。实验检验表明，开箱检测的次数越多，电子出现在 A 区的次数和出现在 B 区的次数就越接近理论得出的概率值。

在第一讲中，我们曾经简单讨论过中国历史上对“格物致知”的认识过程。到了明朝后期，从王阳明学派发展出来的以王艮为首的“王学左派”，认为“格”就是“量度”。要想了解一个事物，就必须去量度它。这一思想已经非常接近当代的唯物主义。从毛主席的《实践论》中，我们可以看出来，你要认识一个事物，就必须去“变革”它，通过“变革”去认识它。

这个思想在今天的量子理论中能很好地澄清一些重要问题。观测者在观测粒子的时候，不是完全被动地感知，而是通过和被观测对象（粒子）的“相互作用”来感知它，认识它。所以，“观测”包含着主客体之间的相互作用，观测实际上是一种“变革”。观测过程会对观测对象产生影响。总之，观测得到的信息不完全是客观的，而是通过主体（观测者）与客体（粒子）的相互作用而产生的。观测过程不仅使观测者得到信息，也对观测对象产生了影响。

观测会对观测对象和观测过程产生影响，留下印记。爱丁顿曾经针对这一情况说了一段玩笑话：“我们在未知之岸上找到了一个奇怪的脚印，我们设计出一个接一个的深奥理论来说明它的来源。最终，我们成功地重现了留下这个脚印的生物。哦，那是我们自己的脚印。”

五、关于量子力学的长期论战

量子力学的主流学派称为哥本哈根学派，又称格丁根学派。这是因为玻尔在哥本哈根理论物理研究所工作，而玻恩在格丁根大学工作。在这两位大师的周围聚集了一大批青年才俊，这些人都对量子力学的发展做出过重大贡献。这个学派的主要人物包括玻尔、玻恩、海森伯、泡利、狄拉克等人。他们坚持量子力学的概率解释、统计解释，认为波粒二象性中的波是概率波，表示粒子在空间中出现的概率。

哥本哈根学派的观点遭到爱因斯坦和量子理论的另外几位奠基人的反对，例如薛定谔和德布罗意，还包括玻姆等人。他们反对波函数的概率解释，认为概率解释不可能是量子力学的终极理论。他们提出不同的理论，或者举出各种反例来与哥本哈根学派辩论。

不过，在争论中，总是哥本哈根学派占上风。这些占上风的年轻人有时很不客气，说一些讽刺、挖苦的话，例如前面提过的“薛定谔方程比薛定谔本人更聪明”。

真是这样吗？我们下面就薛定谔对科学的贡献进行一些补充说明。

薛定谔与《生命是什么》

第二次世界大战期间，薛定谔来到爱尔兰。1943 年他在都柏林的高等研究院举办了一个展望生命科学发展前景的讲座，讲座内容后来被汇集成一本书——《生命是什么》。

在这本书中，他对未来生命科学的发展进行了精彩的预言。他首先强调“生命来自负熵”。这与普通人对维持生命的条件的理解很不相同。一般人都会想，生命最需要的是能量，只要不断给生物补充能量，它就一定能活下去。如果真是这样，我们把一个人放在 37 摄氏度的恒温房间内，他就应该能永远活下去，不需要吃什么东西。因为只要他身体消耗了一点能量，就可以有热能从外界流进身体，生命就可以维持下去了。但是经验告诉我们这是不行的。人必须吃粮食，还必须补充水和氧气。吃粮食本身就是在补充能量，这与外界流入的热能有什么区别呢？物理学的研究告诉我们，对生物体来说，需要的是“可用能”，也就是伴随着“负熵”的能量，而普通的热能不属于这类可用能。

薛定谔强调，生物体最需要的东西其实是“负熵”。热力学第二定律早就告诉我们，对于孤立系统或者绝热系统，它的熵只能增加不能减少。而“熵”本质上是混乱度的量度。所以，如果把一个生物体与外界隔离，不允许它与外界有任何物质交换，那么这个生物体必然走向死亡，走向腐烂。这是一个由热力学第二定律支配的，混乱度不断增加，也就是熵不断增加的过程。怎么才能避免这一过程呢？这就需要不断向这个生物体输入负熵，使输入的负熵与生命过程中产生的熵抵消，以维持生物体内的熵保持大体不变，从而使生命得以延续。

通常生物体吃进去的食物，都是分子排列比较整齐的低熵物质，而排泄、排遗出去的东西，则是分子排列杂乱无章的高熵物质。所以，生物体的新陈代谢过程，就是不断吸入低熵物质，不断排出生命过程中产生的高熵物质的过程，也就是一个生物体从外界吸入负熵的过程。所以，薛定谔强调：生命来自“负熵”。

薛定谔还创造性地预言，生物体的遗传密码信息，存在于非周期性的有机大分子中；并且预言，生命以量子规律为基础，量子跃迁可以引起基因突变。他的这两点思想，是现代生物遗传学和进化论的基础，对现代生物学产生了不可估量的影响。

DNA 双螺旋结构的提出者——生物学家沃森和物理学家克里克，在年轻时都读过《生命是什么》这本书，薛定谔对他们产生了重大影响。

所以，薛定谔不仅是一位物理学家，也是一位生物学家，他对物理学和生物学都做出了巨大贡献。

薛定谔的猫

薛定谔得出了波动力学的基本方程——薛定谔方程，并证明了自己的波动力学和海森伯的矩阵力学等价，从正面推动了量子力学的发展。

后来，他又针对哥本哈根学派对量子力学的概率解释不断提出质疑和反例，从反面推动了量子力学的发展。

他提出的著名的“薛定谔的猫”的反例，直到今天还没有被人们完全搞清楚。

这个反例的情况如图 2-16 所示。有一只可怜的猫被关在一个密闭的容器中。猫的旁边放了一个玻璃瓶，里面是有剧毒的氰化钾。玻璃瓶的上方有一个电磁铁，吸着一个铁锤。上面有一个装有放射性原子的容器，旁边有一个盖革计数器。在原子没有发生衰变时（原子处在 $|0\rangle$ 态），计数器不工作，电磁铁保持通电，铁锤在上面悬着，猫正常地活着。一旦原子发生衰变（原子处在 $|1\rangle$ 态），产生的射线会进入盖革计数器中，这时电磁铁通电，铁锤落下，玻璃瓶被打碎，氰化钾扩散出来，猫被毒死。

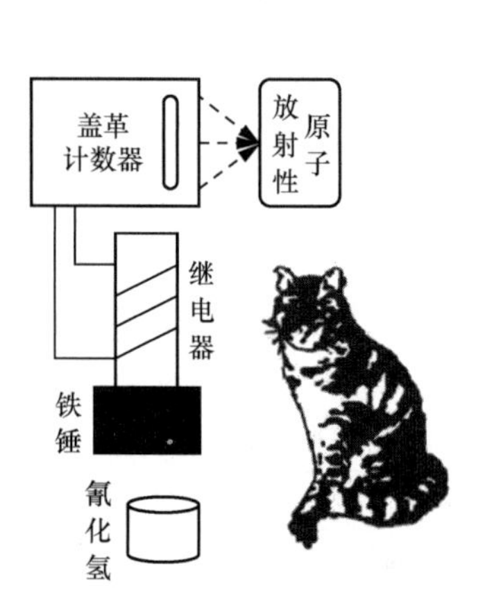

图 2-16　薛定谔的猫

猫的死活与原子是否发生衰变纠缠在一起，形成纠缠态：

$$\psi = \frac{1}{2}\left(|活\rangle \otimes |0\rangle + |死\rangle \otimes |1\rangle\right) \tag{2.7}$$

按照量子力学的统计解释，观测者打开箱子看时，看到的猫一定是死的或者是活的，两种状态必居其一。但是开箱之前呢？按照这一统计解释，猫不会是死的，也不会是活的，而是处在一种既死又活的状态。

一只猫怎么可能既死又活呢？人一看，怎么就会产生如此重大的影响，使处在既死又活的纠缠态的猫，一下子缩到“死态”，或者一下子缩到“活态”呢？

这个问题一直没有得到公认的、令人满意的解释。类似的质疑反例在量子力学中还不少。所以爱因斯坦曾经用讽刺的口吻说：“我就不信，一只老鼠，只因我看它一眼，整个宇宙就发生了剧烈改变。”

爱因斯坦光子箱

爱因斯坦本人提出的著名反例，是他在 1930 年举行的第六届索尔维会议上提出的“光子箱”疑难，他试图用这个疑难来否定量子力学的时间 – 能量不确定关系。

图 2–17 中左边是爱因斯坦最初画的草图，比较粗略；右边是经过玻尔加工过的图，比较清晰。图 2–17 中有一个光子箱，里面有一个钟，箱壁上有一个小孔，光子可以从那里逃逸。光子箱挂在一个弹簧秤上。实验者可以短时间内打开箱壁上的小孔，如果有一个光子逃出，弹簧秤左侧的指针将显示箱子质量变化了 $m = \frac{E}{c^2}$，式中的 E 和 m 分别为光子的能量与质量。另外，箱子中的钟将指出光子逸出的时刻，即箱子的质量变化 m 的时刻。这种情况下，光子能量的变化 $E = mc^2$ 由弹簧秤指针给出，而光子逸出的时刻由钟给出，两个量的测量之间没有关系，所以能量和时间可以同时精确测定，这表明时间能量不确定关系 $\Delta E \Delta t \geqslant \frac{\hbar}{2}$ 不成立。爱因斯坦的这一反例使玻尔很震惊，他当时没有答复，散会后琢磨了一个晚上。

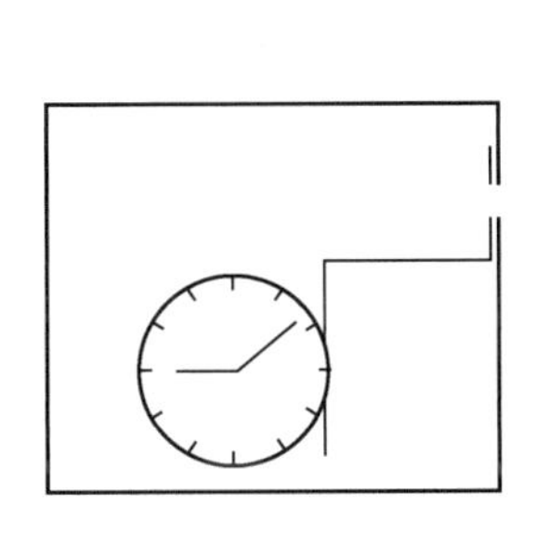

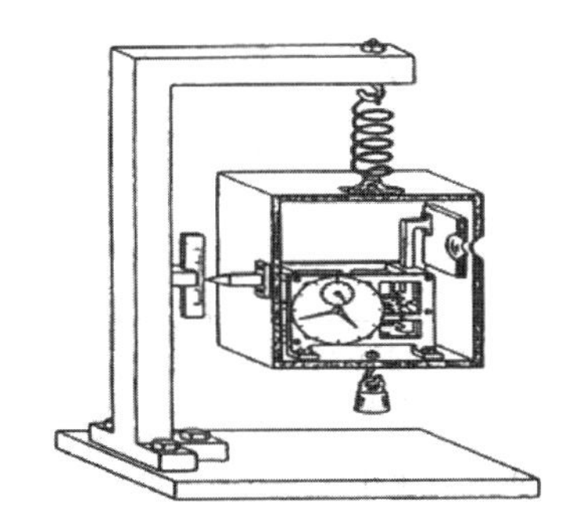

图 2–17　爱因斯坦光子箱

第二天，玻尔给出了答案。他指出，光子逸出时的冲量 mgt 会使箱子获得向上的动量 p：

$$p = mgt = \frac{E}{c^2}gt \tag{2.8}$$

式中，m、p、E 分别为光子的质量、动量和能量，g 为重力加速度。动量的不确定量为

$$\Delta p=\frac{\Delta E}{c^2}gt \tag{2.9}$$

箱子上移使左侧指针的位置发生变化，位置的不确定量是由动量的不确定量引起的，所以它将满足位置 - 动量不确定关系：

$$\Delta x\Delta p\geqslant\frac{\hbar}{2} \tag{2.10}$$

玻尔此时采用广义相对论中时空弯曲导致时间变慢的公式

$$\frac{\Delta t}{t}=\frac{1}{c^2}g\Delta x \tag{2.11}$$

把式（2.9）、式（2.11）代入式（2.10），得出

$$\Delta t\Delta E=\Delta x\Delta p\geqslant\frac{\hbar}{2} \tag{2.12}$$

于是他得到了时间 - 能量不确定关系。玻尔用爱因斯坦自己的广义相对论的结果，反驳了他对量子论中的不确定关系提出的反例。

图 2-18　爱因斯坦和玻尔在沉思

爱因斯坦对玻尔的反驳，没有提出不同意见。图 2-18 显示了辩论中的爱因斯坦和玻尔在沉思。笔者想说明的是，可以不用广义相对论，只把万有引力定律和狭义相对论相结合，并考虑等效原理就得到式（2.11），从而完成玻尔的论证。在这个问题上，采用这种比较简单的做法，精度足够。

需要说明的是，爱因斯坦至死不相信量子力学的统计解释是最终的解释。他说：

上帝是不掷骰子的。

我花在光量子上的时间是花在广义相对论上的 100 倍，可还是不知道什么是光量子。

后来，哥本哈根学派所主张的量子力学的概率解释在学术界占据了统治地位。对于这种情况，玻尔说：“新理论被接受，不是因为反对它的人改变了立场，而是因为反对它的人都死了。”

至今为止，人们并没有彻底弄清楚量子力学中的问题。费曼说：“我可以负责任地说，没有人真正懂得了量子力学。”

六、相对论性量子理论

狄拉克真空

量子力学是非相对性的理论，也就是说量子力学与相对论有矛盾。于是有一些学者就去努力建立相对

论性的量子理论。他们成功地得到了一些方程，但这些相对论性方程都存在负能困难，也就是说，它们描述的粒子可以存在负能状态，这让人很难理解。负能困难的根源是相对论的能量 - 动量关系，即式（1.21）

$$E^2 = p^2c^2 + m_0^2c^4$$

从这个式子可以得出

$$E = \pm\sqrt{p^2c^2 + m_0^2c^4} \tag{2.13}$$

也就是说，粒子的能量可以为正也可以为负。粒子不动时，动量 p 为零，

$$E = \pm m_0c^2 \tag{2.14}$$

从式（2.13）和式（2.14）可以看出，粒子有两种可能的状态：

$$E \geqslant m_0c^2 \tag{2.15}$$

的正能状态及

$$E \leqslant -m_0c^2 \tag{2.16}$$

的负能态。在 m_0c^2 和 $-m_0c^2$ 之间是粒子存在的禁区（注意，禁区的宽度是 $2m_0c^2$），这就是说，

$$-m_0c^2 \leqslant E \leqslant m_0c^2 \tag{2.17}$$

这就是说，不存在能量处于式（2.17）所示的区间的粒子。

狄拉克研究了这个问题，提出一个大胆创新的想法：真空不空。他认为，真空并不像以前人们认为的那样，是“一无所有”的状态。真空实际上只是能量最低的状态，并非一无所有。

什么样的状态能量最低呢？有的人可能会想，一个粒子都没有的状态应该能量最低。这是真的吗？

我们打个比方来思考这个问题。什么样的人最穷，有人说我一分钱都没有，所以最穷。但另一个人说，我比你穷，我不但一分钱没有，还欠人家 100 元。又有个人说，我欠的钱比你欠的还多，所以我更穷。这样看来，最穷的人应该是不仅一分钱没有，还欠了最多债，再也借不到钱的人。

由此看来，能量最低的状态应该是一个正能粒子都没有，而所有的负能状态都填满了负能粒子的状态。这种状态才是狄拉克认为的真空态。狄拉克针对费米子来讨论真空，因为费米子遵从泡利不相容原理，每个状态只能容纳一个粒子，才可能出现状态（例如负能态）被填满的情况。

图 2-19 的左图表现了狄拉克描述的电子真空，其正能态空着，负能态都已填满。这个图像正确吗？狄拉克认为正确。而且他还认为，从这个图像可以看出，能够从真空中打出电子。他认为，打击真空，也就是给处在负能态的电子提供足够的能量，例如大于 $2m_0c^2$ 的能量，就可以使它越过禁区，跃迁到正能态，成为正能电子，并留下一个负能空穴，如图 2-19 的右图所示。

真空本来不带电，从中打出了一个带负电的电子，从电荷守恒角度考虑，负能空穴应该带正电。再从能量守恒角度考虑，越过能量为 $2m_0c^2$ 的禁区，需要提供的能量是 $2m_0c^2$，而打出的电子的能量只有 m_0c^2，

另外的 m_0c^2 哪里去了呢？只能由负能空穴所具有，所以负能空穴与电子质量相同，只不过电子带负电，负能空穴带正电。这样看来，所谓负能空穴就是带正电的电子！学术界称其为正电子。

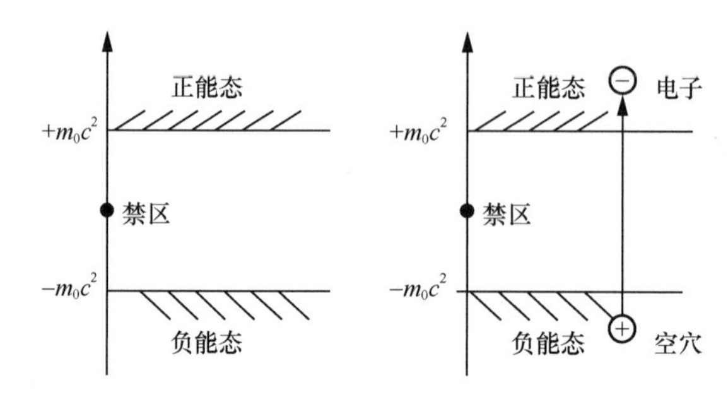

图 2-19　狄拉克真空

正电子的发现

首先观测到正电子的是我国留美物理学家赵忠尧。赵忠尧是美国物理学家密立根的学生。1929 年，他在实验室中观测到正负电子对的产生，1930 年又观测到了正负电子对的湮灭。但是，当时狄拉克还没有预言正电子，所以赵忠尧头脑中还没有正电子的概念。不过，他在论文中正确地描述了有关的实验现象。

1930 年，狄拉克预言了正电子；1932 年，安德森再次观测到正电子，并在论文中正式肯定了正电子的发现。

安德森当时以为，正负电子对是在宇宙线轰击原子核时产生的。他按照狄拉克真空的思想，把原子核视作“铁砧”，把宇宙线视为“铁锤”，用宇宙线轰击原子核，就打击了夹在“铁锤”和“铁砧”之间的真空，从而从真空中打出了正负电子对。后来，安德森才明白，实际上是宇宙线进入大气层后打出的高能 γ 射线撞击在原子核上，光子转化成了正负电子对，如图 2-20 所示。

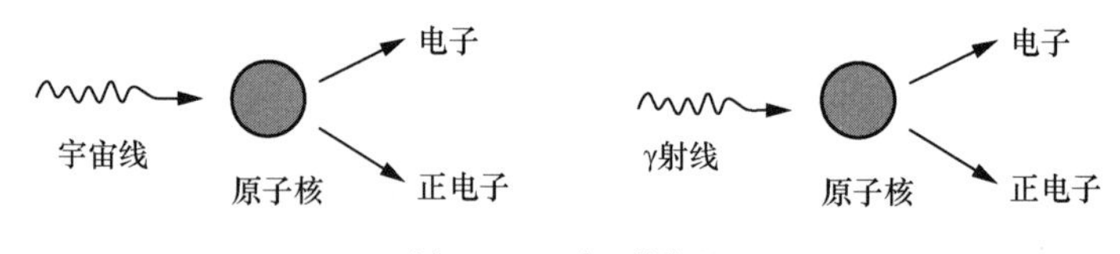

图 2-20　正电子的发现

安德森因为正电子的发现获得了 1936 年的诺贝尔物理学奖，赵忠尧没有得到。这是不公平的。赵忠尧虽然没有明确指出自己看到了正电子，但他比安德森更早地从实验上观测到了正负电子对的产生和湮灭。科学发现中有不少类似的情况，许多看到了重要现象但迫于条件所限未能指出其本质发现的科学家，都获得了诺贝尔奖，例如微波背景辐射的发现等，而赵忠尧却没能获得诺贝尔奖。

反物质

1955 年张伯伦、塞格雷发现了反质子，这是一种质量与质子相同，但带负电的粒子。此后他们又发现了反中子。反质子和反中子可以组成“反核”，正电子围绕反核运动，形成反原子、反元素。这就是反物质。1995 年欧洲核子研究组织造出了九个反氢原子，寿命仅三亿分之四秒。这是人类第一次制造出反物质。

后来，科学家发现的反物质的粒子越来越多。值得一提的是，我国物理学家王淦昌 1959 年在苏联的杜布纳联合原子核研究所发现了反西格玛负超子。1941 年，处在抗战恶劣环境中的王淦昌写出了《探测中微子的建议》，并把文章寄到美国。这篇文章于 1942 年发表于《物理评论》杂志。1952 年，美国科学家采用他建议的方法，发现了中微子。

赵忠尧先生和王淦昌先生都做出了诺贝尔奖量级的贡献。他们虽然没有获得诺贝尔奖，但历史最终记住的，不是谁获得了诺贝尔奖，而是谁真正做出了伟大的贡献。他们和李政道、杨振宁一样，都为科学发展做出了重大贡献，都是中华民族的骄傲。

第三讲

比一千个太阳还亮

一、中子、裂变与链式反应的发现

中子的发现

我们这一讲介绍原子弹的研制和原子能的和平利用。这一讲的题目“比一千个太阳还亮”，就形容的是原子弹爆炸时候的亮光。我们分几个部分来讲，先讲一下中子的发现。上一讲已经介绍过元素周期律、光谱线和 X 射线的发现。光谱线和 X 射线都是原子核外的电子在能级跃迁时发射的射线。X 射线和可见光都是电磁波，只不过 X 射线的波长比较短，因而贯穿力比较强而已。我们后来又讲了天然放射性的发现，就是贝可勒尔和居里夫妇发现的天然放射性。这种放射性不是原子核外部的电子能级跃迁放出的射线，而是原子核内部的变化和能级跃迁发出的射线。天然放射性发现以后，大家就知道元素是可能改变的。

到了 1920 年左右的时候，英国杰出的核物理专家卢瑟福猜测，原子核内部除去质子以外，可能还有中子。为什么呢？当时人们已经知道元素的原子序数是整数，原子序数反映了这种元素的原子核带的正电荷的数目，也就是质子数。但是让人感觉奇怪的是很多元素不仅原子序数是整数，而且原子量也差不多是整数。以氦原子为例，它的原子序数是 2，原子量是 4。这给人一种感觉，就是氦的原子核里头，除去有两个质子以外，好像还应该有两个与质子质量相同，但是不带电的东西。卢瑟福推测，可能存在一种不带电，但是跟质子的质量相同或者相近的粒子，也就是后来所说的中子。但是当时这只是一种猜测。

到了 1930 年，普朗克的研究生博特，在用 α 粒子轰击铍的时候，发现铍受到 α 粒子的轰击以后，可以放出一种射线，这种射线不带电，而且穿透能力很强。这种射线其实就是中子束，但是他不知道，他头脑中没有中子这个概念，他认为是 γ 射线，也就是波长比 X 射线更短的电磁波。

1931 年，他的这个发现公布出来以后，法国的核物理学家约里奥 – 居里夫妇又对这个问题进行了研究。约里奥 – 居里夫妇是谁呢？不是老居里夫妇。老居里叫皮埃尔・居里。我们通常所说的居里夫人是皮埃尔的夫人玛丽・居里，她是波兰人。约里奥 – 居里夫妇是老居里夫妇的大女儿和大女婿。

这位约里奥，出身于一个工人家庭，祖父是钢铁工人。他父亲是巴黎公社社员，巴黎公社革命运动失败以后，他的父亲突围去了卢森堡。后来法国国内的形势平静下来，当时的法国政府表示不再追究巴黎公社的事情，他父亲又回到了法国。约里奥本来跟居里家族不大可能有什么交集，他是学化学的，第一次世界大战的时候应征入伍，战争结束就退役了。但退役以后他找不着工作，当时的退伍士兵找工作很困难。他有一个好朋友，是著名的法国核物理学家朗之万的儿子。朗之万的儿子退役后就到父亲的实验室去工作，他想到自己的好朋友约里奥找不到工作，就跟父亲讲，是不是可以把约里奥招到我们实验室来。他父亲说，我们没有那么多钱，实验室人手已经够了，不可能再把约里奥招来了。于是朗之万的儿子又让父亲跟居里夫人谈谈，看看她的实验室要不要人。当时皮埃尔・居里已经遇车祸去世了，这样朗之万就去找居里夫人，向居里夫人推荐了约里奥。居里夫人把约里奥叫来，跟他谈了一下以后，觉得这个小伙子还可以，挺聪明的，于是就把他留在自己的实验室工作，居里夫人的大女儿伊雷娜也在这个实验室搞研究（见图 3–1）。

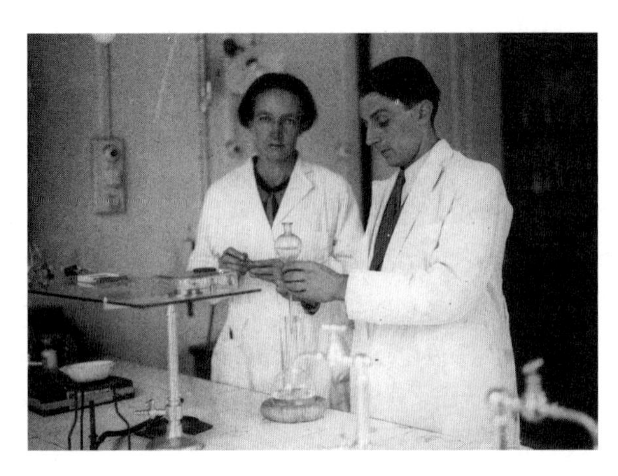

图 3-1　约里奥－居里夫妇在实验室

当时法国这批科学家对学校的教育不满意，觉得学校的教育过于死板。于是这些科学家就组织起来，给自己的子女上课，不上一般的学校了。他们还比较自信，想看看这样培养出来的人怎么样。居里夫人的大女儿伊雷娜，就是在这样的环境当中培养出来的，她主要学的是化学。约里奥也是化学专业的，他们两个人的化学都比较强，但是物理方面相对比较欠缺。他们两个人搞研究，经常工作到很晚，为了安全，约里奥就经常送伊雷娜回家。这两个人的性格相反，伊雷娜非常沉静，不爱讲话，而约里奥特别爱讲话，也特别能讲，这种性格上的差异，反而产生了很强的吸引力，于是两个人就坠入了爱河。

在居里夫人的赞同之下，他们俩后来就结婚了，这就是小居里夫妇。小居里夫妇看到了博特的文章，就用博特所说的这种“γ 射线”来打击石蜡。其实这种射线是中子，他们不知道。打击石蜡以后，他们就发现从里面打出了质子。他们对这种射线进行了更多的研究，并公布了实验结果，但是仍然认为这种穿透力很强的不带电的射线是 γ 射线。其实，如果他们有很扎实的物理基础的话，他们就会知道，γ 射线的能量和动量都不足以把质子从石蜡当中打出来。

这时候卢瑟福的研究生查德威克看见了他们的论文，很高兴，觉得他们真傻，看见了中子还不知道。因为查德威克当时正在找中子，他头脑当中有中子这个概念，这是他老师卢瑟福的思想。这时候他觉得，博特发现的、约里奥－居里他们进一步研究的射线，就是中子束。于是他就设计了类似的实验，又进行了一番研究，当然实验还是有差别的，不是完全一样的。在做了一些实验以后，他就在《自然》杂志上发表了一篇短文《中子可能存在》，接着又在英国皇家学会的会刊上发了一篇长文《中子是存在的》，确认了中子的发现。

当时英国皇家学会的会刊，是世界上最重要的物理杂志之一，因为当时英国和德国是世界科学的中心，美国还不是。美国的《物理评论》杂志虽然已经有了，但是还没有那么重要。

当查德威克发现中子的消息传出来以后，小居里夫妇感到很沮丧，他们已经看到了中子，但是却没有认出来。这正应了法国的微生物学家巴斯德（狂犬疫苗的发明者）的一句话：“机遇只偏爱有准备的头脑。”因为小居里夫妇和博特等人的头脑中都没有中子的概念，没有准备，而查德威克的头脑有准备，所以查德威克最后发现了中子。

1935 年，诺贝尔奖评委会认为，中子的发现应该获奖。于是查德威克由于发现中子，获得了诺贝尔物理学奖。诺贝尔奖评委会的评委在讨论的时候，有人主张，由查德威克和小居里夫妇共同分享这次诺贝尔奖。但是这个评委会的主任是查德威克的老师卢瑟福，卢瑟福说约里奥 – 居里夫妇那么聪明，他们以后还会有机会的，这次的奖就给查德威克一个人吧。于是这次的奖就给了查德威克一个人。当年的下半年，同一个评委会讨论诺贝尔化学奖，大家一致同意，把诺贝尔化学奖颁给约里奥 – 居里夫妇，理由是他们发现了人工放射性。什么意思呢？就是老居里夫妇发现的放射性是天然放射性，放射性元素是天然的；而约里奥 – 居里夫妇发现能够人工制备放射性元素，这样他们就得了诺贝尔化学奖。1954 年，诺贝尔奖评委会又因为博特对宇宙线的研究，给了博特诺贝尔物理学奖。这样，对于中子的发现有贡献的四个人，都分别获得了诺贝尔奖，所以这几次的评奖是比较公平的。

裂变的发现

我们下面就来讲发现中子以后，裂变和链式反应的发现。那时发现的最重的元素，是原子序数为 92 的铀。当时，像费米这样一些非常著名的核物理学家认为，用一些射线打击铀的时候，可能得到的是原子序数变化不大的新元素。此前，大家知道的核反应的结果，都是放出一个电子，原子序数增加 1，原子核增加一个正电荷；或者发射出一个 α 粒子，丢掉两个正电荷，原子序数减少 2。都是原子序数改变 1 或改变 2 这样的情况。但是也有人猜测铀核可能分裂成两块。我们现在知道首先猜测到这一点的是德国的化学家诺达克夫人。一个像铀核这样的重原子核，能够分裂成大小差不多的两半，一般的核物理学家（包括费米在内）都不觉得有这种可能。但诺达克夫人推测到有这种可能，不过她也没有真正去验证。

1938 年的时候，约里奥夫人（伊雷娜·居里）和她的助手，发现用中子轰击铀以后可以得到一些元素，这些元素好像不是费米他们这些人所说的超铀元素，而好像是镧，而镧的原子序数只有铀的大约一半，还有一些其他的元素，但是不能肯定。约里奥夫人在他们的实验室里宣布自己的实验结果的时候，钱三强正好在那里学习，他亲耳听到约里奥夫人讲这件事情。

一般的人都认为他们错了，觉得这个实验肯定有问题。德国的哈恩和斯特拉斯曼一方面不相信他们的实验，另一方面还是忍不住去重复了一下这个实验，最后肯定了这个实验的产物确实是镧和钡。当时在哈恩的实验室中，哈恩和斯特拉斯曼都是研究化学的，主要是做实验的。他们那个实验室一共只有 20 多个人，跟我们现在的研究所和科研机构真的差得很远。他们的研究单位很精干，在那里，管打字的，管收发的，管财务的是同一个人，其他人都是研究人员。在哈恩的实验室里，原来有一个研究物理的人，叫迈特纳（见图 3–2），她的物理很强。迈特纳女士是个犹太人，希特勒上台以后迫害犹太人，迈特纳觉得自己很危险，就在别人的帮助之下逃离了德国。因为迈特纳不在了，所以哈恩这个实验室在物理方面比较薄弱。于是哈恩就写信把自己的实验结果告诉了迈特纳。迈特纳在 1938 年底和 1939 年初的时候，正跟她的侄子弗里施一起在瑞典的一个地方滑雪，度新年。犹太人不过圣诞节，他们度新年。弗里施也是一位很优秀的物理学家，他也是犹太人，但逃离德国的时候比较晚，那时他的姑姑迈特纳已经走了。等他要走的时候，希特勒已经下令，不允许犹太人离开德国，要把他们消灭在德国。弗里施当时简直是走投无路了，正好这

图 3-2 迈特纳和哈恩在实验室工作

个时候玻尔来访问，在跟玻尔出去散步的时候，玻尔悄悄问他，你现在需不需要我帮什么忙，弗里施说请你赶紧发一封邀请信，邀请我到你们那里去短期访问，我想马上离开德国，太危险了。于是玻尔回去以后就写了一封信，邀请弗里施到哥本哈根大学理论物理研究所做短期访问。纳粹德国的那些官员拿到这封信以后，觉得要不放弗里施去吧，就得罪了玻尔，放他去吧他要跑了怎么办呢？后来一想，这是个短期访问，他还得回来，于是就让弗里施走了。弗里施走了以后，就肉包子打狗——有去无回，再也不敢回来了。

他们滑雪回来的时候，看到了哈恩给迈特纳的信。看完以后弗里施说不可能，一个铀的原子核怎么能裂成两个差不多大小的块呢？迈特纳就对他说，哈恩是非常优秀的化学家，我绝对相信他的实验，我们应该相信他是正确的。于是他们俩就研究了一番，认为铀的原子核如果真的可能裂变，会不会是这样一种图像：铀核在吸收了中子以后可能不稳定，比如说像图 3-3，铀核可能会不断地拉长，最后就可能断裂。于是他们就写了关于裂变的文章，这样裂变的概念就被提出来了。

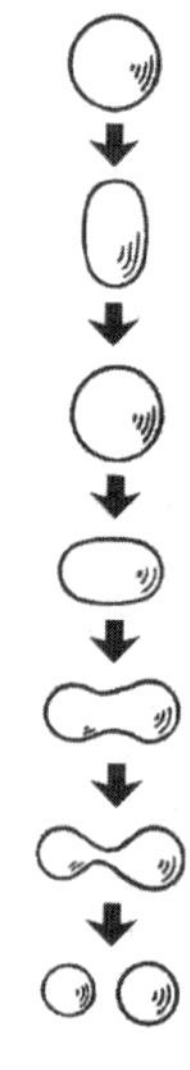
图 3-3 原子核的液滴模型和裂变示意图

我们看到约里奥夫妇是首先看见裂变的人，但是他们没能认出裂变，而哈恩和迈特纳他们确认了这是裂变。钱三强第二次世界大战（简称二战）期间在居里实验室工作，何泽慧则是在德国工作，二战一结束她就到了居里实验室。我曾经问过何泽慧先生，她怎么跟钱三强先生认识的，她说他们在清华大学的时候就是同学，只不过在欧洲的时候，起先一个在法国，一个在德国，二战一结束，何泽慧就到了居里实验室。钱三强夫妇在居里实验室发现了核还有可能一下分成三块，或者一下分成四块的情况，即三分裂变和四分裂变，但是概率都很低。

链式反应的发现

下面我们来讲链式反应的发现。我们前边已经讲了中子的发现，还有裂变反应的发现，但光有这些还不足以使人类能够利用原子能，关键是要有链式反应。为什么呢？你想，一个原子核分裂了，它放出的能量能有多少。小小的原子核，一个分裂后隔了很长时间才有第二个核分裂，再放出点能量，实在是微乎其微的，根本不可能利用。链式反应就是说一个原子核裂变以后，放出多个中子，中子可以刺激其他的原子核裂变，然后更多的原子核裂变，这样就形成一种雪崩式的过程，在这种过程中大量的原子能才能释放出来，变得可以利用。首先提出链式反应的，是约里奥，也就是居里夫人的大女婿。约里奥注意到了重原子核里的中子数是远远多于质子数的，比如说铀核，原子序数是 92 而原子量是 200 多，可是比较轻的原子核的质子数和中子数是差不多一样多的，像氦核就是 2 个质子和 2 个中子。越重的原子核，好像其中的中子数越比质子数多。他想，重核裂变成比较轻的核以后，可能会有多余的中子出来，而且当时已经知道中子是可以刺激另外的铀核分裂的。那么，新分裂的铀核又会产生新的、更多的中子，再刺激更多的铀核裂变，这样就会形成雪崩式的链式反应。

于是约里奥做了实验，想看看有没有这种链式反应出现。他发现一个中子打击一个铀核，分裂成两个比较轻的核时，确实会有多余的中子出来，一般会多出两到三个中子，会形成链式反应。他发现可以利用这种反应，来研究原子能的利用，首先是能够制造武器。当时欧洲上空，由于希特勒上台，已经是战云密布了。约里奥做完这个实验以后，就把他的两个助手叫到咖啡馆，三个人讨论是否要公布这个发现。因为这个发现是可以用来制造武器的，如果公布出来可能会给人类带来很大的灾难。他们讨论的结果是什么呢，他们认为火和电的发现与利用，都曾经给人类带来过灾难，但更多的是人类文明的进步，应该相信人类能够掌握自己的命运。原子能的利用虽然也会带来一些灾难，但更重要的是会带来人类文明的进步。于是他们就写了相关论文，但是论文中并没有说链式反应能造核武器，只是把这个实验公布了。其实他们不公布也没有用，半年多之后，意大利物理学家费米在美国的实验室中也独立地发现了这种链式反应，还有匈牙利科学家西拉德也发现了链式反应。

图 3-4 就是链式反应的示意图，一个中子刺激一个铀 -235（^{235}U）的核，它分裂以后能放出两到三个中子（平均为 2.4 个），这些中子可以刺激别的铀核，使它们裂变。铀核没有中子刺激，也偶然会有裂变的，只是这种裂变概率很低。但是如果有一个核裂变了，它周围又都是其他的铀核，那么它放出来的中子会对其他的核产生刺激，裂变概率就迅速地增大了，这样就会造成一个雪崩式的反应，释放出大量的能量。

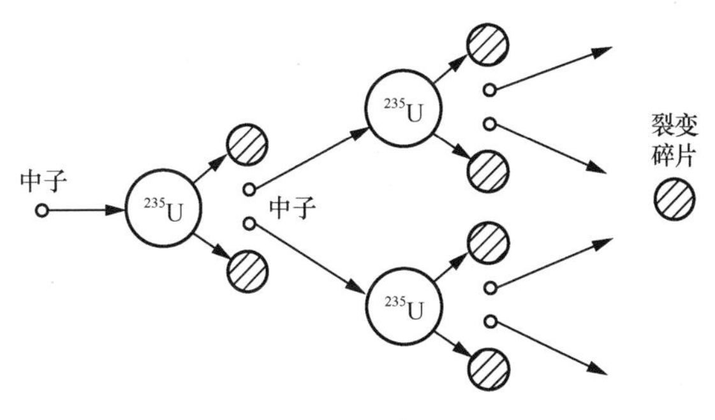

图 3-4　链式反应

约里奥发现了原子能可以利用，可以用于战争，也可以用于和平。二战结束以后，约里奥担任了法国科学院院长、法国原子能委员会主席、世界和平理事会主席。他是中国人民的朋友，曾经访问过中国。

原子核的结合能

原子核裂变为什么能够放出能量呢？大家知道，原子核是由质子和中子组成的。但是人们发现，质子和中子结合成原子核的时候，会释放出一部分能量来，即式（3.1）。

$$B = [Zm_p + Nm_n - m(Z, A)]c^2 \tag{3.1}$$

式中: m_p 是质子的质量；Z 是原子序数，表示这个原子核里有 Z 个质子；N 是中子的数量；m_n 是中子的质量。

m_p 和 m_n 这两项加起来，是不是就等于原子核的质量呢？不是。原子核的质量比这个要小，在式（3.1）中用 $m(Z, A)$ 表示。它和原子序数 Z 及原子量 A 都有关系。当然，因为 mc^2 就是能量，所以自由的质子和中子结合成原子核以后，会有一部分能量跑出来，这部分能量就叫作结合能，我们用 B 来表示。要把一个原子核分成自由质子和中子的话，就必须供给它 B 所表示的能量，才能够保证能量守恒。

原子核的结合能越大，说明原子核越稳定，这是一个一般的规律。$\varepsilon = B/A$，叫作平均结合能。比如一个原子核中有 40 个质子，60 个中子，那么原子量 A 基本上就是 100。把结合能除以 100 个核子（质子和中子都叫核子），就是平均一个核子所具有的结合能 ε，叫平均结合能。有人研究过各种元素的平均结合能。发现轻核中每个核子的平均结合能是比较小的。一个质子的氢当然无所谓结合能了，但是氢的一种同位素氘就有结合能，因为氘由一个质子和一个中子结合而成。重核中核子的平均结合能虽然比轻核大一些，但也还是比较小。只有原子量和原子序数在中间的这些元素，它们的核子平均结合能才很大，如图 3-5 所示。所以重核裂变成像铁、镁这样的一些元素的话，会释放出能量，这就是裂变反应。同样，氢和氦这样的元素，结合成碳、氧，甚至更重的元素，也会释放出能量。这叫聚变反应，就是轻核聚合在一起，形成重核并释放出能量。

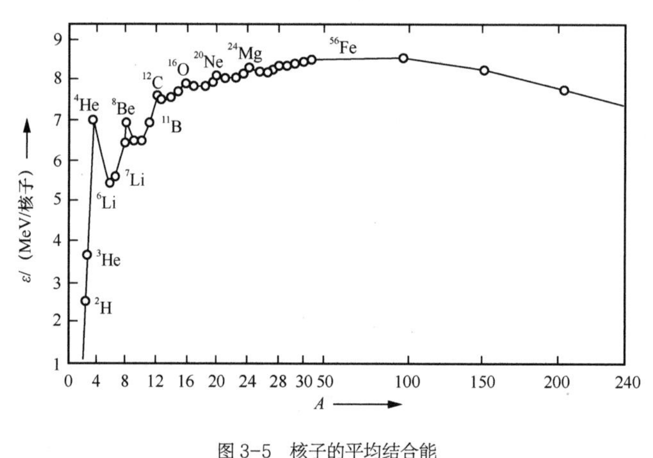

图 3-5　核子的平均结合能

大家想，原子核内部有很多质子和中子，质子都带正电荷，它们应该互相排斥，怎么才能够使它们束缚在原子核那么小的一个范围之内呢？日本杰出的核物理学家汤川秀树大胆地提出了一个猜测。他说，有一种我们现在还不了解的力把它们束缚在一起。当时人类所知道的力，只有两种，一种是万有引力，另一种是电磁力。但是汤川说还有另一种力，这种力只存在于原子核内部。这种力跟电磁力和万有引力都不同，这种力是短程力，只在原子核大小的范围之内存在，不像电磁力和万有引力这种长程力，可以伸展到无穷远。

汤川猜测原子核内部存在的这种短程力是一种引力，能够把质子和中子吸引在一起，也可以把质子和质子吸引在一起。在原子核大小的范围之内，这种力应该比质子间的静电排斥力要大。在原子核中两个质子靠得很近，那么必定要有更大的引力来克服两个质子之间的电磁斥力。他把这种引力叫作核力，只存在于原子核内部。他认为存在一种可以传播这种相互作用的粒子。就是说两个质子之间不断地交换这种粒子，从而产生一种引力。当然，质子和中子之间、中子和中子之间也可以交换这类粒子。他估计了形成这种交换力的粒子的质量，并把这种粒子叫作介子，为什么叫介子呢？大家知道质子质量几乎是电子质量的 1800 倍，汤川测算出来这种粒子的质量是电子质量的 200 多倍，介于质子质量和电子质量之间，所以他把这种粒子叫作介子。

他是怎么估计出来质量的呢？他利用了不确定关系。如果一个质子和一个中子交换这种粒子的话，在质子和中子依然存在的同时，又多出一个介子来，那能量不就不守恒了吗，在什么情况下允许这样呢？只有在虚过程中。这个虚过程，就是这个粒子存在的时间（交换的粒子从一个核子传到另一个核子的时间）Δt 和粒子能量 ΔE 的乘积相当于普朗克常数那个量级时发生的过程。这个粒子的质量是 $\Delta m = \Delta E/c^2$。把 Δm 乘上 Δt，假定这个交换的粒子是以光速传播的，然后用原子核的半径除以光速得到 Δt。这样他就推出了这种粒子的质量，大概是 200 倍的电子质量。

很多研究核物理特别是粒子物理的人在考试的时候，愿意出这种题。我当年报考刘辽先生的研究生的时候，是报考的相对论专业。当时复试通知说是考一些相对论和量子论的基本知识，也不用准备。后面考的就有这道题。我想了好半天，我当时只是把相对论做了一些准备，量子力学方面没有做什么准备，没有想到考这道题，我知道的就是一个原子核的半径，别的什么都不知道。后来我想了半天，终于把这个结果猜出来了。刘辽先生当时就表示他愿意接收我，但是他不方便直说，因为我家当时在哈尔滨，他就问：“你还回去吗，不回去了吧？”我说我还要回去把家里事安排一下。当然我内心已经知道他愿意接收我了。好像别的一些学者在考查学生的时候，也爱用这道题，因为这道题不需要太多的数学计算，但是能够看出考生的思维能力如何。

二、原子弹与氢弹的研制背景

二战的爆发与约里奥设想的落空

现在我们来讲一下原子弹和氢弹的研制。原子弹和氢弹的研制是在二战期间开始的。以前人们认为二战是以德国进攻波兰为起点的。但是苏联学者认为这不是二战爆发的时间，而应该从七七事变开始，从中日战场出现开始。现在中国人也觉得，苏联人当时说的是对的，也强调二战是从卢沟桥事变（又称七七事变、卢沟桥抗战）就开始了，从那时起，中日两个大国已经全面卷进这场战争了。

1939 年是欧洲战场总爆发的时间。战争爆发以后，英法两国对德宣战。约里奥当时就找了法国军备部长，建议法国制造原子弹对付希特勒。现在我们知道约里奥是第一个提出可以制造原子弹的人，但是很糟糕，法国没挺住，一两个月就被击垮了，没有来得及实现约里奥的建议。

法国怎么垮的呢？第一次世界大战（简称一战）的时候，死了好多人，法国和德国都总结了经验，法国的经验就是不管对方的炮有多粗，我的工事只要修得够厚，对方就轰不开。而德国的经验是，不管对方的工事有多厚，只要我的炮造得够粗，我就可以把它轰开。所以德国就在发展进攻性武器上面下了很大的功夫。而法国在一战后就修了一个马其诺防线，把所有的军费几乎都投到了那个地方，觉得可以在坚固的防线上阻挡德国军队，结果没想到德军绕过了马其诺防线。

比利时和德国的边境地带是一片沼泽地。我在比利时留学的时候，曾经到那个地方去过，到了那里我才明白，长征时红军过的草地是什么样。那个地方跟红军通过的草地很类似，表面上看全是叶了很长的绿草，一点泥都看不见。但到了跟前你仔细一看呢，草底下全是稀泥。20 世纪 80 年代开始那个地方成为旅游景点，铺了好多木板，你可以踩在木板上走进去看一看。

法国认为比利时中立，而法国和德国的交界地区全是这种沼泽地，坦克、汽车都过不来，所以法国很放心。没想到，德国人破坏了比利时的中立，而且已经查明有一条路可以通过这个沼泽地，于是德军就一下子从那个地方通过了，绕到了法军的后方。当时出现了一幅奇特景象，当德军进入法国的边境城市的时候，好多法国老百姓以为是他们的同盟国英国的军队来了，站在路边欢迎、招手，还有些姑娘跑上去献花，后来发现他们是德国人，吓得“呼啦”一下全跑了。结果德军就把法军主力封锁在马其诺防线那个地区，而把英军赶到海滩上去了，就是法国北海岸地区。这样，德国很快就逼着法国投降了，所以约里奥虽然提出了制造原子弹的建议，但没能实现。他也绝不会向德国人谈这个事情。在法国巴黎即将陷落的时候，他把居里实验室用的重水亲自押运到法国南部的一个海港，送上了一条去英国的船。当时有两条船从那个海港开出去，一条是去英国的，还有一条去挪威的，去挪威那条船被德国空军炸沉了。他回到巴黎以后，巴黎已经被德军占领，德军立刻就传讯约里奥，问他把重水弄到哪儿去了，约里奥说那重水是向挪威借的，已经还给他们了，就在去挪威的那条船上。其实他从报纸上知道那条船已经沉了，德国人也就没有再追问他。

整个二战期间，约里奥都比较平静地待在自己的实验室。但是他没有完全平静下来，他在实验室里给法国的游击队制造炸药，而且参加了法国共产党，搞地下活动。这点也不奇怪，因为他父亲就是巴黎公社社员。只是法国没法研究核武器了。

费米与玻尔移居美国

这一时期有很多犹太科学家，以及其他的反希特勒的科学家移民到美国去了。比如说意大利著名的物理学家费米就在那时移民美国。费米是我们现在所知道的最后一位既能搞理论又能搞实验的物理学家。他对统计物理、广义相对论和核物理都有重要贡献，而且设计了世界上第一座原子反应堆。费米还培养了六个诺贝尔奖得主。他的研究生李政道和他的助教杨振宁都受到他的很大影响。李、杨两个人都对费米非常推崇，都觉得从费米那里学到了很多东西。

意大利的科学发展比较落后，青年费米虽然是个优秀的学生，但是他也不太清楚自己到底有多优秀。他跟别人讲，在一个全是聋人的国家里，如果有一个人有一只耳朵能听见，大家就觉得这人听力好得不得了。他怀疑自己就属于那种有一只耳朵能听见的人，于是他就到德国去进修了三个月。进修完以后他有了信心，他觉得自己确实两只耳朵都行，因为他发现德国人也不过如此。

后来费米获得了诺贝尔物理学奖，原因是他对统计物理的贡献。费米想借领奖的机会全家移民美国。为什么呢？费米本人不是犹太人，但是他的夫人是犹太人，他们两家是世交。费米考虑到希特勒迫害犹太人，而意大利的墨索里尼跟希特勒是朋友，将来肯定也会迫害犹太人，所以他觉得要赶紧走，就到美国驻意大利的大使馆办移民签证。

美国不欢迎亚洲移民，我们中国的劳工帮他们修了东海岸到西海岸的铁路，那些移民全都没有获得美国国籍。美国逼他们走，也不让中国女人过去。另外，当时白人不愿嫁给中国人、黑人和印第安人，也看不起中国人。美国想让这些滞留在美国的华工自生自灭。但是美国欢迎欧洲移民。

接见费米的大使馆的官员不知道他是诺贝尔奖获得者，说美国欢迎欧洲移民，但是他和家人要做一个智力检测，他们不欢迎比较傻的、弱智的人。于是费米只好第二天带着他的全家又来了。正做智力检测的时候，美国大使馆负责人出来了，说费米教授不用做检测了，我们很欢迎你们，你们可以去美国。原来他们发现费米是去领诺贝尔奖的。

当然意大利当局不知道费米要移民，因为费米一直不敢对意大利当局讲。他到瑞典领奖的时候，怕意大利大使馆干预他，还特意放烟幕弹，跑到意大利驻瑞典的大使馆去问："我回国的时候，还要办什么手续吗？"意大利大使馆的一个工作人员看到周围没有人，就悄悄跟费米说："费米教授，你们全家都出来了，你夫人不是犹太人嘛，你们还回去干吗呀？"费米立刻就明白了，大使馆的人不会干预他。

费米夫人曾经回忆了费米领取诺贝尔奖的情况。费米夫人说，获奖的仪式有一个环节，就是诺贝尔奖获得者的夫人，有资格跟瑞典的王子一起跳舞。费米夫人说，能跟一个白马王子跳舞，这是每一个小姑娘从小就有的梦想，现在她终于有这个机会了，不过这个王子已经 60 岁了。说起跳舞，还有一个故事，就是她跟费米怎么开始恋爱的呢？她第一次跟着姐姐去参加舞会，特别高兴，进行了精心打扮。可是到了会场以后，没有一个小伙子邀请她跳舞，她觉得真是非常尴尬、非常难受。她说："那时我还是一只丑小鸭，所以没有人来招呼我。正在我十分尴尬的时候，终于有一个小伙子走到了我面前，邀请我跳舞，这个人就是费米。"后来他们俩就恋爱了。

费米去了美国，玻尔也移居美国。玻尔有犹太血统，希特勒在欧洲迫害犹太人，玻尔也感受到越来越大的压力。当时丹麦的一批纳粹的拥护者，在离玻尔的研究所不远的地方建立了一个新研究所，这个新的研究所由纯北欧人种的科学家组成。海森伯跑到那里去，在那里作报告，还特别问了一句："玻尔教授怎么没有来？"他问这话，有人就想，他这小子是想干吗呢，他是故意提醒说玻尔不是纯种的雅利安人吗？后来海森伯拜访了玻尔，在玻尔的办公室和室外的草坪上，两个人单独聊了很长时间。这次谈话在历史上是一个谜。为什么说是一个谜呢？海森伯后来说，他当时根本没有威胁玻尔，只是劝告他，让他安心，告诉玻尔他是安全的，等等。玻尔对这件事情的回忆则完全不是这样。玻尔说海森伯给他的印象就是希特勒的坚定拥护者，他根本不相信海森伯的话，谈话以后感觉自己很不安全。因此玻尔就移居美国，他先坐船偷渡到瑞典，海上风浪很大，他身上的衣服都打湿了。他从瑞典坐上了英国的轰炸机，飞到英国，然后再坐船去了美国。他坐英国轰炸机的时候，飞机上的所有人都有固定的位置，没有多余的位置给玻尔坐，于是玻尔就被搁在炸弹舱里边了。飞机飞得很高的时候，因为高空缺氧，玻尔还休克了，不过还好，到英国的时候没出什么问题。

二战以后有一些英国和美国的记者追问英国当局："我们听说你们给那些飞行员有一个指示，假如飞机被德国迫降的话，一定不要把玻尔交给德国人，而是把他扔到海里头，是不是有这回事？"英国当局断然否认有这种事情，但是有些记者还不断追问。

美国启动原子弹研制

大家都担心德国会制造出原子弹，因为德国在理论方面有海森伯这样杰出的理论物理学家，实验上有哈恩这样杰出的化学家，他们应该能够知道如何提炼铀，制造原子弹。德国要是造出原子弹来，大家都觉得希特勒肯定敢用，所以大家都很害怕。

当时美国还没有参战，不少人觉得应该鼓动美国政府先研制原子弹。当时的科学家西拉德、特勒和维格纳就决定要劝说一下罗斯福总统。他们觉得自己的影响力不够，而爱因斯坦是当时最杰出的物理学家，所以他们就去拜访爱因斯坦，请爱因斯坦写一封信给罗斯福，劝美国制造原子弹。这封信，他们说是爱因斯坦自己写的；但是也有人说，不是爱因斯坦本人写的，是他们几个人起草然后请爱因斯坦签的字。不管怎么说，既然爱因斯坦签了字，就应该认为这封信是爱因斯坦写的。

他们请罗斯福总统的好朋友萨克斯将这封信转交给罗斯福。于是萨克斯就拜访了罗斯福。罗斯福当时很忙，听萨克斯讲那个大炸弹的事情时显得有点心不在焉的样子，后来就敷衍过去了。罗斯福确实很忙，因为战场局势很紧张，在欧洲战场，美国虽然没有参战，但已经在帮助英国运送武器。在亚洲战场，太平洋这边，美国还没有跟日本打仗，但是也觉得和日本的关系飘忽不定。因为美国总统战时是统帅，所有的外交问题、军事问题和其他各方面的问题都要他决定，所以罗斯福很忙，他对萨克斯显得有点冷淡。等到萨克斯临走的时候，罗斯福觉得有点对不住这个老朋友，就跟他说，这样吧，明天早晨我请你一起吃早饭，那个时候你还可以讲讲你那个大炸弹是怎么回事。

萨克斯回去以后，一夜都没睡好，一直在想第二天早晨怎么能够抓住吃早饭的机会，说服罗斯福总统造原子弹。第二天他见到罗斯福以后，就先问了罗斯福一个问题："你知道拿破仑为什么会失败吗？"这个话题扯得比较久远一点。罗斯福问他："为什么会失败？"他说："当时曾经有两个美国工程师，向拿破仑建议造机器船，把蒸汽机装到船上，军舰用蒸汽机来开动，不用船帆，这样在逆风时也可以行驶。"因为美国和法国的关系一直是比较友好的，所以那两个美国工程师给拿破仑出这个主意。这是个好主意，但是据说拿破仑当时笑了，说我不相信船没有帆还能走，就没有接受这两个美国工程师的建议。最后法国海军没能在英国登陆，因为法国海军是弱于英国的。如果军舰使用蒸汽机，那么法国海军就有一个优势了。萨克斯说，当时拿破仑失败，就是因为没有采用这个新的技术。罗斯福说："你的意思是，我要不同意造这个大炸弹，我将来就跟拿破仑一样会失败，是吗？"萨克斯说："对，是这样。"罗斯福说："好。"于是他接受了萨克斯转达的爱因斯坦的建议，然后他就安排了一个名叫格罗夫斯的将军来做这件事情。美国总统罗斯福交代格罗夫斯说：“关于造这个大炸弹的事情，你只对我负责，不要在外面讲，对国会和政府的任何人都不要讲，有人问你，就让他们去问总统。”于是研制原子弹的“曼哈顿计划”就开始了。

1941 年 12 月 6 日，曼哈顿工程被制定，第二天珍珠港事件就爆发了。日本的海军航空兵轰炸了美国的珍珠港，美国和日本爆发了战争。轰炸珍珠港对美国来说很突然，因为美国当时还在跟日本谈判。而且，美国觉得大西洋方面不如太平洋方面安全，德国在太平洋方面没有力量，而在大西洋方面有很多潜艇。因为怕德国搞突然袭击，美国把大军舰从大西洋转到了太平洋，停在了珍珠港，恰好被日本炸了个正着，主要战舰都被炸沉或者炸坏了。幸运的是，美国的航空母舰当时不在港内，所以没被炸着。美国从此就被卷入了战争。

在美国被卷入战争之前，二战已经进行了若干年。如果从 1937 年算起到 1941 年，已经打了 4 年了。如果说从 1939 年德国进攻波兰算起，欧洲战场也打了 2 年了。当时同盟国方面还没有打一个大胜仗。比如说抗日战争，中国连续在几次大规模会战中都失败了，虽然平型关战役中歼敌 1000 多人，台儿庄战役中歼敌 10000 多人，但是这些都是中等的战役和小的战斗。而在欧洲战场，苏军在遭到德国突然袭击并遭受严重损失的情况之下，有获胜的局部反击战，但是也都是中小战役。当时德军已经连续打了几次大的胜仗，在边境会战、斯摩棱斯克战役和基辅战役当中大量地消耗了苏军，在莫斯科会战第一阶段又造成了几十万苏军伤亡，并且兵临莫斯科城下，马上就要把莫斯科打下来了。不过苏联当时很顽强，斯大林于 11 月 7 日在红场上举行了阅兵式。我想这是人类历史上最伟大的一次阅兵了，这是在德军兵临城下的情况之下举行的阅兵式。参加阅兵的部队通过红场以后，直接开赴前线。斯大林还发表了演讲，宣称“无敌的军队是没有的”，意思是希特勒的军队是可以战胜的。在日本轰炸珍珠港的时候，莫斯科会战还在进行当中，还没有完全决出胜负。后来莫斯科会战苏军获胜了，第一次把德军打退，这是同盟国军队在二战中打的第一个大胜仗，但是战局还没有完全扭转。

美国启动曼哈顿计划的时候，正是同盟国在欧洲战场和亚洲战场都连吃败仗的时候。日本此时忍不住了，他们想不能让德国人把好处都捞走，就赶紧袭击了美国，把美国拖入了战争。

三、奥本海默、斯洛廷与费曼

总设计师奥本海默

现在我们就来介绍一下原子弹的设计和研制过程。对于格罗夫斯将军来说，他从罗斯福总统那里受命来负责这件事情，首先一个重要的任务就是要找一位总设计师。原子弹总设计师该找谁呢？有一些物理学家不在考虑范围之内，比如说费米，费米是非常优秀的物理学家，能搞理论又能搞实验，但他是意大利人，意大利当时正在跟美国作战，费米刚刚到了美国不太久，所以请他做总设计师好像有点不太妥。其他一些外来的人也不能担任最重要的总设计师。他们还是希望在美国人当中找。格罗夫斯将军跟一些著名的物理学家谈过以后，发现都不行。有些物理学家根本就不知道这东西该怎么研制，有的人觉得造出来的原子弹恐怕会很大，但原子弹最后是要投送给人家的，造一个跟一座山似的，那只能就地引爆，没什么大用处。他找来找去，发现奥本海默可以。奥本海默是一位从德国格丁根大学留学回来的中年物理学家，是玻恩的学生，理论和实验能力都不错。他觉得奥本海默可以担任总设计师。可是这时候，美国联邦调查局跟他讲，说奥本海默不行。为什么呢？他们说奥本海默这个人亲共产党，他的弟弟和弟媳都是美国共产党员，他的女朋友也是美国共产党员，他经常看美国共产党的宣传品，所以这个人靠不住。格罗夫斯将军一看，没有其他的合适人选，就说这样吧，把奥本海默的材料拿来我看看。看完以后，格罗夫斯认为这些材料也说明不了什么问题。于是就说这件事你们别管了，这件事情我对总统负责，他就起用奥本海默做了总设计师。

奥本海默这个人非常聪明能干，但是对别人他也不大留情面。比如说他在玻恩那儿学习的时候，别人来作报告，有时候讲到半截，奥本海默就上台了，他把粉笔拿过来，说这个问题其实根本用不着像你这么讲，你要像这样讲，它就简单多了，弄得那个人很尴尬。玻恩也碰到过类似情况，有一次玻恩写了一篇论文，让奥本海默看看。奥本海默拿去以后，过了两天来找玻恩。玻恩问他觉得这篇文章写得怎么样。奥本海默说这篇文章写得很好，真是你写的吗，似乎还有点怀疑老师玻恩写不出这么完美的好文章来。

奥本海默这个人多才多艺，会拉小提琴，文笔也很好。他的同学、另外一位著名的物理学家狄拉克，也是玻恩的学生。有一次他跟奥本海默说，你一会儿写书，一会儿又演奏音乐，这跟物理有什么关系吗？大家都很奇怪，他怎么这么多才多艺。

玩龙尾巴的斯洛廷

奥本海默被任命为总设计师以后，还要物色一个重要人物。要这个重要人物干什么呢，测放射性铀或者钚这样的能够制造原子弹的材料的临界质量。其实原子弹引爆原则上并不需要炸药，一块很纯的铀，只要质量够一定大小，它就自动会爆炸。因为一块铀中一定会有铀原子自发裂变，裂变之后就放出了多余的几个中子，这些中子又会刺激其他的铀核裂变，然后就形成雪崩式的链式反应。但是往往这种反应不会连续发生，因为可能铀的质量不够大，大量的中子都飞出去了，不再参与链式反应，所以还是不能引爆整块铀，只有铀的质量达到一定程度，才能够自动引爆。铀自动引爆的最小质量就叫作临界质量。但是理论上的临界质量和实际的临界质量还是不一样的，因为工业生产的纯铀再纯，它里面也含有杂质，这些杂质会吸收掉一些中子，所以杂质的成分和含量不同的铀，临界质量是不一样的。因此，每生产一批用以制造原子弹的铀，都必须要测一测它的临界质量是多少。所以需要找一位非常优秀的实验物理学家来主持这个工作。他必须很勇敢，有献身精神，实验技巧又很好。找谁呢？这时候有人突然想起来，加拿大有个叫斯洛廷的年轻物理学家，说这个人合适。为什么呢？二战中，德国和英国一打起来，他就报名参军了，但是后来部队发现他近视眼，又把他清退了。大家觉得这个人有献身精神，而且据说实验也做得很好，于是就请斯洛廷来做这件事情。斯洛廷知道这件事情非常危险，他经常跟别人说，自己是在玩龙尾巴。龙在西方是很凶恶的动物，我们中国人总说自己是龙，西方人一听就害怕。果然，在二战结束以后不久，他在一次测试当中就出事故了。

那是怎么回事呢？那次是测试一块钚的临界质量，钚和铀一样，都是可以用作原子弹的材料。他把一块钚分成两半，固定在一个铁架上，用螺丝刀把它们调近。周围有很多的计数器，当两块钚调得很近的时候，如果计数器响起来，就要赶紧用螺丝刀把这两块钚拧得远一点。拧远了以后，削掉一部分钚，然后再让它们靠近看看还会不会有这种激烈的放射性出现。削到最后，如果再削一点，计数器就不响了，这个质量就是临界质量了。只要比这个质量大一点，就可以自动引爆了。斯洛廷就负责做这个实验。结果有一次，两块钚正在靠近的时候，他的螺丝刀一下掉到地上了，他赶紧去拿螺丝刀，但来不及了，他就用手去掰开那块钚，掰开以后他知道这事很严重，因为当时屋子里都发出亮光了，就是说已经有相当强的辐射出来了。于是他就让他的助手，每个人都坐在原位置，他在黑板上把每个人的位置和每个人用什么部位对着这块放射性的钚都画下来。他对他们说，你们还能活比较长的时间，我大概不行了，果然过了不久，他就因放射性疾病发作去世了，不过那是二战结束以后的事情。在整个二战期间，对铀和钚的临界质量的测试，都主要是靠斯洛廷来完成的。

爱开玩笑的费曼

当时曼哈顿计划聚集了很多优秀的物理学家，比如说费曼。费曼是非常优秀的物理学家，他在对核物理和基本粒子的研究中创立了费曼图、路径积分。当时研究核反应和基本粒子相互作用的时候，计算很复杂，他发明了一种图，可以很简单地进行描述和计算。二战之后，他还创建了一种叫作路径积分的量子化方法。

二战期间，费曼参加了奥本海默的研究团队。工作的保密制度很严格，任务也很繁重。但是费曼这个人和大多数美国人一样，很不习惯这种严格的保密制度。比如说你每天晚上下班的时候，都必须把研究的资料放到保密室，锁在保险柜里。再比如说你跟自己的亲属通信，也要经过联邦调查局的审查，要看一看这信是否泄密。费曼对这一点很不满意，他这个人非常爱开玩笑，有一次他去探亲，写好了几封信，再把每一封信都撕碎，放到信封里，然后让他妻子隔一段时间给他寄一封。结果原子弹实验基地的人每次打开信一看都是些碎末子，就在那拼来拼去，摆来摆去，最后一看也没什么实质内容。其实就是费曼在故意跟人家开玩笑。

费曼说，有很多人很官僚主义，你看咱们那个门卫，检查证件很严，可是围墙上有个洞，谁也不管，从那儿就可以钻出去钻进来。于是他就从大门出去，从那个洞钻进来，然后再从大门出去，又从那个洞钻进来，钻了三四次以后，门卫终于注意到了，心想怎么只见这个人出去，没见他进来，怎么回事。于是把他扣住，一问，原来是围墙上有个洞。

费曼这人太聪明了，他有一次猜出了保险柜的密码，趁保密员出去的时候，把保险柜打开，写了个字条放在这个保险柜里，再把保险柜关上。然后又把第二个保险柜打开，又搁了个字条。这样打开了好几个保险柜，搁了好几个字条，然后他就走了。最后一个保险柜是开着门的，保密员回来一看，保险柜的门怎么敞开了，赶快跑过去按电铃。一按电铃，警卫都来了，各个实验室的工作人员也跑出来看是怎么回事，费曼也混在里头，问怎么回事怎么回事。结果一看保险柜里有个字条，写着请开几号保险柜，大家赶紧把那个保险柜打开，又看到一个字条写着请开几号保险柜，就又把那个保险柜打开，开了好几个以后，最后一个保险柜放的那个字条写着：猜猜看，是谁干的。结果就是费曼教授干的。这个人太爱开玩笑，但他也确实做了很多工作。

二战结束以后，因为联邦调查局怀疑奥本海默通共产党，把他从原子弹实验基地调出，当时有一批人对联邦调查局不大满意，就跟着他离开了实验基地，包括费曼在内。费曼从实验基地出来以后，到了美国的康奈尔大学工作。

美国在二战期间，最多动员了 2000 万人参军，战争一结束，这么多青年人和中年人退伍，工厂也安排不下来，因为工厂原来都在生产武器，现在要转型生产别的东西，那也不是件容易事，所以好多人找不着工作。于是美国的大学就敞开大门，让比较年轻的人都进来上大学。所以当时的大学生，年龄大的小的都有，差异比较大。费曼是个很年轻的教授，当时还不到 30 岁，到大学报到时已经是下班时间了，于是他就直接到了住宿的地方，请管宿舍的人给他安排一下住宿。宿舍负责人把他当成学生了，说："我告诉你，年轻人，一间房子也没有，真是一间房子也没有，要是有我一定给你安排。"费曼一看没办法，那怎么办呢，他想天还不是太冷，就在校园里坐一晚上吧。于是，他就到一个树林里坐着。坐着坐着，晚上他觉得太冷了，就又跑回宿舍，一看还是没有房间。于是他就躺在走廊的一个长椅子上，一直躺到天亮。他估计系里的办事人员该上班了，就跑到系办公室。系主任一听，说怎么会没有你的房子，专门给你留了房子，他们可能弄错了，以为你是个学生，你赶紧去吧。系主任给宿舍负责人打完电话以后费曼赶紧就去了，去了以后，发现跟他说没房的值夜班的那个人已经下班了。现在值班的人不认识他，就跟他说："我告诉你，年轻人，现在真的没有房子，你知道不知道，昨天晚上有个教授，就在长椅子上睡了一夜。"费曼说："我就是那个教授，我不想再在椅子上睡一夜了。"这个人一听，赶紧给他安排了一间宿舍，让他去住。他进了宿舍，刚把行李放好，还没有休息呢，就有人敲门。他开门一看，来了两个女同学。这两个女同学进来以后就跟他说，像你这个年龄开始上大学是有点晚了，不过没有关系，你要有信心，如果你有什么问题听不懂，可以找我们，我们会帮助你。费曼说我是教授，我不是学生。那俩女生一听他说他是教授，心想这个人是不是个骗子，就走了。

有一次晚上开舞会，费曼跟一个女学生跳舞，那个女生问他："你是哪个系的，几年级的？"他说："我是教授。"女生说："你是教授？你还造过原子弹吧？"费曼回答："是，我造过原子弹。"那个女生说："该死的骗子。"然后就走了。

还有一次，费曼讲制图课，他拿出曲线板。可能现在很多人都没见过这种板，它就是一个塑料做的板子，板上面有很多挖空的曲线，可以用来画曲线。他问学生这个板上的曲线有什么特点。那些学生也不知道他要说什么，所以不知如何回答。然后费曼说，我告诉你们，这种曲线都有一个特点，你转动曲线板的时候，曲线的最低点就会移动，但不管你怎么转，这个曲线的最低点的切线一定都是水平的。学生们就都转动各自的曲线板，看是否真的有这个特点。费曼就对人说这些学生学得多死板，他们是学过微积分的，应该知道这个最低点是极小值，这一点的切线当然应该是水平的。

他还跟爱因斯坦的助手开过玩笑。读者可以看一看关于费曼的介绍，以及他自己写的一些物理书。他真是非常了不起的人，极聪明的人。

费曼图与路径积分

二战结束以后，费曼到大学里进行理论物理的研究和教学。当时对于基本粒子的相互作用，比如中子和质子的相互作用等，大家都觉得很难计算，式子写得太复杂。费曼就创造了一种图，使计算大大简化，但是当时没有人能听懂他对这种图的解释，包括奥本海默也没听懂。后来有一次，费曼跟另一个年轻的物理学家去开会，他们走到半路的时候遇到了洪水，两个人被困在一个小城的旅馆里。在旅馆里住下来以后，俩人都没事，那个人就让费曼再讲讲他那个图。于是俩人就开始讨论，费曼说完，那个人听懂了，觉得费曼讲的真的有道理。回去以后他就告诉了奥本海默。这样费曼图才得以在学术界推开。

量子力学里的不确定关系表明，位置和动量不能同时确定，所以粒子从一个地方运动到另外一个地方，没有确定的轨道。狄拉克有一种猜想，他认为没有轨道等于有无穷多条轨道。就是说所有的轨道，也就是两点之间的所有连线，包括超光速的曲线在内，都对粒子的运动有贡献。把所有路径的贡献加起来，就跟量子理论的计算是一样的。费曼就从这一猜想出发，发展了一套量子化的方法，这就是路径积分量子化的方法。

狄拉克这个人在做研究的时候，每一次写的论文都非常漂亮，凡是有值得研究的东西，他全研究完了。这跟海森伯很不一样，海森伯的论文中会留下很多自己还不太清楚的地方，所以你看了海森伯的论文，马上可以找到新的题目去做。看了狄拉克的论文以后，你会佩服得不得了，但是找不着可以进一步去做的题目。有一次，费曼看了狄拉克的论文以后，觉得正文很完美，但他注意到这篇论文中有一个脚注有值得进一步研究的东西。他下功夫钻研以后，终于发展出了路径积分量子化的方法。

图 3-6 显示的是费曼和狄拉克的一次见面。靠在水泥柱上的这个人是年老的狄拉克，跟他连说带比画的就是中年的费曼。费曼见到狄拉克高兴得不得了，说我做的很多工作都是受到你的启发，费曼不停地讲，狄拉克就在那靠着，一句话都不说。费曼大概讲了一个多小时，最后狄拉克突然打断他的讲话，说对不起，我有一个问题。费曼一听，觉得要互动一下了，挺高兴，就停下来了，问有什么问题，狄拉克问，厕所在什么地方。这就是这张图所表现的情景。

图 3-6　狄拉克和费曼在交流

关于费曼我还想再说两点，别看费曼这么聪明，但是对于李政道、杨振宁的宇称不守恒的观点，刚开始时他也没有听懂，费曼在自己的传记里曾经叙述过这件事。他说当时他们在一个地方开会，有一个与会的美国年轻人跟费曼说，开会的时候你能不能问一下，在弱相互作用中，如果左和右不完全对称，会有什么问题。费曼说你自己问呗，那个人说还是你问吧。可见当时的美国人中也有一些人，跟我们中国人一样比较羞涩，有什么问题不好意思直接问。等到开会的时候，费曼就提了这个问题。提出来以后，有一个年轻的中国人就站起来了，一口气讲了 20 多分钟，费曼说他完全没有听懂这个人在说什么。这个年轻的中国人是谁呢？就是李政道。费曼开会的那个地点，正好是他姐姐住的城市。费曼对姐姐说这个中国人太聪明了，我居然一点儿都没听懂。他姐姐鼓励他说，其实你也很聪明，只不过你对这个领域不熟悉，要是熟悉的话，你一定能听懂。

四、核武器的研制和使用

原子弹研制成功

现在我们就来讲原子弹的研制。我们已经说过，原子弹原则上并不需要用炸药引爆，但是原子弹里还是有一些推进剂，也就是炸药。图 3–7 就是引爆原子弹的枪法和内爆法的示意图。枪法示意图中上边那个半球和下边那个半球是两块铀，这两块铀并到一起，就超过临界质量了，在没有并到一起时，是低于临界质量的，所以它不会爆炸。上边有推进剂，其实就是炸药，炸药爆炸后会把上边那块铀挤压下来，两块铀挤到一起，就超过临界质量自动爆炸了。还有一种是内爆法，利用了提高裂变材料密度可降低临界质量的原理，就是把铀放在中间，周围有球壳状的炸药，炸药一炸，就把铀块压紧了，这样它的空隙就会缩小，使铀的质量超过临界质量，从而爆炸。内爆法是核武器比较常用的一种引爆方法。

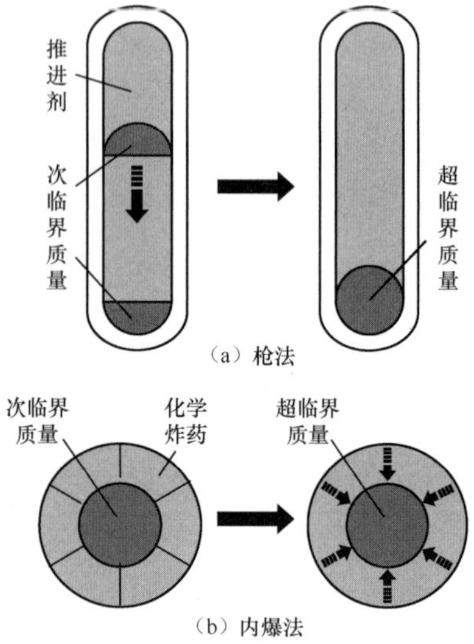

（a）枪法

（b）内爆法

图 3–7　原子弹引爆方法示意图

1945 年 7 月 16 日，美国在新墨西哥州做了试验，爆炸了一颗原子弹。这是人类历史上引爆的第一颗原子弹，但是是用作试验的，并不是真正作为武器。试验很成功。爆炸前现场观众被警告，千万不能直接用眼睛看，一定要戴颜色很深的墨镜，但有的人忍不住，还是想用眼睛偷看一下，结果眼睛就烧坏了。

这个时候德国已经投降了。德国投降之前，美国人非常害怕，怕德国先造出原子弹来。他们想，德国有一大批优秀的科学家，比如理论方面有海森伯，实验方面有哈恩这样的人，按道理讲，德国应该能造出原子弹来。但是二战期间德国并没有造原子弹。为什么没有呢？据说是二战刚爆发的时候，希特勒有一个很傲慢的指示，说凡是不能在一两年之内投入使用的武器，都不用研制了，因为到那个时候战争就结束了。当然，这是刚开始时希特勒的一个愚蠢的想法，后来战争延长下去了，希特勒肯定不会再这样想了。这时候德国还没有研制出来是因为海森伯计算出铀的临界质量是几吨，而德国没有那么多铀。但是英国物理学家计算之后，认为有 1 磅（1 磅≈ 0.45 千克）就可以超过临界质量和引爆了。英国人把这个研究结果告诉了美国。德国人不知道英国的研究结果，一直觉得这种武器造不出来，所以就没有下大力气去研究原子弹。盟军在欧洲登陆以后，随着部队前进，一路上都有测试核辐射的人员沿途测试，想查清德国到底有没有造核武器。测的结果显示没有。测试人员到了法国以后还问了约里奥，约里奥也没有听说这方面的信息。他们已经知道，约里奥是法国共产党员，所以就警告约里奥不要把这方面的研究成果告诉苏联。

二战接近尾声，还要用原子弹吗

1945 年的 5 月，二战欧洲战场的战争结束了，这个时候只剩下对日作战了，需不需要使用原子弹，就成了一个问题。当时美国科学家中，有一批人不主张使用原子弹，包括奥本海默，他们认为原子弹分不清军队和百姓，使用原子弹会造成很多无辜平民死亡。爱因斯坦也认为不应该使用，还有其他一些以前建议研制原子弹的人，也认为不应该使用。但是也有人主张使用，这就出现了两种不同的意见。这时候，美国总统罗斯福去世了，副总统杜鲁门接任。罗斯福如果活着，会不会使用原子弹不好说。主张用原子弹的人，也有一定的道理，因为日本还在负隅顽抗，每天都有大量中国人和美国人死亡。当时战场上虽然没有用原子弹，但是天天用普通的枪炮在杀人。用普通枪炮杀人和用原子弹杀人，都是杀人，所以有人主张用原子弹，以尽快地结束战争。

大家知道，日本轰炸珍珠港之后，美国对日宣战，德国和意大利也对美国宣战。这样的话，美国在西线跟德国作战，在东线跟日本作战。苏联只是单方面的对德作战，没有对日作战，因为德军的主力都压在苏德战场上，虽然苏军后来开始反攻，但是自己损失也很大，他们艰难地把德军逐步赶出苏联国土。

战争期间，同盟国有几次重要的会议。两次是在 1943 年举行的，即德黑兰会议和开罗会议。当时苏联是单方面的对德作战，并没有对日作战，所以苏联不想参加对日作战的国际会议。那么就由美、英、中三国的领导人，也就是美国总统罗斯福、英国首相丘吉尔，以及中国国民政府的领导人蒋介石，在开罗举行会议讨论对日作战的问题。在此之后，在伊朗的德黑兰，美、英、苏三国首脑，也就是罗斯福、丘吉尔和斯大林开会商讨对德作战的问题。这两次会议中，开罗会议对中国很重要，会上宣布同盟国都不单独对日媾和，都一定把对日作战进行到底，直至日本无条件投降，要把被日本占领的东北、台湾、澎湖列岛及周围的岛屿归还中国。在德黑兰会议上，英、美两国跟苏联也达成协议，就是在对德作战中，任何一国都不单独对德媾和，直至德国无条件投降。

1945 年的时候，苏军已经打进德国境内了，这时候苏、美、英三国首脑又在苏联的雅尔塔开了一个会，宣布坚决把对德作战进行到底。而且英美两国请求苏联，在德国投降以后转入对日作战。苏联方面表示，他们可以在德国投降以后，不迟于三个月转入对日作战。英、美两国提醒苏联，说你们出的兵不应该少于 100 万，苏联说当然，我们出兵不会少于 100 万，但是希望美国给我们一些汽油和其他的战略物资。

德国投降以后，苏、美、英三国在德国的波茨坦又开了一次会议，会上，英、美两国领导人提醒斯大林，苏联曾经承诺过，在德国投降后三个月之内对日作战。斯大林确认这一点，表示苏联将履行自己的责任，将转入对日作战。德国是在 5 月 8 日投降的，也就是说苏联不会迟于 8 月 8 日转入对日作战。《波茨坦公告》（全称为《中美英三国促令日本投降之波茨坦公告》）是针对日本的，当时苏联还没有对日宣战，所以虽然这个公告是苏、美、英三国协商的，但是苏联一开始没有签字，而中国驻苏联的大使代表中国政府签了字，公告以中、美、英三国共同宣言的形式公布（又称《波茨坦宣言》）。公告要求日本无条件投降，并且把占领的中国的东北地区、澎湖列岛、台湾及其周围岛屿无条件地归还中国。苏联在 8 月 8 日对日宣战以后，才在公告上签字。

轰炸广岛与长崎

1945 年 8 月 6 日，美国在广岛使用了原子弹。当时美国选择了四个城市，作为原子弹轰炸的目标，这

图 3-8　轰炸广岛的原子弹

四个城市都是没有遭到过美国空军狂轰滥炸的地方。美国想看一下，自己的原子弹到底有多大威力。如果美国飞机已经狂轰滥炸过这个地方的话，那么这个破坏是由原子弹引起的，还是常规炸弹引起的，就说不清楚了。美国飞机在广岛扔下了原子弹，这颗原子弹挂在一个降落伞上。当美国空军的这架飞机来的时候，日本拉响了空袭警报，结果发现只有一架飞机，而且这架飞机转了一圈以后就走了，扔下了一个降落伞在那儿。日本人以为这是一架气象飞机，来侦察这个地方的气候情况的，本来拉响了空袭警报，很多人都躲进防空洞了，这时候就解除了防空警报，日本人又从防空洞里出来了。此时降落伞下挂的原子弹爆炸了。这颗原子弹叫“小男孩”（Little Boy）。原子弹爆炸以后，广岛是一片火海（见图 3-8）。我看过一个当时位于现场的日本记者写的新闻报道，那个情况确实很惨。因为日本的老百姓从来没有听说过这种东西，乱跑，当时死的人就不少，后来又由于放射性污染，陆续死了有几十万人。

8 月 8 日的下午，苏联外交部长召见了日本驻苏大使，通知日本，苏联加入《波茨坦公告》，要求日本立即无条件投降，苏联从 8 月 9 日 0 点开始跟日本处于战争状态。同一个时刻，苏联驻日大使把同样的一封照会交给了日本的外相。第二天 100 多万苏军越过了中苏边境和中蒙边境，向长城挺进，沿途跟日本关东军交战。日本的关东军原来都是日军精锐部队，但是此刻有很多精锐部队早已被抽调到太平洋战场消耗掉了，剩下的六七十万关东军不全是精锐部队，有很多是新兵，所以苏军打得比较顺利。

8 月 9 日，美国又在长崎扔了第二颗原子弹。这颗原子弹跟广岛那颗有点区别，广岛的那颗是铀弹，这颗是钚弹，钚 –239 的，也造成了大量的伤亡。但伤亡要比广岛少一点，因为日本人毕竟已经领教了第一颗原子弹的威力，有点经验了。有些美国科学家写信给日本的核物理学家坂田昌一，让美国飞机把信投在了日本的几个地方。其中一封信被日本海军捡到以后，交给了坂田昌一，信中告诉他美国在你们那里扔的炸弹就是原子弹，你们必须马上投降，如果不投降，美国还会扔很多这样的原子弹。其实美国当时大概也没有原子弹了，还需要现造。日本受到巨大的压力，一个是美国的原子弹，一个是苏联的百万红军进入中国东北和朝鲜北部。这种局面使得日本挺不下去了，最后只好投降。

但是二战之后，原子弹到底该不该用成为一个很有争议的问题，不同的人有不同的观点，仁者见仁，智者见智。

氢弹的研制

原子弹研制完了以后，美国又想研制氢弹。氢弹由谁来搞呢？特勒。特勒是杨振宁的博士导师。按杨振宁的说法，特勒这个人主意非常多，一天能出 10 个主意，其中 9 个半都是错的，但是那半个对的，就会对工作有改进。特勒本来是在奥本海默手下工作，在其中一个组里参与原子弹的研究。后来那个组的组长来找奥本海默，说："你赶紧把特勒调走，他一会儿一个主意，弄得我们没法工作。昨天我们刚商量好了怎么干，今天刚干了一会儿，他又说不行，他又有一个主意，这样下去我们的工作根本就没法做，你赶紧把他调走。"于是奥本海默就把特勒找来，说现在有一项重要的任务，需要有一个非常能干的人单独去做，觉得他比较合适。这项任务就是研制氢弹。特勒起初还很高兴，后来才知道是怕他捣乱，把他给调出来了，所以特勒后来就对奥本海默很有意见。

二战结束的时候，奥本海默主张停止氢弹研究，他认为美国现在造了原子弹，苏联不久以后就会有，将来造了氢弹苏联也会有，到时候花了很多的钱，大家谁都不敢用，要真用起来那就不得了了，所以不应该再研究氢弹了。特勒当然不同意，他这段时间主要研究氢弹，如果停止研究自己不就白干了吗？所以他主张一定要研究。而且，那个时候美国发现苏联获得了美国制造原子弹的情报，并且还搞到了一块原子弹样品，大概就是浓缩铀的样品。

联邦调查局说："这准是奥本海默干的。我们早就说过这个人不可重用，你们不信，这下坏了吧？"于是他们就对奥本海默进行严密的调查。联邦调查局的人到试验基地去问那些科学家，说你们觉得奥本海默这个人怎么样，那些科学家都说奥本海默是个挺好的爱国者，说没有发现他有什么异常。联邦调查局一看问张三不行，就找李四,一连问了好多人，都没有说出什么疑点来。

最后联邦调查局问到特勒。特勒对奥本海默不满意，而且真有怀疑。他想去找联邦调查局的人，说奥本海默可能有问题，但是他又不敢承担这个责任。所以当天晚上他在实验室徘徊，犹豫不决。他的助手惠勒（后来成为研究相对论的专家）就跟他说："你千万别去讲，你一讲就会对奥本海默非常不利。"结果第二天特勒还是跟联邦调查局讲了。他说："我虽然没有掌握什么材料，说明奥本海默这个人靠不住，但凭着我的直觉，我还是认为，把奥本海默从原子弹试验基地调走，对美国的国家安全是有好处的。"好！联邦调查局要的就是这样的话。这样奥本海默就被调走了。有一批对奥本海默有好感的人，觉得这简直不像话，于是也从原子弹试验基地离开了。

奥本海默原来没有挨过整，没有经验，就在那里乱想，甚至怀疑自己是不是真的不小心泄了密了。奥本海默被调走之后，很多跟他关系不错的人都被联邦调查局盯上了。二战刚结束时，奥本海默光荣了一阵儿，被誉为"原子弹之父"，结果不到两年，美国政府就说他是坏人，背叛自己的祖国，把秘密都告诉了苏联，而把特勒宣传为真正的英雄。所以美国老百姓都知道，奥本海默人品不好，特勒是非常优秀的，是美国的骄傲。可是很多美国的物理学家都觉得奥本海默是被冤枉的，没有任何证据证明他泄密了，特勒不是个东西。在物理学会开会的时候，特勒看见了他的一些朋友，走过去想跟他们握手，那些人一扭身就走了。这种情况一直拖到 1963 年，当时的美国总统才给奥本海默平反，宣布奥本海默没有泄密，而奥本海默那时候已经很老了。美国总统宣布的时候，特勒还走过去跟奥本海默握手。

那么，苏联是怎么搞到原子弹的秘密的呢？其实是通过加拿大共产党。加拿大共产党中有核物理学家，他们把其中的机密告诉了苏联。

聚变的原理

下面介绍一下聚变原理。我们知道，太阳能就是聚变反应放出来的能量，原则上是 4 个质子结合成 1 个由 2 个质子和 2 个中子组成的氦核，同时放出 2 个正电子，还有 2 个光子、2 个中微子。但是真实的产生太阳能的聚变过程比这个要复杂。太阳的中心部分约有 1600 万摄氏度，约 3000 亿个标准大气压（1 标准大气压 =101.325 千帕），在这样的极高温和极高压之下，才能够发生上述聚变反应。恒星的内部主要靠聚变反应放出能量，我们以后讲到恒星演化的时候，会再次谈到有关这方面的问题。氢弹原理跟太阳内部的聚变反应原则上是差不多的。

我们知道，一般的氢原子核只是一个质子。氢弹里用的是氢的同位素氘（D）, 也叫重氢。氘核里面除去有一个质子以外，还有一个中子，中间产物有氚（T）和氦 –3（^{3}He）。氚的原子核内部有一个质子和两个中子。氘和氚都是氢的同位素，它们的化学性质很相似。氦 –3 是氦的一种同位素，只不过它的原子核中是两个质子，一个中子。这样的反应，必须在高温和高压下才会产生，所以氢弹的爆炸是需要由原子弹引爆的，用普通炸药都不可能引爆。而原子弹的爆炸原则上不需要用什么引爆，用普通炸药也是辅助作用，只是让两块铀或两块钚挤合到一起，超过临界质量，然后原子弹就会爆炸。

五、中国研制核武器

中国决心制造原子弹

当中国决心制造原子弹的时候，国内有没有对原子弹有些了解的人呢？对于原子物理有了解的人是有的：比如钱三强先生他们，是从居里实验室回来的；还有像彭桓武先生他们，是在英国、爱尔兰和德国留过学的；还有像杨承宗，也是居里实验室出来的；邓稼先是从美国留学回来的；周光召、黄祖洽、于敏都是我国自己培养的优秀人才。于是中国组织自己的科学家开始研制核武器。

图 3-9　中国的第一次核试验

邓稼先是杨振宁从小的好朋友，留学的时候又一起在美国。这个时候他在北京大学当老师，当时有一位领导跟他谈了，可能是钱三强，动员他参加原子弹的研制。邓稼先回家以后，当天晚上就睡不好觉，总是左右翻身。他的夫人就问他怎么了，他说现在组织上有一个工作要让我去做，这个工作对我们国家非常重要，如果做成功了，我这一辈子也就算是没有白活，但是我如果去做这个工作，家我就不能照顾了，就得你一个人照顾，你不会知道我在哪儿，也不会知道我干什么，但是可以通信。他夫人说既然这件事情对你和国家都那么重要，那你就去干吧。于是邓稼先就担任了原子弹的设计师，参加了原子弹的研制工作。图 3–9 是中国的第一颗原子弹爆炸的图片。

中国的第一颗原子弹还没有进行爆炸试验的时候，就已经开始研制氢弹，提前走第二步了。因为原子弹试验组的人都非常忙，需要有另外的人来搞氢弹，于是大家就想到了于敏，他当时是北京大学物理系的一名老师。于敏是张宗燧先生的学生，张宗燧是中国当时仅有的一位既能搞数学研究，又能搞物理研究的人。他原来在北京大学工作，后来来到北京师范大学，担任了一段时间理论物理教研室主任，后来又去了中国科学院数学所工作。当时大家决定，让于敏来研究氢弹。当时负责核武器理论研究的彭桓武先生说，我们原子弹基本上搞成以后，如果于敏还没有搞出来，我就派黄祖洽去，如果黄祖洽还没有搞出来，我就派周光召去，因为周光召、黄祖洽都是他的很得意的学生。结果黄祖洽去了，跨原子弹实验组和氢弹实验组两个组。当时黄祖洽的任务是，氢弹组所有的情况都要向原子弹组汇报，原子弹组的情况不能告诉氢弹组。最后，中国原子弹爆炸试验成功的时候，氢弹的方案也已经拿出来了。

氢弹的设计要比原子弹更难，因为原子弹大家都知道一些秘密，英国和美国是分享核机密的，法国多少也从英、美听到了一些消息，苏联是搞到了英、美的情报，而中国又从苏联那里听到过一点制造原子弹的情况。中国刚开始提出造原子弹的时候，苏联曾经答应帮助咱们造一颗小的原子弹，所以告诉了我们一些情况。虽然没有全告诉我们，但还是告诉了一些有用的情况。所以原子弹的原理和设计各国基本上都是一样的，没有什么差异。而氢弹的研制美国保密工作做得很好，英国和苏联也是，谁都不告诉别人，三家都封锁了信息。法国也不告诉别人，当时法国也搞了一些，还没搞出来。中国开始搞时也完全不知道。现在我们才知道，于敏设计的氢弹，是跟西方国家和苏联设计的氢弹不一样的。西方国家和苏联设计的氢弹，是用的同一套理论，这套理论设计制造的氢弹不能够储藏，做了马上就要用，而中国的氢弹是可以储藏的。所以后来外国人就推测，现在世界上拥有氢弹的国家只有中国，中国应该有 10 到 20 颗氢弹，但是不是真的那就不知道了。

中国原子弹研制的趣事

现在再给大家介绍一些关于中国研制原子弹的趣事。两弹元勋中的钱三强和杨承宗都是从居里实验室回来的。当时居里实验室分两个部分：一个是由约里奥领导的物理方面的实验室，钱三强就在这个实验室；另一个是由约里奥夫人，也就是居里夫人的大女儿伊雷娜・居里领导的放射化学的实验室，杨承宗就在这个实验室。

抗日战争一结束，钱三强就和夫人何泽慧两口子回国了。当时约里奥为他们举行了告别宴会，约里奥在会上动情地说，你们两个人都是优秀的青年科学家，我本来希望你们能够一直在居里实验室工作，但是我也知道，你们很热爱你们的祖国，我也不能强留你们。你们现在要回去了，我也没有什么东西可以送给你们。他拿出一个金属盒子，说这里边有一些标定了放射性强度的放射性元素，这个对于你们的国家也许是有用的，就送给钱三强了，于是钱三强就把这个盒子拿回来了。那是 1946 年，国共内战还没有开始。

杨承宗回国要晚一点，他回来是在朝鲜战争爆发以后。朝鲜战争爆发以后，很多在国外的中国留学生回国，他们觉得中国终于可以扬眉吐气了，敢跟美国对抗。他们没有明着说，而是以探亲或其他名义要求回国。杨承宗在法国，他也要求回国。他给钱三强写信，钱三强说你现在先别着急，稍微等一等，现在国内还很乱，科研工作都还没法进行。过了一段时间以后，情况比较好了，中央就同意杨承宗回国了，杨承宗跟他的老师伊雷娜・居里，也就是约里奥夫人告别。约里奥夫人对他说，你到物理研究所，跟我的丈夫也告别一下。于是杨承宗就去见约里奥，约里奥当时就跟杨承宗讲："请你转告毛泽东，中国要想制止核战争，就必须自己拥有核武器。原子弹的原理也不是美国人研究出来的，你们中国不是也有自己的科学家吗？"其实原子弹的原理就是约里奥本人首先研究出来的。杨承宗回国以后，就把这事告诉了钱三强，钱三强转告了中央，中央还找杨承宗专门核实了约里奥的讲话。大概这也使中国领导人有了信心，觉得约里奥都说我们能造原子弹，看来我们是应该能造出来的。

中国政府知道，约里奥对中国很友好。当时西方国家对中国禁运，不用说是和原子弹有关的仪器装备了，就是比较先进一点的仪器设备都不卖给中国。于是中国科研部门就请钱三强转了一笔外汇给约里奥，请约里奥帮中国买仪器，在适当的时候运回中国。当时约里奥就把这些美金埋在他家后院的一棵苹果树下边，到需要的时候就拿出来购买设备。后来在杨承宗回国的时候，他就托杨承宗带回来了。为了避免被法国的海关阻拦，杨承宗的一些法国同事就帮助他拎着那些东西上船。海关的人员主要查杨承宗，并没有查那些同事，于是就把那些设备运回来了。但是那些设备还不是研制核武器用的，只是研制一般的核物理装置的科学仪器。中国对于约里奥讲过的一些话一直保密，直到 20 世纪 80 年代的时候才公开。

研制氢弹还有一件很有意思的事。彭桓武是老一辈的理论物理学家，周光召、黄祖洽都是他的学生，于敏是张宗燧的学生，而张宗燧是彭桓武的好朋友。研制氢弹的时候，彭桓武让周光召、黄祖洽和于敏每个人从三个抽屉里选一个打开，至于研究氢弹的秘密在哪个抽屉里边，他也不知道，看他们打开以后谁能发现，结果于敏开的那个是对的。

中国的原子弹制造出来以后，中国立刻宣布：自己制造原子弹，完全是为了防御，中国在任何情况下，都不首先使用核武器，也绝不对无核国家和无核地区使用核武器。中国是唯一主动承诺不首先使用核武器的国家，其他拥有核武器的国家，全都不承诺这一点。

杨振宁回国前一直怀疑邓稼先参与了原子弹研究，因为他后来看不到邓稼先有什么论文发表，觉得很奇怪。他第一次回国以后就提出来想见邓稼先。当时邓稼先在试验基地，于是中央就决定，把邓稼先从原子弹试验基地叫来，让他跟杨振宁见面。见面的时候，杨振宁就问了邓稼先两个问题："中国在制造原子弹的时候，有没有得到外国的帮助？"这是第一个问题。第二个问题："谁是中国的奥本海默？"也就是问，谁是中国原子弹的设计师。这两个问题邓稼先都没有回答，都给岔过去了。杨振宁离开北京以后，邓稼先就向中央汇报了这件事情，周总理就跟他说，你可以告诉他没有外国人参加，都是中国人自己搞的。于是邓稼先写了一封信给杨振宁，当时派了一个信使送到上海。杨振宁在上海举行告别宴会，要回美国，正在这时候信使把信送进了宴会厅，给了杨振宁。杨振宁看完之后立刻就到洗手间去了。他哭了，跟他想象的一样，确实主要是中国人自己干的。邓稼先告诉杨振宁，中国只在核武器研制的初期曾得到过苏联的一些帮助，后来就没有了，再没有任何外国人参加。另外，杨振宁怀疑寒春参加了中国原子弹的研制。寒春是一个美国的女核物理学家，是费米的学生，也是杨振宁在美国的核物理实验室工作时的同事。寒春是参加过美国原子弹的试验的，美国人怀疑，寒春会不会把原子弹的机密告诉中国人了。寒春的丈夫和哥哥都是美国共产党的党员，都同情中国革命，他们早年来到中国，研究如何帮助中国实现农业机械化。寒春在二战结束以后，很后悔参加了原子弹的研究，后悔参与研制这种杀人的武器，下决心以后再也不研究这种武器了。于是她也来到了中国，跟她的丈夫和她的哥哥一起，在延安搞农业机械化。据说中国政府在刚开始搞核试验的时候，确实问过寒春是否愿意参加，寒春表示她不愿意，她不想再搞杀人的武器了。寒春后来一直生活在中国，一直在研究农业机械化，没有参与原子弹的研制。所以中国的原子弹是自己搞出来的。

六、原子能的和平利用

反应堆和核电站

现在我们来看一下原子能的和平利用。世界上第一座原子反应堆，其实比第一颗原子弹造出来的时间还要早，那是 1942 年 12 月的时候，费米在美国芝加哥大学领导建立的。它的功率只有 0.5 瓦，但确实有原子能释放出来了。费米是最杰出的核物理学家，但是没有直接参加原子弹的研制，只参加了研制原子弹的一个咨询委员会的工作。

图 3-10 是第一座原子反应堆首次启动运转的情况。右边是原子反应堆，左边是科学家。这座反应堆有钢筋水泥造的装置保护着。在反应堆的后面有三个人，这三个人相当于敢死队，如果反应堆出事故，控制不住了，他们很难逃掉。他们带着镉的溶液，如果这座反应堆控制不住，反应越来越激烈的话，他们就把溶液倒进一个小孔里头，这种溶液能够大量地吸收中子，让原子反应堆停止反应。这张图是后来画的，因为当时不准照相，所以没有照片。反应堆启动以后，科学家们就用暗语向美国的领导机构报告，说“那个航海家已经登上了新大陆”，对方就问“当地居民呢”，回答是“十分友好”。“那个航海家已经登上了新大陆”就是说反应堆已经开始运作了，“当地居民呢”就是问运作的情况怎么样，“十分友好”就是说这座反应堆工作正常，人员安全。

图 3-10　第一座原子反应堆

美国之外的第一座反应堆，是约里奥在法国成功设计出的。

原子弹和反应堆不一样，原子弹要更难造一点。大家知道，虽然中子可以引起链式反应，但是一般说来，原子核裂变放出来的中子速度都比较快，快中子在打进其他的铀核以后，引起裂变的概率不高。但是如果中子慢化，也就是让中子走的速度变慢，那么就容易引起铀核的裂变。而要使中子减速，就要放慢化剂，慢化剂的量要很大，所以造原子弹的时候，不能用慢化剂使中子减速，这就要求铀纯度要比较高。这样如果中子进入这个铀核没有引起裂变，很快又会进入另外一个铀核，所以原子弹是用快中子引起裂变的。而反应堆就不需要那么纯的铀，含有比较多的杂质的铀也没关系，因为它可以用慢中子来引起铀核裂变。就是说让中子在运动过程中和一些慢化剂作用，使中子速度慢下来，以提高诱发裂变的概率。

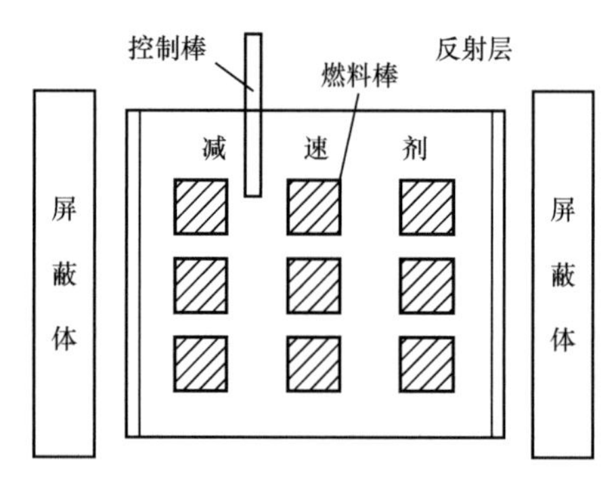

图 3-11　反应堆示意图

图 3-11 是一个反应堆的示意图。图中阴影部分是装有铀的燃料棒。屏蔽体是钢筋水泥的。燃料棒周围的那些东西，有很多就是慢化剂。慢化剂是石墨、重水或者水。大家知道，中子如果打在轻的原子核上，那么散射后的速度会慢下来；打在重的原子核上，它或者被吸收或者被弹开，弹开的速度仍很快。这很容易理解，假如你拿一个皮球往墙上撞，那么弹回来的速度跟入射时的速度只是方向相反，大小几乎一样。动量的大小没有变，只是方向变了，动能的大小也没有变。但是你如果拿这个皮球，去撞一个木头球，你一撞它，这个木头球就运动了，木头球一运动，就把皮球的一部分动能和动量给转移过去了。所以反弹回来的这个皮球，它的速度就不仅方向变反了，而且速度值也大大减小了，就慢化了。所以慢化剂一定要用轻原子核的材料，比如说石墨是碳元素，重水和水主要是氢和氧元素。此外还有控制反应速度的控制棒，控制棒含有镉元素的化合物，能大量地吸收中子，使这个反应不至于太剧烈。用作燃料的通常是铀 –235 或者钚 –239，铀 –233 也可以。

我们知道，制造原子弹需要的是铀 –235。但是从铀矿提取出来的铀，其中铀 –238 占大多数，把铀 –235 与铀 –238 分离开来是很困难的，所以制造原子弹难度很大。反应堆中用的铀，由于采用了中子慢化技术，对铀 –235 的纯度要求比较低，不过铀 –238 这种成分并不参与核反应，对反应堆的运作基本没有贡献。所以，一般的反应堆都是只消耗铀 –235 这种制造原子弹的成分的。

但是还有一种快中子增殖反应堆，能够一方面产生热能，一方面把不能制造原子弹的铀 –238 转化成钚 –239，而钚 –239 是可以制造原子弹的。所以，拥有这种增殖反应堆的国家，也就有了制造原子弹（钚弹）的能力。

世界上第一座核电站是苏联在 1954 年建造的。现在我们知道核电已经被广泛利用。中国用的核电其实不多。法国约 80% 的电都是核电，美国核电占发电量的 20% 左右。欧洲有一些国家核电都用不完，比如我在比利时留学的时候，就发现比利时的高速公路上彻夜灯火通明，从晚上一直亮到凌晨。别的国家的高速公路上，一般都没有路灯，只有在环城的高速公路上有路灯，城际高速公路上都只有荧光物质用来反光照明，没有路灯。唯独比利时例外，所有的高速公路上的路灯都是彻夜通明的，这是因为它的核电用不完。当然核电有安全问题，现在世界上已经出了几次事故了，苏联和日本都出过事故。

可控热核反应

核反应堆和核电站的原理都是裂变反应，用的都是铀这种燃料。但是铀在地球上的含量是有限的，用一点就少一点，所以它不是一种取之不尽用之不竭的能源。那么有没有取之不尽用之不竭的方案呢？有，那就是聚变反应。聚变反应用氘，1 吨海水当中有 100 多克氘，1 升海水中的氘，用于聚变反应放出来的能量，相当于 300 升汽油。所以 1 升海水，就相当于 300 升汽油。问题是能不能使海水中氘的能量像汽油能量那样释放出来呢？现在我们对于聚变反应的唯一的应用就是造氢弹，“咣当”一下就炸了，而无法控制聚变反应。为什么呢？因为这种反应需要高温高压，一般的容器都承受不了。当然现在各国也在想一些办法，美国、俄罗斯、中国都在试验，想和平利用可控热核反应。如果人类掌握了这种反应，那么人类就有了取之不尽用之不竭的能源。有人说石油不就挺好嘛，但是人类拥有的石油有限，而且石油本来是很好的化工原料，把化工原料都用来烧了，不是很可惜吗？门捷列夫就针对用石油做燃料说过一句名言：“你要知道，钞票也是可以用来烧火取暖的。”所以烧石油其实是很可惜的事，石油是地球演化的过程中产生的东西，用一点就少一点。所以我们很希望，能够实现可控热核反应。

实现可控热核反应现在有不少困难。比如用氘和氚来做原料的时候，产物中有很多中子。中子很麻烦，它不带电，所以很难控制它，让它往哪个方向偏离运动都不行。中子可以走得比较远，防护层必须很厚，而且防护层会受到它的损害，生成一些具有放射性的物质。如果热核反应的生成物是质子就好多了，这也是可能的，如果让氘和氦 –3 作用，生成物就会没有中子，只有质子。氦 –3 的原子量跟氚一样，但是氚是氢的同位素，一个质子两个中子，而氦 –3 是氦的同位素，两个质子一个中子。氘和氦 –3 作用以后生成氦 –4，放出来一个质子，而不是中子。质子带正电，我们容易用磁场控制它的运动方向，而且它走不远，很快就会跟其他物质作用，变成别的东西了，所以防护设备比较好造。但是地球上的氦 –3 并不多，有没有什么别的来源呢？有，月球上有大量的氦 –3。有人研究过，如果每年从月球上取回一飞船的氦 –3 原料，在我们地球上就够用一年的。

聚变反应很难进行，主要是因为它需要高温高压，像太阳内部那样上千万，或者上亿摄氏度的高温，还有几千亿标准大气压，太难控制了。到现在这个问题还没有解决。现在研究的是苏联当年建议的托卡马克式的装置。托卡马克是用磁场做容器。因为一般的容器无法承受高温高压的环境，而磁场不怕高温高压。而且，可以使用激光点火、惯性约束等方案来进行尝试。

七、杨振宁对科学的贡献

成功之路

现在我们来讲一下，杨振宁先生对科学的贡献。霍金去世以后，网上有很多这方面的讨论，就是不清楚杨先生的贡献到底有多大，能否和霍金相比。我现在来介绍一下杨先生。杨先生的父亲杨武之毕业于我们北京师范大学的数学系，后来留美，在斯坦福大学待过一年，然后在芝加哥大学获得了博士学位。回国以后他先后在清华大学和复旦大学任教。中华人民共和国成立前他一直在清华大学，成立前夕则到了上海，然后在复旦大学任教。杨武之先生小时候父母去世得比较早，当时他的叔叔就把他叫来，对他说，你要好自为之，你的父母都去世了，你靠别人是靠不住的，要靠自己，所以杨武之自小就很明白这一点。他去美国留学前已经结婚了，杨振宁也已经出生。他走了之后，杨振宁的母亲有点文化，就教杨振宁认字，学习一些知识。后来，杨振宁的舅舅跟他姐姐，也就是杨振宁的母亲讲，说你要有个精神准备，现在很多留洋回来的博士都把原来的老婆甩了，然后娶年轻的女学生。当时杨振宁的母亲也觉得压力很大。当时她想，即使我先生把我甩了，我也一定要把这孩子培养好，她有这种精神准备。后来她突然收到了丈夫的一封信，说他马上要回国了，要她带着杨振宁到上海来接他，他母亲一听简直高兴坏了，知道她丈夫没有变心，于是就带着小杨振宁到上海接他。

杨振宁小时候，因为父亲在清华大学任教，他就在清华园里长大。后来抗日战争爆发，他们随着清华大学南迁，杨振宁就在西南联合大学物理系上学。他的本科毕业论文是跟吴大猷先生做的，题目是《群论和多原子分子的振动》；硕士毕业论文是《超晶格统计理论中准化学方法的推广》，是王竹溪先生指导的。这两篇论文都用到了对称性问题，所以他对对称性印象很深。

那个时候他已经对外尔的规范场有一些了解，对对称性产生了兴趣。他拿了硕士学位以后，当了一年多的中学代课老师，在他的学生当中，就有杜聿明将军的女儿杜致礼。

后来杨振宁到美国留学，想跟费米学习，但到处找费米找不着，就只好跟了特勒。跟了特勒以后，他先搞一些实验工作，也搞一些理论工作。特勒当年到格丁根大学求学的时候，曾经把腿摔坏了，走路一瘸一拐的。杨振宁找特勒的时候，进不了特勒的办公楼，因为特勒当时在搞氢弹。于是特勒就出来跟他在院子里散步，一边散步一边谈，特勒问了他几个问题，其实就是氢原子的基态波函数怎么写等等。杨振宁回答得很正确，因为中国学生基本功一般都很好，尤其像杨先生这样的优秀生。特勒很满意，说行了，我收你当博士生了。他进了实验室，在那个实验室工作的同事当中就有搞原子弹的寒春。杨振宁很快发现，自己搞实验工作不行。他们抽真空的泵有一次不转了，他在那修理，弄了半天那个泵也修不好，这时候有个美国同学过来了，踹了那个泵两脚，泵就开始转起来了。工作了一段时间以后那个泵又不转了，杨振宁就过去踹，踹了几脚那个泵还是不转，这时那个美国同学又过来踹了一脚，泵又转了。杨振宁觉得，看来自己搞实验不行，搞理论可能还行。后来特勒说你现在做的工作已经可以毕业了，杨振宁说我的工作还不行，我就做了这么点理论工作太少了。特勒说没关系，我说你够博士你就够博士。他的博士论文的题目是《核反应与符合测量中的角分布》，于是他就拿到了博士学位。

他博士毕业以后找到了费米。原来费米在芝加哥大学担任物理教授。因为战争已经结束了，费米也不再给原子弹试验场提供什么咨询了。这样杨振宁就跟费米学习和工作，当他的助教。杨振宁觉得费米讲课非常轻松，简直好像什么东西都记在心中。有一次费米有事，让杨振宁替他上两周课。费米就把自己的笔记给他，杨振宁一看费米的笔记，大吃一惊，费米讲课的笔记写得非常乱，加了好多东西，而且看起来不是一次写完的，是写完了以后又多次修改的，他才知道费米真的是下了很大的功夫。别看他讲课很轻松，其实他是花了很大的力气，这都是下功夫的结果。费米告诉杨振宁，你搞理论一定不能脱离实验，而且你应该近距离地研究实验和跟实验有关的理论，然后中距离地研究，之后再远距离地研究，这样才会有大的成就。所以杨振宁虽然不是费米的研究生，但是费米对他的影响是很大的。

后来杨振宁想到普林斯顿高等研究院去工作，奥本海默在那里担任院长，爱因斯坦也在那个研究院工作。杨振宁觉得那个单位很棒，很想去。费米给他写了推荐信，但是费米跟他说，普林斯顿高等研究院是一个象牙塔式的地方，不适合长待，待个一年多也就可以了。结果杨振宁一去就在那里待了 17 年。为什么呢？他在那个地方，有一次到饭馆去吃饭，那个饭馆的一个服务员突然跟他说话："杨老师你好。"杨振宁一看，原来就是他以前的学生杜致礼，她是杜聿明将军的女儿。杜聿明是抗日的英雄，杰出的将领，但是当时杜聿明已经被解放军俘虏了。蒋介石本来说送杜致礼到美国留学，宋美龄愿意出这个钱，但是后来看杜聿明没有自杀，而被共产党给俘虏了，于是就不肯出钱了，所以杜致礼只好端盘子挣点钱来供自己上学。杨振宁见到了杜致礼，就不想离开那里了，他们就恋爱了。

杨振宁与规范场

杨振宁主要的科研成就是什么？他的第一个重要成就，一般人不太知道，但是搞理论物理的人都知道，就是创建杨 – 米尔斯场理论。这是杨振宁和米尔斯两个人提出来的一种相互作用场论，用这种场可以解释原子核内部的强相互作用和弱相互作用。第二个重要成就是他 34 岁的时候和李政道一起推翻了宇称守恒定律。推翻宇称守恒定律的思想，有可能是李政道先生先想到的，但是是杨振宁先生把它完善的，总之是他们两个人共同完成的。因为这个发现，他们获得了诺贝尔物理学奖。注意，当时他们两个人还是中国国籍，拿的是中国护照，但是诺贝尔奖评委会宣布的时候，说是授予美国科学家李政道和杨振宁。实际上杨振宁和李政道都是几年之后，才加入美国国籍的，他们当时还是中国人。当然他们利用了在美国的工作条件、科研环境。杨振宁第三个重要的成就是杨 – 巴克斯特方程，这是一个和数学有关的很重要的成果。有人认为，这三个成就都是可以得诺贝尔奖的，但是诺贝尔奖评委会不想把诺贝尔奖授给同一个人两次，更不想给两次以上，所以像爱因斯坦的狭义相对论和广义相对论都没有获得诺贝尔奖。

杨 – 米尔斯场是一个很重大的贡献。这个方面的思想是德国的数学家外尔最先提出来的。外尔提出规范场思想的过程是这样的。爱因斯坦的广义相对论把万有引力看作时空弯曲的表现。当时人们只知道两种力，一种是万有引力，另一种是电磁力。爱因斯坦把万有引力几何化了，他想把电磁力跟万有引力统一，所以也想把电磁力几何化。他刚开始做这方面的尝试不久，德国数学家外尔就说我已经搞成了。外尔说，按照你（指爱因斯坦）的想法，由于时空弯曲的不同，放在时空不同点的钟会走得不一样快。他又说，不过还有另一个因素你没有考虑。什么因素呢？外尔说，如果让放在时空 A 点的一个钟出去转一圈再回到 A 点，这时它会不会和原来一样快呢？你没有理由认为它出去前后走得一样快。如果认为有差异，那么就要引进一个补偿场，这个补偿的场就是规范场。在广义相对论中，空间的长度是由时间间隔乘光速来定义的，所以时间尺度的变化和我们通常说的空间尺度的变化是一样的。规范就是尺度，所以规范场就是尺度场。外尔提出规范场来以后，爱因斯坦刚开始觉得很不错，但是后来很快发现，这里存在大问题。如果外尔的理论是正确的，那么物理学就不能成立了。因为你看到某一个时空点上有一个钟，你不知道这个钟在哪儿转过，转过多少圈，以前的历史怎么样，所以这个钟的速率到底是多少，你就不知道了。时间尺度和空间尺度全都无法确定了。所以外尔的规范理论是不对的。外尔的理论数学上没有问题，物理上有严重的问题。所以当时普朗克等人同意发表外尔的这篇论文，同时发表爱因斯坦对他的理论的批评意见，再让外尔写一个补充解释。不过这个补充解释软弱无力，没有起什么大作用。过了若干年以后，德国物理学家伦敦和苏联物理学家福克同时发现，这个尺度 l 前边如果加一个虚数因了 i 的话，规范场论就正好可以解释电磁场。所以他们就认为，外尔这个场可以用来解释电磁场，但是这个规范场不是尺度变换引起的，而是相因子变换引起的。因为在外尔的理论中，把尺度 l 搁在 e 的指数上，把 l 前面再加上一个虚数因子 i，写成 e^{il}，il 就成了一个相因子了，所以这实质上是相因子变换。一般认为相因子变换在物理效应上反映不出来。所以外尔的场论是可以用的，可以解释电磁场，能让人对电磁场有一个更深入的理解。

杨振宁想把外尔的场推广，使之能够解释质子和中子之间的相互作用。他长时间寻找这种场。经过多次尝试，终于在他 32 岁的时候，把这个工作完成了，这就是杨－米尔斯场。

这种场推广后可以用来解释强相互作用和弱相互作用。大家知道，我们现在一共只知道四种基本相互作用。其中的电磁相互作用和引力相互作用都是长程力，我们平常的仪器就能测量。还有一种相互作用是质子和中子之间的强相互作用，因为它的力程太短，只存在于原子核的半径以内，我们原来连它的计算公式都不知道。另一种弱相互作用，也是在比原子核半径更小的范围之内才起作用，原来也没有动力学方程。对于引力相互作用，我们原来就有牛顿的万有引力定律，后来又有了爱因斯坦的广义相对论，有宏观的定律，往微观里去缩小的话，有个宏观的定律在那里比对着。电磁相互作用也一样，有宏观的麦克斯韦方程组，可以缩小到微观来考虑。而弱相互作用和强相互作用根本没有宏观的方程，这怎么研究？最后人们发现它们都可以用杨－米尔斯场来解决。杨－米尔斯场和外尔的规范场合到一起，可以同时解释弱相互作用和电磁相互作用。杨－米尔斯场扩展以后，还能解释强相互作用。所以对四种基本相互作用当中的弱相互作用和强相互作用的解释，都是在杨－米尔斯场的基础上，在它进一步发展以后由它来完成的。所以杨－米尔斯场的地位非常非常之重要。

杨振宁还有其他一些重要工作，比如说他和费米曾经猜测介子可能是由质子和中子，以及它们的反粒子反质子和反中子构成的。后来在他们这个理论的基础上，日本的坂田昌一提出所有的强子都是由质子、中子和 λ 超子，以及它们的反粒子组成的。在坂田模型基础上，美国的盖尔曼提出了夸克模型，说一切强子都由夸克组成，夸克有三种颜色，三种颜色用红、绿、蓝表示，其实这只是代号，不是真正的红、绿、蓝三种颜色。每个夸克有 $e/3$ 或者 $2e/3$ 的电子电荷。这些夸克就好像缩小了的质子、中子和 λ 超子，所以夸克模型实际上建立在坂田模型的基础上，当然它有发展。坂田模型可能是受了费米－杨振宁模型的启发。当然，费米和杨振宁对自己的模型并不看重，但是它起码对人们是有启发作用的。其实坂田对于后来的夸克模型也做了一个铺垫工作。但是因为坂田推崇辩证唯物主义，所以西方很不愿意推崇坂田这个人，觉得他亲共产党，其实他也不是亲共产党，他就是相信辩证唯物主义。现在我们知道夸克模型就是一种缩小了的坂田模型。当然盖尔曼他们也做出了贡献。

从相互作用场来看，外尔的规范场是 U(1) 场，可以描述电磁相互作用。杨－米尔斯场是 SU(2) 场，弱电统一是由 SU(2) ⊗U(1) 这个直积场解决的。强相互作用是用 SU(3) 场解决的。其实从 SU(2) 推广到 SU(3)

没有特别大的困难，关键是原来解释核力是极其困难的，这回找到了解决方案。所以杨振宁的贡献是巨大的。

有人问我，你觉得霍金的贡献大呢，还是杨振宁的贡献大？我可以回答，按照现在学术界的观点，杨振宁先生的贡献要大一些。美国有些学会就曾经提过，杨振宁先生是继牛顿、麦克斯韦、爱因斯坦之后，出类拔萃的物理学工程师。杨振宁先生的工作是够得上这个评价的，所以他的工作是非常杰出的。

我感觉我们现在的年轻人，对杨振宁先生的佩服是不够的，对李政道先生的佩服也是不够的。很多人过多地注意那些生活上的细节，而我们应该把注意力放在他们做出的伟大贡献上来。

第四讲

点燃科学的朝霞

什么是宇宙，中国古代文献中说，“四方上下曰宇，古往今来曰宙”。这一说法载于《淮南子·原道训》中的“高诱注”。《淮南子》是西汉时期淮南王刘安召集的一批文人写的一部杂书，加注的高诱则是东汉时期的人。

用我们今天的话来说，宇就是空间，宙就是时间。宇宙就是时间、空间和物质的总称。

一、从中心火到地心说

中心火——毕达哥拉斯的宇宙

人类历史上第一个接近科学的宇宙模型，是公元前500多年古希腊学者毕达哥拉斯提出来的。

毕达哥拉斯是泰勒斯的学生。泰勒斯曾在两河流域（即现在的伊拉克、叙利亚一带）学习数学和天文学。那里是人类文明最早的发源地，苏美尔、巴比伦等文明就产生、繁荣并延续于那一地区。

泰勒斯首次成功地预报了公元前585年的日全食，震惊了他的同胞。泰勒斯不仅在天文学上水平很高，在数学上也成绩卓著。他已经知道“等腰三角形的两个底角相等”“直径所对的圆周角是直角”。泰勒斯一心钻研思考，有一天夜里，正仰望星空的他不小心摔进了井里。他的一个女奴看见了，嘲笑他只知道看天，却看不清自己脚下的地。

泰勒斯的学生毕达哥拉斯比他更为著名。一般人知道毕达哥拉斯是因为毕达哥拉斯定理，即中国人所说的勾股定理：“直角三角形斜边的平方等于两条直角边平方的和。”

毕达哥拉斯定理出现在公元前6世纪，而“勾股定理”出现在约公元前1世纪，比毕达哥拉斯的发现晚了400多年。不过我们的历史资料中还提到了“商高定理”，此定理的内容与勾股定理相同。文献中提到“周公问商高”等内容，此事应该发生在武王克商之后不久，也就是大约公元前11世纪的时候，这一下子，我们祖先的发现就比毕达哥拉斯早了四五百年。不过商高是谁，我们不大清楚，可能就是殷商时期的一位高人吧。但是我们还是不要高兴得太早，西方的考古研究发现，公元前1800年左右，巴比伦人就已经使用了我们所说的勾股定理，比我们的商高定理又早了几乎800年。

另外，有人说，毕达哥拉斯不仅提出了这一定理，而且还给出了证明。这倒是我们的祖先没有给出的。然而，他们拿不出证明，史料上可以证实的是，毕达哥拉斯定理的证明最早是在公元前4世纪由欧几里得给出的，在他的《几何原本》中有这一证明。

不过，毕达哥拉斯已经知道了“三角形三内角之和是180°”，这是一条和欧几里得几何的“平行公理”等价的定理，所以也存在毕达哥拉斯从这一定理出发证明了勾股定理的可能性。

有的书中讲，毕达哥拉斯证明了正多面体只有五种，这种说法也是不确切的。实际情况可能是，毕达哥拉斯生前就已经知道正多面体有四种，后来他的徒子徒孙们又认识到有五种，并最终给出了“正多面体只有五种”的证明。

毕达哥拉斯学派带有宗教教派的色彩，学派中的一切成就往往都归功到毕达哥拉斯一个人身上。所以，我们今天看到的毕达哥拉斯的功绩，其中相当一部分可能是他的徒子徒孙们的工作，甚至是他去世多年后才由后人完成的工作。

我们这里感兴趣的不是毕达哥拉斯在数学方面的成就，而是他在天文学方面的成就。

他首先认识到大地是一个球，提出了“地球”的概念，而且认识到了月食是地球阻挡了射向月亮的日光造成的。

他在这方面最大的成就是提出了人类历史上第一个比较科学的宇宙模型——中心火模型。他认为，火是最圣洁的东西，所以宇宙的中心应该是一堆火——中心火。地球、月亮、太阳、水星、金星、火星、木星和土星，这八个天体各自镶嵌在一个透明的天球上，围绕中心火转动，依次是地球天、月亮天、太阳天、水星天、金星天、火星天、木星天和土星天。最外面还有一个恒星天，所有的恒星都镶嵌在这个天球上。这样，一共存在九个透明的天球。毕达哥拉斯认为，最完美的数字是十，所以他猜测还应该存在一个比地球天离中心火更近的天球，上面镶嵌着一个未曾被人类见过的天体，叫“对地”。对地镶嵌在与地球对称的中心火的另一侧。由于人类生活在地球表面背对中心火的一侧，所以从来没有见过中心火和对地。这样，毕达哥拉斯就构造成了他心中的完美宇宙模型。这就是宇宙的中心火模型，如图 4-1 所示。

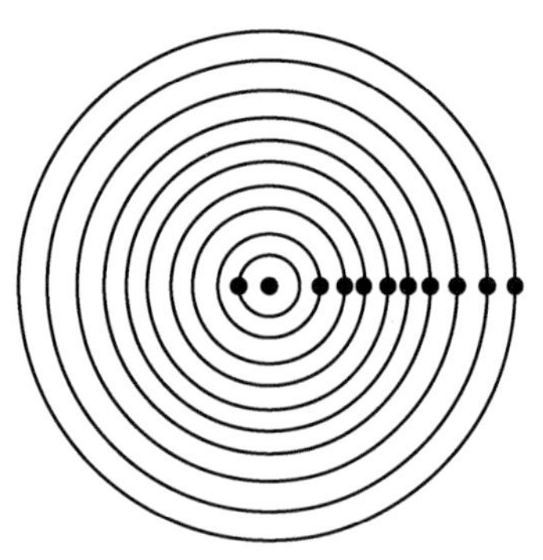

中心为中心火，从内到外分别为对地、地球、月亮、太阳、水星、金星、火星、木星、土星和恒星天

图 4-1　中心火模型

亚里士多德和托勒密的地心说

公元前 4 世纪，亚里士多德对毕达哥拉斯的宇宙模型进行了批判和扬弃。他认为谁也没有见过中心火和对地，所以这两种东西根本就不存在。他进一步认为，我们每天看着太阳、月亮和群星东升西落，所以，位于宇宙中心的应该就是我们的地球，其他的天体则像毕达哥拉斯所说的那样，镶嵌在各自的透明天球上，围绕地球旋转。他认为，在恒星天之外还存在一个“原动天”，或者叫“水晶天”，上面生活着一位“第一推动者”，即上帝。上帝推动恒星天转动，恒星天则依次带动土星天、木星天等诸天球围绕地球转动。

亚里士多德认为，月亮天是离地球最近的天球，它把宇宙分为月下世界和月上世界。在月亮天以下的月下世界中，所有的东西，包括我们地球上的万物，都由土、水、火、气四种元素组成，都是会变化、会腐朽的东西。而月亮天以上的月上世界，则是永恒不变的，那里充满了轻而透明的以太。对近代科学产生过重大影响的“以太”观念，在这个时候就已经出现了。这是公元前 300 多年的时候，相当于我们的战国时期。

亚里士多德提出宇宙的“地心说”不久，另一位古希腊思想家阿利斯塔克就提出了最早的“日心说”。

他觉得虽然没有中心火，但太阳不就是一个大火球吗？所以他认为太阳应该位于宇宙的中心。对于科学文化水平还处于初级阶段的古人来说，每天看见日月和群星东升西落，地心说显然比日心说更容易为他们所理解和接受。所以，阿利斯塔克的日心说没有造成多大的影响，亚里士多德的地心说很快就统治了古希腊人的头脑。

公元 100 年左右，托勒密把亚里士多德的地心说加以发展，加入一个个本轮和均轮，使这个模型能够和天文观测的结果大致定量地联系起来，如图 4–2 所示。

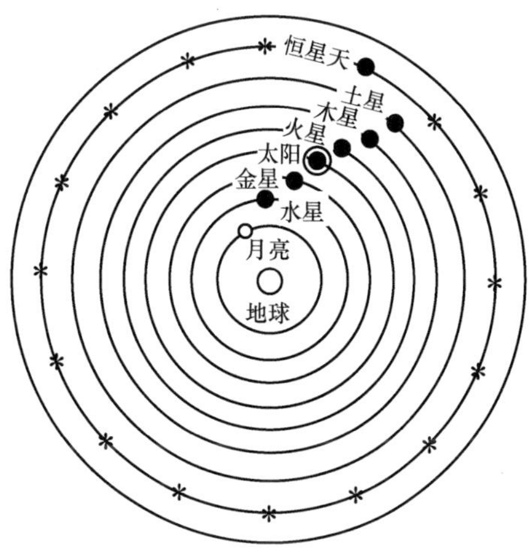

图 4–2　托勒密的地心宇宙模型

基督教诞生之后，托勒密的地心说得到了教会的支持。基督教会宣传说，人类是上帝最杰出、最心仪的作品，是他最心爱的东西，所以他把人类放在宇宙的中心——地球上生活，并让群星对着地球闪闪发光，让人类享受日月和众星的光华。从此之后，地心宇宙模型就在西方思想界占据了统治地位，这种情况维持了大约 1500 年。

中世纪到文艺复兴过渡时期的著名诗人但丁，就在《神曲》中的《天堂》篇中对这一地心宇宙进行了描述。但丁年轻的时候曾经暗恋一位少女贝雅特里齐。不幸的是，这位少女染上了当时的不治之症——肺结核，英年早逝。在《神曲》的《天堂》篇中，但丁就描述了自己在贝雅特里齐的引领下巡游诸天，最后在原动天见到了上帝，自己处于无限的幸福之中。

今天我们知道，水星和金星是比地球离太阳更近的行星，称为“内行星”。用地心说来定量描述水星和金星经过天空的视运动十分复杂，而且不精确。在中世纪的时候，有人就推测水星和金星并非直接围绕地球转动，而是围绕太阳转动，然后再在太阳的引领下一起围绕地球转动。这样，它们在天空中视运动的规律，描述起来就简单多了，于是就出现了经过修改的地心说，如图 4–3 所示。按照这一模型，水星和金星围绕太阳转动，然后再随太阳一起围绕地球转动，而月亮、火星、木星和土星则像以前的模型一样，直接围绕地球转动。

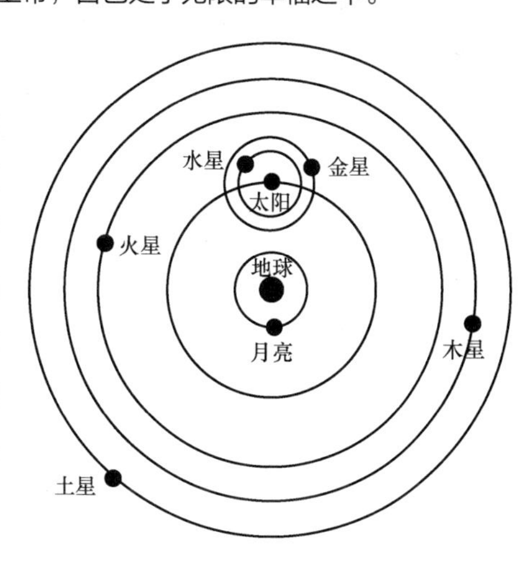

图 4–3　中世纪修改后的地心说

这就是哥白尼日心说诞生前夜的经过改进的地心说。

二、科学革命的前夜

四大发明对人类文明的影响

哥白尼提出日心说之前，发生了人类文明史上的三件大事。第一件是地理大发现，哥伦布发现了新大陆，麦哲伦完成了环球航行，证明了大地是一个球——地球；第二件是宗教改革；第三件是文艺复兴。

实际上，在这三件大事发生之前，西方文明曾受到东方文明的极大促进，其中最重要的是中国的四大发明（造纸术、印刷术、火药和指南针）的西传。其次是印度人发明的阿拉伯数字和十进制传入了欧洲。另外，基督教徒的十字军东征，从东方带回了意想不到的收获，那就是从巴格达带回了原产于希腊的古代文明果实。在基督教统治环地中海区域的时候，教会曾极力摧残希腊文化，一些学者带着残存的希腊文明成果逃往巴格达，那里的重视科学文化的阿拉伯国家的君主收容了他们，设立了智慧馆。东征的十字军攻下巴格达后，在那里看到了这些惊人的成果，把它们重新带回了欧洲，欧洲人这时才知道自己曾经有过辉煌的过去。

中国在西汉时期就已掌握造纸的基本方法。到东汉时期汉和帝的时候，宦官蔡伦改进和发展了已有的用植物纤维造纸的技术，使之完全成熟。在此之前，中国人写字主要是用竹简和丝绸。最早创造文字的古埃及人则用纸莎草。他们把这种植物的茎切成薄片，压紧、晒干，制成纸张。但纸莎草只生长于尼罗河流域，这种制造纸张的方法很难被推广，而且后来在埃及地区也一度失传。两河流域的人则把文字刻在泥板上，成为泥板文书。后来地中海区域的人又采用羊皮纸。但是这些记录文字的材料用起来很不方便。而蔡伦造纸的方法，原料易得，方法简便，非常易于推广。所以中国的造纸术成了现今造纸方法的鼻祖。

蔡伦在人类历史上有重大的贡献。但是世无完人，人总会有一些缺点和错误。蔡伦曾经介入宫廷斗争，受汉章帝的窦皇后的指使，迫害章帝的两个妃子宋氏姐妹，把她们残害致死。但是“三十年河东，三十年河西”，几十年后，其中一位宋贵妃的孙子当上了皇帝，是为汉安帝。很快就有人告诉安帝，蔡伦残害了他的祖母。蔡伦在恐惧之下自杀身亡。他虽然不光彩地死了，但他创建的造纸术不断造福于人类文明。

造纸术比其他三项发明要早，传入西方的时间也要早。在唐朝中期，唐玄宗时代，新建立的阿拉伯帝国向东扩张，在中亚与唐朝的军队发生了唯一一次较大规模的碰撞。唐将高仙芝欺负当地的少数民族，导致他们的军队临阵倒戈，唐军大败。这次战斗对唐朝和阿拉伯帝国都不太重要。但是，在战争中一些会造纸、炼丹的工匠被阿拉伯人俘获，带往西方，导致了造纸术和炼丹术的西传，对人类文明的发展产生了重要影响。高仙芝逃回长安，本想领兵去中亚再战，但此时正好爆发了安史之乱，唐朝再也无力西顾。这次战斗，除去使造纸术和炼丹术西传外，也让伊斯兰教从此在中亚站稳了脚跟，佛教在那片区域逐渐消亡。

印刷术、指南针和火药这三项发明，都是在宋朝时机成熟，经历宋、金、元三个王朝，传往西方的。传播途径有两条：一条是水路，通过与阿拉伯地区的海上贸易，由中国和阿拉伯的商人传往西亚，再传往欧洲；另一条是陆路，随着战无不胜的蒙古大军，经过中亚传往西亚和欧洲。蒙古大军装备的火箭、突火枪和火药包，给欧洲人带来极大的震撼。

中国人首先发明了雕版印刷，然后又发明了活字印刷。活字印刷是北宋的毕昇发明的，他用的活字是用泥烧制而成的。沈括的《梦溪笔谈》记录了这一发明，也记录了指南针和火药的使用。

沈括是一位具有多方面才华的能人。他参加了王安石变法，参加过抵御西夏侵略的战争，参加过农田水利建设规划。沈括是一位勤奋的全才，但他胆小怕事，结果反而误事，犯了一些错误，被人认为是势利小人，受到不少人的攻击，晚年被降职贬官，定居于镇江梦溪园。他利用在那里赋闲的最后岁月，完成了《梦溪笔谈》这部重要著作，《梦溪笔谈》中大约三分之一的内容涉及科学技术的发展，这部著作是我们宝贵的科学遗产。

西方人认为这四大发明非常重要，但不知道它们诞生于何处。造纸术传入西方比较早。印刷术、火药和指南针这三大发明都是在文艺复兴的前夜传入欧洲的，对文艺复兴、商业贸易和军事技术的发展起了巨大的推动作用。

英国著名思想家培根曾这样评价这三大发明：

我们应当观察各种发明的威力、效能与后果，最显著的例子便是印刷术、火药和指南针……这三种发明都曾改变了整个世界的全部面貌和状态！第一种在知识传播的文献方面，第二种在战争上，第三种在航海上，并且随着这些发明的利用又引起了无数的变迁。由此看来，世界上没有一个帝国，没有一个教派，没有一个星宿，比这三种发明对于人类发生过更大的力量与影响了。

马克思也曾高度评价这三大发明：

这是预告资产阶级社会到来的三大发明。火药把骑士阶层炸得粉碎，指南针打开了世界市场并建立了殖民地，而印刷术则变成新教的工具，总的来说变成科学复兴的手段，变成对精神发展创造必要前提的最强大的杠杆。

我们知道，当时无论是培根还是马克思，都不知道这几大发明均来自中国，他们说这些话不是为了奉承、美誉中国，而是就这几大发明对人类文明的巨大推动作用，进行客观地评价。

地理大发现

下面介绍一下地理大发现。15 世纪至 17 世纪是西方人所说的地理大发现时期。

首先要知道的是郑和下西洋。

在明成祖时期，从 1405 年到 1433 年，三宝太监郑和率领的大规模船队，遍访东南亚，并进入印度洋，到达斯里兰卡、印度、阿拉伯半岛，直达北非东海岸。郑和的船队第一次下西洋时有 208 艘船，每次下西洋都有两万七八千随船人员，他们七次下西洋历时 28 年。他们的目的是宣扬大明朝的国威，并暗访建文帝的下落。明成祖朱棣是从侄儿建文帝的手上夺取的政权，南京城破时建文帝自焚，但尸首面目全非，无法辨认。因此有人认为建文帝下落不明。明成祖唯恐他还活着，将来与自己争夺帝位，便在国内外到处搜寻。

因为“下西洋”没有商业目的，也没有进行掠夺，只是到各地宣扬大明朝的伟大、繁荣和强盛，赠送当地人很多礼品，然后带一些土特产回国，所以这是一件赔钱的事情。因此在郑和去世后不久，“下西洋”活动就终止了。特别令人遗憾的是，“下西洋”的很多航海记录，后来也被一些愚昧的官员焚毁了，导致我们今天研究“下西洋”遇到很大的困难。有一些西方人认为郑和的船队还去过美洲，但是国内没有任何能够支持这一论点的资料。

中国的“下西洋”活动，除去增进了中国人民和东南亚、南亚、非洲人民的相互了解，促进了华人向东南亚的移民活动之外，没有对世界的发展产生重大的影响。

郑和下西洋之后大约 60 年，哥伦布在 1492 年发现了新大陆，对世界的经济、贸易产生了重大影响。哥伦布是意大利航海家，他相信大地是球形的，坚信往西航行，也能到达盛产黄金、香料的东南亚。他取得了当时欧洲强国西班牙的支持。由于和西班牙争霸的葡萄牙控制了向东通往亚洲的道路，西班牙国王觉得向西去寻找新航线也不失为一种方法。于是，在西班牙的支持下，哥伦布带领 3 艘船大约 90 人向西航行，历时 70 多天，在船员们感到离家乡越来越远，越来越恐惧，越来越失望，几乎要发生叛乱的情况下，他们终于看到了陆地。哥伦布以为他到达的地方是亚洲，他至死不知道自己发现了新大陆。此次航行前，他把地球的半径估计得太小了。有的历史学家认为，如果哥伦布出发前就知道地球的正确半径，也许他就不敢进行这次冒险了。

哥伦布到达新大陆不久，葡萄牙人达・伽马带领的船队，沿非洲西海岸往南航行，并于 1498 年绕过好望角到达了印度。

1502 年，另一位意大利人亚美利哥，首先认识到哥伦布到达的地方不是亚洲，而是一块新大陆。所以后人把这块新大陆以亚美利哥的名字命名，这就是今天的美洲，亚美利加洲名称的由来。有趣的是，研究表明，亚美利哥本人可能从来没有到过美洲。

既然哥伦布到达的不是亚洲，而是新大陆，而且人们逐渐了解到新大陆的西边还是大洋，于是一些探险家考虑绕过美洲大陆，继续往西航行去寻找亚洲，并争取完成环球航行。葡萄牙人麦哲伦在得不到本国国王支持的情况下，求助于西班牙，得到了西班牙国王的支持。于是他在 1519 年，带领 5 艘船约 240 人往西航行。途中 1 艘船破损，1 艘船上的人叛变逃回西班牙。麦哲伦继续坚定地往前航行，绕过南美洲南端，进入了太平洋。在南太平洋航行的时候，船上的天文学家发现了两个河外星系，并把他们用麦哲伦的名字命名。这就是银河系之外离我们最近的两个河外星系——大、小麦哲伦云。

麦哲伦的船队到达菲律宾时，卷入了当地原住民的争斗，导致麦哲伦丧生。船队后来又遭到葡萄牙人的攻击，最后只有 1 艘船 18 名船员历时 3 年返回了西班牙。后来又有被葡萄牙人俘虏然后释放的 16 名船员回到了西班牙。这 34 名船员完成了人类历史上第一次环球航行。不过，第一个完成环球航行的是麦哲伦的奴仆马来人恩利基。他小时候被欧洲人从东南亚带到了西班牙，成为麦哲伦的奴仆。当船队越过太平洋到达东南亚的时候，恩利基突然听懂了当地原住民的话，他兴奋地意识到自己已经回到了家乡。

文艺复兴与宗教改革

前面已经谈到，为扩展基督教会势力范围，并为欧洲世俗贵族争夺利益的十字军东征（1096—1291）

得到了意外的收获。十字军在阿拉伯地区发现了保存下来的灿烂的古希腊文明，还发现了早已传播到这一地区的中国文明和印度文明，例如中国的科学技术发明，印度的十进制和阿拉伯数字（实为印度人创造）。同时，欧洲地区的考古发掘，又得到了许多古希腊遗存的雕塑和物品。欧洲人被这些发现所震撼：原来外界有这么多新鲜而先进的文化，自己的民族也曾经有过如此辉煌的过去。地理大发现更使他们大开眼界，了解到世界是如此的辽阔和多样化。

上述发现都曾给黑暗的、几乎毫无成就的中世纪欧洲带来文明的曙光。人们的思想开始活跃，开始解放，于是文艺复兴运动出现了（14 至 17 世纪）。

文艺复兴的文坛三杰（但丁、彼特拉克、薄伽丘）和艺术三杰（达・芬奇、米开朗琪罗、拉斐尔）的作品，描写、描画的不再是神和君王，而是普通人。他们用文字和画笔歌颂普通人的内心美、形体美和健康美。他们揭露封建社会的黑暗腐朽，反映人民对自由、正义和思想解放的渴望，呼唤新世纪和新社会的来临。其中特别有代表性的是艺术家兼科学家达・芬奇的作品，尤其是《蒙娜丽莎》和《最后的晚餐》。

中世纪的欧洲处在罗马教廷为首的基督教会的统治之下。当时的教会已经十分腐败，除去一般的对人民群众的统治和压榨外，还故意曲解《圣经》的内容来骗取钱财。他们向群众宣传，按照教义，人生下来就是有罪的，要用自己的一生来向上帝赎罪；又宣传说教会有“赎罪券”，老百姓可以向教会购买，购买之后就可以减轻自己的罪恶。由于当时的《圣经》都是用拉丁文写成的，一般老百姓都看不懂，于是大家都信以为真，拿自己辛苦挣来的钱去购买赎罪券，进一步喂肥教士。

1517 年前后，在德国的基督教神学院中有一位年轻的教士马丁・路德，他掌握拉丁文，认真阅读过《圣经》后，发现《圣经》上根本没有提到过赎罪券，教士们的许多宣传都是《圣经》上没有的。他非常愤怒，就写了指控教会的大字报，列出了 95 条罪状（《九十五条论纲》）。他把大字报贴在教堂外的墙上，立刻就在人民群众中引起了爆炸般的效应。有关消息很快传遍德国全境。于是，所有属于德意志的城邦小国都大乱起来，人民纷纷指责教会的罪行。这引起了罗马教廷的恐惧。他们勒令马丁・路德到梵蒂冈受审，他当然不敢去。这时，萨克森选侯告诉他：你只要不离开萨克森的土地，你就是安全的。于是马丁・路德就留在了那里。他一不做二不休，索性将《圣经》全部翻译成德文，让德国老百姓都能看懂，不再受罗马教会的欺骗。于是很多地区的统治者和地方教会都脱离了罗马教皇的统治，形成新的基督教会。这时，不仅德国，整个欧洲都陷入大混乱之中，而且出现了农民战争。这就是著名的宗教改革。改革的结果是，罗马教廷的统治垮塌了一半。一大半教徒改信了马丁・路德创立的新教（即中国人所说的基督教）。日耳曼语族的国家主要信仰新教，例如德国、荷兰和英国。还有半个基督教世界仍然听从罗马教廷的指令，继续相信旧教（即中国人所说的天主教），拉丁语族的国家主要信仰天主教，例如法国、意大利、西班牙和葡萄牙。属于斯夫拉语族的国家则早在公元 1054 年就与罗马教廷正式“分手”，形成了基督教的东方分支——东正教。

宗教改革搅乱了基督教会封建统治的一潭死水，大大促进了人民群众的思想觉醒。

三、点燃科学的朝霞

哥白尼与日心说

一场科学革命就在这样的背景下发生了。

哥白尼是波兰的一名教士。当时的波兰是一个强大的国家。波兰国王兼为普鲁士皇帝、立陶宛大公，还统治着大、小罗斯。哥白尼先在波兰的克拉科夫大学学习，这所大学是当时欧洲的学术中心之一。后来哥白尼又去意大利留学，当时波兰和意大利的大学都深受文艺复兴运动的影响。青年学生的思想非常活跃，不断发生辩论，有时争论还演变为武斗。这样的环境，深深地影响着哥白尼的思想。他后来回到波兰，成为一名教士，同时还是天文学家和医生。

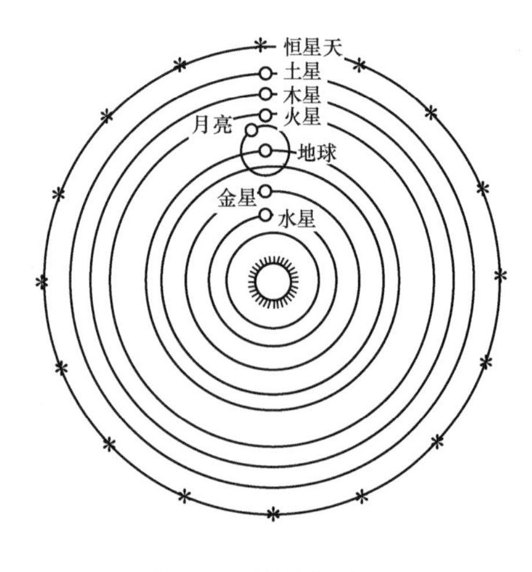

图 4-4　哥白尼的日心说

哥白尼仔细研究过地心说。他觉得地心说不能很好地解释天体运动。哥白尼知道古代的中心火模型、日心说和修改后的地心说。这些都深深地启发着哥白尼。他的思想终于产生了一个飞跃，诞生了新的日心说，如图 4–4 所示。他认为位于宇宙中心的就是大火球太阳。水星、金星、地球、木星和土星，各自固定在透明的天球上，围绕太阳转动。月亮则是围绕地球转动，地球带着它一起围绕太阳转动。在宇宙的最外层是恒星天，静止不动。恒星天不是一个薄层，而是有厚度的，因此恒星天中的恒星可能有远有近。

哥白尼的思想具有极大的革命性，他觉得教会肯定不会接受他的观点，因此不敢贸然发表自己的学说。一直到他去世的前夕，他才把自己的书稿拿去出版。他为此还煞费心机，在这本称为《天体运行论》的书的扉页上写上“献给最神圣的教皇保罗三世陛下”。在序言中他又写道：“我对地心说进行了长期思考，上帝为我们创造了美好而协调的宇宙，哲学家们（笔者注：指地心说的拥护者）却不能提出正确的理论来描述，对此我感到十分气愤。……因此，我不得不去阅读更多的哲学著作，看看有没有与传统理论（地心说）不同的假说。终于，我在古希腊的一些著作中发现了地球运动的观点。这就启发我也来运用这种观点。……我终于发现，如果认为地球和行星都围绕太阳转动，一切就变得简单而清楚了。”

他很聪明，在恭维教皇的同时，还把反对上帝和教会的罪名推给了地心说的拥护者。

序言中还有一些话，表示书中的内容都是一些推测，一些数学方面的练习。不过，后来的科学史专家认为，这些话可能是出版商为了逃避教会的追究，未与哥白尼商量而私自加上去的。

书出版时，哥白尼已处于弥留状态，不能再仔细查看自己的书。他手摸着自己的惊人作品，灵魂飞向了天国。

由于做了上述“掩护”，这本书刚出版时没有被教会禁止。只是在后来，教会逐渐感到书中的日心说对自己不利，才把这本书列为禁书。

不仅听命于罗马教廷的教会封杀了哥白尼的日心说，而且高举宗教改革旗帜的马丁·路德也不能容忍哥白尼的学说。马丁·路德声称："人们正在注意一位突然走红的天文学家，他力图证明地球围绕着太阳转，而不是太阳和群星绕着地球转，这个蠢材竟然想把天文学翻个底朝天。"

哥白尼的日心说虽然遭到了教会的禁止，却受到了一些具有革命思想的年轻人的追捧。特别著名的是布鲁诺，他是一个神学院的学生，并不是天文学家。布鲁诺对教会的腐朽十分反感，尤其是他生活在教会的体制内部，对其中的黑暗与腐朽了解得比一般人多得多，于是产生了强烈的逆反心理，凡是教会禁止的，他都想思考一下是否有道理。

布鲁诺一接触到哥白尼的日心说，就如获至宝，到处宣传。而且他口才特别好，对教会造成了不小的威胁。教会多次警告他，对他进行打压。但他不管不顾，继续宣讲。后来，在压力下布鲁诺不得不从神学院逃出，到处流浪，但始终不停止对日心说的宣传。他还进一步发展了哥白尼的学说，认为恒星是遥远的太阳，宇宙是无限的。他的思想已经十分接近现代的宇宙观。

按照哥白尼的理论，恒星天之外依然存在原动天，那是上帝生活的地方。布鲁诺认为宇宙无限，就把原动天去掉了。上帝生活的地方都让他搞掉了，教会觉得这实在难以容忍。

有人质问布鲁诺："宇宙怎么可能是无限的呢？"这是个很难回答的问题。布鲁诺不作正面回答，而是反问道："宇宙怎么可能是有限的呢？"这个问题同样很难回答。

后来教廷抓住了布鲁诺，判处他火刑，并告诉他："你只要认罪，宣布放弃你的异端邪说，就可以免于火刑。"

布鲁诺拒绝了教廷的诱惑，说："我走向火堆，但是你们的内心比我更恐惧。"他宣称自己"愿意作为烈士而死去"。52 岁的布鲁诺勇敢地走向了刑场，为科学、为真理献出了自己的生命。

近年来，梵蒂冈的教廷为哥白尼平了反，但没有为布鲁诺平反。

哥白尼是伟大的，他开启了自然科学的革命。作为他的追随者，布鲁诺也是伟大的，他的勇敢精神、牺牲精神永远鼓舞着一代又一代的革命青年，去为科学、为真理而献身。

伽利略与土星的光环

伽利略自制了第一架天文望远镜，并把它指向天空。这一看可了不得，他发现了太阳上有黑点（太阳黑子）；月亮并非一个明亮光滑的镜面，上面竟然有凹凸不平的环形山。他还发现木星有四颗卫星，俨然像一个小的太阳系，这更坚定了他对哥白尼日心说的信仰。

太阳上怎么可能有黑点呢？月亮表面怎么会凹凸不平呢？有人认为这是望远镜上的玻璃片造成的，不信你把玻璃片取下来，太阳上的黑点和月亮上的凹凸不平就看不见了。更有人对伽利略的行为表示了极大的愤慨："他竟敢偷看上帝的秘密！"

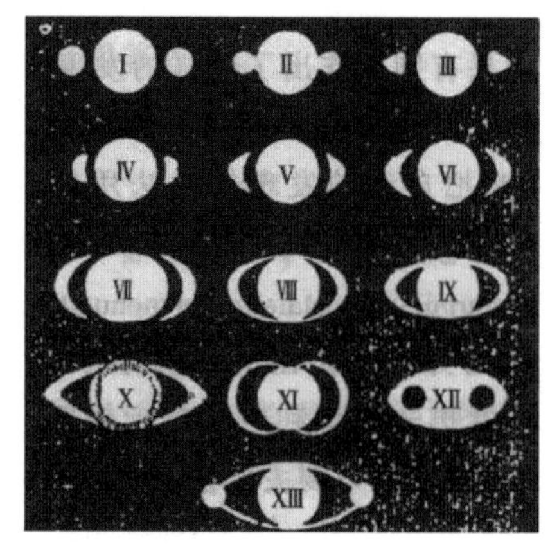

图 4-5 历史上的土星图

最有趣的发现是伽利略观察到了土星的光环（历史上的土星图见图 4-5）。但是他自制的望远镜倍数不是太高，看不清是个环，只是觉得土星两侧似乎各有一块东西。这可能是个重要的发现，但是土星怎么会是三颗呢？是不是看错了？他想公布自己的重要发现，又怕出错。“人怕出名猪怕壮”，自己已经是著名的科学家了，弄个笑话可不得了。

还好，当时的科学界有一个避免发生乌龙事件的办法：可以先把自己的发现用密码公布出来，以后如果证实发现正确，就公布谜底；如果证明此发现有误，则可以不公布谜底，这样别人也就不知道你闹了什么笑话。

于是伽利略把自己的发现用拉丁文写成一句话，然后打乱字母顺序公布了出来：

Smaismrmielmepoetaleumibuvnenugttaviras

要想猜出这句密语十分困难，几乎是不可能的。但是却有一个人对伽利略的发现极感兴趣，急于想知道他究竟发现了什么。这个人就是开普勒。

开普勒数学非常好，他觉得上帝应该精通数学，在创造宇宙时肯定有自己的规划。开普勒认为，地球有一颗卫星（月亮），木星有四颗卫星（伽利略刚看到的），那么到太阳的距离位于地球和木星之间的火星，上帝很可能安排了两颗卫星。伽利略是不是看见了火星的两颗卫星呢？于是他每天茶余饭后就去研究伽利略的密语。

终于，他在把字母重排并去掉两个字母后，得到了一句话：

Salve,umbistineum geminatum Martia proles

向你致敬，火星的双生子

开普勒高兴极了，他认为自己猜出了伽利略的谜底，自己想得不错，上帝的确是一位数学家！自己居然发现了上帝创造宇宙时的一些思路。

不过，没有过多久，伽利略在经过反复的观测后，觉得自己对发现有了把握，于是公布了自己的谜底（公布谜底时，他也去掉了两个字母。伽利略加入这两个字母是为了让自己的谜底更难猜）：

Altissimum planetam tergeminum observavi

我看见最高的星有三颗

当时人们认为土星是离太阳最远的行星，所以伽利略称土星为“最高的星”。伽利略确认了土星两侧确实有两块东西，但没有看出是个环，以为土星是由三颗星组成的。

开普勒算是白辛苦、空欢喜了一场。

大约 50 年后，惠更斯发表了关于土星的另一个密语。三年后他自己揭秘：

有环围绕，薄而平，处处不相接触，与黄道斜交。

终于最后完成了土星光环的发现。

有趣的是，我们现在知道，火星的卫星真的只有两颗，这一点开普勒猜对了。不过，木星的卫星可远不止 4 颗，现在已经发现了 90 多颗。

伽利略比较胆小，虽然他早就相信哥白尼的日心说，但因害怕教会迫害，一直不敢公开表态。后来他的一位朋友当上了教皇，他想这下子自己安全了，不用担心了，就开始公开宣传日心说。没想到的是，他很快就遭到教会的迫害，教会勒令他主动到宗教法庭受审。那位当了教皇的朋友在这种“大是大非”的问题上没有出面保护他。

伽利略本来是可以在威尼斯共和国工作的，那里的教会势力没有那么大，出了问题共和国也有能力保护他。但是共和国不能白给他钱支持他的科学研究，他必须为共和国做事，例如教学等，才能拿到钱。他不愿为挣钱而“浪费时间”。正在此时，佛罗伦萨大公派人转告他，可以给他钱支持他的研究，而且不要求他做其他事情，于是伽利略就去了佛罗伦萨。现在，伽利略出事了，教会态度强硬，事态严峻。这种情况下，佛罗伦萨大公不敢保护他。

伽利略的朋友和学生为他向教会求情，说我们的老师已经很老了，身体不好，是否可以让他认个错就行了，不要再去法庭了。但是教会不干，态度强硬：伽利略必须主动到教会自首，否则教会将逮捕他，把他押到法庭来。

没有办法，伽利略的朋友和学生只得用担架抬着年老体衰的伽利略来到教会的宗教裁判所受审（见图 4–6）。

图 4–6　伽利略在宗教裁判所

伽利略不得不发表了一个认罪声明：

我，伽利略·伽利莱，佛罗伦萨人温森基奥·伽利莱的儿子，七十岁。我个人被带来受审，跪在您、最杰出最尊敬的主教和全世界基督教国家反对异端堕落的宗教法庭庭长面前，面对着福音书，用我自己的手按着它宣誓：我一直相信，并且在上帝的帮助下将来也相信罗马天主教圣公会所主张、训导和传布的每一条教义。总之，因为我已接受宗教法庭的命令，完全放弃我认为太阳是中心并且不动这一虚妄的观点，决不以任何方式坚持、辩解和教授上述荒诞无稽的学说……我希望从您阁下和每个天主教徒的头脑中，消除对我当然抱有的强烈怀疑。因此，我以一颗真诚的心和诚实的信用，发誓公开放弃、诅咒并嫌恶上述的谬见和异端邪说，乃至其他一切反对教会的异端邪说；我还发誓，将来无论在口头上或文字上决不说也决不主张任何可能对我产生类似怀疑的话；此外，如果我知道任何人是异教徒或怀疑任何人是异教徒的话，我一定向宗教法庭或向当地宗教法庭法官和大主教检举告发。而且我发誓并保证，我一定履行并完全遵守宗教法庭现在或将来加诸我的全部赎罪苦行。我对我上述保证、誓言和声明若有丝毫违背（天亦厌之！），我甘受神圣的法典和其他针对这种罪过的一般法令与专门法令对我判决宣布的刑罚惩处。我的的确确按着我手中的福音书发誓，我，上面报过姓名的伽利略，已经像上面所说的那样公开弃绝邪恶，并保证约束自己，作为其证据，这是我亲手在这份誓绝书上的签名画押，我当众逐字逐句地宣读了它。

伽利略完全屈服了。他一句也没有为自己辩解，一句也没有坚持自己的日心说。后来有一些传说，说老伽利略并没有完全屈服，在法庭上最后还是嘟囔了一句：

“可是，地球还是在转动啊！”

但事实是，伽利略宣读完认罪声明，再也没有说一句话，两只无神的老眼，一直盯着一只误入法庭的、摇摆着尾巴的小狗。

伽利略的朋友和学生为此感到遗憾，他们想：“老师哪怕轻声表一下态也好啊！”

审判完后，伽利略被软禁在佛罗伦萨郊区的一栋别墅中，直到他去世。应该说，他的内心并没有完全屈服，在软禁期间他完成了自己的最后一本名著《关于两门新科学的对话》（中译本书名）。他把书稿送往教会势力比较弱的荷兰，在那里出版了这本书。

伽利略自始至终是一位忠实的天主教徒，他并没有想反对教会，为此他一再表态，他只是坚持自己的学术观点，然而教会仍然不能容忍他。由于教会的压制，此后 200 年内，意大利再也未能出现杰出的科学家，科学的中心转移到欧洲其他一些教会势力较弱的地区去了。

开普勒与行星运动三定律

我们先介绍一下开普勒的老师天文学家第谷（1546—1601，图 4-7）。

第谷是丹麦人，青年时在哥本哈根大学学习哲学和法律。后来听说有人能够预报日食，感到十分惊奇，于是转学天文和数学，最终成为一位优秀的天文学家。但他为人高傲，经常与别人发生激烈的争执。有一次和人

图 4-7　第谷

决斗，被一剑削掉了鼻梁，只好安装了一个假鼻子。他虽然鼻子不行了，但视力非常好，据说他天文观测的精度是哥白尼的 20 倍。

他发现天空中会在本来看不见星的地方出现新的恒星，这就是新星。新星的发现，表明“月上世界”并非像亚里士多德所说的那样是永恒不变的。

当时的丹麦国王腓特烈二世很器重第谷，听说德国皇帝想请他去德国工作，为了留住他，就为他修建了世界上最好的天文台。他在那里工作了 20 多年。

1577 年，他仔细观察了天空中出现的一颗巨大的彗星，发现彗星离地球比月亮远，根本不像亚里士多德所说的那样，“彗星属于月下世界，彗星是大气中的现象”。他发现彗星的轨道不是正圆，比较扁，能够贯穿各行星所在的透明天球，运动于整个月上世界。这与托勒密的地心说及亚里士多德的理论都不一致。于是他对地心说加以修改。修改后的地心说认为，地球仍然是宇宙的中心，但各行星不是直接围绕地球转，而是围绕太阳转，然后太阳带着它们一起围绕地球转，月亮也围绕地球转，如图 4-8 所示。

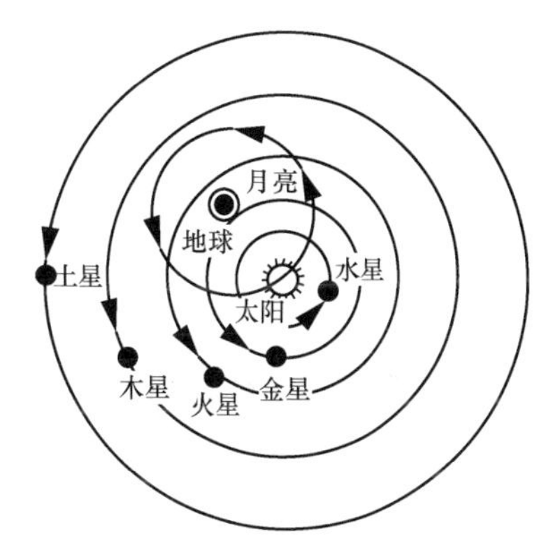

图 4-8　第谷修改后的地心说

腓特烈二世对第谷非常宽容，因而第谷能够安心在丹麦工作。腓特烈二世去世后，他的儿子当了国王。新国王受不了第谷的傲慢，不愿再给他资助。德国皇帝鲁道夫二世听说之后，大喜过望，立刻再次向第谷发出邀请，请他去德国工作，于是第谷去了布拉格（当时属于德国）天文台。

第谷对鲁道夫二世在自己处境困难时伸出援手十分感激，立志要仔细观测 1000 颗恒星，编写一部世界上最精确的星表，用鲁道夫二世的名字命名，以表达自己对他的深切谢意。

遗憾的是，他到德国后仅工作了两年就去世了，星表也没有完成，但他在德国有一个重大收获，就是得到了开普勒这个学生（见图 4-9）。

开普勒小时候得过天花，手和腿都留有残疾，视力也不好。视力不好对于研究天文来说是个很大缺陷。可是他的脑子非常好，喜欢天文的同时也喜欢数学。

图 4-9　开普勒

开普勒最初学神学，学校里既有神学课又有天文和数学课，当然天文课上讲的是地心说。可是他的天文老师内心里相信的是日心说。他在课堂上讲地心说（不敢违背教会和学校的规定），在课下却对自己信任的开普勒和另外几个学生讲：正确的还是日心说。所以，开普勒从学生时代就在内心种下了日心说的种子，成了哥白尼的忠实信徒。但他没有接受布鲁诺的观点，不承认宇宙无限，也不承认恒星是遥远的太阳。

开普勒的脑子非常活跃，经常能跳出一些革命性的想法。他想：围绕太阳转的行星一共有六颗（包括地球），而毕达哥拉斯指出过正多面体有五种（见图 4-10），这两者之间是否有什么关系呢？他觉得上帝不会随便安排这个世界，他一定有想法，上帝很可能精通数学。在反复思考之后，开普勒突然提出一个令人震惊的“正多面体宇宙”模型。

图 4-10　五种正多面体

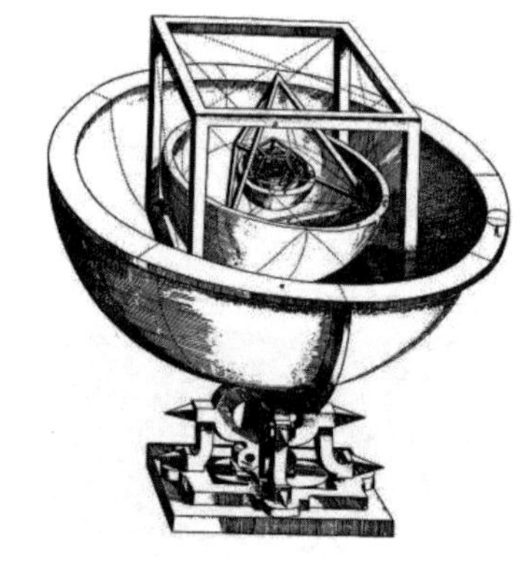

图 4-11　正多面体宇宙模型

按照他的正多面体宇宙模型（见图 4-11）：

如果把土星轨道画在一个正六面体的外接球上，那么木星轨道就恰好在这个正六面体的内切球上；

如果把这个正六面体的内切球看作一个正四面体的外接球，那么火星轨道就恰好在这个正四面体的内切球上；

如果把这个正四面体的内切球看作一个正十二面体的外接球，那么地球轨道就会恰好在这个正十二面体的内切球上；

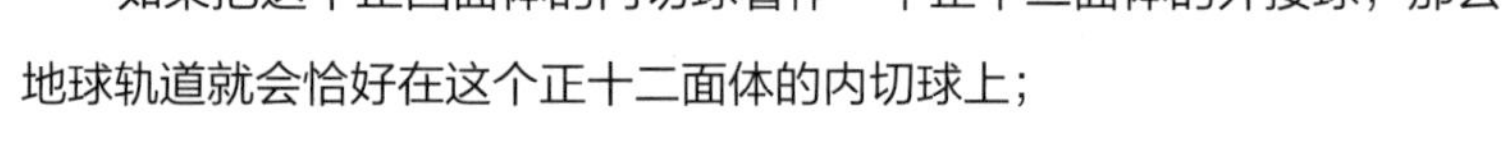

如果把这个正十二面体的内切球看作一个正二十面体的外接球，那么金星轨道就恰好在此正二十面体的内切球上；

如果把这个正二十面体的内切球看作一个正八面体的外接球，那么水星轨道就恰好在此正八面体的内切球上。

这样给出的行星轨道与当时公认的观测值符合得较好。毕达哥拉斯学派认为正多面体只有这五种，柏拉图又为此给出过证明。开普勒认为自己找到了上帝安排这六颗行星到太阳距离的思路，他真是高兴极了：上帝真是一位几何学家！

开普勒在他的《宇宙的神秘》一书中介绍了自己的宇宙模型。伽利略和第谷看过此书后都十分赞赏。

1600 年，开普勒接受第谷的邀请到布拉格天文台工作，接触到了第谷的大量的精确观测资料。令人扫兴的是，按照这些精确资料，自己引以为傲的正多面体宇宙模型不正确，他只好放弃这一模型。

不过，开普勒还是为自己找到第谷这么好的老师，接触到如此精确的观测资料而高兴。遗憾的是，第二年第谷就去世了。

临终前，第谷把自己的资料留给了开普勒。但叮嘱他，这些资料只能用于自己修改过的地心宇宙模型，不能用于哥白尼的日心说。第谷始终不承认日心说，曾多次劝说开普勒不要相信日心说，认为自己的地心宇宙模型才是正确的。临终前他再次对开普勒进行了劝告和嘱托。

他叮嘱开普勒一定要尊重观测事实，希望他完成自己的遗愿，精确观测完 1000 颗恒星，编制出《鲁道夫星表》。第谷最后表示，“希望我没有虚度此生”。

第谷逝世后，开普勒抓住的第一个问题，就是火星轨道观测值与理论值有 8 分偏差。他百思不得其解，耗费了不少精力。有些人劝他放弃这个问题算了，但他记住了老师第谷的嘱托：一定要尊重观测的事实。

开普勒反复思考，这时他的毅力和数学知识发挥了作用，他突然意识到行星的轨道也许不是一个正圆，会不会是一个椭圆？顺着这个思路走下去，他很快得到了行星运动的两个定律，如图 4-12 所示：

第一定律，行星绕太阳运动的轨道是一个椭圆，太阳位于椭圆的一个焦点上（椭圆有两个焦点）；

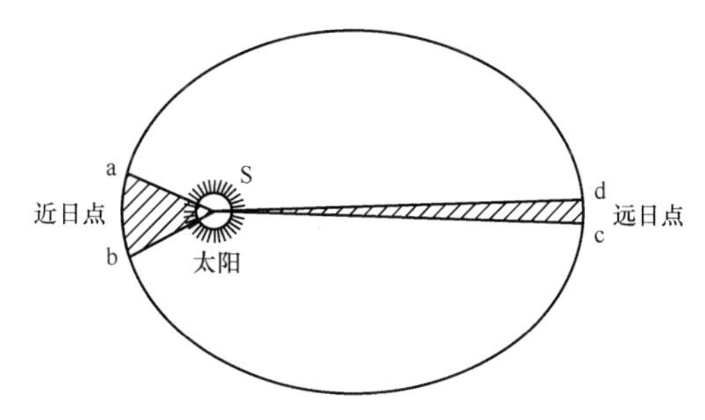

图 4-12　行星运动第一和第二定律

第二定律，轨道矢径（即焦点与轨道上的点的连线）在相等时间间隔内扫过的面积相等。

笔者还记得，自己上中学时，曾在《光明日报》的一篇科普文章中看到这些行星运动定律。当时自己对第二定律感到特别惊奇，上大学后才知道这是角动量守恒定律的推论。

开普勒一直对行星轨道极感兴趣，但他感兴趣的不是上面两条规律，而是行星到太阳距离的规律。现在他想，距离规律没有找到，却意外发现了上面两条重要定律，真是“有意栽花花不发，无心插柳柳成荫”。

开普勒是宫廷天文学家，但是在鲁道夫二世失势后，新皇帝不喜欢天文学，一直不给开普勒发工资。幸亏他娶了一位富商的寡妇，给他带来了不少财富。但是时间一长，钱越来越少，他们的生活越来越困难，妻子也开始埋怨。正在此时，开普勒发现了行星运动的两条定律，这可是重要的发现，开普勒高兴极了。他的妻子虽然不懂科学，但看到丈夫做出成就也高兴起来。但令人没有想到的是，学术界却保持了沉默，连伽利略也没有表态支持。

开普勒与伽利略的关系是不错的。伽利略曾经送过开普勒一架望远镜，开普勒对这架望远镜做过改进。伽利略的望远镜用的是一个凸透镜和一个凹透镜；开普勒改装后的望远镜用的是两个凸透镜。可以说，伽利略和开普勒是光学望远镜的两个鼻祖。后来，伽利略因宣传日心说受到攻击时，开普勒还写信对他表示支持。现在开普勒需要有人来支持自己的工作，伽利略却没有表态。

开普勒只好把自己的发现写成一本书《新天文学》，但出版时却遭到第谷女婿的阻拦。第谷女婿认为开普勒写书所用的资料是自己老丈人的，自己是这些知识的合法继承者，开普勒出的这本书必须同时署上自己的名字，承认自己是共同作者。开普勒不愿意，于是第谷女婿就把他告上法庭。法庭最后裁决允许开普勒作为唯一作者出版这本书，但在书的前面要刊登第谷女婿写的前言。第谷女婿在前言中说：本书作者开普勒不是个东西，他背叛了自己的老师，他用的资料都是老师第谷留下的，他当时答应老师使用这批资料时要用地心说，可现在这本书却用了日心说。

《新天文学》这本书就以这种奇葩的方式出版了。历史表明，第谷把自己的观测资料留给开普勒是最佳的选择，这一选择才使第谷没有虚度此生。

遗憾的是，这本书依然没有引起学术界的注意，开普勒的处境没有改善，反而更加恶化。开普勒的夫人和最心爱的小女儿相继去世。随后德国发生政变，国内一片混乱。开普勒只好躲到稍微平静一些的小城林茨去。

别看开普勒当时穷困潦倒，但是当地有不少少女愿意嫁给他，开普勒最后选择了比较贫穷的、一位木匠的女儿。后来的生活表明，这是一个正确的选择。穷人家的孩子能吃苦而且勤奋。这位新夫人把家务料理得很好，使开普勒能够专心于自己的研究。

开普勒念念不忘的还是寻找行星到太阳距离的规律。功夫不负有心人，一天早晨，夫人起床后来到一夜未眠的开普勒工作的房间，打开窗帘，吹灭蜡烛。这时低头写作的开普勒突然跳起来，抱着他的夫人兴奋地大喊："我们的家庭是和谐的，宇宙也是和谐的！"

原来开普勒找到了行星到太阳距离的规律，也就是行星运动的第三定律：行星绕日运动的周期的平方，与轨道半长轴的立方成正比。

开普勒完成了自己朝思暮想的科研目标。他一直没有忘记老师的遗嘱——完成《鲁道夫星表》。实际上，第谷去世以后，开普勒一直在继续天文观测，希望逐步完成1000颗恒星的观测任务。现在，自己的科研目标达到了，他开始集中全力完成最后的观测和星表的编制。

从1601年第谷去世，到1627年星表完成，开普勒用26年的心血完成了《鲁道夫星表》。他把星表献给新皇帝，然后出版了。后来这本星表被天文学家和航学家用了100多年。

但是，皇家依然没有给他工资。家里实在穷困极了，开普勒只好决定自己去首都，讨要多年来欠他的工资。

走之前，他把全家集合在一起，对他们说："我辛劳了一生，总算有所成就，可是我却没有面包来养活你们。我一生的研究就到此为止，明天我就去讨要国家欠了我20多年的工资。他们总不能等我死后才给我钱吧？我去几天就回来。"他又把自己写的几句诗交给最信任的女婿，说："如果我回不来，你就把这几句诗刻在我的墓碑上。”这几句诗是：

我曾测天高，如今又量地深。

上天赐予我灵魂，大地收容我的俗身。

三天后，贫病交加又突患伤寒的开普勒，孤独地倒在了讨债路上的一个小旅店里，在孤独、饥饿和高烧中离开了这个对他极为不公的世界。这一天是 1630 年 11 月 15 日。

哥白尼、布鲁诺、开普勒和伽利略相继在黎明前的寒夜中逝去，而他们点燃的科学的朝霞正从东方升起。

四、神坛上下的牛顿

牛顿迎来丰收年

下面介绍一下伟大的物理学家牛顿（图 4-13）。他 1642 年（依儒略历，公历为 1643 年）出生在英国一个贫苦农民的家庭，父系成员几乎都是文盲，母亲认识一些字，但文化水平也不高。牛顿是一个遗腹子，父亲去世不久，母亲就改嫁给一位牧师。这个牧师比较有钱，有一个庄园，里面还有一个小的图书室。不过，这位思想工作者本身的道德水平不是很高，只对自己的几个孩子好，对牛顿不好，这严重挫伤了小牛顿的心灵，使牛顿的性格后来比较扭曲。小牛顿一直跟外祖父母一起生活。老人体力有限，经济状况也不算好，因此牛顿从小体弱多病。他学习不好，体育也不行，感觉自己什么都不行，缺乏自信心。有一次，班上的一个小霸王欺负他，踢了他肚子一脚，他疼痛难忍，也不顾自己是不是小霸王的对手，奋起全力把那个孩子揍了一顿。这次胜利使牛顿自信心大增，他觉得自己既然打架行、学习应该也能行。他一努力，果然学习也上去了，成了班上的好学生。

图 4-13　牛顿

牛顿 10 岁时，继父去世，但给牛顿母亲留下了庄园和一笔钱，所以家中生活还可以维持。庄园里的小图书室是牛顿经常光顾的地方，那里不仅有神学、文学、历史、数学和机械等方面的书，还有一些小工具。小牛顿常在那里看书，摆弄工具，自己动手做一些小玩意儿。

牛顿 17 岁时，母亲感到忙不过来，就把他叫回家帮忙。但牛顿干农活不行，也不大负责任，放羊时还看书，有一次羊把邻居家的麦苗吃了，弄得很不愉快。

牛顿的舅舅很有眼力，觉得这个外甥也许将来会有出息，就劝自己的姐姐（牛顿母亲）继续让他读书。

这样，牛顿终于以优异成绩从中学毕业，并考上了剑桥大学。当时的英国已经完成了资产阶级革命，平民的子弟也可以上大学了，而且学费不高。

不过，牛顿的母亲不愿掏这点学费。于是舅舅又帮他到学校争取到了减费生的名额。但这个减费福利不能白拿，牛顿必须承担一些打扫实验室、准备实验和上课用品等助教性的工作，还要负责打扫自己住的宿舍和为别的孩子倒尿盆等。助教工作倒是使牛顿获得了更多的知识和技能。但为别人倒尿盆之类的事肯定使他感到屈辱，这也影响了牛顿后来的性格。

牛顿在努力奋斗中度过了自己的大学生活。他经常在假期里把下学期的课先自学一遍，这大大加深了他对知识的理解。老师们对他印象都不错。有一位好心的老师还把自己的私人藏书室对他开放，交给他一把钥匙，让他可以随时进去阅读那里的 1800 本藏书。

对牛顿影响最大的是巴罗教授。英国最古老、水平最高的牛津大学基本上是文科，而且思想比较保守。因此一批具有革命思想的师生离开牛津大学，来到剑河边创建了一所新大学，这就是剑桥大学。剑桥大学虽然比牛津大学思想要解放，但和牛津大学一样仍是文科为主。这时一位叫卢卡斯的富人拿出一笔钱来，在剑桥大学设立了一个讲座教授的职位，叫“卢卡斯数学讲座教授”，规定这个教授职位只能授予在数学和自然科学领域有杰出成就的教师，这一教授只能讲授数学、物理。巴罗就是剑桥大学的第一任“卢卡斯数学讲座教授”。他熟悉当时数学、物理界一些最先进的领域。在他的指导下牛顿学习了笛卡儿、开普勒、伽利略等大师的著作，以及胡克等一些英国科学家的书籍。这使牛顿掌握了当时数学、力学、光学领域的基本知识，并来到了这些学科的前沿。可以说，正是巴罗把牛顿引向了成功之路。在牛顿的著作中，人们很容易看到巴罗的影子。牛顿对于时间、空间和运动的思想，直接来自巴罗。

大学毕业时，牛顿拿到了学位，并留校工作。这时恰好英国暴发鼠疫，22 岁的牛顿不得不躲到乡下母亲的庄园中去，在那里生活了一年半（1665—1666 年）。当时牛顿已经打好了扎实的数学和物理基础，了解了物理各分支的发展前沿。于是他利用这段安静而空闲的时间进行了深入的思考和归纳，完成了一生中大多数重大的发现。

按照牛顿自己的说法，他的力学定律、色彩理论、关于微积分和万有引力的思想都是在这一时期产生的。所以，历史上把这一段时间（牛顿 22 ～ 24 岁）称为牛顿的丰收年。

鼠疫过后，牛顿回到剑桥大学，这时他已成就卓著，他的老师巴罗很快让贤，把卢卡斯数学讲座教授的位置让给了 26 岁的牛顿。29 岁时，牛顿又成了英国皇家学会的会员。

牛顿能够成功，和老师巴罗有很大关系。巴罗教给了他数学和物理基础，又把他引向科研的前沿，并把自己关于时间、空间和运动的思想传授给了他。在牛顿做出成绩之后，巴罗又很快让贤，把自己的宝座让给了学生，使他可以发挥更大的作用。

从这件事，我们可以看到老师对学生的重要性。找到适合自己的、德才兼备的老师，是青年人走上成功之路的关键。

牛顿 44 岁时发表了他的物理学巨著《自然哲学的数学原理》（后文简称《原理》）。在书中他仿照欧几里得几何的框架，建构起完整的力学体系。书中描述了绝对时间、绝对空间，给出了参考系（相对空间），用两种方式定义了质量（即引力质量和惯性质量），论述了相对性原理、力学三定律（牛顿运动定律）和万有引力定律，还描述了力的叠加原理（平行四边形定则）。

61 岁时，牛顿又出版了《光学》，这是一本用微粒说描述光学的图书。

万有引力定律的提出是牛顿学术生涯的一个高峰。按照牛顿自己的说法，他年轻时在自家庄园中躲避瘟疫时就思考过万有引力的问题。但是没有任何证据表明他在那个时候就得出了万有引力定律的表达式。比较可能的是，他在那个时候思考过“地球吸引月亮的力”和在地面附近“使得物体自由下落的力”之间的关系，并猜测到这两种力可能是同一种力。

现在我们知道，牛顿得出万有引力定律的过程大致如下。在牛顿当了卢卡斯数学讲座教授之后的一段时间中，牛顿、胡克和天文学家哈雷都知道，从开普勒第三定律可以推知，太阳吸引行星的力一定“与距离的平方成反比”。不清楚的是，“与距离的平方成反比的引力”是否一定会导致开普勒第一和第二定律成立。

有一次，哈雷去问胡克这个问题，胡克说当然是这样，他自己算过。哈雷希望看一看胡克的计算，但胡克不答应。于是哈雷又去问牛顿，牛顿也说是这样，自己也算过。哈雷希望看一下牛顿的计算，牛顿找了半天也没有找出来，但他答应哈雷再算一遍。过了几天，哈雷收到了牛顿的信，信中列出了详细的计算，“与距离平方成反比的引力”确实能导致开普勒第一和第二定律成立。

不久，万有引力定律就问世了。牛顿用这个定律解释了行星的运动规律和海水的涨落潮现象。哈雷则用这一定律研究了彗星运动。当时天空中出现过一颗巨大而明亮的彗星，哈雷研究了它的运动轨道，怀疑它与 70 多年前出现过的大彗星是同一颗。哈雷用万有引力定律和观测数据仔细计算了这颗彗星的轨道，预言它将在 70 多年后再次出现。当这颗彗星按照哈雷预言的时间准确出现后，学术界就没有人怀疑万有引力定律了。

后来，亚当斯和勒威耶又用万有引力定律成功地预言了海王星的存在。

牛顿去世之后，在剑桥大学工作的卡文迪什（H. 卡文迪什）于 1798 年精确测定了万有引力常数 G。在万有引力定律中出现的这个常数 G，是现代物理学中最重要的四个常数之一。其余三个分别是真空中的光速 c，普朗克常数 h 和电子电荷 e。万有引力常数是这四个常数中最难精确测量的一个，这主要是因为万有引力无法屏蔽，因而实验很难做得精确的缘故。这位卡文迪什教授是个怪人，他很害羞，不愿和陌生人特别是女人接触，说话细声细气，一辈子没有结婚，但他的物理实验做得很好，实验的设计和操作都非常精细。

近 100 年之后，这位卡文迪什教授家族中的一位后人，W. 卡文迪什，担任了剑桥大学校长。他为自己家族中的杰出先辈感到骄傲，并于 1871 年捐给学校一笔款，建起了卡文迪什实验室。他把建实验室的重任交给了著名电磁学专家麦克斯韦。麦克斯韦担任了卡文迪什实验室的第一任主任。麦克斯韦为建这个实验室日夜操劳，终因劳累过度而去世。

卡文迪什实验室一直享有盛名，诺贝尔奖诞生之后，它的历届负责人几乎都获得了诺贝尔奖。

有一个常有人问起的问题，卡文迪什实验室的命名，到底是纪念哪一位卡文迪什呢？是纪念精确测定万有引力常数的 H. 卡文迪什，还是纪念为建实验室掏钱的 W. 卡文迪什呢?

按照英国和世界的惯例，实验室一般是按捐资人的姓氏来命名的。从这个角度看，应该是纪念 W. 卡文迪什。但从学术界看，大多数人内心想的还是那位对科学做出重大贡献的 H. 卡文迪什。我想，两位卡文迪什如果在天有灵，都不会计较这个问题，这是他们家族的共同光荣。

伏尔泰与苹果落地的故事

关于牛顿发现万有引力定律的过程，有一个著名的苹果落地的故事。该故事是说，在牛顿 22 岁前后，伦敦闹瘟疫，据说是鼠疫，他跑到乡下自家的庄园去躲避瘟疫。一天他坐在一棵苹果树下，突然有个苹果掉下来（见图 4–14），这使牛顿一下脑洞大开，想出了万有引力定律。这个生动的故事几乎人人皆知。它是怎么传出来的呢？是法国启蒙思想家、大文豪伏尔泰传播的。

图 4–14　牛顿与落地的苹果

伏尔泰原名弗朗索瓦 – 马里 • 阿鲁埃，生于 1694 年。他出生时身体很弱，接生的护士预言它最多活一天，但这个预言误差太大了，伏尔泰活了 84 年。不过，他确实一生体弱多病，大部分时间是在床上度过的，包括睡觉、看书、写作、与人谈话、发表各种见解，大多都是躺在床上进行的。

伏尔泰个子矮小，其貌不扬，语言尖刻，生活轻浮，充满叛逆精神。他写的剧本在巴黎常演不衰，剧中尖刻的语言直指教会和王公贵族。他用剧中人物之口说出了自己的心声：

> 神父并不像你想的那么聪明，我们无知才以为他们有学问。
> 应该相信，只相信自己的眼睛，让眼睛成为我们的上帝和《圣经》。

他经常出入咖啡馆和各种公共场合，到处高谈阔论、讲政治笑话。国王路易十四死后，摄政王为了减少宫廷开支，把皇家养的马卖了一批。伏尔泰评论说：“更为明智的做法不是卖马，而是把朝廷官场上的那批蠢驴裁减一半。”

当时的巴黎，只要有什么精彩的政治笑话，大家都会猜想一定是伏尔泰搞出来的。这也给他带来不小的麻烦。有一次巴黎流传两首讽刺诗，暗示摄政王要搞政变。大家又传说是伏尔泰写的，这可是要掉脑袋的事情，摄政王听说后大怒，心想一定要好好教训教训这个家伙。恰好他在公园散步时碰到了伏尔泰，就气冲冲地对他说：“我要把你送到一个你从来没有见过的地方去。”伏尔泰问：“什么地方？”摄政王说：“巴士底狱里面！”第二天伏尔泰就见到了那个地方。

不过还好，他没有受到严刑拷打，只是被软禁在那里。伏尔泰出不去，只好在里面读书、写作，据说他这段时间写诗的水平大有长进。过了一年多，摄政王发现那两首要命的诗不是伏尔泰写的，就把他放了出来。为了表示歉意，摄政王还给他补发了一年的薪金。伏尔泰为此给摄政王写了一封感谢信，表示“以后我在巴黎的住处就不劳您费心了”。

此后，伏尔泰又开始活跃于各种公众场合，到处高谈阔论。这引起了不少有身份的贵族的不满，他们看不起平民出身的伏尔泰。有一次，正当伏尔泰受到大众的追捧而扬扬得意时，一个贵族忍不住大声问道：“那个高声喧哗的年轻人是哪个家族的？”意思是，你什么家庭出身啊，你有高贵的血统吗？伏尔泰立刻回击：“我没有显赫的门第，但我的门第将因为我而显赫！”

那个贵族气坏了，决心好好教训教训伏尔泰，就指使一些流氓去揍他一顿。贵族向这群流氓交代：“不要打他的脑袋，那里面还有有用的东西。”

于是伏尔泰被揍了一顿。他一想，准是那个贵族指使的，于是浑身缠着白布绷带的伏尔泰就去找那个贵族算账，要跟他决斗。这个贵族不想死，想继续过自己的好日子，就把伏尔泰告上了警察局。警察局以私行决斗的罪名逮捕了伏尔泰，并把他驱逐出境。

于是伏尔泰来到英国，从此与牛顿结下了不解之缘。其实他并没有见过牛顿，他流亡英国时恰好看到了牛顿的葬礼。好几万人给牛顿送葬，这引起了伏尔泰极大的兴趣。“这个人也太伟大了！”他心想，于是去拜访了牛顿的亲属。

牛顿一辈子没有结婚，原来靠自己同母异父的妹妹照顾生活，妹妹去世后就靠外甥女照顾。伏尔泰拜访的就是牛顿的外甥女婿，他给伏尔泰讲了这个苹果落地的故事。伏尔泰觉得太有趣了，就写了一篇介绍牛顿的文章《牛顿哲学原理》。由于伏尔泰的名气，这篇文章很快传遍全世界，把苹果落地的故事弄得妇孺皆知。

不过，这个苹果落地的故事很不可靠，牛顿本人没有讲过。他在“苹果落地”20多年后与胡克等人争夺万有引力定律的发现权，争吵那么激烈，他都没有讲过这个故事。要知道，如果这个故事真实，牛顿发现万有引力定律的时间至少可以提前20年，那绝对是胡克等人望尘莫及的。

牛顿的其他亲属和朋友也没有讲过这个故事，只是牛顿家的几个仆人后来出来说他们听牛顿讲过这个故事，不过这很可能是牛顿的外甥女婿授意他们说的。

流放结束后，伏尔泰回到法国，又开始了在咖啡馆神聊的生活。这时，一件意外的事情发生了，伏尔泰流亡英国时写的一些信件被一个出版商出版了，书名叫《哲学通信》。这本书对法国的政治进行了无情的讽刺和揭露，看过此书的人都惊呆了：伏尔泰怎么敢把这些信件披露出来！伏尔泰自己也吓坏了，他并没有把这些信件交给那个出版商发表，不知出版商怎么弄到了这些私人信件。

伏尔泰一看大事不好，赶快逃跑。这次他没有一个人跑，而是和他的情妇夏特莱侯爵夫人一起私奔，跑到远离巴黎的侯爵夫人私家城堡——西雷城堡去了。在那里他们过起了悠闲的同居生活。伏尔泰在那里写书，并给缺乏文史知识的夏特莱夫人讲授世界各地的风土人情。后来，伏尔泰把这些内容编成了世界闻名的《风俗论》一书。夏特莱夫人也不简单，她虽然缺乏人文知识，但通晓数学和物理。这样的女人太罕见了，当时男人都没有几个懂得数学、物理。原来她曾经是著名数学、物理学家马保梯的学生。她在西雷城堡做实验，并把牛顿的巨著《自然哲学的数学原理》从拉丁文翻译成法文，还加了一些有水平的注释。伏尔泰为这本书的法译本写了序言（虽然他对数学和物理一窍不通），在序言中对自己的情妇大加赞扬，说她“唯一的缺点就是她是个女人”。

由于伏尔泰在西雷城堡，那里不久就成为名人聚会的场所，许多人士慕名而来，聆听伏尔泰先生的各种高论。

伏尔泰的启蒙活动推动了社会的进步，为法国大革命的发生做了思想和舆论的准备。法国大革命爆发后，被抓进狱中的法王路易十六看了伏尔泰和卢梭的作品，说：“就是这两个人搞垮了法国。”

关于伏尔泰，还有一点要提及，他对中国的科举制大加赞扬，认为这是当时世界上最好的人才选拔制度。我们今天的高考，就吸取了当年科举制的优点。

走下神坛的牛顿

毫无疑问，牛顿是最伟大的物理学家之一，他建立了完备的经典力学体系，并为物理学的其他分支，甚至自然科学的其他学科树立了样板。

牛顿的主要成就都是他前半生做出的。他工作非常刻苦，非常专注。有人描述了他写作《原理》这本物理学的“圣经”时的情况：“他不做任何娱乐和消遣，他不骑马外出换空气，不散步，不玩球，也不做任何其他运动，他认为不花在研究上的时间都是损失。他常常工作到半夜三更，往往忘记吃饭，当他偶尔在学院的餐厅出现时，常常穿一双磨掉了后跟的鞋，袜子乱糟糟，披着衣服，头也不梳。他总是专心致志地思考，对日常生活的每个问题都非常天真幼稚，不切实际。”

不过，中年以后的牛顿不是一个招人喜欢的人。他的后半生大都是在跟别人的争吵中度过的。他又与惠更斯、胡克等人争吵过光究竟是粒子还是波，这主要是学术争论，虽然有点不愉快，但还可以理解。

他与胡克争吵万有引力定律的发现权，也弄得很不愉快，最后牛顿不得不在《原理》的序言中承认，胡克也是“引力与距离的平方成反比”的发现者之一。

牛顿后来又和天文学家弗拉姆斯蒂德就数据的使用发生争吵。在《原理》一书的第一版中，牛顿引用了弗拉姆斯蒂德的一批天文数据。该书出第二版时，牛顿听说弗拉姆斯蒂德有了一批新数据，就向他要，但弗拉姆斯蒂德不给。牛顿很生气，就以自己的英国皇家学会会长身份勒令他交出这批数据。弗拉姆斯蒂德就是不给，牛顿也没有办法。后来牛顿想了个主意，让自己的朋友哈雷去向弗拉姆斯蒂德要这批数据，然后登在哈雷即将出版的一本书上，这样自己就可以引用了。不料，弗拉姆斯蒂德听说了他们的企图，就把哈雷告上了法庭。法庭裁决，不许哈雷出版这本剽窃的著作。牛顿没有办法，一气之下就把自己书中凡是与弗拉姆斯蒂德有关的数据全部删除。

最过分的是牛顿与莱布尼茨争夺微积分的发现权。现在我们知道，他们二人各自独立发现了微积分。

牛顿是在研究瞬时速度时发现的，莱布尼茨则是在研究曲线的斜率时发现的。牛顿发现的时间比莱布尼茨早一些，但莱布尼茨公开发表微积分论文的时间又比牛顿早一些。

二人吵起来之后，报上出现了一些牛顿的朋友写的文章，说微积分是牛顿发现的，指责莱布尼茨剽窃；也出现了一些莱布尼茨朋友的文章，为莱布尼茨的发现权辩护。后来人们发现，以牛顿朋友的名义发表的文章，大都是牛顿本人写的，只不过用了他朋友的名字而已。

这时，莱布尼茨犯了一个大错误，他请英国皇家学会出面裁决这件事。他没有想到作为皇家学会会长的牛顿十分敢干。牛顿立刻以皇家学会会长的名义组建了一个完全由自己的朋友组成的“公正的”委员会。这个委员会裁决莱布尼茨剽窃，裁决书是牛顿自己起草的。裁决之后，牛顿觉得还不解气，又化名在报上发表了一篇长文，追述这件事情的来龙去脉，以彻底搞臭莱布尼茨。当听到莱布尼茨真的因悲伤过度而去世的消息时，他感到沾沾自喜。

莱布尼茨不仅是一位数学家，他还是一个多面手，同时研究物理、哲学、历史、法律、神学和外交。他的时空观与牛顿完全对立。莱布尼茨认为根本就不存在脱离物质和运动的绝对空间和绝对时间。空间是相对的，时间也是相对的。时间不过是相继发生的事件和现象的罗列，空间不过是物体和现象存在有序性的表现方式而已。

人们不难看到，在现代物理学中，同时存在着牛顿和莱布尼茨的影响。

有人说，牛顿沽名钓誉，在国会中非常活跃。也有人说，牛顿其实在国会中很少发言，只有一次，他站起来大声喊了一句：“把窗户关上。”

有人说，牛顿很想发财，最后终于当上了造币厂的厂长，他很刻薄，把几个造假币的人送上了绞架。笔者觉得，造假币的人不加以严惩怎么行？这样指责牛顿是否太过分了？

实际上，牛顿在造币厂厂长的位置上做了一些重要的贡献。他积极主张金本位制，把英镑与黄金直接挂钩。这一做法使英镑长期坚挺。英镑和美元先后实行过金本位制，这两种货币坚挺的时候，恰好都是它们与黄金直接挂钩的时候。这方面的经验教训是值得正在崛起的中国深思的。

有人引用了牛顿在评价自己所取得的成就时说过的一句话，“我站在巨人的肩上”，以说明牛顿谦虚。但这是不对的，这句话是牛顿在给胡克的信中写的。胡克个子不高，当时牛顿正和胡克争夺万有引力定律的发现权，并争论光究竟是微粒还是波。牛顿这句话的意思是，我取得成就是因为我站在了笛卡儿、伽利略、开普勒这些巨人的肩上，和你矮子胡克无关。

下面这段话倒是表现了牛顿面对自然界时的谦虚：

我觉得自己只不过像个在海边玩耍的小孩，时而发现一块光滑的石子，时而发现一个美丽的贝壳，但真理的广阔海洋，却还在我的面前有待发现。

1727年，牛顿去世，安葬在英国国会旁边的威斯敏斯特教堂，与英国历代国王和名人同眠。

第五讲

弯曲的时空——广义相对论

牛顿的《自然哲学的数学原理》出版之后，物理界，甚至整个科学界和整个文明社会，都充满了乐观的气氛，认为我们已经什么自然规律都弄清楚了。一位著名的诗人蒲柏写道：

自然界与自然界的规律隐藏在黑暗中，
上帝说："让牛顿去吧！"
于是一切成为光明。

这种乐观气氛笼罩了学术界大约200年。爱因斯坦的相对论发表之后，绝大多数的人都弄不懂。人们被这"神奇"的理论所震惊。许多人开始吹捧爱因斯坦，也有一些人攻击爱因斯坦。然而，吹捧爱因斯坦的人和攻击爱因斯坦的人都有一个共同点，就是都没有弄懂相对论。于是，又有人在蒲柏诗的后面加了几句：

但不久
魔鬼说："让爱因斯坦去吧！"
于是一切又回到黑暗中。

一、狭义相对论面临的困难

相对论诞生之后，有一些人质疑它的正确性。当然，这些人也不敢说得太难听。因为虽然大多数学物理的人都看不懂相对论，但是有几位杰出的物理学家出来力挺爱因斯坦，高度赞扬相对论。例如德国的普朗克、能斯特和劳厄，法国的居里夫人和朗之万，英国的爱丁顿等，这些人可不是白吃干饭的。所以虽然有些物理学家怀疑相对论的正确性，但敢于公开指责相对论是"伪科学"的物理学家寥寥无几。当然，还是有一些哲学家和少数物理学家出来表示对相对论的怀疑，批评意见各式各样。

不过，爱因斯坦认为这些意见都是由于看不懂相对论而产生的。批评者认为的相对论的错误，其实都不是错误，都不是问题。

那么相对论存不存在问题呢？爱因斯坦认为当然存在问题，而且存在根本性的大问题，但不是那些批评者议论的问题。

爱因斯坦认为，相对论存在的第一个大问题是：惯性系无法定义。牛顿力学认为存在一个绝对空间，凡是相对于绝对空间静止或者做匀速直线运动的参考系就可以定义为惯性系。相对论认为根本不存在绝对空间，所有的运动都是相对的；那么，牛顿力学中对于惯性系的定义就不能用了。这可是个严重问题，因为惯性系是相对论的基础，相对论的全部理论都是在惯性系中讨论的。所以，惯性系的定义问题必须重视。

爱因斯坦认为相对论存在的第二个大问题是万有引力定律纳不进相对论的框架。当时只知道两种力，一种是电磁力，另一种就是万有引力。描述电磁力的麦克斯韦方程组正好满足相对论的变换规律。实际上，麦克斯韦理论一形成就是一个相对论性的理论，因此它和伽利略变换冲突，导致了相对论诞生之前出现的理论危机。相对论一诞生，麦克斯韦理论正好与它相容，原来的理论危机自然就消失了。但是，现在出现了万有引力定律与相对论不相容的局面。当时一共只知道两种力，其中一种的规律就不满足相对论，这当然是个大问题。

爱因斯坦抓住了“惯性系无法定义”和“万有引力纳不进相对论框架”这两个基本问题。他从定义惯性系的困难入手，来考虑如何解决这两个问题。

探索惯性系的定义

如何定义惯性系呢？爱因斯坦做了大量思考，其他人也提出了不少方案。例如，似乎可以这样定义，如果在一个参考系中，不受外力的质点保持静止或匀速直线运动的状态不变，那么这个参考系就是惯性系，也就是说，用牛顿第一定律（惯性定律）来定义惯性系。但是，你怎么知道这个质点有没有受到外力呢？有人说，如果没有东西碰到它，它就不受外力。然而，电磁场、引力场是完全看不见的，你如何判断这个质点不仅没有受到别的物体触碰，也没有被任何“外场”作用呢？电磁场可以屏蔽，但引力场无法屏蔽。实际上，引力场无处不在。可能有人会说，如果这个质点在惯性系中保持静止或匀速直线运动状态不变，就可以断定它没有受到外力。

细心的读者立刻就会发现，这种定义方式陷入了逻辑循环：定义“惯性系”用了“不受力”这个概念，定义“不受力”又要用到“惯性系”这个概念，这样存在逻辑循环的定义方式，肯定不能用。

广义相对性原理

爱因斯坦对定义惯性系的困难反复思考后，产生了一个思想飞跃。他想，在物理学中之所以强调惯性系，实际上是为了体现“相对性原理”。这个原理说“物理规律在一切惯性系中都是相同的”，这样，物理问题的讨论，就有了一个大家都可以接受的公共平台。现在，既然惯性系不好定义了，我们可不可以抛弃惯性系的特殊地位，把相对性原理加以推广，认为物理规律在一切参考系中都相同呢？他称推广后的原理为“广义相对性原理”。

同时，他认为可以把光速不变原理也作相应的推广。原本的光速不变原理是说，“对于任何惯性观测者，光速与光源相对于观测者的运动速度无关”。爱因斯坦认为，可以把这一原理从对惯性观测者有效，推广为对任何观测者（也包括加速观测者和转动观测者）都有效，从而把光速不变原理推广为“对于任何观测者，光速与光源相对于他的运动速度都无关”。

作了上述推广后，就可以在物理学中不强调甚至不使用“惯性系”这个概念了，从而彻底避开了定义惯性系的困难。

惯性力的难题和启示

于是，爱因斯坦就把他的相对论从惯性系向任意参考系作了推广。

然而，问题没有这样简单。非惯性系中存在惯性系中所没有的惯性力。加速参考系中存在与加速方向相反的惯性力，转动参考系中存在惯性离心力和科里奥利力。这些惯性力都与物体的一般物理、化学性质无关，只与它们的质量和参考系的加速度有关。如何处理出现在非惯性系中的这些额外的惯性力呢？这是一个新的难题。

爱因斯坦注意到物体所受的惯性力 F_I 和万有引力 F_g 相似，都与物体的质量成正比

$$F_I = ma \tag{5.1}$$

$$F_g = G\frac{Mm}{r^2} \tag{5.2}$$

式中，a 为物体的加速度，M 为万有引力源的质量，r 为受力物体到引力源的距离，G 为万有引力常数。

这使爱因斯坦猜测惯性力和万有引力可能有相同或相近的根源。不过，惯性力与万有引力不同，惯性力不像万有引力那样起源于物质间的相互作用，这也就导致了惯性力不存在反作用力。

这时，爱因斯坦想起了他早年在奥林匹亚科学院这个自由读书的俱乐部中读过的奥地利物理学家马赫的著作《力学及其发展的历史批判概论》。在这本书中，马赫尖锐地批判了牛顿的绝对时空观，他认为牛顿不对，牛顿所说的“绝对空间”根本就不存在，所有的运动都是相对的。

二、马赫原理与等效原理

牛顿的水桶实验

牛顿当年为了论证绝对空间的存在，曾经设想了一个思想实验——水桶实验。

在这个思想实验中，牛顿设想了一个装有水的桶，如图 5-1 所示。刚开始时，水和桶都是静止的，水面是平的，如图 5-1（a）所示。然后让桶以角速度 ω 转动，由于水和桶壁的摩擦力很小，这时桶转水不转，水面仍然是平的，如图 5-1（b）所示。然后水慢慢被桶带动起来转，最后水与桶一起以角速度 ω 转动，水面呈现凹形，如图 5-1（c）所示。这时让桶突然停止转动，水仍然在转，水面继续保持凹形，如图 5-1（d）所示。

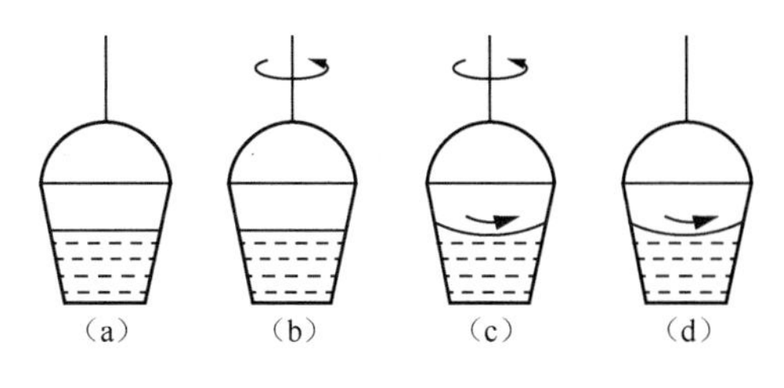

图 5-1　牛顿的水桶实验

牛顿指出，情况（a）与（c）中，水相对于桶都静止。但在情况（a）中水面是平的，在情况（c）中水面是凹的。而在情况（b）和（d）中，水相对于桶都转动，但水面在情况（b）时是平的，在情况（d）时是凹的。显然，水面的形状与水相对于桶的转动无关。水面呈凹形，是水受到惯性离心力的结果。惯性

离心力的出现，既然与水相对于桶的转动无关，那么与什么有关呢？牛顿认为，与绝对空间有关，惯性离心力产生于水相对于绝对空间的转动。他认为，转动是绝对的，只有相对于绝对空间的转动才是真转动，才会产生惯性力。推而广之，加速运动是绝对的，只有相对于绝对空间的加速才是真加速，才产生惯性力。通过上述水桶实验，牛顿论证了绝对空间的存在，也论证了转动的绝对性和加速运动的绝对性。

马赫原理

马赫认为不存在绝对空间，转动和一切加速运动都是相对的。那么他如何解释牛顿的水桶实验呢？他认为水受到惯性离心力，是由于水相对于遥远星系（即全宇宙物质）转动的结果。这种情况相当于水不转动，遥远星系（全宇宙物质）相对于水做反向转动。遥远星系（全宇宙物质）在相对于水的转动中，对水施加了作用，这种作用就是水受到的惯性离心力。那么离水很近的桶，在这种相对转动中，对水施不施加影响呢？马赫认为，当然也施加影响。但是，构成桶的物质和构成遥远星系的全宇宙物质相比，少得完全可以忽略。所以，我们看到水受不受到惯性离心力，与它相对于桶的转动无关。

按照马赫的思想，惯性力起源于相对加速的物体之间的相互作用，惯性离心力起源于相对转动的物质间的相互作用。总之，惯性效应起源于物质间的相互作用，这和万有引力效应的根源非常相似。这启发爱因斯坦猜测，惯性效应与引力效应可能有相同的本质，可能都起源于物质之间的相互作用，即质量之间的相互作用。

爱因斯坦把马赫关于惯性效应起源于物质间相对加速而产生的相互作用的思想，命名为“马赫原理”。马赫原理只是一个定性的思想，没有定量的公式表达。但爱因斯坦高度评价马赫的这一思想，认为这一思想是他的广义相对论的基石之一。不过，我必须补充说明一下，虽然马赫的这一思想确实引导爱因斯坦走向了广义相对论的创建，但是，“马赫原理”这一名称则是爱因斯坦在创建广义相对论之后才命名的。

引力质量等于惯性质量

牛顿在《自然哲学的数学原理》这部学术巨著中，对质量下了两个定义。牛顿的这本书是仿照欧几里得几何的逻辑体系来写的，先给出各种物理概念的定义，再以公理的方式给出力学三定律和万有引力定律，然后给出定律的各种推论和应用。

在这本书一开始的地方，牛顿就给质量下了一个定义。他说，质量就是“物质的量”，它和物体的重量成正比。这是用物体的引力效应来定义的质量，称为引力质量，我们用 m_g 来表示。万有引力定律可以表述为

$$F = G\frac{Mm_g}{r^2} = m_g g \qquad (5.3)$$

式中：

$$g = G\frac{M}{r^2} \qquad (5.4)$$

是引力场强，m_g 就是用引力效应来定义的引力质量。

在这本书的另一个地方，牛顿用物体的惯性效应定义了一个质量，称为惯性质量，用 m_I 来表示。在这里，牛顿称质量是惯性的量度，它用物体惯性效应的大小来定义。用牛顿第二定律可以写出

$$F = m_I a \tag{5.5}$$

式中，m_I 就是惯性质量，F 是惯性力。

从伽利略的自由落体定律可以看出，引力质量确实与惯性质量相等。在万有引力作用下的自由落体，用万有引力定律和牛顿第二定律可以得出下式：

$$m_g g = F = m_I a$$

自由落体定律告诉我们

$$a = g$$

于是得到

$$m_I = m_g$$

这表明惯性质量与引力质量相等。但是，牛顿认为，自由落体实验还不够精确，于是他用单摆实验进行了更精确的验证。

把万有引力定律和牛顿第二定律联立，可以得到单摆的振动周期

$$T = 2\pi\sqrt{\frac{m_I l}{m_g g}} \tag{5.6}$$

式中，l 为摆长。牛顿发觉，在 10^{-3} 的精度以内，没有发现摆（小球）的引力质量和惯性质量有差异，即

$$\frac{m_g}{m_I} = 1 + o(10^{-3})$$

于是得到我们在中学物理课中学到的单摆定律表达式

$$T = 2\pi\sqrt{\frac{l}{g}} \tag{5.7}$$

这一实验也证实了引力质量和惯性质量相等。不过，这一实验仍不够精确。

到了 1889 年，匈牙利物理学家厄缶着手用更精确的扭秤实验（后称厄缶实验）来检验引力质量与惯性质量是否有差异。他在 10^{-9} 的精度以内再次证实了引力质量与惯性质量相等，即

$$\frac{m_g}{m_I} = 1 + o(10^{-9})$$

广义相对论建立之后，美国物理学家迪克在 10^{-11} 的精度以内证实了引力质量与惯性质量相等

$$\frac{m_g}{m_I} = 1 + o(10^{-11})$$

后来苏联的布拉金斯基，又把实验精度提高到 10^{-12}，仍然没有发现引力质量与惯性质量有差异

$$\frac{m_g}{m_I} = 1 + o(10^{-12})$$

所以，我们今天可以确认，引力质量与惯性质量是严格相等的，即

$$m_I = m_g \tag{5.8}$$

爱因斯坦在考虑惯性效应和引力效应的关系时，注意到了牛顿对质量的两种定义方式，也注意到了厄缶实验所证实的引力质量与惯性质量相等的结论。在反复思考之后，他的思想产生了一个重大突破。他写道：

有一天，突破口突然找到了。当时我坐在伯尔尼专利局办公室里，脑子里忽然闪现了一个念头，如果一个人正在自由下落，他绝对不会感到自己有重量。我吃了一惊，这个简单的思想实验给我的印象太深了，它把我引向了引力理论。

电梯实验

爱因斯坦用电梯（或升降机）的思想实验，引出了他的广义相对论的另一块基石——等效原理。

如图 5-2（a）所示，有一个手持苹果的人处于一个密闭的电梯中，看不到外面。他感受到了重力，磅秤显示出他的体重。他一松手，苹果会作为自由落体下落。这时，他不能肯定自己的电梯是静止在一个星球的表面，从而受到了星球的万有引力，还是自己的电梯上安装了火箭发动机，自己在没有物质和万有引力的太空中加速，从而受到了与加速方向相反的惯性力。他不能用任何实验来区分自己受到的重力本质上是万有引力还是加速引起的惯性力。

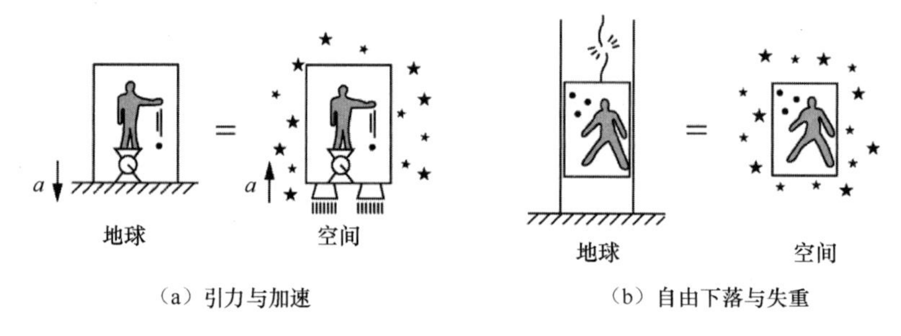

（a）引力与加速　　（b）自由下落与失重

图 5-2　电梯实验

图 5-2（b）则表示电梯中的人意识到自己失重，没有受到任何重力。他同样无法用任何实验区分，自己是由于电梯的铁索断裂，从而在星球的引力场中自由下落，还是电梯远离了所有的星球，没有受到任何万有引力，从而在太空中做惯性运动。

等效原理

这个思想实验指出了一个新的原理——等效原理。这个原理是说引力场与惯性场无法区分。等效原理

通常分为弱等效原理和强等效原理。

弱等效原理：引力场与惯性场的力学效应是局域不可分辨的。

强等效原理：引力场与惯性场的一切物理效应都是局域不可分辨的。

这就是说，弱等效原理告诉我们，不能用任何力学实验来区分引力场和惯性场；强等效原理则进一步告诉我们，不能用任何物理实验来区分引力场和惯性场。

但是这里要强调，引力场和惯性场的不可区分是“局域”的。也就是说，在一个时空点的无穷小邻域内，二者是不可区分的。如果超出了一点的邻域来进行实验，引力场和惯性场还是可以区分的。

例如，如果在电梯的地面铺满重力仪，就可以发现：静止在星球表面的电梯所受到的重力的力线向星球的球心会聚；而在太空中加速的电梯，所受的重力的力线则是平行的。这就使实验者可以区分自己所受的重力本质上是万有引力还是惯性力。

此外，不管是在星球表面静止还是自由下落，电梯中的人都可以感受到“潮汐力”，它是物体各点（例如人体的各个部分）由于到星球中心的距离不同，所受的万有引力出现了微小的差异而引发的。而在太空中做惯性运动或加速运动的电梯中的物体（或人）的各部分，则不会受到潮汐力。

所以，必须强调等效原理是一个“局域性”的原理，引力效应和惯性效应只在一点的邻域不可区分，只要有两个时空点，就可以用实验来区分引力场和惯性场了。

有些自学广义相对论的“民科”（民间科学爱好者），对等效原理产生怀疑，大都是因为忽略了等效原理的局域性。他们在两个以上的时空点比较引力场与惯性场，发现二者可以区分，于是误以为自己发现了等效原理的错误。

有一次，某省的五位教授向中国物理学会推荐了他们那里的一位“民科”的文章，这篇文章就是犯了上面的错误，作者误以为自己发现了等效原理不对。当时物理学会责成下属的引力与相对论天体物理分会一定要重视这篇文章，务必给以答复。于是我们在一次会议期间听取了这位“民科”的报告，并向他作了解释。

这件事给我敲了警钟。那五位教授肯定都是本行业的专家，但他们有一个共同点，就是都不懂广义相对论。这件事说明，所有的专家在离开自己的本专业后都不是专家。我警告自己，今后千万不要给本专业之外的人随便写推荐信。

我还想说明一点，被称为“民科”的人，很多是很努力的人，思想很活跃，不畏惧权威，敢于提出新思想。这恰恰是学校培养的学生常常不具备的优点。多数学生的缺点是只注意学习书本知识，不注意思考。所以，对“民科”不要讥笑打击，他们的质疑精神和独立思考是值得赞扬的。不过，应该鼓励他们在思考的同时努力学习基本知识。而学校的学生则应该在学好知识的同时，注意培养自己的质疑精神和思辨能力。

关于等效原理和惯性系，还有两点需要注意。

第一点是，弱等效原理与“引力质量和惯性质量相等”这一结论等价，即与式（5.8）等价。而式（5.8）是经过厄缶、迪克、布拉金斯基等人的精确实验验证过的。所以，弱等效原理具有坚实的实验基础。

但是爱因斯坦的广义相对论不是建立在弱等效原理的基础之上，而是建立在强等效原理的基础之上。强等效原理的实验基础则不如弱等效原理的实验基础坚实。

第二点是，有了等效原理之后，我们可以给出惯性系的一个严格定义：“引力场中自由下落的、无自转的、无穷小参考系就是惯性系”。

无自转是为了不产生惯性离心力和科里奥利力。不过，“无穷小的参考系”只在理论上存在，无法严格实现。所以，惯性系的这一定义仅在理论上是严格的，在实际上仍无法严格实现。

三、弯曲时空与黎曼几何

爱因斯坦对新理论的构想

综上所述，爱因斯坦反复考虑了相对论（狭义相对论）面临的两个重要困难。一个困难是惯性系无法严格定义，另一个困难是万有引力定律纳不进相对论的框架。

为了避开“定义惯性系”的困难，他把原来的“相对性原理”推广为“广义相对性原理”，认为物理定律在所有的参考系（包括非惯性系）中都相同。但是非惯性系与惯性系不同，其中存在惯性力。为了克服惯性力造成的困难，他回忆了牛顿对惯性力起源的论述及马赫对牛顿思想的批判。马赫原理使爱因斯坦进一步想到相对论面临的两个基本困难，即惯性系困难和万有引力困难，可能是同一个困难。

他又从牛顿对质量的两种定义，即引力质量与惯性质量，联想到支持这两种质量严格相等的物理实验，继而提出引力场与惯性场等效的等效原理。

爱因斯坦力图以上述思考为基础来建立新的物理理论。他认为新理论应该是相对论（狭义相对论）的推广，也应该是万有引力定律的发展。新的理论应该能够同时克服狭义相对论面临的两个基本困难。他推测，新理论应该建立在广义相对性原理、等效原理和马赫原理的基础之上。

从 $m_1 = m_g$ 可知，在纯引力作用下，抛射物体描出的轨迹与物体的质量、材料构成均没有关系（自由落体定律就是其中的一个特例）。爱因斯坦认为，这不像普通的物理效应，而像几何效应！于是，他大胆推测，万有引力可能是一种几何效应，可能是时空弯曲的表现。万有引力如果真是一种几何效应，正好能解释引力作用为何具有普遍性，为何只与物体的质量有关，而与物体的其他物理、化学性质均无关。

这时，爱因斯坦迫切需要新的数学工具，他求助于当时已经担任苏黎世联邦理工学院数学教授的老同学、老朋友格罗斯曼。格罗斯曼立刻放下自己的研究工作，查阅了几天数学文献，最后告诉爱因斯坦，几位意大利数学家当时正在研究的黎曼几何，可能对爱因斯坦会有帮助。

于是，爱因斯坦开始在格罗斯曼的帮助下学习黎曼几何。这时，爱因斯坦可能也想起了自己在奥林匹亚科学院的活动中曾经读过数学家庞加莱的《科学与假设》一书。在这本书中，庞加莱对弯曲空间和黎曼几何进行了简单而通俗的介绍。

黎曼几何

公元前300年左右，在亚历山大科学院工作的古希腊数学家欧几里得，总结古埃及人和古巴比伦人的数学知识，创建了欧几里得几何（简称欧氏几何）。欧氏几何以它严密的逻辑体系和丰富的数学内容，对人类文明产生了重大影响。我们在牛顿、爱因斯坦的伟大著作中都不难看出欧氏几何对他们的影响。

欧几里得在他创建的几何中，首先提出了几条公理，然后在公理的基础上推出定理，并进一步得出许多推论。

作为整个欧氏几何基础的公理中，有一条比较长。这就是第五公设，即通常所说的平行公理：

过直线外的一点，可以引一条，并且只能引一条直线与原直线平行。

由于平行公理的叙述比别的公理要长，许多数学家认为，也许可以从其他公理将它推出，这样就可以使欧氏几何减少一条公理，理论结构更加简洁。

从公元400多年开始，就陆续有人做这方面的尝试，然而努力了1000多年也没有人能证明平行公理可以从其他公理推出来。

到了19世纪，这一探索终于出现了转机。俄国数学家罗巴切夫斯基在对平行公理的证明做了多年尝试之后，终于产生了一个思想飞跃。他是用反证法来证明平行公理的。他假设从直线外的一点，可以引出两条以上的直线与原直线平行，希望这样能推出“谬误”，从而反过来证明平行公理可以从其他公理推出，因而不再是一条公理。但是他推来推去却总也引不出谬误。罗巴切夫斯基突然灵机一动，莫非“过直线外的一点可以引两条以上的直线与原直线平行”这个假设也是正确的？这一假设是否也可以作为一条公理，取代原来的平行公理，从而建立一套新的几何学？罗巴切夫斯基沿着这一新思路努力下去，逐步创建起一套新的几何学。他把自己的论文寄给圣彼得堡科学院，希望得到支持。然而，圣彼得堡科学院的院士们没有一个看懂了罗巴切夫斯基教授的论文。他们感到十分诧异，“这位教授怎么了？过一点怎么能引出两条以上的平行线？”在他们拒绝发表这篇论文的时候，又收到了罗巴切夫斯基进一步的新论文。院士们的火气更大了，他们做出一个决议：“罗巴切夫斯基教授的论文谬误连篇，以后他这方面的论文我们不再审阅。”圣彼得堡科学院对罗巴切夫斯基的工作关闭了大门。

远在喀山大学任教的罗巴切夫斯基没有办法，于是想到数学发达的欧洲中西部地区去访问，介绍自己的新几何。他希望在那里能得到支持。令人遗憾的是，在欧洲中西部的发达地区，依然没有人表示赞同、支持他的新几何。

他在德国访问时，年纪已经很高的著名数学家高斯听了他的学术报告，但没有对他的新几何表示支持，只是建议格丁根皇家科学院授予罗巴切夫斯基教授通讯院士的称号，这是授予高水平的外国学者的极高荣誉。

听完罗巴切夫斯基报告之后，高斯在给自己的朋友的信中说，自己可能是会场中唯一听懂了罗巴切夫斯基报告的人。但是，欧氏几何得到教会的支持，胆小的高斯担心触犯教会对自己不利，所以不敢公开表态。

罗巴切夫斯基的新几何没有得到任何支持。他沮丧地回到喀山大学，把自己的新几何以论文的形式发表在喀山大学的学报上。由于俄罗斯不在欧洲的文化科学中心，喀山又远离圣彼得堡，所以这些论文没有产生什么影响。

不过，因为格丁根皇家科学院授予了他通讯院士的称号，这表明德国数学界认可了他的数学水平，所以沙皇政府任命他做了喀山大学的校长，然而，他的新几何依然没有得到支持。

罗巴切夫斯基晚年双目失明，在学生的帮助下，口述完成了对新几何的阐释。令人欣慰的是，他临终前听说自己的新几何已被世界数学界所承认。这就是今天所说的罗巴切夫斯基几何（简称罗氏几何）。

对罗氏几何做出重大贡献的还有匈牙利青年数学家波尔约。波尔约并不知道罗巴切夫斯基的工作。他也对平行公理充满兴趣，也想从欧氏几何的其他公理推出平行公理。他也是用反证法去证，总也引不出谬误，也产生了与罗巴切夫斯基类似的思想突破，初步建立起一套新几何。他兴奋地把自己的成果告诉父亲。波尔约的父亲也是一位数学家，是高斯的同学。父亲看了儿子的信后十分震惊，回信说："我的儿子，你千万不要搞关于平行公理的研究，你爹我就是因为多年研究这个问题，浪费了大量精力，结果一生没做出什么大成绩。"在和儿子几次通信后，他发现儿子创建的新几何也许有道理。于是就把儿子的研究成果写信告诉了老同学高斯，希望得到高斯的支持。没有想到高斯回信说："我实在没有办法赞扬你的儿子，因为赞扬他就等于赞扬我自己。其实，你儿子的想法，我几十年前就有了。"

波尔约在看了父亲转来的高斯的信后，认为高斯是想靠他的名声和地位窃取自己的科研成果，于是一气之下就停止了自己的研究。幸亏波尔约的父亲把儿子的研究成果作为自己出版的一本数学书的附录发表，世人才知道波尔约对罗氏几何也有贡献。

不久之后，另一位数学家黎曼，从另一个假设出发，也得到了一套与欧氏几何平行的几何体系。黎曼假设：

过直线外一点，引不出任何直线与原直线平行。

这套几何被称为黎氏几何。黎曼用这一工作，在格丁根大学取得了讲师职位。由此我们可以看出，格丁根大学的数学水平有多高。报告这样伟大的成就，仅仅得到一个讲师职位。

后来的研究表明，这三套几何体系都是正确的，只不过它们所描述的是不同曲率空间中的几何。欧氏几何研究的是平直空间，即零曲率空间，例如二维情况下的平面；黎氏几何研究的是正曲率空间，例如二维情况下的球面；罗氏几何研究的是负曲率空间，例如二维情况下的伪球面，或马鞍面的鞍点附近的几何。

黎曼又把这三套几何体系统一起来，称为黎曼几何。这三套几何体系的主要性质列在表 5-1 中。

表 5-1　三套几何体系的主要性质

几何体系	空间曲率	平行线	三角形三内角之和	圆周率	例子
黎氏几何	正	无	＞180°	＜π	球面
欧氏几何	零	一条	＝180°	＝π	平面
罗氏几何	负	两条以上	＜180°	＞π	伪球面

在弯曲空间中没有直线，于是人们就利用平直空间中直线的根本属性，把直线向弯曲空间推广。最简单的直线性质就是两点之间的最短线。于是，在弯曲空间中就用两点之间长度取最小值或最大值的曲线来代替平直空间中的直线，称它们为测地线（或短程线）（严格来说，短程线和测地线的定义还是有差异的，但在爱因斯坦的广义相对论中二者相同，我们在此就不多讨论了）。

例如，作为正曲率的球面，上面任二点之间存在距离最短的测地线，这种线就是球面上的大圆周。用球面上的这两个点和球心，可以决定一个平面，该平面与球面的交线就是大圆周。例如地球上所有的经线，还有赤道，都是大圆周。而除赤道外的所有纬线都不是大圆周。由于大圆周是直线在球面上的推广，所以球面上的三角形的三条边应该都是大圆周。从图 5-3 可以看出由赤道和两条经线围成的球面三角形，三内角之和一定大于 180°。读者从图 5-3 中经线与赤道的夹角都是直角，容易看出这一结论。另外，从图 5-4 不难理解，球面上的圆周率小于 π。而在负曲率的马鞍面的鞍点附近，球面的圆周率显然大于 π。

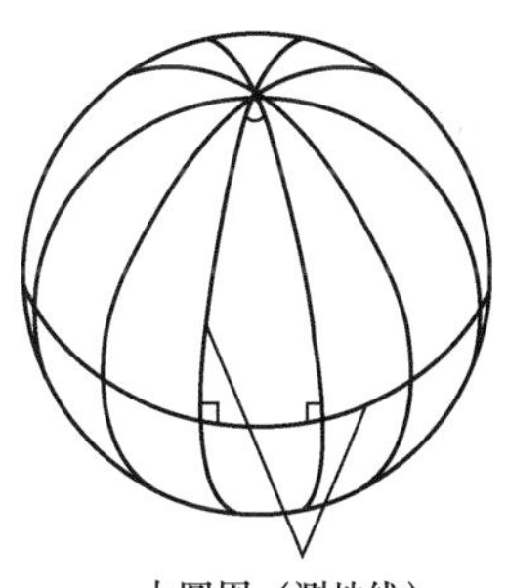

图 5-3　球面上的大圆周（测地线）

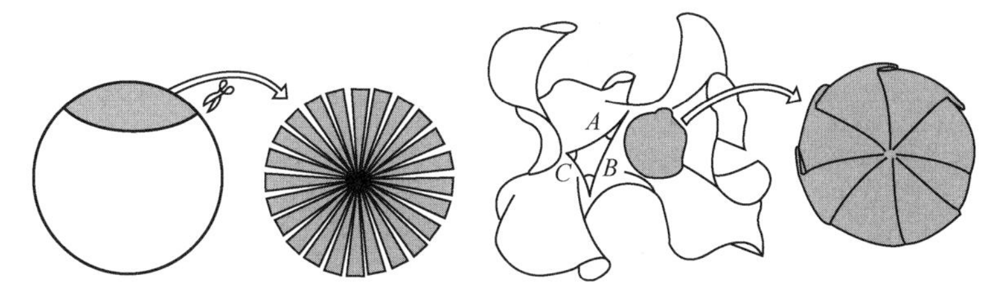

图 5-4　球面和马鞍面上的圆周率

黎曼几何为广义相对论的创建准备了数学工具。黎曼当年曾有一个推测：真实的空间有可能不是平直的，而是弯曲的。不过，当时物理学还离广义相对论的创建尚远，所以黎曼的猜想只能是个推测而已。

四、广义相对论

广义相对论的创建

爱因斯坦在等效原理、马赫原理和广义相对性原理的基础上，开始构思他的新理论。他认为，自己构建的新理论应该是相对论的发展。因此他把新理论称为“广义相对论”，而回过头来把他原先在 1905 年创建的相对论命名为狭义相对论。

闵可夫斯基在狭义相对论中提出的四维时空使爱因斯坦认识到：在广义相对论中时间和空间应该继续看作一个整体，即四维时空；能量和动量也应该继续看作一个整体，即四维动量。

他认为广义相对论的方程应该满足广义协变性（粗略地说，就是满足广义相对性原理），所以方程应该是张量方程。这是考虑到张量的一个基本性质：张量方程的形式，在坐标变换下不变。爱因斯坦认为，方程在坐标变换下不变，正是广义相对性原理的体现。

爱因斯坦进一步认为，广义相对论的基本方程的一边，应该是物质的分布及运动（用能量－动量表示），另一边应该是时空曲率。这样才能体现物质的存在和运动，决定时空的弯曲。

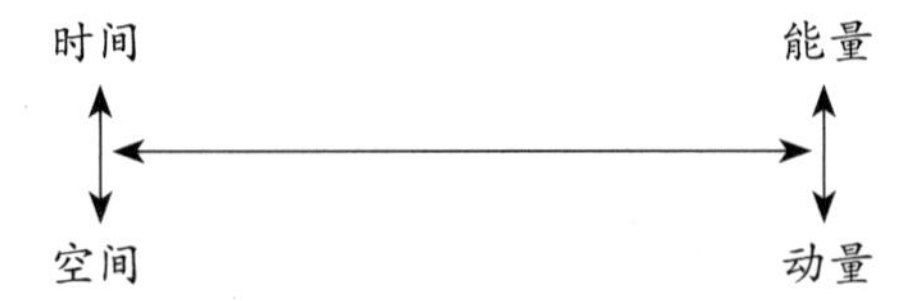

总之，他认为基本方程应该是用张量表达的微分方程，方程的内容和形式应该符合等效原理和马赫原理。

在长时间的摸索之后，他终于在 1915 年得到了广义相对论的基本方程。此方程称为爱因斯坦场方程，或在相对论中简称为场方程。应该指出，这个方程并不是按照逻辑推理逐步得出的，而是在猜测和尝试中得到的，是在科学分析的基础上“凑出来的”。

杰出的苏联物理学家福克，曾针对爱因斯坦创建广义相对论的过程说过一句名言：

伟大的，甚至不仅是伟大的发现，都不是按照逻辑的法则得来的，而是猜测得来的。换句话说，大都是凭着创造性的直觉得来的。

在创建新理论的过程中，一些数学家曾对爱因斯坦有过帮助，但决定性的贡献是爱因斯坦一个人做出来的。

刚才我们讲到了闵可夫斯基提出的四维时空，这个概念的提出对爱因斯坦是有帮助的。在爱因斯坦开始创建广义相对论时，他的同学、好友格罗斯曼曾帮助他学习、掌握黎曼几何。而且，爱因斯坦曾和格罗斯曼一起寻求过广义相对论的基本方程，不过，他们所得到的方程形式还不正确。后来，爱因斯坦又和数学家希尔伯特进行过多次讨论，这些讨论肯定对爱因斯坦有一定帮助。最后爱因斯坦终于得出了场方程的正确形式：

$$\boldsymbol{R}_{\mu\nu}-\frac{1}{2}\boldsymbol{g}_{\mu\nu}R=\kappa\boldsymbol{T}_{\mu\nu} \tag{5.9}$$

式中：

$$\kappa=\frac{8\pi G}{c^4} \tag{5.10}$$

$\boldsymbol{R}_{\mu\nu}$、R、$\boldsymbol{g}_{\mu\nu}$ 都是表示时空曲率的量，$\boldsymbol{T}_{\mu\nu}$ 是表示物质的能量和动量的量。这些量都属于张量，所以上式是一个用张量表示的微分方程。常数 κ 如式（5.10）所示，其中 G 为万有引力常数，c 为真空中的光速。

特别值得提到的是，在得到基本方程［式（5.9）］的过程中，爱因斯坦曾和数学家希尔伯特进行过有益的讨论。二人既有合作，也有一定的竞争，有时二人暗中的竞争还比较激烈，大致情况如下。

1915 年 6 月，爱因斯坦曾在格丁根大学用一个星期的时间报告了自己有关广义相对论的研究工作，希尔伯特参加了这几次会议，听取了爱因斯坦的学术报告。

10 月，爱因斯坦发现自己的工作有误，而且听说希尔伯特也发现了他的工作有误。于是爱因斯坦紧张起来，担心希尔伯特与他争夺科研成果。他加快了工作，从 11 月 4 日开始，每周四在科学院作一次报告，报告广义相对论研究的进展。

11 月 18 日，爱因斯坦得出了水星轨道近日点的进动值和光线偏折的正确值，这是对他的广义相对论理论的实验支持，他把自己的成功和喜悦写信告诉了希尔伯特。

11 月 19 日，希尔伯特致信爱因斯坦，祝贺他算出了水星轨道近日点进动的正确值。

11 月 25 日，爱因斯坦在报告中给出了广义相对论场方程的正确表达式，即式（5.9）。爱因斯坦当天把这篇文章投给了科研杂志，并在 1915 年 12 月 5 日发表出来。而希尔伯特在 1915 年 11 月 20 日就完成了自己的论文，比爱因斯坦早五天投给了科研杂志，但到 1916 年 3 月 1 日才发表出来。不过，据科学史专家研究，希尔伯特的这篇论文，在投稿时上面还没有正确的广义相对论场方程。他是在看了爱因斯坦的文章后，才在对自己论文的清样进行修改补充时，加上了基本正确的场方程，而且，希尔伯特最终给出的场方程仍然有缺陷。

爱因斯坦在科研成果的归属问题上并不客气。他认为广义相对论是自己独创的，与希尔伯特的讨论虽然对自己有一定帮助，但主要成果是自己一个人得到的。广义相对论发表后，希尔伯特在给爱因斯坦的信中，曾提到“我们的工作”如何如何。爱因斯坦很不客气地回信说：“这是我一个人的工作，什么时候成了我们的工作了？”此后，希尔伯特再也不提“我们的工作”，改提“爱因斯坦教授的广义相对论”了。不过，这没有影响他们二人的友谊，此后他们一直还是朋友。

场方程和运动方程

广义相对论初建时，有两个基本方程：一个是上面谈到的场方程，描述物质的存在和运动如何造成时空弯曲；另一个是运动方程，描述不受外力的质点在弯曲时空中如何运动。

请读者注意，在广义相对论中万有引力不是力，而是时空弯曲的表现。只受万有引力的质点实际上是不受外力的自由质点。按照惯性定律，平直时空中不受力的质点应该做匀速直线运动。弯曲时空中没有直线，只有作为直线的推广的测地线，所以弯曲时空中只受到万有引力，没有受到其他外力的自由质点，应该沿测地线运动。黎曼空间中测地线的方程数学家早已得到，爱因斯坦把这一数学成果稍加修改，就成了广义相对论的第二个基本方程——运动方程，见式（5.11）。

$$\frac{d^2x^\alpha}{ds^2}+\Gamma^\alpha_{\mu\nu}\frac{dx^\mu}{ds}\cdot\frac{dx^\nu}{ds}=0 \qquad (5.11)$$

式中：$\Gamma^\alpha_{\mu\nu}$ 是“时空联络”，物理上大体等于引力场的场强；s 是测地线的弧长。

相对论专家惠勒把广义相对论的两个基本方程［式（5.9）和式（5.11）］分别解释为

物质告诉时空如何弯曲，时空告诉物质如何运动。

20 世纪 30 年代，爱因斯坦和苏联物理学家福克分别独立地从场方程［式（5.9）］推出了运动方程［式（5.11）］，这表明广义相对论的基本方程只有一个，那就是爱因斯坦场方程。从他们的证明中还可以看出，在广义相对论中，引力质量 m_g 和惯性质量 m_I 是同一个东西。以前厄缶等人只不过证明了二者相等，但不能肯定二者是同一个物理量。在广义相对论中，同一个质量 m，同时出现在了引力质量和惯性质量两个位置上，所以我们至少可以肯定，在广义相对论中这两个质量是同一个东西。

如何理解时空弯曲

图 5-5 是天体造成的时空弯曲的示意图。其中，发光体表示恒星，它们巨大的质量造成了周围时空的弯曲。注意，此图只是一个示意图。

图 5-5　弯曲时空示意图

为了进一步理解时空弯曲，我们来打一个比方。假设有四个人，拉住一张床单的四个角，这时床单是一个平面，我们用它来代表一个平直时空。放一个小玻璃球在上面，小球会保持静止。如果把小球一扔，小球会在床单上做匀速直线运动，这种情况可以用来模拟平直时空中的惯性运动。

如果在床单中央放一个大球，床单的中央会凹下去，这时如果在床单上再放一个小玻璃球，它将滚向中央的大球。我们用大球来代表地球，小球代表自由落体。小球为什么会滚向大球呢？牛顿运动定律认为，这是由于地球用万有引力吸引造成的。广义相对论则认为，根本不存在万有引力，小球之所以滚向大球，是因为大球（也就是地球）使时空发生了弯曲，在弯曲时空中物体做自由运动（即惯性运动）落向了地球。

如果我们横向扔小球，小球将围绕大球转起来。这时可以把大球想象为太阳，小球想象为地球。按照牛顿理论，小球（地球）围绕大球（太阳）转，而不飞向远方，是因为太阳用万有引力吸引了地球。按照广义相对论，不存在万有引力，地球之所以不飞向远方，是因为太阳使得周围时空发生了弯曲，在弯曲时空中，地球不可能脱离太阳而飞向远方。地球只能围绕太阳转动，这种转动是惯性运动在弯曲时空中的表现。

伽利略认为行星绕日做的圆周运动是一种惯性运动。经典力学诞生之后，大家就知道，行星绕日的运动，是在万有引力作用下的变加速运动，不是惯性运动。而且，轨道也不是圆周，而是椭圆。长期以来，人们认为这是伽利略犯的一个错误。现在我们看到，按照广义相对论，行星运动真的是惯性运动。

行星在时空中的轨迹是测地线，测地线是直线在弯曲时空中的推广。不过要注意，行星做惯性运动描出的测地线，并不是通常所说的椭圆轨道。这条测地线是四维时空中的螺旋线，通常所说的椭圆轨道，只不过是四维时空中的测地线在三维空间上的投影，如图 5-6 所示。（在第一讲中曾谈到，质点在四维时空中描出的曲线称为世界线。其中不受外力的自由质点描出的世界线，特别称为测地线或短程线。）

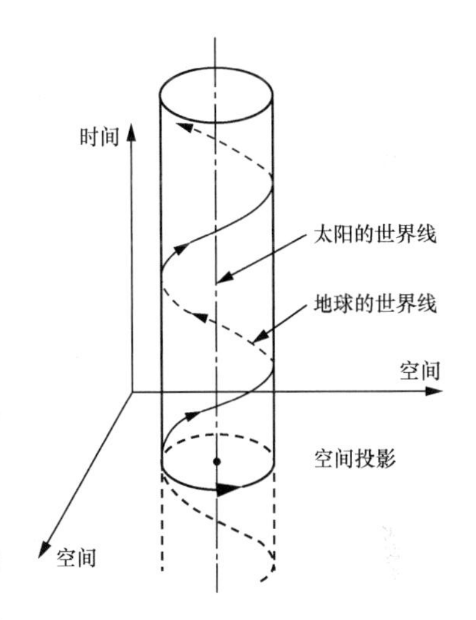

图 5-6　四维时空中行星绕日的运动

由于在广义相对论中，万有引力不是通常的力，而是时空弯曲的表现，所以我们以往关于惯性运动的观念要做一些改变。

如果一个人手托一个小球不动，按照牛顿理论，小球受到地球的重力和手对它的支持力，二力相互抵消，合力为零，所以小球这时处于惯性状态（静止）。手一松，小球自由下落，按照牛顿力学，这是小球在重力作用下做自由落体运动。自由落体运动是重力作用下的匀加速直线运动，不是惯性运动。

但是，从广义相对论的观点看却不是这样。人托着小球静止时，由于万有引力只是时空的弯曲，不属于“外力”，所以小球只受到手的支持力，合力不为零，静止的小球不处于惯性状态。手一松，小球在重力作用下做匀加速直线运动，由于万有引力不是“外力”，所以这时小球没有受到任何外力，它的自由下落运动是惯性运动。

自由落体运动居然是惯性运动，这是广义相对论诞生之前，任何人也想象不到的。

五、广义相对论的三个实验验证

爱因斯坦在发表广义相对论理论的同时，指出有三个实验可以对这个理论加以验证，这三个实验分别是引力红移、水星轨道近日点的进动、途经太阳附近的光线的偏折。下面我们一一加以介绍。

引力红移

按照广义相对论，时空弯曲的地方时间会走得慢。时空弯曲越厉害，时间走得越慢。因为太阳附近的时空比我们地球处的时空弯曲得更厉害，所以太阳表面的钟会比地球上的钟走得慢。

但是太阳表面没有钟，即使有钟，太阳光那么强，我们也无法看。不过，爱因斯坦指出，太阳表面存在我们可以观察的另一种“钟”，这就是光谱线的频率。物理、化学知识告诉我们，每一种元素的原子都有自己特定的光谱，其中的每一根光谱线都有固定的频率。物理学家和化学家常常利用光谱线的不同来做化学成分的分析。

爱因斯坦指出，每一根光谱线都代表这类原子中有一个以这种频率振荡的钟。太阳表面有大量氢原子，我们地球上也有大量氢原子。由于太阳附近的时空弯曲比地球处厉害，那里时间走得比我们这里慢，所以太阳附近的氢原子的每一根光谱线，都要比地球上的氢原子的相应光谱线的频率低，即太阳处的氢光谱线将发生红移。因此，只要比较太阳表面和地球实验室中同一根氢原子光谱线的频率，就可以知道，太阳处的时间走得比地球处慢多少了。

天文观测确实证实了，太阳表面氢原子的光谱线存在红移，但精确测量这一红移值却遇到了极大困难，首先就是因为太阳表面存在太阳风，即垂直升降的气流，这就造成光线的多普勒效应。我们会看到上升气流造成的蓝移和下降气流造成的红移。太阳风产生的多普勒效应会叠加在引力红移效应上，大大影响测量结果。此外，太阳表面 6000 开的高温，使太阳大气中的氢原子发生剧烈的热运动，这一热运动也会产生多普勒效应，使光谱线变宽，影响观测精度。

有一些天文学家观测了遥远恒星的引力红移。他们选择了密度比太阳大的白矮星和中子星来观测，那里的引力红移比太阳强，但是，这些恒星离我们非常远，它们的大小、密度及离我们的距离，都不易测得很精确，所以也很难得到引力红移的精确值。

此外还有用穆斯堡尔效应，在地面上测量地球产生的引力红移的。但地球质量比太阳小得太多，引力红移也就弱得多，所以精确测量也有难度。

有趣的是，牛顿理论也认为存在引力红移。这是因为光子在脱离恒星表面飞向远方时，要克服恒星的引力势能，光子的能量会减少。如果考虑量子效应，$E = h\nu$，光线的频率也会减小，所以也会产生引力红移。

这就是说，只要把普朗克的量子理论、等效原理与牛顿力学相结合，不用爱因斯坦的广义相对论，也会得到存在引力红移的结论。而且，用这种方法得出的引力红移值与用广义相对论得出的值符合得比较好，只有在高精度测量时才会出现差异。这也加大了验证广义相对论引力红移效应的难度。

近年来，人们想到了利用 GPS（全球定位系统）来直接检验相对论的时间变慢效应。他们将在两万米高空运行的卫星上的铯钟和静止于地球表面的钟进行对比。理论计算表明，卫星上的钟高速掠过地球表面，根据狭义相对论，卫星上的动钟将比地面上的静钟每天慢 7 微秒。同时，由于地面处的时空比卫星处弯曲得厉害，根据广义相对论，卫星上的钟每天将比地面上的钟快 45 微秒。二者叠加，卫星钟将比地面钟每天快 38 微秒。观测证实了这一计算结果。这一实验的效果与引力红移效应是等同的。这是对相对论的时间变慢效应的有力支持。

水星轨道近日点的进动

按照开普勒定律（行星运动三定律），行星绕日的轨道是一个封闭的椭圆。依据牛顿理论的计算也支持这一定律。牛顿的力学三定律和万有引力定律精确地证明了，行星绕日运动的轨道确实是一个封闭的椭圆。但天文观测却发现，行星运动的轨道并非严格的椭圆，其中离太阳最近的水星轨道偏离最大。而且，水星轨道还存在近日点的进动。

所谓“近日点的进动”，如图 5-7 所示，就是水星每绕太阳转一周，它的近日点并不回到原来的位置，而是向前有一点移动。

天文观测发现，水星轨道近日点每 100 年大约进动了 5600±0.41 角秒，而天文学上已知的各种因素，如岁差、太阳自转、其他行星的影响，可以造成每 100 年 5557.62±0.20 角秒的进动，扣除这些因素后，还有每 100 年约 43 角秒的进动无法解释。

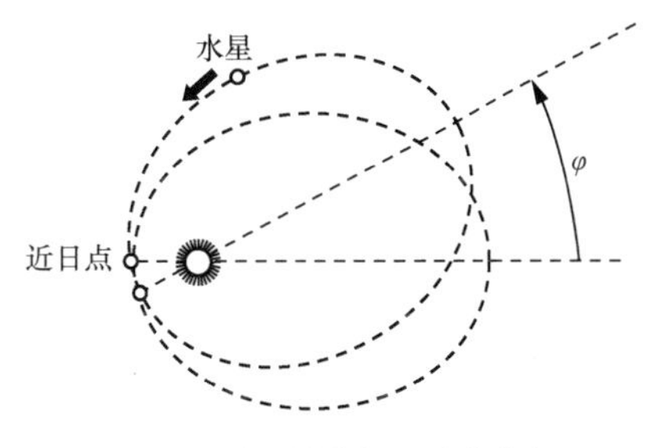

图 5-7　水星轨道的近日点的进动

此前，法国天文学家勒威耶和英国天文学家亚当斯，曾根据天王星轨道观测值与计算值的偏差，成功地预言了海王星的存在。现在面对水星轨道造成的疑问，勒威耶又猜想是否存在一颗比水星离太阳更近的行星，由于这颗行星的影响，水星轨道产生进动。于是他反过来推出了这颗疑似存在的未知行星的轨道，并在一次观测中发现有一个黑点掠过太阳表面。他高兴极了，认为自己又发现了一颗新的行星。由于这颗星离太阳很近，他把它命名为火神星。后来发现，火神星子虚乌有，那个黑点不过是太阳表面的黑子。这次勒威耶算是白欢喜了一场。

爱因斯坦那个时代，天文界都知道水星轨道近日点的进动是一个未解之谜。爱因斯坦在创建广义相对论时很重视这个谜，他非常希望自己的新理论能解开这个谜。可以说，水星轨道近日点进动的未解之谜，是引导爱因斯坦走向广义相对论的重要因素之一。

广义相对论诞生时，爱因斯坦发现自己的理论证明了行星轨道并非严格的椭圆，轨道都存在进动。水星轨道近日点的进动恰为每 100 年 43.03 角秒，正好补上了观测值与原有理论值的偏差。他高兴极了。在给希尔伯特和其他友人的信中，他写道：“方程给出了水星近日点进动的正确数字，你可以想象我有多么高兴！有好些天，我高兴得不知怎样才好。”

水星轨道近日点的进动，是验证广义相对论最精确的实验之一。

光线偏折

爱因斯坦的广义相对论认为，太阳的存在会使周围的时空发生弯曲。遥远恒星的光在通过太阳附近时

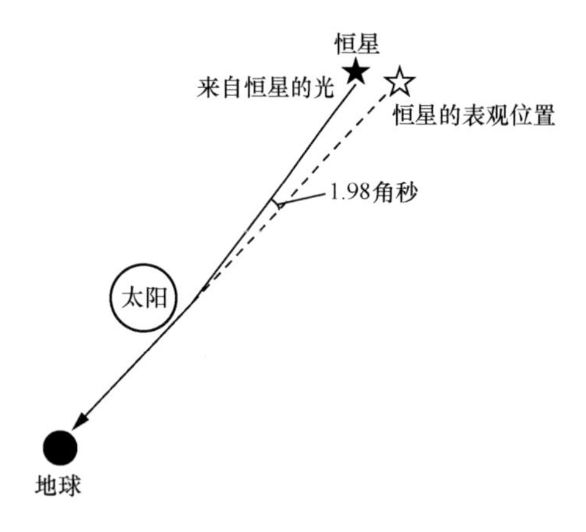

图 5-8 太阳附近的光线偏折

会变弯。如果我们拍下太阳背后的星空，再拍下太阳不存在时的这片星空，通过比较可以发现，这两张照片上的恒星的相对位置会有移动，这是星光在太阳附近发生偏折的结果。图 5-8 是这一效应的示意图。

太阳那样亮，怎么能拍出太阳存在时，其背后的星空呢？只有在发生日全食的时候才能拍到。另外，在日全食发生前几个月或后几个月，太阳不在这个位置，可以拍下太阳不存在时的这片星空。把这时拍得的照片与日全食时的照片比较，就可以计算得出光线偏折了多少。

不过，按照万有引力定律，光线在通过太阳附近时，光子会受到万有引力的吸引，因而也会发生偏折。1911 年，爱因斯坦把牛顿理论与等效原理（$m_I = m_g$）相结合，算出这一偏转角为 $\Delta\theta = 0.875$ 角秒。1915 年，爱因斯坦用广义相对论的时空弯曲理论得出这一偏转角为 $\Delta\theta = 1.75$ 角秒，为牛顿理论值的两倍。

1912 年曾有人想利用日全食的机会实际测量一下，不巧遇到下雨，没有拍成照片。1914 年，德国又有人想要在克里米亚半岛利用日全食的机会进行观测，但因第一次世界大战爆发而受阻。

第一次世界大战结束后，英国天文学家爱丁顿想利用 1919 年日全食的机会拍照，检验广义相对论的光线偏折效应。他组织了两个观测队。自己带领一个队在西非的普林西比进行观测，他的助手戴森带一个队在巴西进行观测。

不巧的是，那一天西非的普林西比正好出现阴雨。爱丁顿十分焦急，幸运的是在日全食结束前的 6 ～ 8 分钟，天空阴转晴。爱丁顿抓紧时间拍摄了 15 张胶片，但拍摄质量不太理想。

戴森那个队在巴西碰上了大晴天，艳阳高照，他们十分高兴。拍了许多照片。冲洗时才发现，由于阳光太强，胶片盒过热，胶片发生了变形，后来经过误差校正，勉强还可以用。

爱丁顿团队测得的偏转角是 $\Delta\theta = 1.61 \pm 0.30$ 角秒

戴森团队测得的偏转角是 $\Delta\theta = 1.98 \pm 0.12$ 角秒

这两个数据都接近广义相对论的预言值 1.75 角秒，远高于牛顿理论的预言值 0.875 角秒。结论是实验观测支持了广义相对论的光线偏折理论。

这一消息传到德国后，有记者采访了爱因斯坦，问他有什么感想，他自信地说：“我从来没有想过会是别的结果。”

后来进行的观测，结果越来越接近广义相对论的预言值。

近年来，天文学家又检验过射电波掠过太阳表面时发生的偏折：

1975 年，测得的值是 1.761±0.016 角秒；

2004 年，天文学家夏皮罗得到的观测值与理论值之比为 0.99983±0.00045。

所以，现在可以说，实验观测精确地验证了光线偏折效应，使这一效应成为对广义相对论的可靠支持。

爱因斯坦高度评价自己的广义相对论。他说："狭义相对论如果我不发现，5 年之内就会有人发现；广义相对论如果我不发现，50 年之内也不会有人发现。"

广义相对论的发展历程

现在我们来简单回顾一下广义相对论的发展历程。

1905 年，爱因斯坦开始研究万有引力和惯性系的定义问题，他逐渐认识到相对论（狭义相对论）面临两个基本困难：惯性系无法定义，万有引力定律纳不进相对论的框架。

他试图把相对性原理推广到非惯性系，形成广义相对性原理的思想。

爱因斯坦受到了马赫著作的启发，猜测惯性力可能起源于相对加速的物体间的相互作用，惯性力与万有引力可能有着相同或相近的起源。这就是马赫原理的基本思想，但马赫原理这一名称是广义相对论发表之后，爱因斯坦在 1918 年才明确提出的。

此后，爱因斯坦逐渐认识到相对论面临的两个基本困难可能是同一个困难。

1907 年，爱因斯坦提出等效原理。

1911 年，爱因斯坦得到光线在引力场中弯曲的结论，他是把等效原理和牛顿力学相结合算出这一结论的，不过计算值只有正确值的一半。

1912 年，爱因斯坦开始猜测万有引力是时空弯曲的表现。

1913 年，爱因斯坦和格罗斯曼一起，把黎曼几何与列维・齐维塔的绝对微分学引入引力研究。

1914 年，他得到弯曲时空中的质点运动方程，即测地线方程；明确提出"广义协变原理"，即表达物理规律的方程在广义坐标变换下形式不变。爱因斯坦认为，广义协变原理即广义相对性原理的数学表述。

1915 年，与希尔伯特讨论后，爱因斯坦得到了广义相对论场方程的正确表达式，并得出了水星轨道近日点进动的正确值，从而创建起了广义相对论的理论大厦。

1916 年，德国数学家施瓦西求得了广义相对论场方程的一个重要的精确解：静态、真空、球对称的"施瓦西解"。用这个解可以严格计算广义相对论的三大实验验证。此前爱因斯坦用的是近似解。

1917 年，爱因斯坦给场方程引入了宇宙项，并得到有限无边的静态宇宙模型。

1922 年，弗里德曼用不带宇宙项的场方程得到膨胀或脉动的宇宙解。

1927 年，勒梅特用含宇宙项的场方程得到膨胀或脉动的宇宙解。

1930 年，爱因斯坦和福克分别独立地从场方程推出了运动方程，从而表明，广义相对论的基本方程只有一个，那就是场方程。

1963 年，克尔得到场方程的稳态转动轴对称解，从而为黑洞研究做好了理论准备。

六、探索引力波——倾听来自宇宙深处的声音

我们通常接收到的来自太空的信息，都来自电磁波和实物粒子（静质量不为零的粒子）流。虽然红外线、紫外线、X 射线、γ 射线和射电波肉眼看不见，但用探测电磁信号的装置都可以感知。实物粒子流也可以通过各种仪器接收探测。引力波却完全是另外一种东西。首先，它不是实物粒子流，它以光速传播，引力波量子化之后的引力子静质量为零。其次，它也不是电磁波，与电磁效应无关。引力波是时空的波动，可以形象地称为时空的涟漪。如果我们把接收电磁波和实物粒子流通称为“看到”，那么接收引力波就完全不是“看到”。这就是说，引力波为我们了解宇宙打开了一扇前所未有的窗口，使我们能从完全不同的另一个渠道来得到宇宙的信息，所以科学家们把接收引力波信号形象地称为“听到”，即“倾听”外界的声音。

是否存在引力波

爱因斯坦 1915 年发表广义相对论，把万有引力解释为时空的弯曲。他很快就发现，当作为引力源的实物运动时，周围时空弯曲的程度会发生变化，这种变化会以光速传向远方。他称这种时空弯曲的波动为引力波。他在 1916 年和 1918 年发表的论文中预言了引力波的存在。其中，后一篇论文更为重要，它纠正了前一篇论文中的某些错误。

然而，1936 年，爱因斯坦及其助手在研究一种柱对称时空时，计算的结果却是不存在引力波。他对引力波是否真的存在产生了怀疑。

他把这篇论文投给了美国的《物理评论》。这个杂志是现今世界上最重要的物理杂志之一，不过，当时还仅是美国最重要的物理杂志。这个杂志有一个审稿制度，即不管是谁投的稿都一定要请一位该领域的专家审查一下，审查通过了才能发表。编辑把爱因斯坦的论文寄给了一位与爱因斯坦住在同一个城市的懂广义相对论的教授，请他审查一下。编辑心想，此人认识爱因斯坦，如果他对稿件有疑问，肯定会去和爱因斯坦私下沟通。不巧的是，这位教授当时正在外地出差，无法与爱因斯坦沟通。他仔细看过爱因斯坦的论文后，认为论文有误，于是写了 10 页的评审意见，指出文章中的错误。编辑部把审稿意见转给了爱因斯坦，说我们请一位专家审阅了您的论文，他认为您的论文有误，请您看一下他的审稿意见。由于审稿是匿

名的，作者并不知道审稿人是谁。爱因斯坦看了编辑部的信后，非常生气，心想：你们也不看看我是谁，还把我的稿件拿出去审？再说这位专家也不知天高地厚，居然写了 10 页审稿意见来否定我的工作。爱因斯坦没有认真看审稿意见，他一气之下，给编辑部写了一封回信："尊敬的编辑先生，非常抱歉，我没有允许你们把我的稿子给别人看，请把稿子退还给我。"编辑部收到信后吃了一惊，爱因斯坦生气了，这是他们原来没有想到的，于是只好把稿件退给爱因斯坦，并附了一封回信："尊敬的爱因斯坦教授，我们也非常抱歉，我们不知道您不知道我们有审稿制度。"

爱因斯坦很生气，把编辑部的回信、审稿意见及自己的论文都扔到旁边，没有再看。这时，爱因斯坦的一位朋友兼学生因费尔德来了。因费尔德和爱因斯坦合写过一本科普读物《物理学的进化》。爱因斯坦把审稿意见和自己的论文都交给因费尔德，请他有空时看一下。

因费尔德水平一般，没有看懂论文和审稿意见。他想起来本城有一位研究宇宙学的教授罗伯逊，他应该懂广义相对论，于是去找罗伯逊，请他看一下这些资料。罗伯逊很快就向他指出了爱因斯坦论文中的一些错误。因费尔德一看，果然有错，就赶紧去找爱因斯坦，把罗伯逊的意见转告给他。爱因斯坦一看，自己的论文确实有错，于是把论文进行了修改，这一改，结论就变了，从原来的"没有引力波"，变成"有引力波"了。爱因斯坦在论文的结尾处感谢了罗伯逊教授和因费尔德先生的有益帮助。然后，他把论文投给了另一个物理杂志，没有继续投给《物理评论》。爱因斯坦还在生《物理评论》编辑的气。而且，他此后再也没有主动给《物理评论》投过稿。

《物理评论》有个规定，对审稿记录有 60 年的保密期。后来，60 多年过去了，《物理评论》公开了原来的审稿记录——爱因斯坦那篇论文的审稿人正是他在论文后面感谢过的罗伯逊教授。

探测引力波的先驱——韦伯

美国物理学家韦伯为引力波的探测做了大量理论研究和实验工作。

他设计了长 1.5 米、直径 65 厘米、重达 1 吨的铝质实心圆柱体。当有引力波来临时，铝质圆柱体上的应力将发生变化，应力变化转为电磁信号就可以接收到引力波了。为了减少热噪声，有人建议用喷射液氦的方式为装置降温。为了排除地震、卡车运行引起的震动等因素造成的干扰，他设计了两套相同的实验装置（见图 5-9），安装在相距 1000 千米的两个地方，其中一个在韦伯工作的马里兰大学，另一个位于芝加哥的美国阿贡国家实验室。

1969 年，这两套装置同时收到了 1660 赫的信号，韦伯分析后认为是来自银河系中心的引力波。当时曾在国际学术界引起了不小的轰动。不过，此后的几十年中，韦伯的探测装置再也没有收到类似的信号。学术界最终认为韦伯收到的不是引力波信号。位于银河系中心的物质不可能产生如此强大的引力波。但是，是什么原因造成两套相距遥远的探测装置，同时出现频率同为 1660 赫的信号，至今仍是一个谜。

此后韦伯继续为了探测引力波而努力，直至一个大雪的夜晚，年迈的他倒在了自己实验室的门口。

图 5-9　韦伯与他的引力波探测装置

引力波的间接发现

图 5-10 所示为脉冲双星的引力波辐射示意图。1978 年，美国马萨诸塞大学的泰勒和赫尔斯宣布，他们通过对脉冲双星 PSR1913+16 的观测和研究，间接证实了引力波的存在。

图 5-10　脉冲双星的引力波辐射示意图

他们通过精确的观测发现，这对双星的运转周期每年减少约万分之一秒。他们推测，这可能是由于这对双星公转时产生引力波，损失了大量能量，轨道有所收缩造成的。泰勒和赫尔斯用广义相对论中的能量理论作了计算，宣布这对双星公转辐射的引力波的能量，恰好使其公转周期每年减少约万分之一秒。他们的工作在相对论界引起了轰动，大多数人都相信他们的工作确实间接证实了引力波的存在。

当时我刚好进入北京师范大学成为刘辽先生的研究生。由于泰勒等人没有公布他们计算引力波辐射能的方法，刘辽先生建议我和师弟桂元星自己计算一下，验证一下他们的工作，同时，这也是一次学习引力波辐射理论的练习。于是我们在刘辽先生的指导下作了繁复的计算，最后确实证明，这对双星引力辐射造成的能量损失，恰好使它们的运转周期每年减少约万分之一秒。与我们同时，北京大学物理系的胡宁教授也指导他的研究生章德梅和丁浩刚研究了这对双星的引力辐射，得到了与我们类似的结论。

1993 年，诺贝尔奖评委会宣布，由于泰勒和赫尔斯“对于脉冲双星研究的贡献”，授予他们当年的诺贝尔物理学奖，不过没有明确说是由于他们间接发现了引力波。实际上，这是诺贝尔奖评委会谨慎的表现。学术界普遍认为，授奖给他们的真实原因，就是奖励他们间接证实了引力波的存在。

计算引力辐射能的主要困难，在于引力场能量密度如何表述，这个问题一直存在争议。引力场和电磁场很不一样。电磁场的能量密度如何表述，学术界没有争议。爱因斯坦和托曼最早给出了一个引力场能量密度的表达式。不久之后，苏联的朗道和栗弗席兹就指出，爱因斯坦给出的引力场能量表述有缺点，于是他们给出了一个不同的引力场能量表达式。但很快又有人指出朗道等人给出的表达式仍有缺点，于是他们又给出另一个新的表达式，……再后来人们发现，所有的引力场能量表达式均有缺点。

我们当时使用了自认为缺点较少的朗道等人给出的表达式，算出的结果正好与泰勒等人的一致。因为有关的计算太复杂了，换不同表达式要重新进行复杂计算，非常麻烦，所以我们庆幸自己运气不错，做了一次正确的选择，可后来北京大学数学系毕业的郑玉昆先生用其他几种表达式作了计算，都得到与我们相同的结果。由此看来，相对论的引力场能量表述虽然都有缺点，但又都在一定程度上可以应用。

有人进一步研究后得出结论，引力场的能量密度表达式不能定义在无穷小的时空点，只能定义在一个准无穷小的时空内。

这是因为引力能是时空弯曲所具有的能量，与时空弯曲状况有关，而只凭时空中的一个点是无法确定该点处的时空弯曲状况的，至少要有两个以上的点才能确定该处的时空是否弯曲，以及弯曲的程度。所以，寻找时空一点处的引力场能量密度表达式是试图对一个错误的问题寻找正确的答案。

引力波的直接发现

2016 年 2 月 11 日，美国激光干涉引力波观测台（LIGO）科学合作组织宣布，他们于 2015 年 9 月 14 日直接收到了来自宇宙深处的引力波信号。为了慎重起见，他们没有在接收到信号的当天就宣布，而是用了将近五个月的时间来反复检查核实，最终他们确认了这一发现，把它公之于世。他们用发现此次引力波信号的日期来命名这次发现：GW150914。

有趣的是，2015 年恰是广义相对论发表 100 周年，2016 年则是爱因斯坦预言引力波存在的 100 周年。

这个小组用加在迈克耳孙干涉仪上的引力波的偏振效应来进行探测。引力波与光波不同，它的偏振会出现剪切效应。这就是说，引力波的横截面如果是一个圆的话，这个圆将在两个方向上反复交替变扁，如图 5-11 所示。

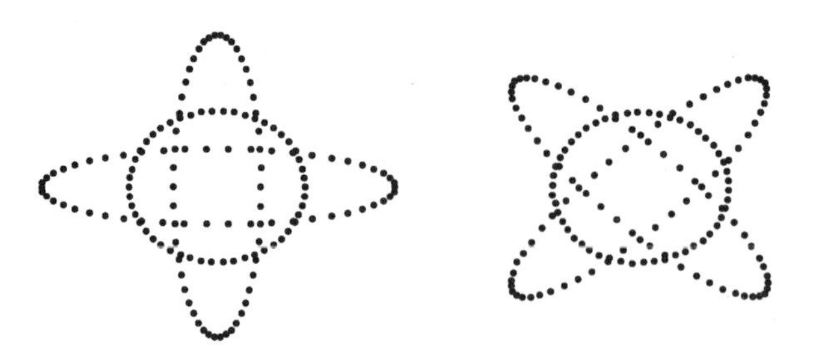

图 5-11　引力波的两种偏振态

由于探测引力波的仪器需要极高的精度，他们在地面上修建起两个巨大的激光迈克耳孙干涉仪（也称为 LIGO，见图 5-12），臂长 4 千米，一个建在美国西北部的华盛顿州，另一个建在美国东南部的路易斯安那州，二者相距 3000 千米。相距这么远是为了排除地震、汽车行驶等外来因素的干扰。

图 5-12　探测引力波的大型激光干涉仪（LIGO）

当引力波垂直射在地面的 LIGO 上时，波的偏振效应将导致 LIGO 臂长的反复伸缩，如图 5-13 所示。这一伸缩将引起干涉条纹的移动，从而观测到引力波信号的到来。探测到的信号十分微弱，所引起的 LIGO 臂长的伸缩大约只有质子大小的千分之一（10^{-18} 米）。这么微弱的效应是预料之中的，因此工作人员事先在提高测量精度方面做了大量工作。例如他们把 LIGO 的臂做成了法布里－珀罗腔，让激光在其中反复振荡近 400 次，相当于把臂加长到将近 1600 千米。

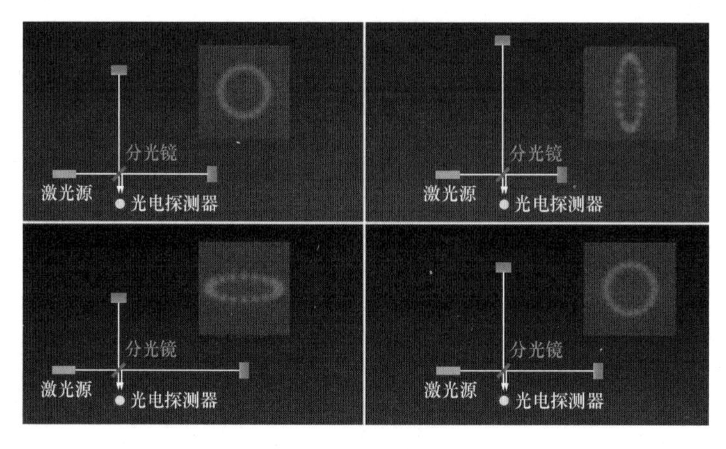

图 5-13　LIGO 的示意图

由于这一重要发现，对 LIGO 和引力波探测有重要贡献的三位物理学家，韦斯、巴里什和索恩，获得了 2017 年的诺贝尔物理学奖。

笔者想要强调的是，不仅这次发现所依据的广义相对论和引力波理论是爱因斯坦提出的，这次用于探测引力波的激光理论（受激辐射）也是他首先提出的。

收到此次引力波信号的 2015 年 9 月 14 日，位于路易斯安那州利文斯顿的 LIGO 先收到信号，7 毫秒后，位于华盛顿州汉福德的 LIGO 也收到了同样的信号。这一时间差提示科学家们，引力波源位于地球南半球的上空。这次收到的信号，频率从 35 赫上升到 250 赫，振幅很快达到极值，频率保持不变，然后振幅逐渐减小，持续时间约 0.2 秒，如图 5–14 所示。

研究表明，这次引力波信号产生于 13.4 亿年前两个黑洞的并合。其中一个黑洞的质量为 $36M_{\odot}$（即 36 倍太阳质量），另一个为 $29M_{\odot}$，并合后形成一个质量为 $62M_{\odot}$的巨大黑洞。整个并合过程满足黑洞的面积定理，即生成大黑洞的表面积，大于并合前两个较小黑洞的表面积之和。这一定理是霍金证明的，我们将在第七讲中加以介绍。

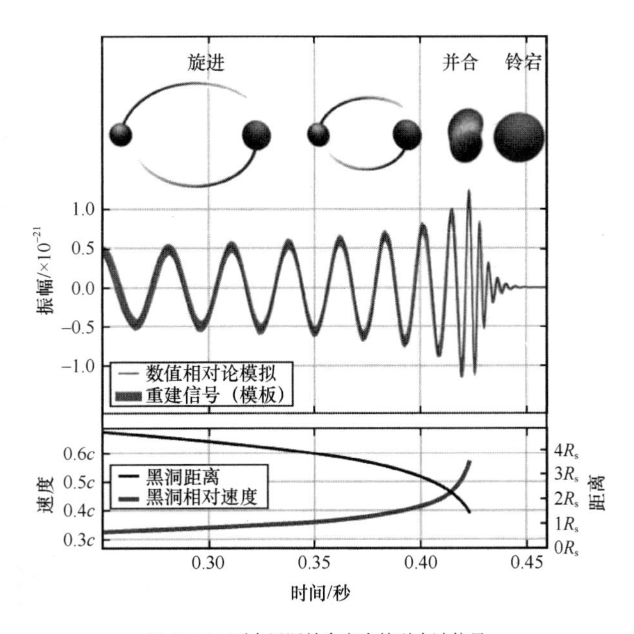

图 5–14　两个黑洞并合产生的引力波信号

继第一次接收到引力波信号（GW150914）之后，LIGO 又多次接收到引力波信号，例如 GW151226、GW170104、GW170814。其中 GW170814 同时也被意大利的 Virgo 探测器接收到。由于 Virgo 探测器不够灵敏，它收到的信号比较模糊。上述这几次接收到的引力波信号，均没有发现同时有电磁波信号产生。

值得注意的是 LIGO 在 2017 年 8 月 17 日探测到的那次引力波（GW170817），从收到引力波后 1.7 秒开始，各地陆续探测到各种频率的电磁波。首先是在引力波源的方向上观察到 γ 射线暴，也就是说射来极强的 γ 射线；10 小时 52 分后观察到可见光；11 小时 36 分后观察到红外线；15 小时后观察到紫外线；9 天后观察到 X 射线；16 天后接收到射电波。γ 射线暴后观察到的可见光极强，比通常的新星亮约一千倍，这是一种千新星现象，可能是两颗中子星相撞造成的。

千新星现象是我国留美学者李立新和他的美国导师帕金斯基预言的，所以又称李－帕金斯基型新星。李立新毕业于北京大学物理系，在北京师范大学读的硕士研究生，追随刘辽先生学习广义相对论，后又到国外进一步深造，现在在北京大学工作。

上述电磁现象陆续出现的过程，表明两颗中子星在碰撞前已被对方的引力撕碎。天文观测从这次千新星现象中看到多种重元素的光谱，特别是有大量黄金产生。研究表明，这一现象是两颗质量分别为 $1.1M_{\odot}$ 和 $1.6M_{\odot}$ 的中子星并合引发的，目前尚未能判定这两颗中子星碰撞的最终产物究竟是黑洞还是中子星。

在接收到引力波信号的同时，接收到电磁波信号，意义重大。二者可以相互印证，相互参考。目前看来，两个黑洞碰撞只产生了引力波，电磁波如果产生，也极其微弱。而两颗中子星碰撞，则会在产生引力波的同时，产生极强的电磁波。

目前我国已经制订了利用卫星探测引力波的太极计划和天琴计划，方案是利用人造卫星在空中建设激光干涉装置来探测引力波，如图 5-15 所示。此外，中国科学院还在西藏的阿里天文台，建设了探测宇宙诞生初期产生的原初引力波的科学装置。

图 5-15　卫星间用激光干涉探测引力波

七、爱因斯坦的学术成就及影响

爱因斯坦对物理学的重大贡献遍及相对论、量子论和统计物理的各个领域，提名授予他诺贝尔奖的理由也多种多样；提名最多的领域是相对论，包括狭义相对论和广义相对论，但最终获奖的却是他解释光电效应的贡献。

1921 年，瑞典皇家科学院秘书在通知他获奖的信中特别强调：“但是（这次颁奖）没有考虑您的相对论（即狭义相对论）和引力理论（即广义相对论）一旦得到证实所应获得的评价。”这可能是因为这两个理论太难理解，而且尚缺乏实验验证，因而评委中存在不同意见的结果。也可能是有一部分人希望等他这两个理论得到证实后再次给他颁奖。但后来诺贝尔奖评委会又改变主意，不愿给同一个人多次颁奖了。

我们遗憾地看到，爱因斯坦最重大的两项科学贡献没有获得诺贝尔奖。

不过，后来有多项检验爱因斯坦理论，或与爱因斯坦理论密切相关的研究工作获得了诺贝尔奖。例如：

1926 年，诺贝尔物理学奖授予了首次用实验证明爱因斯坦的布朗运动理论的科学家；

1927 年，诺贝尔物理学奖授予了证实爱因斯坦光量子理论的康普顿效应的发现者；

1951 年，诺贝尔物理学奖授予了用实验证实公式 $E = mc^2$ 的两位科学家；

1964 年，诺贝尔物理学奖授予了证实和发展爱因斯坦受激辐射（即激光）理论的三位科学家；

1993 年，诺贝尔物理学奖授予了利用脉冲双星运转周期的变化，间接证明了引力波存在的两位学者；

2001 年，诺贝尔物理学奖授予了实验证实玻色 – 爱因斯坦凝聚的三位科学家；

2017 年，诺贝尔物理学奖授予了引力波的直接探测；

2019 年，诺贝尔物理学奖授予了物理宇宙学的相关理论与发现，这一理论建立在爱因斯坦广义相对论的基础之上；

2020 年，诺贝尔物理学奖授予了黑洞物理及其观测，黑洞理论也是建立在广义相对论的基础之上。

许多学者预言，今后还会有很多建立在爱因斯坦相对论和量子论基础之上的科研成果会获得诺贝尔奖。

爱因斯坦多次谈到，自己提出狭义相对论和广义相对论都曾受到马赫思想的启发。他高度评价马赫的物理思想，认为自己的狭义和广义相对论都与马赫的思想一致，自己的这两个理论中包含了马赫的预言。然而，当时马赫还活着，他表示自己的思想和爱因斯坦的相对论毫无共同之处，他断然拒绝接受爱因斯坦的相对论。此后不久，他就去世了。不过，据说他生前没有见到爱因斯坦的广义相对论。

应该说，爱因斯坦在建立狭义和广义相对论时，确实都曾受到过马赫思想的启发。在建立广义相对论时，在数学上还曾得到过格罗斯曼和希尔伯特等人的帮助。

然而，爱因斯坦是人不是神，他曾经：

不同意膨胀宇宙模型；

不同意白矮星存在质量上限；

不同意有黑洞存在；

不同意外尔的规范场论；

始终不同意量子力学的统计解释；

……

后来的事实表明，他的这些不同意见有对有错。他从正反两个方面推动了物理学的发展。

爱因斯坦做出划时代的成就，是在 25 岁到 45 岁之间。他 26 岁提出狭义相对论和光量子理论，36 岁提出广义相对论。

他曾说："我没有什么别的才能，只不过喜欢刨根问底地追究问题罢了。"

又曾说："时间、空间是什么，别人在很小的时候就搞清楚了。我智力发展迟缓，长大了还没有搞清楚，于是一直揣摩这个问题，结果也就比别人钻研得更深一些。"

爱因斯坦领导了 20 世纪的科学革命，奠定了现代物理学的基础。他的成就，只有牛顿可以与之相比美。

第六讲

白矮星、中子星与黑洞

引子一：加尔各答黑洞

英国统治印度的时期，在加尔各答市有一座英军驻守的要塞。其中有一间几乎密闭的房间，称为“黑洞”，用来关押醉酒的士兵。这间长 5.5 米、宽 4.3 米的房间，只有两扇通气的小窗户，通常可以关押三到四名醉酒者。

1757 年的夏天，在那里爆发了反抗殖民者的民族起义。进攻这所要塞的数万印度民众伤亡惨重。最后胜利者抓了 146 个俘虏，把他们统统塞进了这个“黑洞”，关了一个晚上。当时正值最炎热的夏季，第二天早上打开“黑洞”门时，123 个人已经死去，只剩下 23 个活人。

20 世纪 80 年代，在加尔各答开了一次国际天体物理研讨会。当时正值黑洞研究热潮，参加会议的中国科学技术大学教授卢炬甫向会议的组织者提出，希望参观一下这个人间“黑洞”。组织者告诉他，不可能了，这个“黑洞”及其所在的建筑已经拆毁了。

卢炬甫十分惊讶，说在我们中国，这种历史建筑一定会留下来作为爱国主义教育的基地。组织者告诉他：“你搞错了，当时不是英国人把印度人关进去，而是伤亡惨重的胜利者印度人把英国俘虏关进去了。”

在卢炬甫翻译的印度学者纳里卡写的科普读物《轻松话引力》（湖南教育出版社，2000 年）一书中讲了这个加尔各答“黑洞”的故事。

这个人间“黑洞”，有一点与自然界的黑洞相似，就是它的高密度，约 20 平方米的空间居然塞进了 146 个人，而且这些人无法逃出。

引子二：《每月之星》

作者第一次看到有关黑洞的介绍，是在 1958 年左右，在北京一中上学的时候。这所古老的中学有一个藏书丰富的图书馆。我的同班好友裴申向我介绍了图书馆中一本叫《每月之星》的科普书，作者名叫陶宏。此书由开明书店出版，是当时有名的“开明青年丛书”中的一本。于是，我也去借了一本。

此书有一个极大的优点，就是把西方天文学和中国天文学结合起来讲，把中西方的天文星座和恒星名称对照起来讲，把现代科学知识与中西方的神话故事结合起来讲，且内容丰富、知识前沿、语言生动，引人入胜。

书中介绍了当时已发现了的密度最大的恒星白矮星，其一小酒杯物质质量就高达 1 吨左右，这让我惊叹不已。书中还提到了科学家已经预言，但尚未发现的密度更大的中子星。

书中甚至还提到了爱因斯坦的广义相对论，提到时空弯曲，提到光都无法逃出的暗星，即黑洞。

我很爱看天文方面的科普读物，但在此后的十几年中，我再也没有从其他科普读物中看到有关黑洞的内容。直到 20 世纪 70 年代中期，才在《科学通报》上看到王允然教授写的一篇介绍黑洞的高级科普文章。

1978 年我考上了北京师范大学天文系的研究生，在导师刘辽先生的指导下攻读广义相对论、黑洞和宇宙学等理论。有一次，在和天文系主任冯克嘉教授（我的另一位导师）交流时，我提到陶宏写的《每月之星》这本书，他告诉我陶宏是陶行知先生的儿子。后来，我在研究生院工作时，一度和教育家顾明远先生在一个办公室工作。我看到他的书架上有一大排《陶行知文集》。有一次翻阅此文集时，我无意中发现，其中有许多与《每月之星》内容相近的天文知识。好奇心驱使我又去查看《每月之星》这本书的复印本。看到陶宏先生在序言中说，他父亲在 1940 年左右曾给少年学生开过一门名叫“月令之星”的课程，自己就担任这门课程的小助教。他写《每月之星》的素材，就取自他父亲讲授这门课的资料。

想不到教育家陶行知先生竟然是中国最早将星空大众化的科普工作者之一。我原以为陶行知先生文科出身，文史知识当然非常广，但不一定对科学有多少了解。想不到他“上知天文，下知地理，中晓人和”。仔细一想，这才是真正的教育家。孔子当年不也是一位百科全书式的人物吗?

陶行知先生全心致力于平民教育，真不愧为伟大的教育家。

陶宏先生在这本书的序言中写道，此书于“1949 年 1 月 22 日，北平停战之日，写于北大红楼”。现在离这本科普书的出版，已经半个多世纪过去了。为了使这本书的丰富内容，特别是中西对照的写作模式，能为更多读者和专家注意到，笔者冒昧向湖北科学技术出版社推荐了这本书。在湖北科学技术出版社的努力下，这本书得到陶宏先生亲属的允许和赞同，在 2018 年出了新版，感兴趣的读者不妨找一本来看看，肯定会大有收获。

一、历史上的黑洞

牛顿理论预言的暗星

大约 200 年前，在拿破仑那个时代，英国剑桥大学的学监米歇尔和法国数学家、天文学家拉普拉斯，几乎同时预言了黑洞。不过，当时“黑洞”这个名称还没有出现，他们称其为暗星。

拉普拉斯在他的学术名著《天体力学》和科普读物《宇宙体系论》中都提到暗星:

> 天空中存在着黑暗的天体，像恒星那样大，或许像恒星那样多。一个具有与地球同样密度，而直径为太阳250倍的明亮星体，它发射的光将被它自身的引力拉住，而不能被我们接收。正是由于这个道理，宇宙中最明亮的天体很可能是看不见的。

拉普拉斯用牛顿的力学公式证明了这个结论。牛顿力学发展到今天，能量 – 动量理论已被普遍接受，得出这个结论更为方便。

设天体质量为 M，光子质量为 m，位于天体表面的光子想要逃离天体的万有引力，它的动能 $\frac{1}{2}mc^2$ 必须大于势能 $-G\frac{Mm}{r}$。当时尚不知道真空中的光速 c 是常数，量子论也没有出现，所以光子动能用 $\frac{1}{2}mc^2$ 表

示，其中的 c 表示天体射出的光子的初速。当光子动能小于或等于它在天体表面的势能时，即

$$G\frac{Mm}{r}\geqslant\frac{1}{2}mc^2 \tag{6.1}$$

成立时，光子将不可能逃离天体。式中，r 为天体半径，G 为万有引力常数。

从上式不难得出

$$r\leqslant\frac{2GM}{c^2} \tag{6.2}$$

式（6.2）即暗星存在的条件。此后，定义

$$r_{\mathrm{g}}=\frac{2GM}{c^2} \tag{6.3}$$

为天体的引力半径。

当时人们不知道光速是极限速度，因此认为光不能逃离的暗星，其他物体仍有可能逃离。

从今天的眼光来看，上述论证有两点缺陷。第一是，证明上述结论用的是牛顿定律，未用广义相对论；第二是光子的动能误写为$\frac{1}{2}mc^2$，而不是 mc^2。

不过，这两点缺陷的作用相互抵消，拉普拉斯得到的暗星存在的条件式（6.2），今天看来仍是正确的。

《天体力学》是拉普拉斯引以为傲的著作。他把此书献给了拿破仑皇帝。这位把资本主义的种子撒遍欧洲、推动了人类历史前进的资产阶级皇帝，对科学技术也极为支持。他在翻阅了《天体力学》一书后，问了拉普拉斯一个问题："这本书里怎么没有提到上帝的作用？"拉普拉斯高傲地回答："我不需要这个假设。"

《天体力学》的第一版和第二版均提到暗星，但在 1808 年出的第三版中却取消了有关暗星的论述。

这是因为，英国学者、神童托马斯·杨于 1801 年（一说 1802 年）完成了光的双缝干涉实验，证明了光不是微粒，而是波。这样，在光的微粒说的基础上预言的暗星就靠不住了。治学严谨的拉普拉斯，为了保险起见，就把有关暗星的论述从自己的巨著中撤掉了。

我们在第一讲中曾介绍了神童托马斯·杨，他的能力和贡献实在令人惊叹。不过我在这里想强调一下，做出重大贡献的人不一定都是神童。例如，牛顿和爱因斯坦都不是神童，他们在童年时代都没有引人注目的表现，他们的才华都是在青年时代才表现出来的。所以，神童也好，非神童也好，只要自己努力，而且方法正确，都有可能取得重大的成就。

广义相对论再次预言暗星

对暗星的再次讨论，出现在 100 多年之后，1939 年美国物理学家奥本海默在研究中子星时，再次预言

了暗星的存在。他在广义相对论与光子能量的基础上，推出了暗星的存在。他给出的暗星半径的计算公式与拉普拉斯相同，仍为式（6.3）。

不过，当时很少有人相信奥本海默的这一结论。

我们知道，太阳半径为 70 万千米，密度为 1.4 克 / 厘米 ^{3}，与水差不多。如果按照式（6.3），太阳形成暗星时的半径缩为了 3 千米，密度高达 100 亿吨 / 厘米 ^{3}。这种惊人的密度实在令人难以置信。当时知道的密度最大的物质是构成白矮星的物质，也不过 1 吨 / 厘米 ^{3} 左右。白矮星的密度已经很惊人，而暗星的密度几乎无人敢相信，爱因斯坦和研究恒星物理的专家爱丁顿都不相信。

不过，认为暗星密度一定很大是一种误解。实际上，质量越大的暗星，密度越小。我们不难从下式看出这一点：

$$暗星密度=\frac{质量}{体积}\propto\frac{M}{r_g^3}$$

根据暗星半径计算公式［式（6.3）］，r_g 正比于星体质量 M，所以暗星密度为

$$\rho\propto\frac{1}{m^2}$$

可见，暗星密度反比于它质量的二次方，所以质量越大的暗星，密度越小。$10^8M_\odot$（$M_\odot$为太阳质量）的暗星，其密度 ρ 与水差不多。由此看来，大密度并不是暗星不可接受的理由。实际上，下面我们会进一步看到，讨论黑洞的密度其实没有什么意义。

二、恒星的演化

赫罗图

图 6–1 是能够反映恒星演化的赫罗图，由天文学家赫茨普龙和罗素给出。注意，赫罗图给出的不是恒星在天空的方位，而是恒星的光度（真实辐射功率、真实亮度）和温度之间的关系。图的横坐标表示恒星的热力学温度，由于温度较低的恒星发红光，温度较高的恒星依次发黄光和蓝光，所以从这张图可以看出不同位置恒星的颜色。图的纵坐标表示光度，即恒星的真实辐射功率，图中的光度值以太阳光度为 1 来表示。显然，光度表示恒星的真实发光能力。我们通常看见的恒星的亮度是它发出的光到达我们这里时的光通量 Φ_v，其计算公式为

$$\Phi_v=\frac{L}{4\pi d^2} \tag{6.4}$$

式中，L 为光度，d 为恒星到我们的距离。

天文学中通常以视星等来表示肉眼所见的恒星的亮度，规定星等数越小的恒星越亮，例如 1 等星比 2 等星亮，2 等星比 3 等星亮……，比 1 等星更亮的恒星，可以用零等和负的星等来描述，例如天狼星的视星等为 –1 等。–2 等则比 –1 等更亮，依次类推。

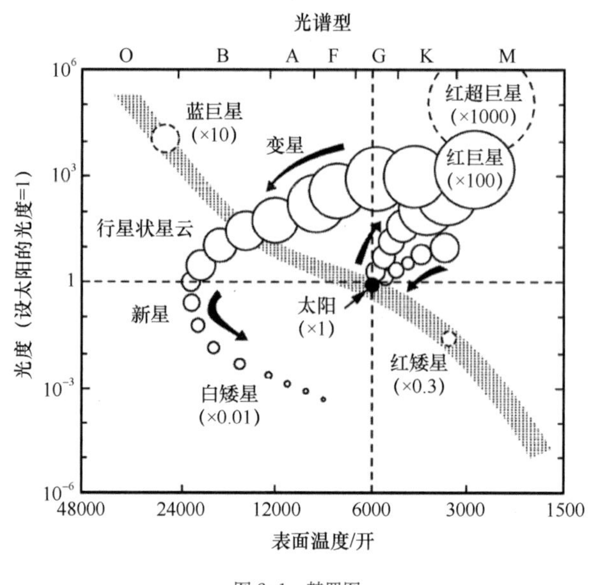

图 6-1 赫罗图

然而，视星等并不能完全反映恒星的发光能力（光度）。视星等除去和光度有关外，还与恒星离我们的距离有关，具有同样光度的恒星，离我们越远的看起来亮度越小，视星等越低。为了使星等能更好地反映恒星的光度，天文学上定义了绝对星等。这就是在用天文学上的方法测出恒星的光度和真实距离后，再假想把所有的恒星都放在一个标准距离上（离我们 32.6 光年，即 10 秒差距）观测，把这时我们看到的这颗恒星的视星等作为绝对星等。所以绝对星等可以反映出恒星的光度，也就是真实发光能力。

现在再来解释一下赫罗图。由于纵坐标表示光度，所以位于图上方的恒星辐射功率强（光度大）。横坐标表示温度，位于图左边的恒星发蓝光，温度高，右边的恒星发红光，温度低。

另外，天文学家还根据恒星某些光谱线的特征定义了光谱型，后来发现这些光谱型与恒星的温度有关，把它们标记在赫罗图上方的横坐标上，依次为 O、B、A、F、G、K、M 等。光谱型的顺序很难记忆，于是有人编了一个小故事：

一位青年天文学家初次来到天文台观测恒星，望远镜中五颜六色的恒星让他眼花缭乱，他不禁惊呼：

“Oh, be a fine girl, kiss me!”

即“哦，真像一位仙女，吻我吧！”这句话中每个英文单词的首字母，正好是按顺序排列的代表不同光谱型的字母。这样，光谱型的顺序就好记了。

从赫罗图不难看出，大多数恒星聚集在从图的左上方到右下方的一条对角带上。这条带称为主星序，位于主星序上的恒星称为主序星。研究表明，位于主星序上的恒星，正处于恒星的中、青年时期，恒星会在主星序上度过自己的青春年华。

恒星的诞生与演化

我们现在来简单了解一下恒星的诞生和演化。

19 世纪的许多天文学家和物理学家认为，宇宙早期充满了大体均匀分布的气态物质。后来由于统计涨落，这些气体逐渐凝聚成团，并在万有引力作用下不断收缩。在收缩过程中，大量的引力势能转化为热能，从而形成发光发热的恒星。例如开尔文、亥姆霍兹等著名科学家都持这种观点：他们认为，恒星发光发热的能源来自收缩形成恒星的气团的引力势能。

天体物理学家爱丁顿对此深表怀疑，他认为气团收缩时引力势能转化形成的热能，不足以维持恒星长期的发光发热。他认为，恒星的能量来自轻原子核的聚变反应。爱丁顿认为，早期宇宙中的气体主要由氢元素组成，气团收缩时引力势能转化的热能确实使气团温度大大升高，但这点势能转化成的热能不足以维持恒星长期发光发热。但是，短暂的高温就足以点燃氢原子聚合成氦原子的热核反应，而热核反应产生的热量足以维持气体的高温，使这一过程长期继续下去，从而形成长期发光发热的恒星。

爱丁顿是第一位把热核反应引入天体演化的物理学家，可以说，他在这方面居功至伟。不过，他当时遇到了很大的阻力，许多著名天文学家不同意他的看法，认为恒星内部产生聚变反应的条件不足。高傲的爱丁顿对自己的助手说，不和他们争论会不会产生聚变反应，而是“往前走，去找形成聚变反应的原因”。

现在的研究表明，爱丁顿的上述观点是正确的。恒星演化的示意图如图 6-2 所示。收缩气团的引力势能确实导致了气团的高温，这一高温点燃了氢聚合成氦的热核反应，形成了发光发热的恒星。新诞生的恒星进入了主星序，成为主序星。主序星在那里度过自己的青年和中年时期。到了晚年，主序星中心部分的氢已基本聚合成氦，热核反应在恒星的外层继续进行，这时恒星形成红巨星或红超巨星，并离开主星序，来到赫罗图的右上方。红巨星中的氦又发生进一步的热核反应聚合成碳和氧，并发生收缩，最终质量小于 $1.44M_{\odot}$（钱德拉塞卡极限）的恒星收缩成密度高达 1 吨 / 厘米 ^{3} 左右的白矮星。最终质量大于 $1.44M_{\odot}$的恒星将发生超新星爆发，最后形成中子星或黑洞。最终产物究竟是中子星还是黑洞，要看星体在超新星爆发后的残存质量，残存质量达到 $2\sim3M_{\odot}$（奥本海默极限）的会形成中子星，大于奥本海默极限会形成黑洞。当然也有一些星体会在超新星爆发中全部炸飞。

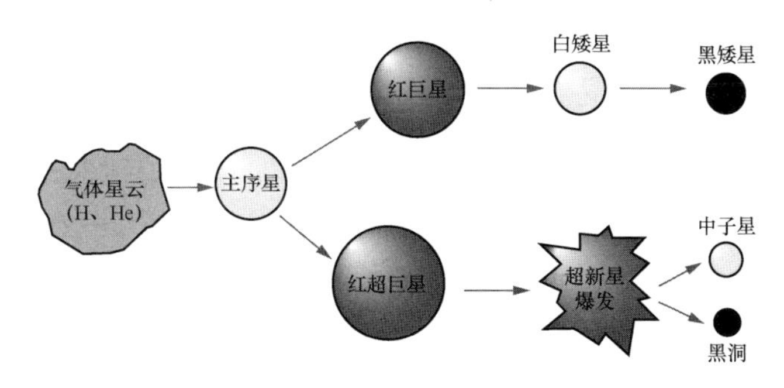

图 6-2 恒星演化示意图

上述过程我们会在下面详细介绍。

太阳的半径是 70 万千米，密度为 1.4 克 / 厘米 ^{3}。太阳形成白矮星后，半径收缩到 1 万千米，密度达到 1 吨 / 厘米 ^{3}；如果太阳收缩成中子星，半径仅剩 10 千米，密度高达 1 亿～ 10 亿吨 / 厘米 ^{3}；如果太阳收缩成黑洞，半径只剩 3 千米，密度高达 100 亿吨 / 厘米 ^{3}。不过我们要说明，研究表明，我们的太阳演化的最终结局是白矮星，而不是中子星或者黑洞，下面我们会详细讨论这一点。图 6-3 是同样质量的各种恒星大小的比较示意图。

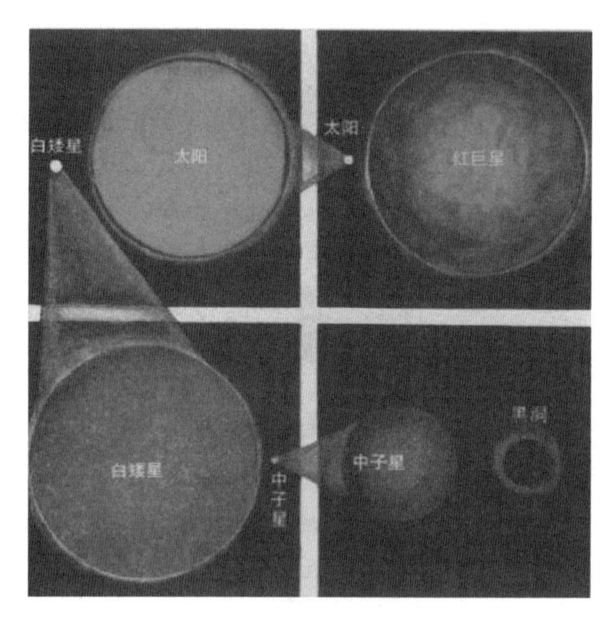

图 6-3　各种恒星尺度的比较

三、白矮星与红巨星

"西北望，射天狼"

人类发现的第一颗白矮星是天狼星的伴星，称为天狼星 B。天狼星是中国人起的名字。从古希腊延续下来的西方天文学，称其为大犬座 α 星。古希腊的天文学家把天上的恒星按希腊神话中的形象，划分为一个一个的星座，每个星座中最亮的一颗恒星命名为 α，其次为 β、γ……总之，按恒星的视亮度用希腊字母排序。中国人所说的天狼星，即希腊人所说的大犬座 α 星。

天狼星是我们肉眼可见的除太阳外最亮的恒星。它之所以非常亮，主要原因是它离我们非常近。有多近呢？大约 9 光年。这就是说，天狼星发出的光线，用 9 年时间就可以到达地球了。这么远的距离我们为什么说近呢？因为和其他恒星比较，天狼星算是近的。恒星到我们地球的距离，要用几光年、几十光年、几百光年，甚至成千上万光年来表示。离太阳最近的一颗恒星，是比邻星，距我们 4.22 光年。它属于半人马座 α，这是一组三合星，由三颗恒星组成，围着它们的质心旋转。其中 A、B 两颗星相互较近，但离我们比 C 星要远。C 星就是比邻星。

我们熟悉的牛郎星距离地球 16.5 光年，织女星距地球 25.3 光年。牛郎距离织女 16 光年，看来他们要相会一次实在不容易，太远了。

恒星为什么叫恒星呢？就是因为从地球上看，它们在天空中的相对位置不变，相对固定。其实，我们肉眼所见的恒星都是银河系中的星，都围绕着银河系中心在转动。为什么我们觉得它们不动，相对位置不变化呢？就是因为它们离我们太远，最近的也有几光年，光走几年才能到地球，实在太远了。所以在人类几千年的文明史时间段，地球人觉得它们的相对位置没有发生变化，在天空形成稳定的星座。

天狼星冬天出现在南面的星空，非常明显。在中国古代，天狼星代表侵略，在它的下面有一组恒星，我们的祖先称为“弧矢”。弧矢射天狼，表示反击侵略。屈原在《九歌》中写道：“举长矢兮射天狼，操余弧兮反沦降。”抗日战争时，大后方的文人经常引用这一诗句。苏东坡也有词：“会挽雕弓如满月，西北望，射天狼。”

有人可能会问，天狼星始终出现在南天，不出现在西北，为什么要“西北望，射天狼”呢？这一方面是因为天狼星出现在弧矢星的西北（见图 6-4），另一方面是因为北宋的主要敌人是西夏，位于大宋国的西北方。我们在小说和京剧中，常看到宋对抗辽的战争，很少看到宋与西夏的战争。在宋刚建国时，主要敌人确实是辽国。但“澶渊之盟”之后，宋辽之间 120 年没有打仗。这个盟约使宋受了一定的屈辱。不过另一方面，这 120 年的和平，给宋辽两国人民带来了和平安定的生活与经济贸易的发展，双方都得到了益处。实际上，当时的宋国，人口达到一亿，科学技术发达，是世界上最富裕、最先进，人民生活最好的国家。

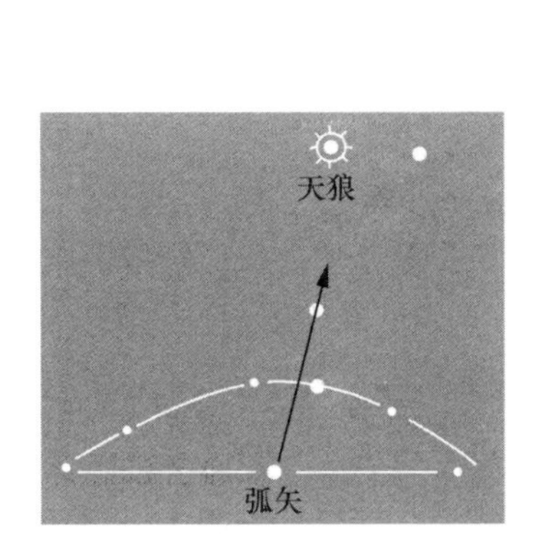

图 6-4　弧矢射天狼

苏门三学士

笔者在这里想对苏东坡一家作一点介绍。唐宋八大家，除去唐朝的韩愈和柳宗元之外，北宋的六位都离不开欧阳修。苏轼、苏辙兄弟二人，以及王安石和曾巩，都是在欧阳修任主考官时考中的进士，按当时的说法，都是欧阳修的“门生”。曾巩真是欧阳修的学生。苏轼（东坡）的父亲苏洵，虽然不是进士，也是欧阳修推荐上去的，也可以称是欧阳修的门生。

苏洵的思想是“入世”型的，文章多涉及富国强兵的论述。这本是好事，但是不受当时统治者的喜爱。所以，他虽然才华横溢，却屡试不中，后来失去信心，不再努力，成天和一群朋友走马遛狗。幸亏他的夫人程氏很有见识，劝他不要荒废了自己的才华，而且告诫他，你这样下去，对孩子们影响不好，会影响他们的前程。苏洵觉得夫人言之有理，从此不再游荡，带着两个儿子一起读书，然而又考了两次，依然落榜。他决定自己不再考了，但是要教好两个儿子，把希望寄托在他们身上，于是三人一起苦读。程夫人读过一些书，也鼓励孩子们正直、上进。他让小苏轼读《后汉书》中的《范滂传》。小苏轼看了不惧恶人、与奸臣宦官斗争而牺牲的范滂的传记，很受感动。范滂被捕时，后悔自己连累了母亲。范母对他说：“你既想做正直的人，又希望得到善终，这二者怎么可能同时做到呢？”她鼓励儿子不要后悔。苏轼读到此处，对母亲说：“我将来可以做范滂吗？”程夫人说：“你能做范滂，我就不能做范母吗？”这对苏轼的一生产生了重要影响。

后来，苏洵带两个儿子进京赶考，这次两个儿子都中了进士。主考官欧阳修在评阅考生试卷时，对其中一人的文章十分看好，本想给这位考生第一名，但又担心此文是自己的学生曾巩所作。考卷是匿名的，而且交由主考官终审的考卷要由别人抄过，所以笔迹也看不出来。欧阳修怕别人说他假公济私，忍痛把第一名给了另一位考生。发榜时他才知道这份最优秀的考卷是苏轼的，不是曾巩。欧阳修非常遗憾。

两个儿子同时中榜，苏洵十分高兴。他带儿子们去见欧阳修，拜谢主考官。有人劝他把自己的文章也带上，请欧阳修看一下，说不定也会受到好评。欧阳修本来对苏轼兄弟同时中进士已经十分惊叹，再一看苏洵的文章：原来“老家伙”也很棒啊！于是到处称赞苏门三学士。

三个人在京城到处拜访名人，正当他们春风得意之时，噩耗传来，苏轼的母亲去世了。父子三人赶紧回家奔丧。遗憾的是，程夫人去世时尚没有听到丈夫和儿子名震京华的喜讯。程夫人一生成就了三个伟人，是一位了不起的女性，同时也是一个悲剧性的人物。她的女儿（苏轼的姐姐）嫁给了自己的侄子（程夫人兄长的儿子），但是据说在程家没有受到善待，被虐待而死。苏家悲愤万分，苏洵曾集合全家族人开会，声讨自己的亲家。程夫人的难过心情可想而知。最后她又未能听到丈夫和儿子的大喜讯，实在令人感慨！

白矮星与红巨星

1834 年，天文学家发现天狼星在天空的位置有微小的周期变化。当时牛顿力学已经普及，人们自然猜测，这表明天狼星有一颗看不见的伴星，这颗伴星与天狼星一起围绕它们的共同质心在转动。28 年后人们真的发现了这颗伴星，如图 6–5 所示。这颗伴星发白光，体积很小，但质量并不小，可见密度很大。现在知道构成这颗伴星的物质，密度高达 2.5 吨 / 厘米^3，发白光是因为它温度很高，达到 2 万开。人们就称这种又白又小、高温高密度的恒星为白矮星。以后，人们称天狼星为天狼星 A，其伴星为天狼星

图 6–5 天狼星与其伴星

B。后来天文学家发现，在银河系中有大量白矮星存在，大约占银河系中全部恒星的十分之一。

白矮星是怎么形成的呢？我们下面来简单介绍一下主序星的演化和白矮星的形成。像太阳这样的恒星，靠氢（H）聚合成氦（He）的热核反应产生的能量来维持。太阳的表面虽然只有 6000 开的温度，其核心部分却高达 1500 万开，而且存在极高的压强。这样的高温高压状态可以维持 H 聚合成 He 的热核反应继续进行。现在的研究表明，像太阳这样的主序星，在中心部分的 H 基本聚合成 He 之后，这一热核反应会转向恒星的外层进行。这时，恒星的星体会不断膨胀，表面温度会下降到 4000 开左右。恒星会从主序星状态转变成巨大的发红光的红巨星。这时恒星会从赫罗图的主星序中离开，移向右上方。我们从赫罗图的示意图中不难看到位于主序星右上方的红巨星位置。

我们的太阳在膨胀成红巨星时，体积将不断增大，首先把水星轨道吞进去，再把金星轨道吞进去，把地球上的江河湖泊都烤干，然后把地球轨道也吞进去。据天文学家计算，太阳形成的红巨星，体积最大将膨胀到火星轨道的范围。水星、金星、地球和火星都将在红巨星状态的太阳内部，围绕着太阳的中心部分转动。但这几颗行星不会坠落向太阳的中心。这是因为红巨星虽然体积庞大，但内部的气体却很稀薄，稀薄到和地球实验室中达到的最好真空差不多，所以摩擦力很小。我们的地球和几颗内行星将在红巨星的肚子里继续转动，不过地球上的生命肯定都已经在高温下消失了。研究表明，我们的太阳将来形成的红巨星，大小将与心宿二差不多，如图 6-6 所示。

这可怎么办呢？大家不要担心。太阳在主序星阶段的寿命是 100 亿年，现今太阳的年龄是大约 46 亿年，所以，我们的太阳还会有 50 亿年左右维持现在的状态。因此，大家都可以放心地活着。

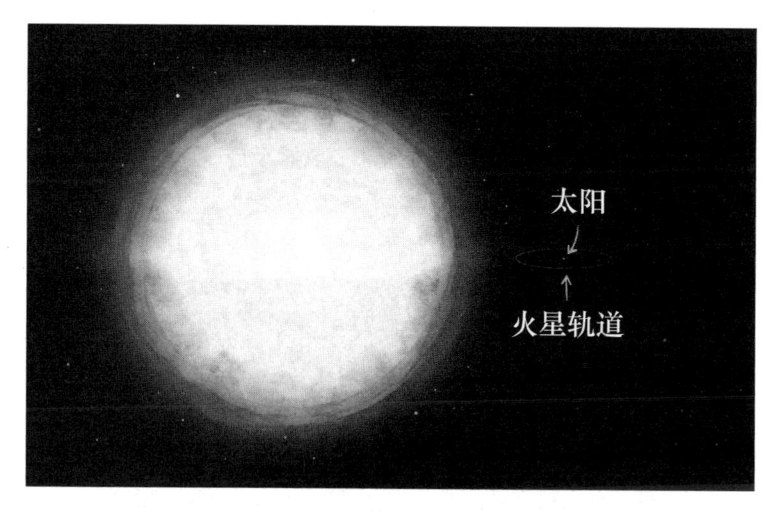

图 6-6　红巨星心宿二与太阳系的比较

有人担心，我们的子孙后代怎么办呢？其实这用不着担心。从哥白尼到现在，自然科学诞生才不过 500 多年，人类已经可以飞出地球，可以登月，可以探测火星了。50 亿年后人类子孙掌握的科学技术的水平，不知要比我们现在高多少倍。他们一定可以移居到其他宜居的行星去生活。甚至可以给地球安装一个巨大的喷嘴，把地球变成一艘巨大的宇宙飞船，驾驶着地球，移居到其他年轻的太阳系去生活。

有人说，你这是开玩笑，这是科幻。我要说，在今天这确实是科幻，但这是有科学技术依据的科幻，是有可能实现的科幻。

霍伊尔修补“残缺的天梯”

主序星形成红巨星之后，它的内核会收缩，温度上升到 1 亿开左右，这时会点燃 He 聚合成碳（C）和氧（O）的热核反应。

科学家们认识到 He 直接聚合成 C 的过程可能比较艰难。最初，大家想，原子序紧靠着 He 的元素是锂（Li）和铍（Be），首先 He 可能与 H 结合生成 Li，或者两个 He 原子结合生成 Be。但是研究发现，Li 和 Be 都不稳定，这两种核反应都无法进行。如果 3 个 He 原子结合生成 C，生成的 C 倒是稳定的。但是这一反应要求 3 个 He 原子同时撞在一起，这个概率太低了，看来这一核反应也不可能发生。这时，天体物理学家霍伊尔提出一个猜想：C 核可能存在一个激发态，这个激发态的能量恰好与 3 个 He 核的总能量相等，这时 3 个 He 核可能与 C 核的激发态发生共振效应，这一共振效应使反应概率大大提高。C 核的激发态形成后，会释放能量回到基态。于是 3 个 He 核聚合成 C 核的反应就完成了。

一些核物理学家最初不同意霍伊尔的意见。后来，他们真的发现 C 核存在这样的激发态，霍伊尔的猜想是对的！于是 He 直接聚合成 C 的反应被天文界普遍接受了。

恒星演化的核反应的“天梯”，原本因为 He 不能聚合成 Li 或 Be 而下层残缺，现在发现 3 个 He 原子可直接聚合成 C，C 又可以和 He 原子结合成 O 原子。聚变反应“天梯”下层的残缺困难被克服了。恒星中的物质确实可以沿着这一“天梯”，不断聚合成更重的元素，自然界中的各种元素均可以沿着这一天梯生成了，所以霍伊尔居功至伟。

一般认为 He 聚合生成 C，再与 C 进一步聚合生成 O 的热核反应，大概会持续 100 万年左右。中心部分的 He 聚合成 C、O 之后，红巨星会继续膨胀，并抛出气体，形成行星状星云，如图 6–7 所示。

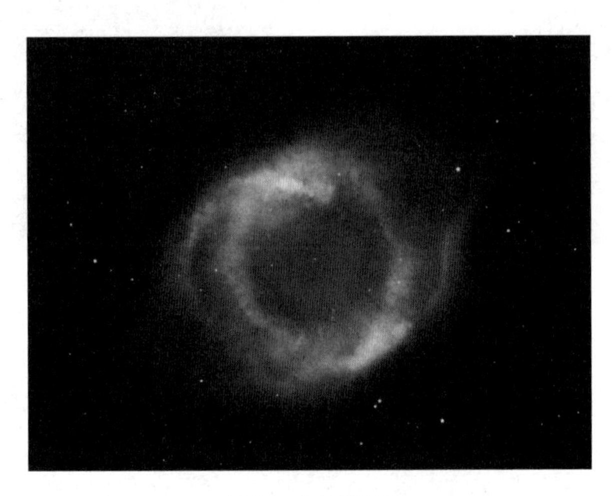

图 6–7　行星状星云

白矮星与泡利斥力

红巨星外层新生成的 He 不断落向星体中心，并不断生成新的 C 和 O，最终导致星体内核坍缩，成为白矮星。白矮星物质是一种我们以前完全不了解的新的物质形态。

我们通常熟悉的固态和液态物质，都是靠着原子核和电子的静电力同性相斥时产生的排斥作用来支撑的。但是红巨星的核心部分由于聚集起来的 C 和 O 越来越多，物质密度越来越大，电子间的静电斥力承受不了原子间万有引力形成的重量，于是原子壳层被压碎，形成电子在晶格间自由流动的状态，这时一种新的更强大的排斥作用产生了，这就是电子间由于泡利不相容原理而形成的排斥效应。下面我们就来简单了解一下这种排斥效应的发现过程。

早在玻尔描述原子结构的电子轨道模型提出之时，为了解释原子核外电子为何会稳定地分布在一条条轨道上，而不会都汇聚到离核最近的一条势能最低的轨道上，泡利就提出一条“不相容原理”。这条原理说每条轨道上只能存在两个电子，更多的电子只能分布在更高的轨道上。

泡利解释说，这是因为每条轨道上只有两个电子状态，每个状态只能容纳一个电子。这种状态是什么呢？泡利最初想电子会不会像行星一样有自转。他很快否定了自己的这一想法。他认为，“自转”这种概念是“经典”概念，应该排除在量子理论之外。不过，他也没有再给出新的解释。当时一位叫克罗尼格的美国青年，也猜测电子有自转，他向泡利征求意见。泡利说：“你的想法很聪明，可惜上帝不喜欢它。”于是，克罗尼格放弃了自己的想法，错过了电子自旋的发现。

后来，荷兰著名物理学家埃伦菲斯特（又译为厄任费斯脱）的两个学生，乌伦贝克和古德斯密特，也产生了这一想法，他们在老师的支持下写成论文，投给了英国的《自然》杂志。老师又建议他们去请教一下洛伦兹教授，于是他们拜访了洛伦兹。洛伦兹答应看一看，但说自己现在很忙，让他们一周后再来。一周后，他们再次拜访洛伦兹，洛伦兹拿着一沓稿纸，上面密密麻麻写满了不少计算公式。洛伦兹对他们说：“我算了一下，如果电子有自旋，其边缘速度会超光速，这是违背相对论的。”洛伦兹原先反对过相对论，现在又赞同相对论了。这两个年轻人一听违背相对论，也吓坏了。但是稿子已经投出去了，他们赶紧写信给编辑部要求退稿，编辑部答复说，稿件已经付印了，并让他们以后投稿要注意，确认无误后再投。二人十分沮丧。埃伦菲斯特安慰他们说，你们还很年轻，发一两篇错误的稿件关系不大，以后只要继续努力就行。正在此时，玻尔来访，看到这两个来迎接他的年轻人心情沮丧，一问才知道他们发了一篇错误的稿件。玻尔一听，说电子有自旋这个想法很好，至于超光速问题以后可以慢慢解决。两个年轻人终于心情好了一些。不久，论文发表出来了，海森伯立刻写信给他们表示赞同，爱因斯坦也对他们的论文大加赞扬。这两个年轻人的心情经历了过山车般的变化，终于没有错过电子自旋的发现。

其实，泡利对电子自旋的反对意见有它的合理之处。实际上，今天的科学界认为，电子自旋确实不能简单地类比于行星自转。至于洛伦兹认为电子自旋时边缘速度会超光速的问题，主要是因为他把电子半径估计得太大了。实际上，电子到底有多大，人们至今也没有搞清楚，在今天的基本粒子理论中，电子依然被视为点粒子。

白矮星状态的物质，由于电子壳层被压碎，自由流动的电子靠得非常近，所以出现了强大的泡利不相容原理导致的斥力，这一斥力可以与白矮星的万有引力相抗衡，使星体不再坍缩，成为稳定的、高密度的白矮星。

白矮星由碳和少量氧原子组成，不再进一步发生核反应。现在的研究认为，白矮星最终会慢慢冷却下来，成为黑矮星。黑矮星就是一颗颗巨大的金刚石。有人可能会想，如果弄到一颗可就发大财了，不过，天文学家现在还没有发现一颗黑矮星。因为白矮星冷却成黑矮星需要 100 亿年，我们的宇宙演化至今才大约 138 亿年，看来宇宙间还没有形成一颗黑矮星。

钱德拉塞卡极限

1934 年，印度青年物理学家钱德拉塞卡提出，白矮星有一个质量上限，$1.44M_{\odot}$。超过这个质量的白矮星，由于万有引力过于巨大，需要极强的泡利斥力来支撑，这就迫使电子进一步靠近，运动速度进一步提高，趋近光速，形成所谓的相对论性电子气。这时电子间的泡利斥力会突然减弱，从而导致星体进一步坍缩，不再维持白矮星状态。白矮星的这个质量上限，后来称为钱德拉塞卡极限。

钱德拉塞卡在印度读完大学后，坐船去英国攻读博士学位。他在船上坐了两个多月，在这次航行途中，他得出了白矮星存在质量上限的结论。到达英国后，他就把自己的结论告诉老师福勒。福勒建议他向爱丁顿请教一下，爱丁顿是白矮星理论的提出者，英国最著名的相对论天体物理学家。但是钱德拉塞卡几次向爱丁顿讨教自己的理论结果，都被爱丁顿否定了。其实爱丁顿并未认真看过他的论文，只是顽固地认为，如果电子间的泡利斥力不能支撑，那么星体不就会无限坍缩下去，形成体积为零、密度为无穷大的点吗？这怎么可能是一种物理状态呢？因此他断然否定了钱德拉塞卡的结论。实际上，爱丁顿曾就此事征求过爱因斯坦的意见，爱因斯坦同意爱丁顿的分析，所以爱丁顿在这件事情上底气十足。

爱丁顿看钱德拉塞卡依然不肯放弃自己的结论，就对他说："不久要在伦敦开一次相对论天体物理研讨会，你可以在那个会上讲一下你的白矮星质量上限理论。我可以运用我的影响，使你获得双倍的发言时间。"

于是钱德拉塞卡去参加了那次研讨会。会议前一天，钱德拉塞卡与爱丁顿共进晚餐。钱德拉塞卡问爱丁顿："您明天也有报告吗？"爱丁顿说："有。""什么题目呢？"他接着问，爱丁顿说："跟你的题目一样。"钱德拉塞卡顿时紧张起来，担心爱丁顿会不会夺取自己的研究成果。

开会时，钱德拉塞卡向与会者散发了自己论文的预印本，然后开始报告。他报告完后，爱丁顿拿着一份他的论文的预印本走上讲台说："我认为刚才钱德拉塞卡所作的报告完全错误。"并顺手撕掉了钱德拉塞卡的论文预印本。由于爱丁顿的崇高威望，所有的与会者都认为钱德拉塞卡的论文错了，认为他闹了个大笑话。散会时，钱德拉塞卡的朋友走到他面前，说："糟透了，这次简直糟透了。"

钱德拉塞卡 24 岁提出白矮星的质量上限理论，73 岁因为这一发现获得了诺贝尔物理学奖。获奖后不久他就去世了，差一点就没有得到诺贝尔奖，因为诺贝尔奖只发给在世的人。

不过，钱德拉塞卡在那次会议后不久，就知道自己的理论被学术界接受了。有一次开会，他把自己的论文送给泡利一份，想征求他的意见。泡利说：“你的论文我看过了。”钱德拉塞卡问：“你觉得怎么样啊？”泡利说：“很好啊。”钱德拉塞卡说：“爱丁顿教授说我的论文违背了您的不相容原理。”泡利说：“不，不，你没有违背泡利不相容原理，你可能违背了爱丁顿不相容原理。”泡利很少赞扬别人，但这次赞扬了钱德拉塞卡，同时又挖苦了一下爱丁顿，可能是嘲笑爱丁顿种族歧视。

应该补充说明一点，后来爱丁顿也承认了钱德拉塞卡的理论，并向他道了歉。

四、中子星与脉冲星

中子星的预言

1932 年，查德威克发现中子的消息传到位于丹麦首都哥本哈根的理论物理研究所。玻尔当晚就召集全所人员开会，让大家畅谈一下对发现中子的感想。正在那里进修的苏联青年物理学家朗道立刻即席发言，认为天空中很可能存在以中子为主体的星。这是科学界最早出现的对中子星的预言。在此之前，朗道还几乎与钱德拉塞卡同时指出，白矮星存在质量上限，二人的结论很相似。

1934 年，在美国工作的德国天文学家巴德和瑞士天文学家兹威基，提出了中子星和超新星的概念。他们经过两年的思考和讨论，认为存在极其猛烈的恒星爆炸过程，即超新星爆发，其产物很可能就是中子星。这是对中子星最早的明确预言。

他们认为质量超过 $1.44M_{\odot}$的星体，正如钱德拉塞卡所预言，不会以白矮星状态存在，而是会进一步坍缩。但是，也不是无限制地坍缩下去，而是原子核外的电子被压入原子核中，与质子“中和”形成中子，然后靠中子间的泡利斥力来支撑，形成以中子态物质为主体的中子星。

由于自由的中子不稳定，会衰变为质子，所以中子星里会含有少量质子，这些质子填满了中子可以衰变成的质子态，所以中子星里的中子将不再衰变，因此，中子星是稳定的恒星。

1939 年，美国物理学家奥本海默及其助手对中子星理论进行了深入研究，认为中子星也存在质量上限。这是因为中子间的泡利斥力也有一个上限。当星体物质的万有引力超过中子间泡利斥力的上限时，星体将进一步坍缩，形成黑洞（当时称为暗星），进入黑洞的物质还可能形成体积无穷小、密度无穷大的奇点。他们算出的中子星质量上限称为奥本海默极限，为 $2 \sim 3M_{\odot}$。由于中子态物质的物态方程不太确定，所以奥本海默极限也不能像钱德拉塞卡极限那么确定。

脉冲星的发现

白矮星是首先在天空中发现，然后对其做出物理解释。中子星则是先有预言，差不多 30 年之后才在天文观测中发现。

1967 年，英国天文学家休伊什为了收集研究来自宇宙空间的射电信号，在剑桥大学卡文迪什实验室附近安装了一个天线阵，他安排女研究生贝尔收集得到的信号，如图 6-8 所示。他们把天空划分成一个一个小天区，逐区进行巡天观测。

图 6-8　贝尔、休伊什与他们的天线阵

一个周末，休伊什回家了，贝尔一个人在那里研究收集到的信号。她突然发现在噪声背景下似乎有一些微弱的脉冲信号。贝尔仔细处理这些信号，确认这是一些很规则的脉冲信息。她赶快打电话告诉老师休伊什。休伊什马上赶来，二人分析后肯定这是一些有价值的信息。休伊什嘱咐贝尔不要告诉别人，他独自写了一篇论文报告了此发现。这一发现引起了许多人的兴趣，纷纷来电询问信号源的位置，但休伊什不公布。不久，他又陆续公布了几组信号，但仍不说明信号源在天空的方位，直到有些科学家发火了，休伊什才公布了几个信号源的位置。

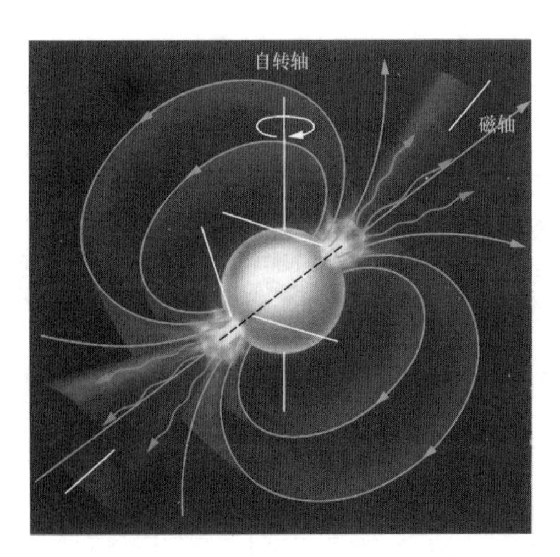

图 6-9　脉冲星

休伊什和贝尔起初以为这是外星人发来的联络信号，所以给这一发现起了个代号叫“小绿人”。

后来他们发现这些脉冲非常稳定，不附带任何信息，于是明白这不会是外星人发来的联络信号。

以后的研究表明，这些脉冲信号来自一种遥远的恒星，他们称其为脉冲星，如图 6-9 所示。再后来发现，脉冲星实际上就是理论上早已预言存在的中子星。

脉冲星就是中子星

太阳质量的恒星如果坍缩成中子星，半径只有 10 千米，密度会高达 1 亿～ 10 亿吨 / 厘米^3。由于中子星的转动惯量远小于它的主序星母体，根据角动量守恒定律，主序星演化成中子星后，自转速度会大大提高，实际上我们观察到的中子星，转速可以达到 600 转 / 秒以上。另外，主序星表面的磁场一般不太强，坍缩成中子星后，其表面磁场会大大增强，于是会有大量电子围绕磁轴旋转并沿磁轴方向发射出极强的电磁波。又由于中子星的自转轴和磁轴不重合（一般恒星、行星均如此），沿磁轴方向辐射的电磁波会由于中子星自转，而像探照灯的光柱一样在宇宙空间横扫。这种光柱每扫过地球一次，我们就收到一个脉冲，这就是中子星脉冲的来源，也是我们称其为脉冲星的原因。

几十年来对中子星的研究，使我们知道中子星有复杂的结构，如图 6–10 所示。中子星由大量中子和极少量的质子构成，就像一个大的汤姆孙原子一样。少量的质子充满“基态”，以使中子不再衰变。中子星表面存在极大的重力，所以表面非常平坦。一般认为，其最高的山峰也不过几十厘米，大气层厚度仅有 0.1 ～ 10 厘米，表面温度约 1000 万开。

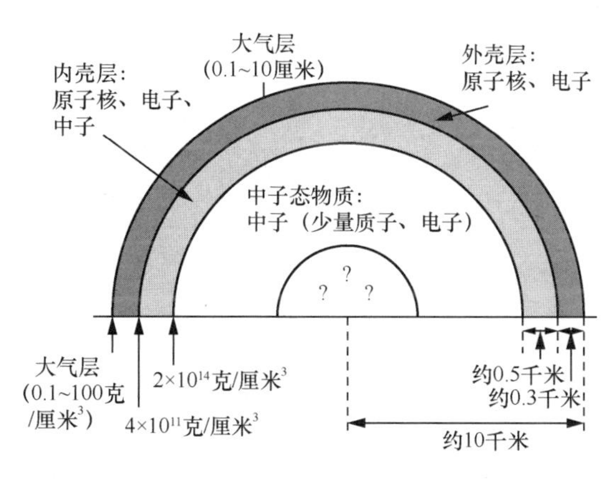

图 6–10　中子星的构造

中子星的主体部分是各种物态的中子，表面覆盖白矮星状态的铁壳。有关中子星的研究目前正在继续进行。

五、超新星爆发

历史记录的第一颗超新星

超新星爆发就是恒星演化过程中发生的一种大爆炸。这一爆炸十分猛烈，使我们在原本看不见有星星存在的天空处，突然看到出现一颗极亮的恒星，亮到有时候白天都能看见。持续几十天后，这颗亮星会逐渐暗淡消失。

人类历史上看到并记录下来的第一颗超新星爆发出现在宋朝。超新星在我国古代称为客星。图 6–11 是宋史中关于客星出现的相关记录，其中一段写的是“至和元年五月己丑，出天关东南可数寸，岁余稍没。”

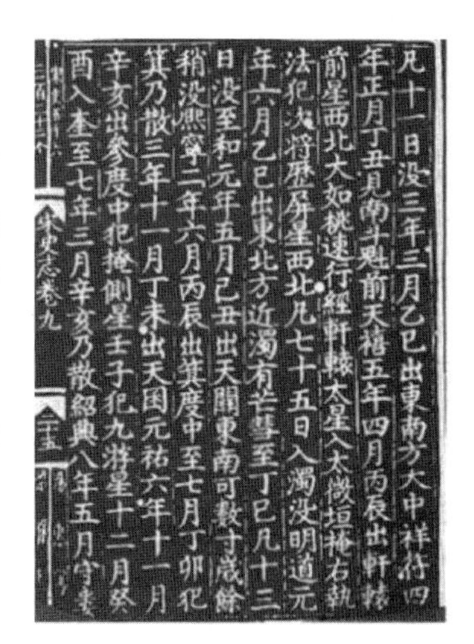
凡十一日没三年三月乙巳出東南方大中祥符四
年正月丁丑見南斗魁前天禧五年四月丙辰出軒轅
前星西北大如桃速行經軒轅大星入太微垣掩右執
法犯次將歷屏星西北凡七十五日入濁没明道元
年六月乙巳出東北方近濁有芒彗至丁巳凡十三
日没至和元年五月己丑出天關東南可數寸歲餘
稍没熙寧二年六月丙辰出箕度中至七月丁卯犯
箕乃散三年十一月丁未出天囷元祐六年十一月
辛亥出參度中犯掩側星壬子犯九游星十二月癸
酉入奎至七年三月辛亥乃散紹興八年五月守婁

宋史志卷九

图 6–11　宋史中对超新星的记录

这颗客星出现的宋仁宗至和元年，就是公元 1054 年。除宋史外，其他一些史书也提到这颗客星的出现。综合有关记录，可以知道这颗超新星出现在金牛座天区，有 23 天白天都可以见到，后来白天看不见了，但大概在长达两年的时间内，夜里仍可见到。

中子星是超新星爆发的产物

1731 年，英国一个医生（天文爱好者）在金牛座天区发现了一个螃蟹状的星云（见图 6–12 和图 6–13），星云的中心还有一颗小暗星。1928 年美国天文学家哈勃发现这个星云在膨胀，膨胀速度约为 1100 千米 / 秒。他认识到星云可能是爆炸喷出的气体尘埃，内中的小暗星正是爆发星体的残留物。1944 年，在与中国的天文史料对照后，他们认识到蟹状星云正是 1054 年超新星爆发的遗迹。1968 年，天文学家发现小暗星是一颗脉冲星。至此，天文学家们认识到，脉冲星（中子星）是超新星爆发的产物。

图 6–12 蟹状星云

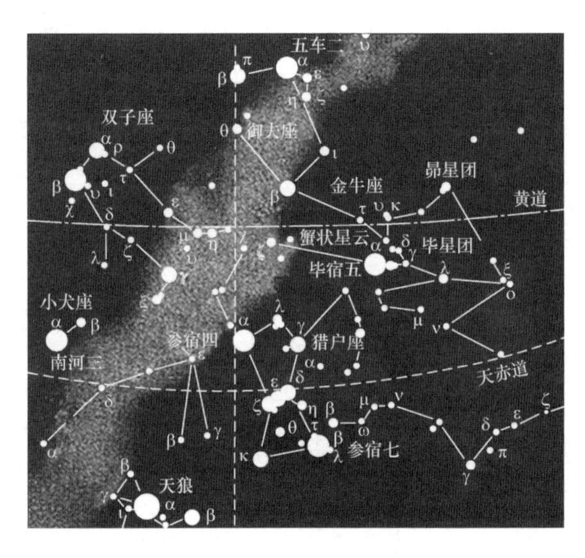

图 6–13 蟹状星云在天空的视位置

银河系中，平均每 100 年有 4 颗超新星爆发，但大都离我们地球很远，一般肉眼不易看到。

实际上，超新星爆发是极为猛烈的爆炸过程。研究表明，超新星 1 秒发出的光，相当于太阳在一亿年中发出的光。图 6–14 就是一颗超新星爆发前后的照片。我们可以看到，一颗超新星发的光，强度可以与整个星系发的光的强度相当。

超新星爆发是超大质量恒星演化的结果。几十倍太阳质量的主序星，其热核反应的结果是会形成红超巨星。这种红超巨星中心温度可达 30 亿开，热核反应形成铁核。当此恒星大于 $8M_{\odot}$时，会形成白矮星状态的铁核。如果铁核大于 $1.44M_{\odot}$（钱德拉塞卡极限），它会突然坍缩，在 0.1 秒内升温到 50 亿开，形成中子态。这时，非中子化的外层坍缩砸在核上，发生反弹，这就是超新星爆发。最终留下的产物可以是中子星，也可能是黑洞。

超新星爆发抛撒出去的物质，会有大量的铁一类的重元素。这些超新星爆发抛出的渣滓，往往会被年轻的恒星（主序星）吸引过去，使其围着自己旋转，并最终成为固体的行星。

图 6-14　超新星爆发

原来，我们赖以生存、演化的地球，与超新星爆发有关，是超新星爆发抛出去的渣滓形成的。

对脉冲星的观测发现，所有已发现的脉冲星的质量，均只比钱德拉塞卡极限（$1.44M_{\odot}$）大一点，而这一极限是白矮星的质量上限。物理上计算的中子星质量上限（奥本海默极限）在 $2 \sim 3M_{\odot}$，似乎应该存在 $2M_{\odot}$左右的中子星，但却一直没有发现。

一种可能性是奥本海默极限比原来计算的要小很多，与钱德拉塞卡极限非常接近。于是有人推测中子态并非基本粒子的基态，基态也许是奇异夸克态。这就是说，中子星还可能继续坍缩，形成其他物态的更致密的星，有人猜测可能是夸克星，其中心是“夸克汤”。不过，这种推测尚待证实，在理论上和观测上都还有许多工作需要做。

黑洞的形成

就目前所掌握的比较可靠的科学知识，超过奥本海默极限的中子星，中子间的泡利斥力将抵挡不住星体自身的重力（万有引力），中子星将继续坍缩，塌进引力半径 $r_g = \dfrac{2GM}{c^2}$之内，形成黑洞。

这一科学推测是奥本海默首先提出的。他提出这一观点后不久，就投入了原子弹的研制，后来又受到联邦调查局的怀疑和迫害，此后再也无心回到中子星与黑洞的研究。奥本海默研究核武器时的助手惠勒，原本不相信奥本海默的这一观点，不相信坍缩星体会形成黑洞。二战结束后，惠勒用位于核基地的当时最好的计算机模拟了中子星的坍缩，结果支持了奥本海默的观点，坍缩星体确实能够形成黑洞。惠勒把这一喜讯用电话告诉了奥本海默。但当时奥本海默正被联邦调查局弄得焦头烂额，这一喜讯也未能提起他重新研究黑洞的兴趣。

此后，惠勒和他的学生及一些搞相对论的同事，展开了对黑洞的研究。当时黑洞这个名字尚未出现，奥本海默和惠勒等人用的名称是“暗星”。就在此时，惠勒给暗星起了一个更好的名字——黑洞。

不过，当时相信黑洞的人并不多。包括爱因斯坦在内的众多科学家都不相信存在黑洞，因为黑洞的密度实在太大了。根据计算，太阳的引力半径为 3 千米，即太阳形成黑洞时半径只有 3 千米；地球的引力半径只有 1 厘米，也就是乒乓球那么大；月球引力半径仅为 0.1 毫米。它们都只能形成“微黑洞”。这样高密度的物质，大家都觉得不可能存在。

六、对黑洞的早期认识

球对称黑洞（施瓦西黑洞）

最早研究的黑洞是不随时间变化的静态球对称黑洞——施瓦西黑洞。

爱因斯坦 1915 年创立广义相对论，但这一理论的基本方程（即爱因斯坦场方程，简称场方程）十分难解，所以他没有能给出这一方程的严格解。第二年德国物理学家施瓦西给出了场方程的第一个严格解——施瓦西解。此解描述的是，一个静态球对称的物体，外部是真空时外部时空的弯曲情况。用这个解可以严格而圆满地解释广义相对论的三个验证实验，即引力红移、光线偏折和水星轨道近日点的进动。爱因斯坦最初的广义相对论论文，也解释了这三个实验，但用的解是近似解。

为了说明施瓦西解，我们先了解一下闵可夫斯基的四维时空描述。

爱因斯坦的狭义相对论发表之后，他大学时代的老师闵可夫斯基就把这一理论写成了四维时空的形式，称为闵可夫斯基时空。这是一种没有物质存在的平直时空。这种时空中两点之间的距离表示为

$$\mathrm{d}s^2 = -c^2\mathrm{d}t^2 + \mathrm{d}x^2 + \mathrm{d}y^2 + \mathrm{d}z^2 \tag{6.5}$$

注意，上式中时间项和空间项前面差一个负号，所以这不是一般的四维空间，而是一种“伪空间”。描述四维平直时空的几何，不是欧几里得几何，而是伪欧几里得几何。

在爱因斯坦的广义相对论中，时空发生了弯曲，其中的四维时空（黎曼时空），时间项和空间项前面也差一个负号，所以也是一种“伪空间”。“时空”都是“伪空间”。

在解释施瓦西解之前，我们先把式（6.5）改用球坐标表示

$$\mathrm{d}s^2 = -c^2\mathrm{d}t^2 + \mathrm{d}r^2 + r^2\mathrm{d}\theta^2 + r^2\sin^2\theta\mathrm{d}\phi^2 \tag{6.6}$$

注意式（6.6）与式（6.5）完全等价，描述的时空仍然是平直的闵可夫斯基时空，不是弯曲时空，只不过没有采用笛卡儿直角坐标表示，而是采用了球坐标来表示。

施瓦西求出的静态球对称解为

$$\mathrm{d}s^2 = -(1 - \frac{2GM}{c^2r})c^2\mathrm{d}t^2 + (1 - \frac{2GM}{c^2r})^{-1}\mathrm{d}r^2 + r^2\mathrm{d}\theta^2 + r^2\sin^2\theta\mathrm{d}\phi^2 \tag{6.7}$$

它描述的是一个静态球对称物体，其外部环境是真空时的时空弯曲情况。与式（6.6）比较不难看出，时空弯曲表现在第一项和第二项各出现了一个括号项。

容易看出，当 $r=0$ 时，第一个括号中的量成为无穷大；当 $r=\frac{2GM}{c^2}$ 时，第二个括号中的量成为无穷大。

这表明，当这个球体的体积趋近于零时，即物质集中于 $r=0$ 处时，这个解所描述的球对称弯曲时空会出现一个奇点和一个奇面，如图 6-15 所示。

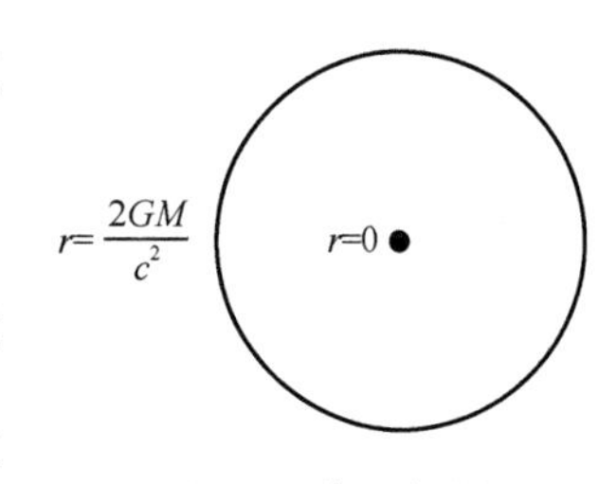

图 6-15 施瓦西黑洞

奇点出现在中心 $r=0$ 处，奇面出现在引力半径处，即 $r=\frac{2GM}{c^2}$ 处。式中，M 是球体的质量，G 为万有引力常数，c 为真空中的光速。现在，质量全部集中在球心 $r=0$ 的奇点处。奇点之外的全部弯曲时空都是真空。

进一步的研究表明，$r=0$ 处的奇点属于“真奇异”，此点处的时空曲率为无穷大，而且不能用任何坐标变换消除这个奇点，当然也就消除不了此处的无穷大曲率。

而奇面处的奇异是假奇异。奇面上的时空曲率是正常的有限值，不是无穷大，而且这一奇面在用其他坐标系描述时可以消失。

不过，这一奇面却有重要的物理意义，它就是黑洞的表面。

无限红移面

如果我们从远方来观察这一个黑洞，从黑洞表面到观察者的不同距离处都静置一个钟，那么由于时空弯曲，钟将变慢。越靠近黑洞的地方，时空弯曲得越厉害，钟走得越慢，也就是时间走得越慢。研究发现，直接放在黑洞表面的钟，指针就完全不动了。也就是说，在远方的观察者看来，那里的时间就凝固了。

爱因斯坦曾经建议用光谱线的引力红移来检验太阳处的时钟变慢效应。现在我们也来看一下黑洞表面附近的引力红移情况。我们沿黑洞表面到观测者的不同距离处放置一系列相同的光源。研究表明，越靠近黑洞的光源，发出的光越红，也就是说发出的光的引力红移越厉害。静置于黑洞表面的光源，引力红移会是无穷大，也就是说，在黑洞表面处放置的光源发出的光会产生无穷大的红移，其光谱线的波长趋于无穷大，频率趋于零，即 $v\to 0$。

所以，施瓦西黑洞的表面是无限红移面。

事件视界

四维时空中的三维曲面称为超曲面。在黎曼时空这种“伪空间”中，存在一类特殊的超曲面——零超曲面。它的法矢量本身不为零，但法矢量的长度却为零。这是由于此曲面上任何一点的法矢量都倒在了该点的切平面上，并与其中的一条切矢量重合。这在通常的空间中是不会出现的。通常的空间不是“伪空间”，其中的每一张曲面的法矢量都不会倒在切平面上，不会与任何一条切矢量重合，所以法矢量的长度不会为零。

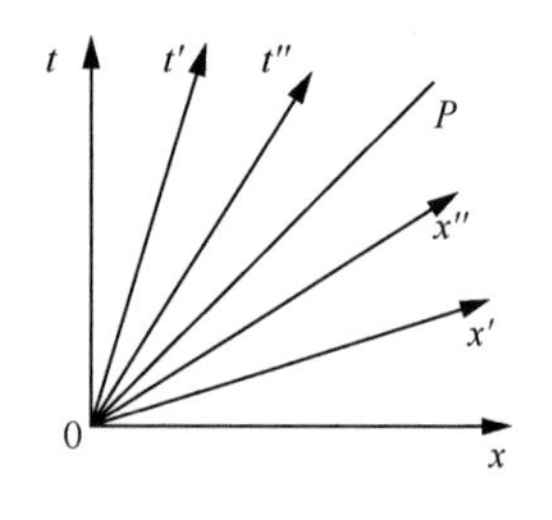

图 6-16　闵可夫斯基时空中正交的时间轴和空间轴

零超曲面又称为类光超曲面。图 6-16 给出了闵可夫斯基时空中相互正交的时间轴和空间轴。在图 6-16 中，(t, x) 是静止系中相互垂直的时空坐标轴，(t', x')、(t'', x'')……是一系列运动参考系中的坐标轴，这些坐标系运动越趋近光速，在静止系中的观测者看来，它们的时间轴与空间轴夹角就越小。如果运动系达到光速，则此系中相互正交的时间轴和空间轴就重合了。作为“空间”这一超平面的法矢量的时间轴就倒在了空间超平面上，并与超平面的一条切矢量重合。这张超平面就是一张零超曲面（类光超曲面）。

我们要指出，黑洞的表面就是一张零超曲面。研究表明，这张零超曲面包围的时空区内（即黑洞内部）的任何物质或信号都不可能逃出黑洞，逃往无穷远。由于黑洞表面具有这一性质，因此它被称为事件视界。也就是说，外部观察者观察的范围到此处为止，不可能得知黑洞内部的任何信息，不可能了解黑洞内部发生的任何事件。

表观视界

对黑洞的进一步研究表明，黑洞内部发生了“时空坐标互换”。洞外用来描述时间的坐标，在黑洞内部变成了空间坐标。而洞外用来描述半径的空间坐标，在洞内却成了时间坐标。

从式（6.5）、式（6.6）和式（6.7）不难看出这一点。时间项和空间项的差别在于，时间项前面是负号，而三个空间项前面均是正号。但仔细分析一下就可以看出，在式（6.7）描述的施瓦西时空中，当 $r < \frac{2GM}{c^2}$ 时，括号中的量变成了负值，这时，dt^2 项成了正的，而 dr^2 项成了负的。所以，在 $r < \frac{2GM}{c^2}$ 的黑洞内部，r 变成了时间坐标，t 变成了空间坐标，发生了“时空坐标互换”。

既然时间与空间不同，有方向性和流逝性，那么黑洞内部的时间方向如何指向呢？研究认为，黑洞是坍缩形成的，初始形成的黑洞，物质流向是指向 $r = 0$ 处的奇点的，所以黑洞内部的时间方向指向奇点 $r = 0$。由于任何物体都必须沿着时间流逝的方向行进，所以进入黑洞的任何物质都不能停留，都必须向黑洞中心 $r = 0$ 处聚集。由此看来，黑洞内部除奇点外都是真空。物质全部集中在奇点处，那里的物质密度是无穷大。不过应该注意，由于 r 在黑洞内部不再表示空间，而是表示时间，所以 $r = 0$ 不再是球心，而是时间的终点，即时间终结的地方。

黑洞内部 r 等于常数的曲面是“同时面”。由于时间的流逝性，这些“同时面”都是“单向膜”，洞内

物质只能向 $r=0$ 的方向流动。所以，黑洞内部是单向膜区。黑洞的表面则是单向膜区的起点，通常称为表观视界。

我们现在看到了黑洞表面的三个特征：它同时是事件视界、表观视界和无限红移面。

飞向黑洞的飞船

图 6–17 的左侧是一个施瓦西黑洞，右侧那个小人表示一个远方的观测者，箭头表示一艘飞船，沿飞船飞往黑洞的路径放置一系列钟和光源。现在我们来解释，在飞船飞向黑洞的过程中，远方观测者能看到什么。

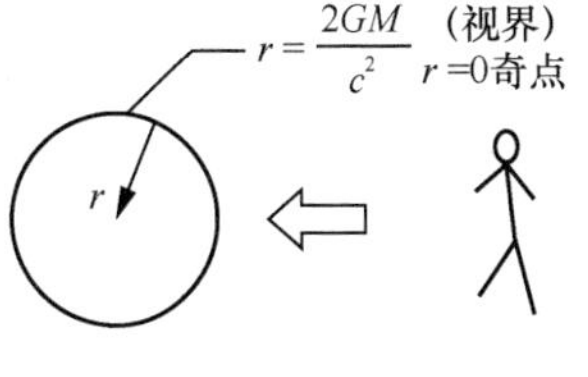

图 6–17　飞向黑洞的飞船

因为离黑洞越近的地方，时空弯曲得越厉害，时间走得越慢，所以观测者看到，离黑洞越近的钟，走得越慢。飞船本身也越飞越慢，颜色越来越发红，飞船中的人的动作也越来越慢。当飞船靠近黑洞时，飞船中的人将像“雕塑剧”中的人一样凝固不动，飞船本身将粘在黑洞表面，观测者看不见它飞进黑洞。

飞船上的人是什么感觉呢？他没有觉得自己的时间变慢，他几乎没感觉到什么异常就飞进了黑洞。他和飞船一起飞进了黑洞，但外面的人却看到他和飞船都没有进去，只是越飞越慢，最后粘在黑洞表面。飞船的颜色越来越红，图像也越来越暗，最后消失在黑洞表面处。

这是怎么回事呢？飞行员和飞船到底有没有进入黑洞呢？答案是肯定的，飞船和飞行员一起飞进了黑洞。远方观测者看到的只是他们的背影图像。在平直时空中，一个人走出教室，教室里的同学看见他背影一闪就从门处消失了。组成他的背影的光子一瞬间就到达了观测者的眼中。但是在时空弯曲的地方则不然。尤其是在黑洞表面处，时空弯曲得非常厉害，组成飞船和飞行员的背影的光子被弯曲时空滞留在那里，只能一点一点地飞向远方。所以远方观测者接收到的光子越来越稀，看到他们的背影越来越暗，最后消失在黑洞附近的黑暗中。

进入黑洞的飞船和飞行员命运如何呢？他们将感到潮汐力越来越大。潮汐力就是万有引力造成的引力差。地球上海洋的涨落潮，就是由月球对地球的万有引力差造成的。当然，太阳对地球的引力差也对涨落潮有影响，但主要是月球的影响，因为月球离我们比太阳近得多。

图 6–18 中右侧的地球，实心圆表示固体地面，近似为椭圆的虚线表示海平面。显然，A、B 两点到月球的距离差一个地球直径，所以这两处的海水受到的万有引力会有一个差值，这就是造成涨落潮的潮汐力。径向拉伸，涨潮；横向收缩，落潮。

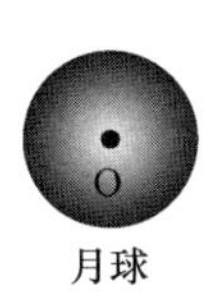

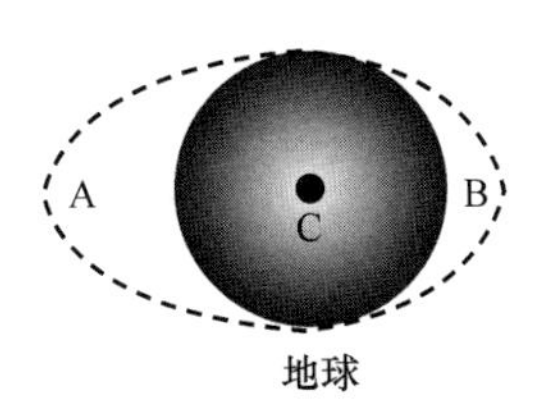

图 6–18　月球对地球的潮汐力

人站在地球表面，头和脚到地心的距离差一个人的身高，这也会形成起拉伸作用的潮汐力，但这个潮汐力太小，只有三四滴水重，所以我们平常感觉不到。

黑洞内部的物质都集中在 $r = 0$ 的奇点附近，黑洞又非常小，所以进入黑洞的飞船受到的潮汐力非常大，而且离奇点越近，潮汐力越巨大，最后会把飞船和人都扯碎，压入奇点。

由于黑洞内部“时空坐标互唤”，r 现在是时间，$r = 0$ 是时间的终点，所以飞船和人最后都会消失在时间的“终点”。有人说它们会处在“时空之外”，但“时空之外”是怎么回事，也没有人能说清楚。

实际上，对于奇点的研究至今还很不够，要用到量子引力理论，但这一理论离成功尚远。所以这方面的问题，只能留待将来去解决。

黑洞外的人或飞船落向黑洞，用他们自己的钟计量，需要多长时间才到达黑洞表面（视界）？再有多长时间才能到达奇点？有人进行过研究。一倍太阳质量（$1M_{\odot}$）的黑洞，半径 3 千米。如果飞船从黑洞外，距离奇点 12 千米处，由静止状态开始自由下落，那么，飞船在 4.7 微秒后到达视界，5.3 微秒后就能到达奇点。

现在我们再来说几句白洞。广义相对论是在时间反演下不变的理论。我们把广义相对论中的时间从 t 换成 $-t$，其描述的物理过程依然成立。黑洞的时间反演就是白洞。白洞内部也发生了“时空坐标互换”，同样 r 成为时间，t 成为空间。白洞的内部也是单向膜区，只不过时间箭头指向白洞外。所以，白洞是一种任何东西都进不去，但不断往外喷射物质的星体。白洞内部的奇点 $r = 0$，不再是时间的终点，而是时间的起点。

带电黑洞

现在我们来讨论带电的球对称黑洞，这种黑洞称为 Reissner–Nordström 黑洞，或简称 R–N 黑洞。这种黑洞有两个参量，总质量 M 和总电荷 Q，所以结构比只有一个参量（总质量 M）的施瓦西黑洞要复杂。

带电黑洞有两个视界，外视界 r_+ 和内视界 r_-，参见图 6–19。这两个视界的位置分别为

$$r_{\pm} = \frac{GM}{c^2} \pm \sqrt{\left(\frac{GM}{c^2}\right)^2 - \frac{GQ^2}{c^4}} \tag{6.8}$$

式中，c 为真空中的光速，G 为万有引力常数。在广义相对论中，通常采用规定 $c = G = \hbar = 1$ 的引力单位制，这样可以使公式的形式简化，物理意义更加清楚。在这种单位制下，式（6.8）简化为

$$r_{\pm} = M \pm \sqrt{M^2 - Q^2} \tag{6.9}$$

这里黑洞的单向膜区在 r_+ 与 r_- 之间，奇点仍在 $r = 0$ 处。注意，内视界 r_- 以内的时空区不是单向膜区，进入那里的飞船可以长期存在，不会撞上奇点。从式（6.9）和图 6–19 可以看出，当 $Q \to 0$（即电荷消失时），带电黑洞回到施瓦西黑洞的情况。当增加电荷，$Q \to M$ 时，$r_+ = r_- = M$，内外视界重合成为一张单向

膜。这种黑洞称为极端黑洞。当再增加电荷，使 $Q>M$ 时，内外视界和单向膜都会消失，奇点裸露出来，成为裸奇点。

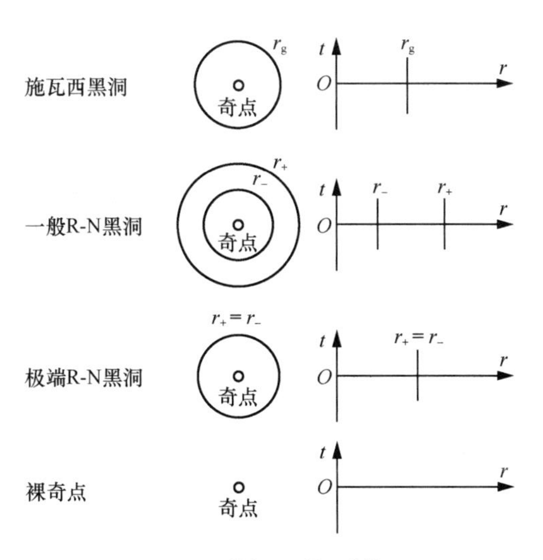

图 6-19 带电黑洞的几种情况

转动黑洞

转动黑洞又称克尔黑洞。它除了具有质量外，还具有角动量。如图 6-20 所示，这种黑洞的结构更加复杂，它除了有两个视界外，还有两个无限红移面，也就是说，它的无限红移面与视界分离。这与球对称黑洞不同，球对称黑洞，不管是不带电的施瓦西黑洞还是带电的 R-N 黑洞，无限红移面都与视界重合在一起。此外，转动黑洞内部 $r=0$ 处不再是奇点，而是奇环。

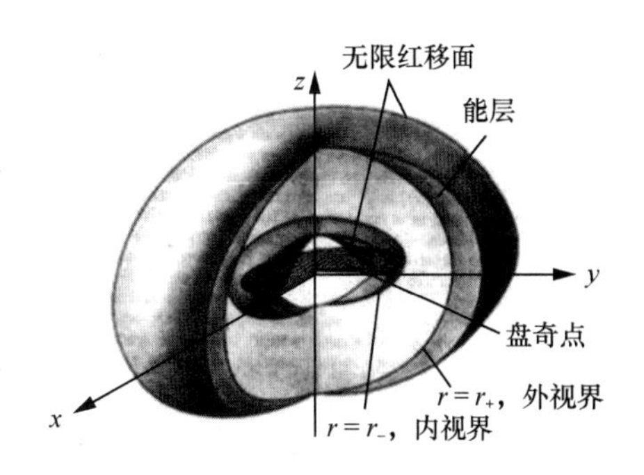

图 6-20 转动黑洞的结构

转动黑洞的内外两个视界位于

$$r_{\pm}=\frac{GM}{c^2}\pm\sqrt{\left(\frac{GM}{c^2}\right)^2-\left(\frac{J}{Mc}\right)^2} \qquad (6.10)$$

式中 M 和 J 分别为黑洞的总质量和总角动量。在引力单位制下，$G=c=\hbar=1$，$\hbar=\frac{h}{2\pi}$，h 为普朗克常数，式（6.10）简化为

$$r_{\pm}=M\pm\sqrt{M^2-a^2} \qquad (6.11)$$

式中：

$$a=\frac{J}{Mc}$$

为单位质量的角动量。克尔黑洞的内外无限红移面分别位于

$$r_{\pm}^{s}=M\pm\sqrt{M^2-a^2\cos^2\theta} \qquad (6.12)$$

奇环位于 $r=0$ 且 $\theta=\frac{\pi}{2}$ 处。注意，这里用的不是通常的球坐标，而是一种椭球坐标。

单向膜区位于内外视界 r_- 和 r_+ 之间。和带电黑洞相似，内视界 r_- 以内的时空区也不是单向膜区，进入那里的飞船也可以长期存在，不会撞上奇环。在外视界 r_+ 和外无限红移面之间存在外能层，在内视界与内无限红移面之间还可能存在内能层。能层中储藏着黑洞的转动动能。

转动黑洞的几种情况如图 6–21 所示。当角动量 $J\to 0$，即 $a\to 0$ 时，转动黑洞回到施瓦西黑洞的情况。当转动角动量不断增加，$a\to M$ 时，形成极端克尔黑洞，这时 $r_+=r_-=M$，内外视界重合，单向膜区成为一张厚度为零的膜，再增加角动量，使 $a>M$，这时内外视界均消失，奇环裸露出来，成为裸奇环。

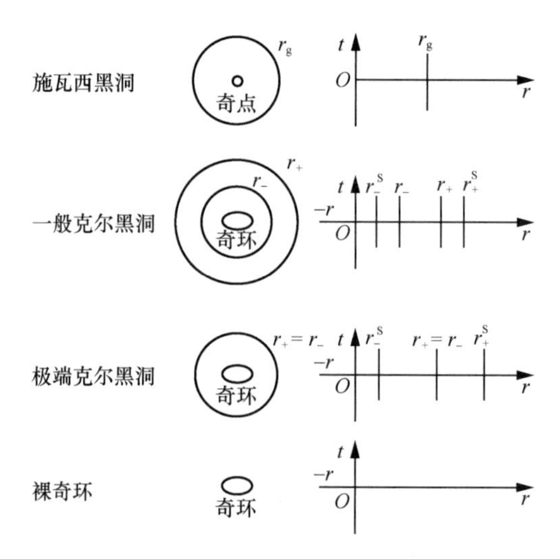

图 6–21　转动黑洞的几种情况

这里还要说明一下，克尔黑洞内部的拓扑结构比图 6–21 中显示的要复杂。如果有两艘飞船进入内视界以内的时空区，其中一艘想穿越一下奇环，如果它从奇环上部往下穿越奇环，则另一艘飞船将不会看到它从环的下方穿出来。同样，如果它从环的下部往上穿越奇环，也不会看到它从环的上方穿出来。这是因为图 6–21 中环的上方与下方并不连通，而是各自连通一个“斥力宇宙”。进入“斥力宇宙”的飞船可以继续存在，也可以原路返回到原宇宙的时空区（当然仍在黑洞内视界 r_- 以内）。

还要说明，奇环附近的时空有奇异性：存在闭合类时世界线。也就是说，沿这种闭合类时世界线运行的飞船、人或物体，会不断地返回自己的过去。所以，奇环附近的时空区因果性存在问题。如果奇环裸露出来，整个时空的因果性都会被破坏。

克尔 – 纽曼黑洞

这是一种既转动又带电的黑洞，由总质量 M、总角动量 J 和总电荷 Q 三个参量决定。它的结构与克尔黑洞十分相似，有两个视界

$$r_{\pm}=\frac{GM}{c^2}\pm\sqrt{\left(\frac{GM}{c^2}\right)^2-\left(\frac{J}{Mc}\right)^2-\frac{GQ^2}{c^4}} \tag{6.13}$$

在引力单位制下，可简写为

$$r_{\pm}=M\pm\sqrt{M^2-a^2-Q^2} \tag{6.14}$$

a为单位质量的角动量：$a=\dfrac{J}{Mc}$

这种黑洞也有两个无线红移面

$$r_{\pm}^s=M\pm\sqrt{M^2-a^2\cos^2\theta-Q^2} \tag{6.15}$$

奇环位于 $r=0$ 且 $\theta=\dfrac{\pi}{2}$处（椭球坐标）。

单向膜区在 r_+ 与 r_- 之间，在 r_+ 与 r_+^s 之间存在外能层，在 r_- 与 r_-^s 之间存在内能层。这种黑洞的结构，与转动但不带电的克尔黑洞十分相似。

当角动量 $J\to 0$，即 $a\to 0$ 时，克尔－纽曼黑洞回到带电球对称的 R–N 黑洞；当 $Q=0$ 时，从式（6.14）可知，克尔－纽曼黑洞回到不带电的克尔黑洞；当 $a\to 0$，$Q\to 0$ 时，它回到施瓦西黑洞；当 $a^2+Q^2\to M^2$ 时，它成为极端克尔－纽曼黑洞；$r_+=r_-=M$ 时，内外视界重合，单向膜区化成一张薄膜。

当 $a^2+Q^2>M^2$ 时，内外视界均消失，奇环裸露出来。出现裸奇环的时空，全时空的因果性都会被破坏。

宇宙监督假设

为了避免奇环裸露，彭罗斯在 1969 年提出一个宇宙监督假设。这个假设的一种最直观的叙述是：“存在一位宇宙监督，他禁止裸奇异的出现。”

裸奇异包括裸奇环和裸奇点。

之所以会想出上述关于宇宙监督的说法，与西方人的历史经历有关。古罗马时期，城市里有一种监察官，他不允许人不穿衣服在街上走。于是彭罗斯给时空也安排了一个监察官，他不许奇点或奇环不穿衣服在时空中裸露。奇点或奇环的衣服，就是黑洞的视界。视界外的观测者，看不见被视界包住的奇点或奇环，这样，它们就无法影响、破坏时空的因果性。

不过，这位宇宙监督是谁，目前还不清楚。我们不禁想到历史上曾有过的“自然害怕真空”的说法。之所以会产生这个有趣的说法，是由于当时的人们还不了解大气压强的存在。

我们自然猜测，这位神秘的宇宙监督，应该是一条物理定律。它可能是我们现在尚不熟悉的物理定律，也可能是一条我们已经知道的物理定律，但不知道这条定律起着宇宙监督的作用。

无毛定理

由于黑洞外部的观测者失去了黑洞内部的几乎全部信息，只能探知黑洞的三个信息，即总质量 M、总角动量 J、和总电量 Q，于是有人提出一个有趣的猜想："黑洞只剩下三根毛——M、J、Q。"这一思想是美国青年物理学家贝肯施泰因首先提出的，后来由他的老师惠勒命名为"无毛定理"。这一定理经过许多数学家和物理学家多年的努力，最终被霍金、卡特等人严格证明。

第七讲

霍金、彭罗斯与黑洞

图 7–1 是大家熟悉的霍金的照片。图 7–2 是彭罗斯的照片。他们是对黑洞研究贡献最大的两位学者。

霍金的这张照片是在剑桥大学的校园里拍摄的，背景里陈旧的黄色楼房，是这所大学悠久历史的见证，它们是剑桥的骄傲。

图 7–1　霍金在剑桥大学

图 7–2　彭罗斯

向大家推荐他们二人的三本最著名的科普读物。《时间简史》可以说是霍金科普书籍的代表作，《皇帝新脑》则是彭罗斯的代表作。在看《皇帝新脑》之前，我原以为彭罗斯只是一位数学家，他虽然数学水平很高，但物理方面可能不一定在行。看了这本书之后，我才发现自己犯了一个大错误。彭罗斯对物理学不只是一般的了解，而且了解得非常深透。

《时空本性》这本书则是他们二人对时空性质的探讨，是以辩论的形式写成的。这是一本高级科普读物，偏数学，有点枯燥，不容易看懂和消化，但是在思想上和内容上比前两本书更为深刻。具备一定的数学和物理基础，而且对广义相对论、黑洞和时空理论有兴趣的读者，不应错过这本读物。

这几本书是我国留英、留美学者吴忠超和他的两位合作者许明贤、杜欣欣共同翻译的。吴忠超起初在国内追随王允然教授学习广义相对论，后来又到剑桥大学追随霍金教授研究黑洞与时空理论，并获得博士学位。所以，这三位翻译者不仅有很好的中、英文水平，而且在学术上也对霍金、彭罗斯的时空理论有着正确而深刻的了解。因此，这三本书的中译本非常值得中国读者一阅。

一、黑洞的“基态”与“激发态”

对黑洞的最初研究

历史上最早提出的黑洞是静态球对称的施瓦西黑洞，后来又提出带电的施瓦西黑洞（即 R–N 黑洞）、转动的克尔黑洞，以及转动、带电的克尔 – 纽曼黑洞。

施瓦西黑洞只由一个参量（质量 M）决定，R–N 黑洞由两个参量（质量 M、电荷 Q）决定，克尔黑洞也由两个参量（质量 M 和角动量 J）决定。克尔 – 纽曼黑洞是最一般的稳态黑洞（即不随时间变化的黑洞），它由三个参量（质量 M、角动量 J 和电荷 Q）决定。

后来人们提出“无毛定理”，认为外部观测者会失去形成黑洞的物质和后来落入黑洞的物质的几乎全部信息，只能探知它们的总质量 M、总电荷 Q 和总角动量 J，其余信息都被锁在黑洞内部，再也不可能跑出来。有人把信息理解为“毛”，因而提出一个“无毛定理”，认为黑洞外的观测者最多只能探知黑洞的三根毛，即总质量、总电荷和总角动量。

其实，把“无毛定理”称为“三毛定理”可能更合适，因为黑洞毕竟还剩下三根毛，并非一根毛也没有。如果当年提出这一定理的是中国人，可能就会把它命名为“三毛定理”了，因为这位中国人一定会联想到我们的文学作品《三毛流浪记》。

对黑洞的早期研究发现，球对称黑洞的中心存在奇点，转动黑洞的中心存在奇环。奇点和奇环都是物质密度为无穷大，时空曲率发散，使因果性受到破坏的东西，不应该从黑洞中裸露出来。因为奇点和奇环的裸露，都会使时空的因果性遭到破坏。然而，随着落入黑洞的角动量和电荷的增加，理论上讲黑洞有可能形成“极端黑洞”，并且奇点和奇环可能裸露出来。为此，彭罗斯提出“宇宙监督假设”：

存在一位宇宙监督，它禁止裸奇异的出现。

也就是说，禁止奇点和奇环裸露。然而，这位“宇宙监督”是谁，或是什么东西，彭罗斯没有说。

对黑洞的研究进展到这个阶段，可以说已经取得了不小的成绩。人们发现黑洞有不同的种类，结构可以比球对称情况更复杂。然而，黑洞仍然被看作一个只进不出的天体，物质、电荷和角动量都可以不断地落入黑洞，但绝对不可能跑出来。所以黑洞似乎是一个演化到尽头的天体，是一颗死亡了的星。

彭罗斯过程

彭罗斯发现转动的黑洞（克尔黑洞和克尔 – 纽曼黑洞）存在“能层”。也就是说，位于外视界和外无限红移面之间的时空区储存着能量，因而他称这一区域为“能层”。而且，他还发现能层中存在“负能轨道”，沿这一轨道运动的物体具有负能量。这里需要补充几句，能层处于黑洞外部，而不是黑洞内部。这是因为转动黑洞的边界是外视界而不是外无限红移面。进入能层的物体仍然可以逃出去，但进入视界的物体就逃不出去了。

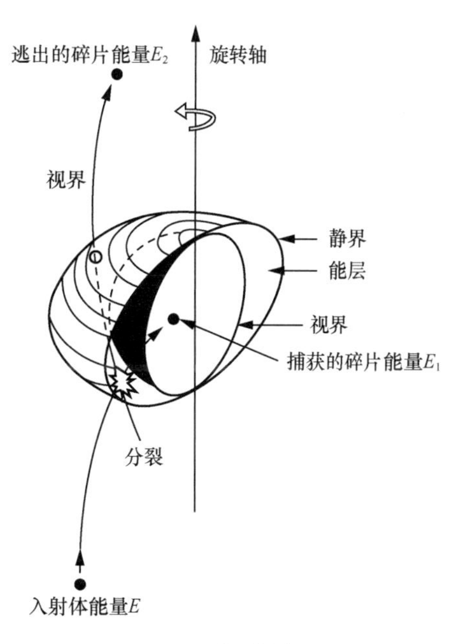

图 7–3　彭罗斯过程

如图 7–3 所示，彭罗斯指出，当一个能量为 E 的物体，落入转动黑洞的能层时，它有可能在那里分裂成两块：一块进入负能轨道，能量为 E_1（$E_1 < 0$），并沿负能轨道落入黑洞内部（即穿过黑洞外视界，进入黑洞内），这时黑洞的能量会

减少 E_1；入射物体分裂后的另一块则飞出外无限红移面回到星际空间，其能量为 E_2。由于能量守恒，将有 $E_2 > E$，也就是说，出射物体的能量会多于入射物体的能量。换句话说，出射物体带出了储存于能层中的黑洞转动动能，使转动黑洞的能量和角动量都减少，最终可以退化为不转动的球对称黑洞，例如施瓦西黑洞（不带电情况）或 R–N 黑洞（带电情况）。

这一过程被称为彭罗斯过程。彭罗斯过程可以提取转动黑洞的转动能量和角动量。这样看来，转动的黑洞还不是黑洞的最终状态，它还有活动，有生命力，直至甩掉全部转动能量和角动量，退化为不转动的施瓦西黑洞或 R–N 黑洞。

米斯纳超辐射

惠勒的学生米斯纳受到彭罗斯过程的启发，提出了黑洞的“超辐射”理论。

米斯纳和索恩（后来因研究引力波而获得 2017 年的诺贝尔物理学奖）都是惠勒的学生，他们三人合写了一本研究广义相对论的名著《引力》，这本书曾长期影响全世界的广义相对论研究。

米斯纳设想，彭罗斯过程中的入射物体如果很小，小到为量子，那么波粒二象性将会显现。这时的彭罗斯过程将以波的形式表现出来，出射波将强于入射波，形成超辐射现象。

他给出了产生超辐射的波的频率（在自然单位制下，即量子的能量），限制在下列区间：

$$\mu < \omega < \omega_0 = m\Omega_H + eV_0 \tag{7.1}$$

式中，ω、μ、m、e 分别为形成超辐射的微观粒子的能量、静质量、磁量子数和电荷，Ω_H 和 V_0 分别为转动黑洞外视界的转动角速度（也即通常认为的黑洞转动角速度）和外视界两极处的静电势。

米斯纳超辐射可以提取黑洞的转动动能、电磁能量、角动量和电荷，使转动、带电的黑洞逐渐退化为施瓦西黑洞。

爱因斯坦对原子吸收与辐射的研究

爱因斯坦曾对原子的吸收和辐射进行过研究。他认为原子可以吸收外部辐射中能量恰为两个能级能量差的光子，而从低能级跃迁到高能级，这是原子的吸收过程，如图 7–4（a）所示。原子也可以自发地从高能级跃迁到低能级，而辐射出相当于两个能级能量差的光子，如图 7–4（b）所示。他同时指出，原子的辐射过程有两种。一种是上面说到的自发辐射，即不需要外界的影响，处于高能级的原子就会有一定概率“自发”跃迁到低能级并发射出光子。值得注意的是，他创造性地指出，原子还有另一种辐射过程，就是当外来辐射的光子能量恰为原子中两个能级的能量差时，会刺激处于高能级的原子跃迁到低能级而发射出与入射光子频率相同的光子。这种辐射过程叫受激辐射，如图 7–4（c）所示。当有大量原子处在亚稳态的高能级时，受激辐射过程会使这些处于亚稳态的原子一下子都跃迁到基态，形成极强的受激辐射，也就是激光。

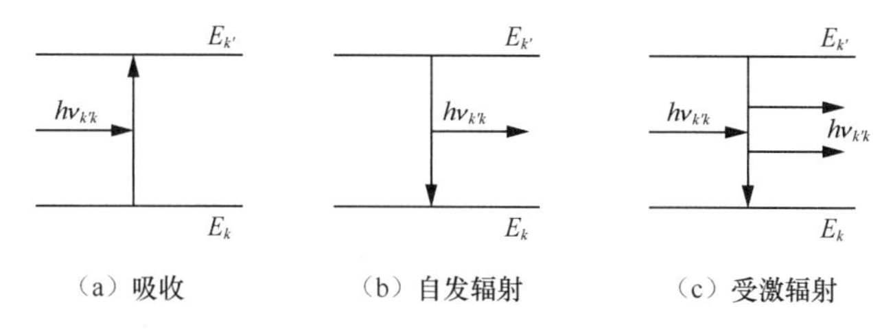

图 7-4　原子的吸收和辐射

总之，爱因斯坦认为原子的辐射过程有两种，自发辐射和受激辐射。不过，他当时没有料到自己描述的受激辐射会形成功率极强、单色性、方向性都极好的激光，会有重要而广泛的用途。

爱因斯坦认为，原子的吸收系数、自发辐射系数和受激辐射系数之间有关联。自发辐射系数不为零时，受激辐射系数就不会为零，反之亦然。这就是说，物质只要存在这两种辐射中的一种，另一种就必然存在。

我们上面谈到的超辐射，就属于受激辐射。转动黑洞既然存在超辐射，是不是也会存在自发辐射呢?

斯塔罗宾斯基 – 昂鲁效应

苏联物理学家斯塔罗宾斯基和加拿大物理学家昂鲁在上述思想的启发下，研究了转动黑洞产生自发辐射的可能性。

他们发现，在黑洞表面（视界面）附近，狄拉克真空会发生形变。真空的能级会在转动、带电黑洞的视界外部紧靠视界的地方发生形变，部分负能级会提升到比平直时空中的正能态能级更高的位置，如图 7–5 所示。在第二讲中我们已经讲到，狄拉克真空中的正能态一无所有，全是空的，而负能态全被负能粒子填满。现在，视界附近的部分负能态中的负能粒子的能量已经相当于平直时空中的正能粒子的能量了。狄拉克真空中的禁区，则像势垒一样把它们与黑洞外部的正能真空态隔断。他们认为，这时，视界附近的负能态中的粒子会以隧道效应的方式穿过这一“禁区势垒”，发射到黑洞以外，这就是黑洞的自发辐射过程。

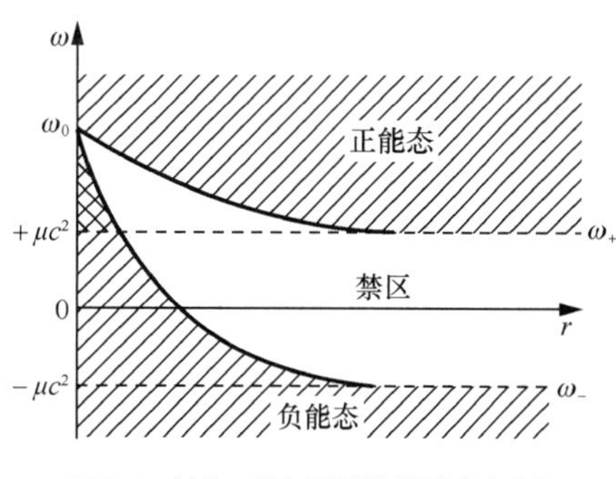

图 7–5　转动、带电黑洞附近的狄拉克能级

这一过程被命名为斯塔罗宾斯基 – 昂鲁效应。转动、带电的黑洞的这种自发辐射，和超辐射的作用一样，可以使黑洞失去转动动能和电荷，最后退化为静止、不带电的球对称施瓦西黑洞。

图 7–5 表现了黑洞附近狄拉克真空的形变。图中视界附近大于 μc^2 的负能态的阴影部分的负能粒子，能量已经大于平直时空中正能粒子的最低能态 μc^2 了。图中 ω_0 与式（7.1）中相同，μ 为粒子静态质量。

黑洞的“基态”和“激发态”

从黑洞的上述效应来看，克尔黑洞、R–N 黑洞和克尔 – 纽曼黑洞有点像黑洞的“激发态”。它们可以通过自发辐射、超辐射和彭罗斯过程，甩掉自身的电荷、转动动能和角动量，逐渐退化为不转动、不带电的施瓦西黑洞。

我们看到，转动和带电的黑洞还是有生命力的，活跃的。而施瓦西黑洞不再有上述过程，似乎也不存在其他的物理过程。所以，施瓦西黑洞有点像黑洞的“基态”，仍被看作死亡了的星。

二、霍金：从平凡和疾病中逆袭

在进一步探讨黑洞的重要性质之前，我们先了解一下对黑洞研究做出重大贡献的两位科学家，霍金和彭罗斯。

是伽利略再世吗

霍金 1942 年 1 月 8 日出生在英国牛津。那一天，恰好是伽利略逝世 300 周年的日子。霍金是个爱开玩笑的人，他经常提起这一巧合，似乎是要向人们炫耀：“你们看看，我像不像伽利略再世！”不过他也说，其实那一天出生的孩子有 20 万。

霍金出生在牛津，但他的家并不在牛津，这是因为当时第二次世界大战正在进行，英、德两国经常遭到对方的狂轰滥炸，但是英、德双方达成了一个默契，英国不炸德国的文化中心格丁根和海德堡，德国则不炸英国的文化中心牛津和剑桥，所以霍金的母亲和许多英国妇女一样，到牛津这个相对安全的地方去生孩子。

霍金的父母都毕业于牛津大学。他的父亲学生物医学，由于从小家境贫寒，他生活节俭，不过对别人却比较慷慨。霍金的母亲学文科，较长时间做文秘一类的工作，她年轻时参加过英国共青团，成年后转向工党。她经常带着幼小的霍金参加游行集会等政治活动。

由于家境不富裕，霍金未能上一所付费的贵族学校，于是进了一个中上等的普通学校学习。

绰号“爱因斯坦”

霍金在中小学阶段没有非常优秀的表现，成绩一般，从未在班上名列前一半。老师认为他作业不整洁，字也写得不好，似乎“无可救药”。不过同学们似乎看出了什么苗头，好像觉得他前途无量，给他起了个绰号叫“爱因斯坦”。没想到这一绰号把他叫“发”了，最后他真的成了“当代的爱因斯坦”。不过在当时，他得到这一绰号可能是因为同学们发现他知识面比较宽，而且爱讨论一些有趣的问题。例如，他经常和同学们争论“宇宙是怎么起源的？需不需要上帝帮忙？”天文观测看到的远方星系的红移，是否“因为光子走的路程太远了，因而变累了，所以发红？”

当时英国的中等教育等级森严，把同一年级的学生按成绩分成 A、B、C 三个班，成绩最好的在 A 班，中等的在 B 班，较差的在 C 班，每学年要根据成绩把学生调一下班。例如 A 班中 20 名以下的学生要降到 B 班，同时 B 班成绩好的学生要调上来。B 班和 C 班的学生也要做相似的调整。霍金第一学期排在 24 名，第二学期排在 23 名。幸好还有第三学期，他排在了 18 名，终于没有降下去。

霍金不赞同这种治学方式。他认为此举虽然对优等生有利，但对其他学生打击太大。特别是降下去的学生，连学习的自信心都没有了。

“大器晚成”

笔者也认为，这种方式问题很大。中国古代老子的《道德经》中提到“大器晚成”，这种方式对那些有可能成为“大器”的“晚成”的学生是致命的打击。

关于“大器晚成”这个成语，有一个很有趣的故事。东汉的开国元勋马援小时候学习成绩一般，不如他的同学朱勃。他回家就向哥哥诉苦，认为自己太笨，比不了同学朱勃。哥哥用“大器晚成”这个成语激励他，说你将来是要成为大器的，大器往往会晚成；别看朱勃现在学习比你好，他只能成为小器，将来肯定比不了你。在哥哥的鼓励下，马援坚持努力学习。成人后，马援果然成了开国元勋，被授予“伏波将军”的称号，而朱勃则没有做出大成绩，一直官职不高。马援和朱勃见面时，不免露出得意的神情。然而，三十年河东，三十年河西。马援去世后，被驸马梁松陷害，光武帝刘秀剥夺了他的官衔，他的遗体甚至不能进祖坟。在他最倒霉的时候，没有人敢替他讲话。只有这位仅成了“小器”的朱勃，仗义执言，上书皇帝为他辩解，才使他家属的状况有所改善，他的遗体也能够归葬祖坟。当然，十几年后，形势又大翻转，马援的女儿当了太子妃，并最终登上了皇后的宝座（刘秀之子汉明帝的皇后）。马援的女儿非常优秀，严于律己，宽以待人，成为中国历史上最受推崇的皇后——明德皇后。汉章帝（马皇后的养子）后来把陷害马援的梁松关进了监狱，并重赏了当时已退休的朱勃。

三国时期的诸葛亮，在给哥哥的信中谈到自己的儿子十分聪明，琴棋书画样样精通，最后却叹息道：“恐其非大器也。”看来，诸葛亮也十分赞同“大器晚成”的观点，因而对过早显示出才华的儿子十分忧虑。由此看来，神童固然好，但如果扶助不当，也会成不了大器。而小时候表现一般的孩童，只要他坚持奋发向上，则有可能“大器晚成”。

中国文化中，有许多关于马援的成语典故，除去“大器晚成”之外，还有“花甲从军”“马革裹尸”“穷当益坚”“老当益壮”“得陇望蜀”等，非常值得年轻人去了解。

大学生涯

霍金上中学时，原本不喜欢物理。他认为中学物理的内容枯燥，而且太浅显、太容易。化学则有趣得多，课上常常会发生一些意想不到的事情，例如爆炸、着火之类的。

中学的最后两年，由于一位老师的影响，霍金开始喜欢数学、物理。他觉得物理是基础学科，而且物理和天文有可能解决“我们从哪里来？人类为何会存在？”等根本性问题。霍金的父亲原本希望他学生物和医学，然而未能改变儿子的想法。

考大学时，霍金觉得自己考得不理想，但还是考上了牛津大学。

当时的牛津大学也正在搞教育改革。学生在 3 年的本科学习中只考 2 次试，第一次考试是在刚入学的时候，第二次考试则安排在毕业前夕。毕业前夕的这次考试很厉害，需要在 4 天内把 3 年学习的课程通通考一遍。

由于平时没有考试，学生们很懒散，无所追求。霍金后来回忆，他那段时期平均每天只学习 1 小时。不过作业还是有的。有一次电磁学课，讲到第十章。一上课，老师就布置大家做这一章后面的 13 道习题，布置完后几乎没有讲什么内容就宣布下课，要求下次课把习题做好带来。这些题很难，与霍金同宿舍的同学每天做题，都只做出一两道。霍金觉得离下次课时间还早，就彻底放松玩了一个星期。临到第二天要交作业了，有同学又来约他去玩，他突然想起题还没有做，于是钻在宿舍里做题。同学们想：这家伙这时候才想起来做题。他们准备看他的笑话。中午大家吃完饭回来，碰到下楼去吃饭的霍金，于是问他：“题做得怎么样啊？”霍金说：“这些题还真难，我没能做完，只做了 10 道。”同学们都目瞪口呆，觉得霍金还是很厉害。

毕业前夕的考试压力很大，4 天之内上下午连续考试，要考完 3 年内学习的全部课程。霍金因为神经紧张而失眠了，觉得自己考得不好。同宿舍的 4 个人中有 3 个觉得考得不好，只有 1 个人觉得考得不错，很乐观。等到成绩一公布，包括霍金在内的 3 个觉得考得不理想的人都通过了，只有那位觉得乐观的同学没有通过。

这次毕业考试，同时也是考研究生的考试。霍金的成绩在一、二等之间。考官们问他，准备去剑桥大学读研呢，还是留在牛津大学读？看来英国这两所顶尖大学的研究生是联合招生的。霍金回答说：“你们给我的成绩若是一等，我就去剑桥大学；若是二等，我就留在牛津大学。”结果考官们给了他一等，于是他就到剑桥大学读研了。

霍伊尔与夏默

到了剑桥大学之后，学习什么专业呢？霍金对那些根源性的问题特别感兴趣，例如：大的方面，宇宙是怎么起源的？小的方面，物质的微观构成是怎么回事？

霍金觉得，当时微观研究方向，发现了越来越多的基本粒子，有关的探索似乎陷入了一种类似于植物学分类的工作，而且没有什么好的物理理论可以使用。看来，霍金当时还没有注意到杨振宁和米尔斯提出的规范场论，这种理论提供了研究基本粒子之间相互作用的模式。因为看不到基本粒子研究的出路，而且他不愿意把自己的精力“浪费”在“植物学分类”式的工作上，所以霍金没有选择研究基本粒子的方向。

霍金认为，研究宇宙的结构和演化可能大有前途。在这个领域已经有了一个成功的理论——爱因斯坦的广义相对论。而且当时已有一些天体物理学家在这个方向上做出了引人注目的成绩，例如剑桥大学霍伊尔教授的研究就非常成功。

在第六讲中我们曾提到，霍伊尔曾解决了恒星演化核反应“天梯”残缺的难题，所以，当时的霍伊尔已经是著名的天体物理学家了。

另外，霍伊尔还和邦迪及戈尔德一起，在 1948 年针对勒梅特、伽莫夫的宇宙演化的火球模型，提出了稳恒态宇宙模型。按照稳恒态模型，宇宙并不存在高温时期，而是近乎均匀地膨胀，并不断有物质从真空中产生，因而宇宙在膨胀过程中密度和温度都几乎不变化。霍伊尔反对火球模型，并讥讽这个模型为“大爆炸模型”。没有想到，“大爆炸模型”这一称呼却广泛使用开来，比“火球模型”的知名度更高。

霍金对霍伊尔的工作很感兴趣，想当他的博士生，但霍伊尔不要他。怎么办呢？当时剑桥大学还有一位研究相对论天体物理的学者，叫夏默（又译为席阿玛）。“夏默是谁？从来没有听说过。”一打听，此人在研究生中的名声不太好，主要是他从不主动管研究生。“你想当我的研究生吗？可以。不过研究题目我没有，你得自己找。”学生不去找他，他也不主动找学生谈话。看起来，这位老师有点不负责任。可是没有办法，没有别的老师了，霍金只好去找夏默，当了他的研究生。

不过，夏默有个优点，经常在办公室坐着，学生要找他随时都能找到，不像霍伊尔成天到处乱跑，经常不在办公室，学生找他比较困难。当学生主动找夏默讨论时，他会介绍他们去找熟悉这一领域的其他老师，并告诉学生要解决这些问题应该去看什么书，查什么文献。

笔者曾经对夏默带研究生的方式不太理解，后来发现，和霍金同时代的卓越的相对论天体物理学家中，有将近一半出自夏默的名下。看起来他带研究生的方法是值得借鉴的。他带的是博士研究生，如果一个博士生还不能自己找到科研的题目，并主要依靠自己的力量来完成科研论文，那这样的学生将来够得上博士水平吗？他将来能独立工作、进行独立研究吗？夏默让学生在读博士的期间不仅学到知识，而且学到寻找科研突破口的能力，学会独立进行科研的方法，其实是值得借鉴的。

人生的转折：疾病来袭

在牛津大学上本科的最后一年，霍金曾发现自己的手指似乎不太灵活了，但他没有及时加以注意。有一次下楼时，他突然从楼梯上滚了下来，一直滚到最下层。同学们赶紧把他扶起来，让他坐到沙发上。他昏迷了一段时间，后来终于睁开眼，然而什么也想不起来，只艰难地问了一句：“我是谁？”大家回答说：“你是霍金。”他的记忆缓缓恢复，先想起了一年前的事情，然后想起一个月前的事情，最后终于想起了自己正在牛津大学学习，想起了自己从楼梯上滚下来。

这次摔跤依然没有引起他的重视。到剑桥大学读研究生后，他感到自己的手脚似乎越来越不灵活，终于意识到自己可能生病了。

他去找医生诊断。英国的医学非常先进，很快就确定了他得的是“肌萎缩侧索硬化”，也就是通常所说的“渐冻症”。这种病至今没有治疗的方法，病人会渐渐失去活动能力，逐渐瘫痪下去，成为植物人。医生也很坦率，直言相告：“年纪轻轻怎么得这病了？没有办法治啊，吃点好的吧。”这个病对霍金打击很大，自己的生活还没有真正开始，似乎就要结束了。太令人难过了，看来自己的一生就这样完结了，他十分失望，买了一箱啤酒，一个人坐在宿舍里喝闷酒。

这时候有一件事情极大地鼓舞了他。他有一个女朋友，名叫简，是哲学系的学生。简鼓励他说：“我仍然爱你，你不要灰心，应该振作起来与疾病斗争。你放心，我不会抛弃你，我还要和你结婚。”

女友的鼓励使霍金重新振作了起来。他想，自己要结婚，将来还要养家，必须振作起来。既然生了病就需要比别人付出更大的努力，于是霍金和以前判若两人，他开始努力学习，努力思考科研问题。这一努力，他发现自己还真的挺喜欢科研的，而且有相当高的科研能力。对科研的兴趣使他的精神振奋起来，学习和科研成了他每天的“第一需要”。爱开玩笑的霍金这时想起了一句俏皮话：“科学家和妓女都为自己热爱的职业得到报酬。”

霍金的病一开始发展很快，医生预言他活不了几年。后来，大概是治疗和精心护理的结果，他的病情发展缓慢了下来。但是，他结婚时已经需要拄拐杖了，他和简后来生了三个孩子。

与霍伊尔交锋

霍金的科研能力开始引起老师夏默和同学们的注意，是因为他挑了霍伊尔论文的一个大毛病。

霍金刚开始做夏默的博士生的时候，由于没有科研题目，经常无目的地看书和与人探讨。有一次他走进霍伊尔的研究生纳里卡的办公室，问他在干吗，纳里卡说他正在帮老师霍伊尔搞一篇论文，试图改进稳恒态宇宙模型，他正在计算一个问题。霍金很感兴趣，说：“我来帮你算好吗？”纳里卡说：“当然好。”于是霍金仔细读了霍伊尔的这篇论文，他突然发现这篇论文有大问题，其中的一个系数是无穷大。这可是个严重问题，大家都知道，一个公式的系数必须是有限值，不能是零或无穷大。如果是零则乘任何数都是零，如果是无穷大则乘任何数都会是无穷大，这样的系数肯定不对，有关的公式也一定有问题，看来这篇改进稳恒态模型的论文错了。

他告诉了纳里卡，但纳里卡没有告诉导师霍伊尔。不久之后，霍伊尔在伦敦开了一次皇家学会的报告会，有 100 多人参加，霍金也拄着拐杖去了。

霍伊尔在会上报告了他的论文。报告结束后霍伊尔问听众：“诸位，有没有什么问题？”这时坐在后排的霍金拄着拐杖站起来，说：“我有一个问题。”“什么问题？”“你的报告中的那个系数是无穷大。”“不是无穷大。”“是无穷大。”“不是。”“是。”有些人笑了起来。霍伊尔问：“你怎么知道是无穷大？”霍金回答说：“我算过。”于是，又爆发出一阵笑声，霍伊尔简直气坏了。经过霍金的进一步说明，大家意识到那个系数真的是无穷大，霍伊尔这次报告的论文错了，在场的专家都对霍金刮目相看，这个年轻人居然挑了名教授的一个大毛病。

霍伊尔恼羞成怒，把一肚子火都发在了自己的学生纳里卡头上，霍伊尔在会下说：“霍金这个人不道德，知道我论文有错，还不事先告诉我，让我当众出丑。”霍金的朋友们则说：“真正不道德的是霍伊尔教授，他为什么不好好检查自己的论文，就拿出来讲？”

第二年（1964 年），让霍伊尔更头疼的事来了，天文观测发现了微波背景辐射，这是大爆炸的余热！这一发现有力地支持了“大爆炸宇宙学”，霍伊尔等人的稳恒态宇宙模型基本被否定了。

三、亦师亦友的彭罗斯

幸遇彭罗斯

这件事情使夏默开始看重霍金这个学生，向他引荐了自己的朋友彭罗斯。彭罗斯是一位数学家，在夏默的劝说下进入了广义相对论和时空性质的研究领域。此时彭罗斯已经研究过黑洞的无毛猜想，提出过宇宙监督假设和转动黑洞的彭罗斯过程，当时正在研究奇点定理。

彭罗斯的研究领域使霍金大开眼界，霍金从此在彭罗斯的引导下进入了时空几何的研究。彭罗斯可以说是霍金的半个老师，他们二人从此开始了亦师亦友的合作关系。

夏默后来说：“我对物理学和天文学做出了两个贡献，一是培养了霍金这名学生，二是把彭罗斯拉过来研究广义相对论。”

彭罗斯 1931 年出生于英国的一个贵族家庭，比霍金大 11 岁，彭罗斯的家庭满门学者，自己也是剑桥大学博士，后来成为牛津大学教授。

彭罗斯的父亲是遗传学家和精神病学专家。他的哥哥是研究超导、超流的理论物理学家；弟弟是国际象棋特级大师，英国国际象棋全国冠军，同时是一位心理学家；妹妹则是遗传学家。

前面我们已经简单介绍过彭罗斯的一些科研成就，现在我们来介绍他的另外两个成就，彭罗斯图和奇点定理。

彭罗斯图——可以用手摸到的无穷远

数学家和物理学家在研究时间和空间的无穷远时，感到很难用图来直观地表示清楚无穷远的情况。于是彭罗斯用共形变换给出了一种图，把无穷远拉到近处来显示，这种图被称为彭罗斯图。

现在我们以闵可夫斯基时空为例来介绍一下彭罗斯图，如图 7-6 所示。

彭罗斯用球坐标来描述空间，把前、后、左、右、上、下六个空间方向“认同”，远近都用同一个坐标 r 来表示，这样他给出了五种无穷远。

① 类时未来无穷远 I^+：r 有限，$t\to+\infty$；

② 类时过去无穷远 I^-：r 有限，$t\to-\infty$；

③ 类空无穷远 I^0：时间 t 有限，$t\to\infty$；

④ 类光未来无穷远 J^+：（$t-r$）有限，（$t+r$）$\to+\infty$；

⑤ 类光过去无穷远 J^-：（$t+r$）有限，（$t-r$）$\to-\infty$。

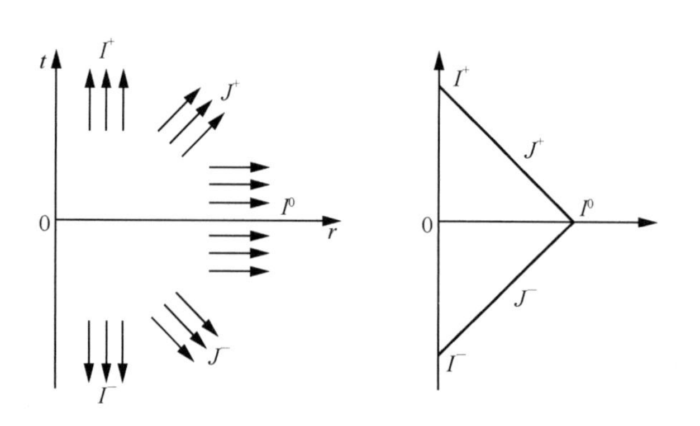

图 7-6 闵可夫斯基时空的彭罗斯图

I^+ 和 I^- 就是我们通常所说的时间的“无穷远未来”和“无穷远过去”。I^0 则是空间距离的无穷远，包括了前、后、左、右、上、下六个空间方向的无穷远。这样，通常的闵可夫斯基时空的图就如图 7–6 的左图所示。注意，空间坐标 r 表示了 θ、ϕ 取所有值的情况，也就是统一表示了上、下、前、后、左、右六个空间方向。

然后彭罗斯用共形变换把“无穷远”拉近成为图 7–6 右图所示的彭罗斯图。图中，类时无穷远 I^+ 和 I^-、类空无穷远 I^0 分别被认同为一个点。两种类光无穷远（J^+ 和 J^-）则用两条线段表示，这两条线段是“开”的，不包含端点。端点是类时无穷远点 I^+ 与 I^-，以及类空无穷远点 I^0。

彭罗斯图把无穷远拉近了，我们不仅在图中看到了无穷远，感兴趣的读者还可以用手摸一下这些无穷远。

不过，大家要注意，这几个无穷远点（I^0、I^+ 和 I^-）和无穷远线段（J^+ 和 J^-）都不属于闵可夫斯基时空。闵可夫斯基时空是不包括这些“边界”的图中的“开区域”。

施瓦西时空的彭罗斯图

现在我们再介绍一下施瓦西时空的彭罗斯图。由于施瓦西坐标下的时空度规（度量长度的函数）在黑洞表面（$r_g=2GM/c^2$）处存在坐标奇异性，虽然此球面处的时空曲率并不发散，但度规发散。也就是说，施瓦西坐标不能覆盖这个球面，只能分别表示这个球面的外部区域（$r>r_g$）和内部区域（$r<r_g$）。因为这

个球面恰好是黑洞的表面（事件视界），对研究黑洞和广义相对论都非常重要，所以采用施瓦西坐标表示这个时空存在重大缺点。

克鲁斯卡尔提出了一种新的坐标——克鲁斯卡尔坐标。这种坐标的时空度规在黑洞视界处不发散，因此这种坐标可以统一覆盖黑洞内部和外部并覆盖视界面（$r = r_g$）本身。不仅如此，它还可以对时空进行延拓，同时覆盖白洞内外，并展示出原来我们并不知道的另一个宇宙。那个宇宙和我们的宇宙有虫洞相连通，不过只有超光速运动的物体或信息才可以通过这个虫洞。但是，相对论不允许出现超光速运动，所以那个宇宙和我们的宇宙实际上是不通信息、不能穿越的，没有任何物体或光能穿过虫洞从一个宇宙前往另一个宇宙。

图 7-7 就是克鲁斯卡尔坐标覆盖的整个时空，通常称为克鲁斯卡尔时空，这是一张二维时空图，只画出了时间坐标 T 和空间坐标 R，R 是球坐标中 r 的函数。θ、φ 两个空间坐标没有画出来，所以图中每个点在三维空间（r、θ、φ）中都表示一个 r 取定值的球面。

图 7-7 中的 Ⅰ 区是我们的宇宙，F 区是黑洞区，$r = 2M$ 是黑洞表面（视界），这里采用了引力单位制，已取 $c = G = \hbar = 1$。F 区中 $r = 0$ 的双曲线表示 $r = 0$ 的黑洞奇点。P 区为白洞区，P 区与 Ⅰ 区的交界线是白洞的视界，$r = 2M$。P 区内 $r = 0$ 的双曲线是白洞内的奇点，F 区和 P 区的阴影部分不属于本时空。Ⅱ 区是一个与我们的宇宙（Ⅰ 区）相同的另一个宇宙。Ⅰ 区与 Ⅱ 区之间存在不能通过的虫洞，此虫洞是爱因斯坦和他的助手罗森首先指出的，所以称为爱因斯坦 - 罗森桥。

图 7-8 是克鲁斯卡尔时空的彭罗斯图，此图也是通过共形变换把无穷远拉近。这张彭罗斯图清楚地描画了施瓦西黑洞、白洞和两个宇宙之间的关系。F 为黑洞区，P 为白洞区，Ⅰ、Ⅱ 为两个不通信息的宇宙。$r = 2M$ 分别是黑洞视界和白洞视界。$r = 0$ 为内禀奇点，分别位于黑洞的中心和白洞的中心。图 7-8 中还画出了两个宇宙的类时、类空和类光无穷远。这张彭罗斯图比图 7-7 更好地展示了整个克鲁斯卡尔时空，对研究黑洞意义重大。

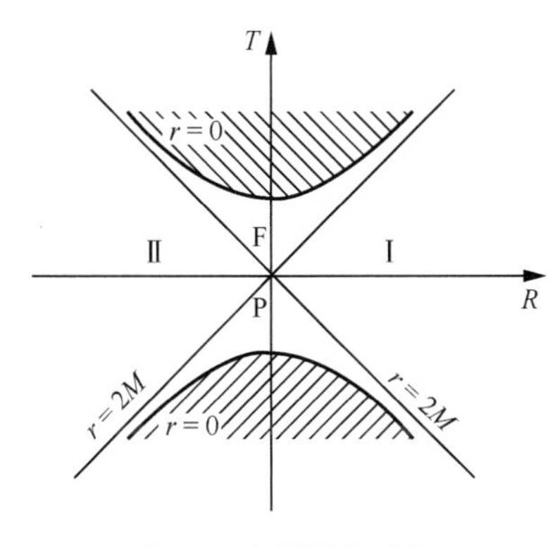

图 7-7　克鲁斯卡尔时空

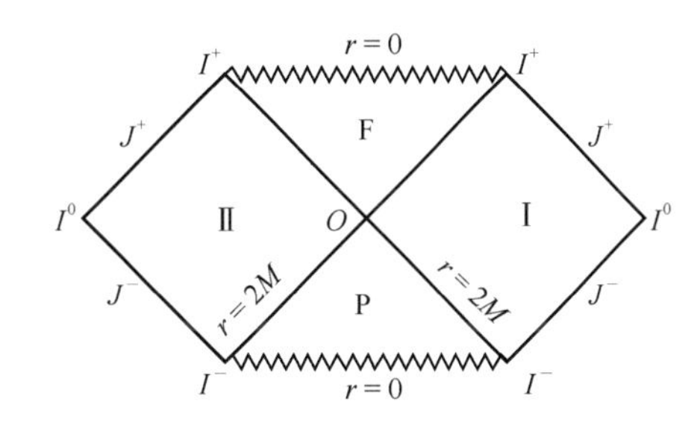

图 7-8　克鲁斯卡尔时空的彭罗斯图

奇点定理的由来

球对称黑洞的中心有一个奇点，转动轴对称黑洞（例如克尔黑洞和克尔 - 纽曼黑洞）的中心有一个奇环。奇点和奇环处的物质密度与时空曲率都是无穷大。奇环附近还存在闭合类时线，沿此线运动的飞船会不断回到自己的过去。因此奇点和奇环附近的时空，因果性会受到破坏。

这样的研究结论实在太奇怪了。苏联理论物理学家哈拉特尼科夫和栗弗席兹认为，奇点和奇环是非物理的东西，根本就不存在。我们之所以认为存在奇点和奇环，是因为把星体的坍缩过程想得过于理想化了。人们在研究星体坍缩形成黑洞时，往往假定星体是球对称（或轴对称坍缩），在整个坍缩过程中，星体始终保持严格的球对称（或严格的轴对称），最终导致组成星体的全部物质都严格集中到中心，最后形成理想的奇点（或奇环）。他们认为，真实的坍缩过程不可能始终保持严格的对称性，坍缩的物质最终会在星体的中心附近相互错过，根本不可能形成奇点和奇环。他们对自己的模型进行了严格的论证，结论是不存在奇点和奇环。

这两位可是苏联物理界杰出的人物，他们都是世界著名的物理学家朗道的学生。杨振宁先生曾评价道，20 世纪最杰出的三位物理学家是爱因斯坦、狄拉克和朗道。可见朗道在科学史上的地位。哈拉特尼科夫是苏联的朗道理论物理研究所的首任所长。栗弗席兹则作为朗道的助手和合作者，与朗道一起合著了 10 卷本的《理论物理学教程》，这套教程是全世界理论物理工作者都在学习和参考的名著。所以，他们二位的研究成果，物理界都很重视，只可惜当时朗道已去世，没有参加这一研究工作。

彭罗斯不同意他们的结论，他推测时空奇异性（即奇点和奇环）的出现，可能是广义相对论导致的必然结果。为此，他进行了深入的研究，并在 1964 年证明了星体坍缩形成黑洞时，最终一定会形成奇点或奇环。以下我们把奇点和奇环统一简称为奇点。

令人惊异的是，彭罗斯把奇点看作时间开始和结束的地方。他证明了在广义相对论成立、时空因果性良好、有物质存在的情况下，坍缩星体一定会形成奇点，与坍缩过程是否保持球对称或轴对称无关。这样形成的奇点是时间结束的地方。而作为黑洞的时间反演的白洞内部也一定存在奇点，这种奇点是时间开始的地方。也就是说，彭罗斯证明在这类演化过程中时间一定有开始或结束。这就是所谓的“奇点定理”。

霍金经夏默介绍认识彭罗斯时，彭罗斯正在研究奇点定理。这引起了霍金极大的兴趣。于是他也参加进来，研究奇点定理和时空的整体性质。在第十讲中，我们会进一步介绍他们二人对奇点定理的证明。他从彭罗斯那里学到新的整体微分几何，以其为工具，加入了对黑洞、宇宙学和时空性质的研究。首先，他猜想白洞过程和宇宙的大爆炸过程类似，而黑洞过程和宇宙的大坍缩过程类似。于是，他把彭罗斯的奇点定理推广到宇宙学的研究中，得出大爆炸宇宙一定存在一个初始奇点，大坍缩宇宙则一定存在一个终结奇点。也就是说，宇宙学中的时间一定有开始和结束。这是对大爆炸宇宙学的发展，也是对奇点定理的发展。

站在彭罗斯的肩上

我们已经讲过彭罗斯对广义相对论，特别是黑洞理论的几个重要贡献。他与其他学者一起，提出了黑洞无毛的猜想，这一猜想后来被卡特和霍金等人证明，而成为无毛定理；彭罗斯还提出了宇宙监督假设和转动黑洞的彭罗斯过程，创造了彭罗斯图，提出并初步证明了奇点定理；此外，他还提出过时空的扭量理论、外尔曲率猜想，并做出了广义逆矩阵和彭罗斯地砖等数学发现。他在物理和数学两个领域都做出了贡献。

在他的启发和引导下，霍金加入了对奇点定理的研究，并把这一定理从黑洞情况推广到大爆炸宇宙学中。1969 年，霍金又和彭罗斯一起把奇点定理推广到更一般的情况。

霍金由此进入了对黑洞的研究领域，于 1970 年提出著名的面积定理，然后又在 1974 年证明了黑洞存在热辐射，推动建立起黑洞热力学。

四、面积定理与贝肯施泰因的奇想

面积定理

1970 年的一天，正准备睡觉的霍金突发灵感，觉得似乎可以证明黑洞的表面积只能增加，不能减少。第二天，他用微分几何严格证明了这一猜想，于是著名的黑洞面积定理就诞生了。这一年霍金 28 岁。面积定理说：

黑洞的表面积，随着时间的推移，只能增加，不能减少。

这个定理的一个直接推论是：“一个黑洞不能分裂为两个，但两个黑洞可以并合成一个。”这主要是因为在总质量保持不变的情况下，一个黑洞分裂成两个较小的黑洞后，两个小黑洞的面积之和比原来的大黑洞的面积要小，因而违背了面积定理。

贝肯施泰因的突破

霍金的面积定理引起了惠勒的研究生贝肯施泰因的兴趣。他联想到了热力学第二定律中的熵，熵就是随着时间的推移只会增加不会减少的物理量，难道黑洞的表面积是熵吗？

他与老师惠勒进行了讨论。惠勒说，如果你手拿一杯热水，分子的热运动会使这杯水含有熵。假如这时有一个大黑洞从你身边飘过，你把这杯水扔进去，由于无毛定理，你失去了这杯水的几乎全部信息。这些水的熵似乎从宇宙中消失了，这是违背热力学第二定律的呀？如何解释这一过程呢？

贝肯施泰因想，我们处在黑洞外部的人，虽然失去了关于这杯水的信息，但这杯水仍存在于黑洞内，并没有从宇宙间消失，只不过身在黑洞外的我们探测不到它了。他注意到由于这杯水进入黑洞，黑洞的质量会增加。按照黑洞的面积公式，质量增加会使黑洞的表面积增加。如果把黑洞的表面积理解为黑洞的熵，那这正好符合热力学第二定律。落入黑洞的热水的熵，在黑洞外的观测者看来转化为了黑洞熵，表现为黑洞表面积的增加。

于是贝肯施泰因大胆地指出，黑洞存在熵，黑洞的表面积就是黑洞熵。他对此进行了严格的论证，而且他得出了一个惊人的公式：

$$M=\frac{\kappa}{8\pi}\mathrm{d}A+\Omega\mathrm{d}J+V\mathrm{d}Q \tag{7.2}$$

式中：M、A 分别为黑洞的总质量和表面积，狭义相对论告诉我们 $E=mc^2$，这里采用了自然单位制，$c=1$，所以总质量 M 就是黑洞的总能量；Ω、J、V、Q 则分别是黑洞的转动角速度、转动角动量、两极处的静电势和黑洞的总电荷；新出现的物理量 κ 被称为黑洞的表面引力，粗略地说，它就是单位质量的质点静止在黑洞表面时所受的重力。

这个公式与普通热力学第一定律的公式

$$\mathrm{d}U=T\mathrm{d}S-p\mathrm{d}V \tag{7.3}$$

非常相似。式中，U 为系统内能，T、S 分别为系统的温度和熵，p、V 为系统内部的压强和体积。式（7.2）与式（7.3）右边第二项虽然形式不同，但都和系统与外界的相互作用有关，这两个公式的类比，向人们强烈地表明，黑洞的表面积确实是熵，而黑洞的表面引力看起来则是黑洞的温度。黑洞熵 S 和温度 T 与黑洞表面积 A 及表面引力 κ 的关系，如下面两个式子所示。

$$S=\frac{k_{\mathrm{B}}}{4}A \tag{7.4}$$

$$T=\frac{\kappa}{2\pi k_{\mathrm{B}}} \tag{7.5}$$

式中，k_{B} 为玻尔兹曼常量。

看来，黑洞不仅有熵，而且有温度，黑洞居然是热的，这太奇怪了。为了确认这一点，贝肯施泰因构想了一种黑洞的“卡诺循环”。此循环与热力学中的卡诺循环有点相似。如图 7–9 所示，他把黑洞假想为一个“冷源”，同时设想无穷远处有一个“热源”。一个装满热辐射的盒子运转于这组热源与冷源之间，他得出了类似于卡诺定理的公式，这使他更加确信黑洞确实有温度和熵。

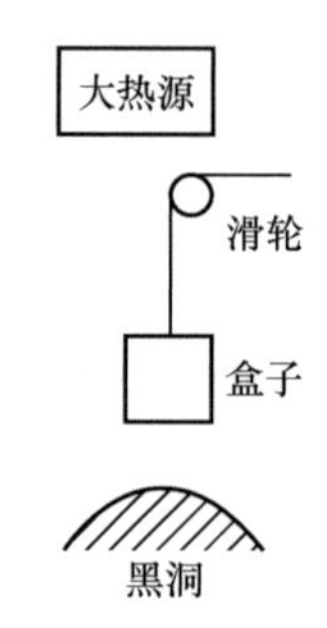

图 7–9　贝肯施泰因设想的卡诺循环

黑洞力学四定律

贝肯施泰因还得出了与普通热力学四定律类似的四条“黑洞热力学定律”。普通热力学的四定律如下。

第零定律：处于热平衡的物体，具有均匀的温度 T；

第一定律：$\mathrm{d}U=T\mathrm{d}S-p\mathrm{d}V$；

第二定律：$\mathrm{d}S\geqslant 0$;

第三定律：不能通过有限次操作使系统温度 T 降到绝对零度。

贝肯施泰因等人给出的黑洞热力学定律则如下。

第零定律：稳态黑洞的表面引力 κ 是常数；

第一定律：$\mathrm{d}M = \frac{\kappa}{8\pi}\mathrm{d}A + \Omega \mathrm{d}J + V\mathrm{d}Q$；

第二定律：$\mathrm{d}A \geqslant 0$；

第三定律：不能通过有限次操作把 κ 降到零。

然而霍金坚决反对贝肯施泰因的观点，他认为贝肯施泰因曲解了自己的面积定理，这条定理完全是从广义相对论和微分几何得出的，根本没有涉及热力学和统计物理，所以黑洞的表面积不可能是熵，黑洞也不可能有温度。

1973 年，霍金在参加一次暑期研讨班时和另外两位合作者一起写了一篇文章，认为贝肯施泰因得到的黑洞表面引力 κ 像温度，但不是真温度，黑洞表面积像熵，但不是真熵。贝肯施泰因得到的四条与热力学类似的定律并非真的热力学定律，只能算是力学定律，所以应称为“黑洞力学四定律”。他们在论文中重新严格证明了贝肯施泰因所得到的四条黑洞定律的公式，但反对贝肯施泰因对这些公式的热力学解释。

五、逆向思维：霍金辐射的发现

霍金辐射的发现

霍金参加完研讨班回到剑桥大学之后，又突然产生疑问：“万一贝肯施泰因是对的呢？”

霍金之所以反对贝肯施泰因关于黑洞具有热性质的观点，是因为他认为，产生热辐射是物体具有温度的根本属性，有温度的物体都会产生热辐射。但是黑洞是任何东西都跑不出来的天体，怎么可能有热辐射从黑洞出来呢？而且他推出面积定理和其他几条黑洞力学定律时，根本没有用到任何热力学与统计物理的东西，黑洞怎么可能突然显现出热性质呢？

不过，这时他产生了逆向思维，反过来想了，会不会贝肯施泰因是对的，黑洞真有温度，真的会产生热辐射呢？于是他就从这方面入手进行了研究。

1974 年 2 月，霍金作了一个报告，他用弯曲时空量子场论证明了黑洞有热辐射，黑洞的温度是真温度，黑洞的表面积确实是熵！

所谓弯曲时空量子场论，就是把除引力场外的其他物质场都量子化，但引力场仍保持为广义相对论描述的经典场（即连续的弯曲时空），不进行量子化。这是因为，至今为止，把引力场量子化的任何尝试都不大成功，都存在无法克服的根本性困难。因此，暂时不把引力场量子化，而把其他场量子化的方案，是一个暂时的、折中的，但所有人都能够接受的方案。不过，这一方案在研究黑洞性质和宇宙早期演化时还是十分成功的。

霍金这样来解释黑洞热辐射的产生。大家都知道，在平直时空的真空中，会存在量子场论所说的真空涨落。对真空涨落的一种解释是：产生的虚粒子对中一个具有正能，另一个具有负能；这种虚粒子对只能在时间 – 能量不确定性原理（$\Delta t\Delta E \leqslant \hbar$）允许的时间范围内存在，然后又自动并合消失。

如果这种真空涨落发生在黑洞附近，则会出现以下三种情况。第一种情况与平直时空中的情况相同，产生的虚粒子对很快又并合消失。第二种情况是产生的虚粒子对中的两个粒子都落入黑洞而消失。这两种情况都不会导致黑洞中有粒子射出。第三种情况是虚粒子对中的那个负能的粒子落入了黑洞，正能粒子飞向远方。为了讨论方便，我们假定虚粒子对中的粒子（例如电子）是正能，反粒子（例如正电子）是负能。负能反粒子（正电子）落入黑洞，顺着时间的方向穿过单向膜区奔向奇点，使那里的物质减少一个电子质量，增加一个正电荷，而没有落入黑洞的正能粒子（电子）飞向了远方。远方观测者认为黑洞射出了一个电子，同时黑洞本身则减少了一个电子的质量，增加了一个正电荷。整个过程，无论是能量还是电荷都是守恒的。

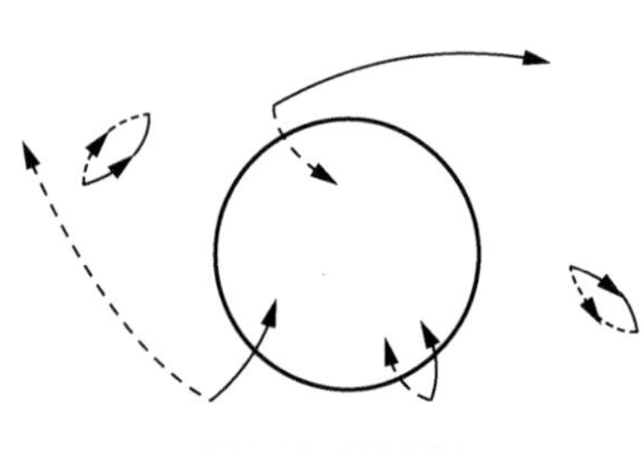

图 7-10　霍金辐射

霍金认为这一过程也可以等效地看作一个电子从奇点附近产生，逆着时间的方向穿过单向膜区，在黑洞表面处被视界散射，再顺着时间的方向飞向远方。

霍金严格证明了这种辐射的产生，并证明了这种辐射的能谱是黑体辐射谱，即热平衡辐射谱，其温度恰如式（7.5）所示。于是，霍金证明了黑洞具有热辐射，从而严格证明了黑洞具有温度。黑洞的这种辐射又被称为霍金辐射，如图 7-10 所示。

也许有人会问，上述量子涨落过程会不会存在第四种情况，即虚粒子对中正能的那个掉进去，负能的那个飞向远方呢？回答是：不会。因为黑洞外部的时空不允许负能粒子单独长期存在，如果虚粒子对中正能的那个落入黑洞，负能的那个也必然跟着落进黑洞。

虚正反粒子对原来是互相关联的量子纯态，其中一个落入黑洞后，它的信息丢失，就和留在黑洞外的那个粒子失去了关联，因而原来的纯态变成了混合态，造成熵增加。所以，由此形成的黑洞辐射（霍金辐射）是一种热辐射。

黑洞的负比热

由于黑洞的温度与质量成反比，$T \propto \frac{1}{M}$，所以质量越小的黑洞温度越高。研究指出，$1M_\odot$的黑洞温度为 10^{-6} 开，而 10 亿吨重的黑洞温度为 10^{12} 开，3000 吨重的小黑洞温度可达 10^{18} 开。

而且，黑洞的温度与质量成反比，使得黑洞的热容量为负，或者说比热为负，这将导致黑洞不能与外界形成稳定的热平衡。

我们通常的物质，比热都是正的，吸热时温度升高，放热时温度降低。当物体与外界达到热平衡时，热平衡会是稳定的。如果物体本身由于热涨落，温度略微升高了一点，那么它就会通过热辐射使自己降温，重新与外界达到相同温度；如果物体温度由于热涨落降低了一点，那么外界环境的热量就会流入该物体，使它重新回升到原来的温度。

但是具有负比热的黑洞不同，黑洞在吸热时温度降低，放热时温度升高。当黑洞与外界形成热平衡时，如果热涨落使黑洞温度升高了一点，那么它的热辐射会增加，热量从黑洞流出，黑洞质量减少。但由于$T \propto \frac{1}{M}$，质量减少不会使黑洞温度降低从而与外界恢复到相同的温度，而是会使黑洞的温度进一步升高，破坏热平衡，于是黑洞越辐射温度越升高，最终导致小黑洞爆炸消失。如果热涨落使黑洞温度略低于外界，则外界热流进入黑洞，黑洞质量M增加，温度T进一步降低，外界会有更多的热量涌入黑洞，最后黑洞会越来越大，温度越来越低，热平衡最终被彻底破坏。

然而，上述表现为霍金辐射的效应在天文观测上几乎可以忽略。这是因为可以观测到的黑洞都很大，温度极低，霍金辐射极微弱。前面讲到太阳质量的黑洞温度只有10^{-6}开，目前我们根本观测不到这种温度下的热辐射。而且太阳质量的黑洞半径只有 3 千米，天文观测已经很难看到个头这么小的黑洞。望远镜有可能看到的黑洞，质量通常都比太阳大百万倍以上，温度更低，根本不可能观测到热辐射。

天文学上曾经讨论过原初黑洞，就是宇宙诞生初期形成的黑洞。这种黑洞如果遗留到今天，质量可能极小，因此有可能温度极高，发生爆炸。曾有人推测，我们观测到的遥远太空中发生的剧烈爆炸事件（例如γ射线暴等），有可能是原初黑洞爆炸，但这类假设没有能得到公认。

黑洞的吸积与喷流

比较可能观测到的黑洞效应是吸积和喷流。大家知道，宇宙间像我们的太阳系这样只有一颗恒星的太阳系是很少的，一般的太阳系都有两颗以上的恒星，也就是说有两个以上的太阳。这种有多颗恒星的太阳系，其中各颗恒星的演化快慢可能很不一样。假设其中一颗恒星已经演化成黑洞，其他的恒星还处于主序星、红巨星等气态恒星阶段，那么这些气态恒星的物质有可能被黑洞吸引过去，围绕黑洞旋转，形成吸积盘。吸积盘的物质会在围绕黑洞旋转时逐渐落入黑洞，同时形成垂直于盘面的喷流。

天文观测发现，吸积和喷流现象在宇宙间普遍存在。但是位于吸积盘中心的产生喷流的天体可以是黑洞，也可以不是黑洞。而且，造成喷流的源可以是恒星，还可以是银河系级别的星系。当然，这些银河系级别的星系的中心也有可能有黑洞。不少天体物理学家认为我们的银河系的中心就可能存在黑洞，但还只能说是有这种“可能性”。

天文学家在天空的天鹅座方向发现有一个喷流，把它命名为天鹅座 X–1。他们推测，在那里有一个黑洞正在吸积近旁的一颗气态恒星的物质，从而形成吸积盘并造成喷流现象。图 7–11 是关于天鹅座 X–1 的想象图。吸积盘的中心是黑洞，喷流则与盘面垂直。天鹅座 X-1 是天文学家发现的第一个黑洞候选者，之所以说它是黑洞候选者，是因为那里真的很像有一个黑洞，但还不能最后肯定。

图 7-11　最早预言的黑洞候选者天鹅座 X-1 的想象图

霍金在 1974 年曾为天鹅座 X-1 是不是黑洞与索恩打赌。索恩认为是黑洞，霍金认为不是。后来，天文界认为它是黑洞的概率从 80% 上升到了 95%，霍金于是认输，并按照事前的协议给索恩订了一年的《阁楼》杂志。这是一个黄色杂志，《阁楼》杂志出现在索恩家中，引起了他太太极大的不满。

探测黑洞的进展

黑洞理论刚开始提出来的时候，天文界的反应并不热烈，主要的研究者都是物理专业出身的，天文学家一般都对此将信将疑，不置可否。但是后来有了很大的变化，现在天文学家觉得宇宙间似乎到处都有黑洞，物理学家则反而谨慎起来，连霍金本人都觉得可能以前对黑洞想象得太理想化了，真实的黑洞即使有，可能也与之前理论描述的有不小差距。

2019 年，天文学家公布了一张据说是黑洞的照片（图 7-12），引起了不小的轰动，但目前依然没有定论。

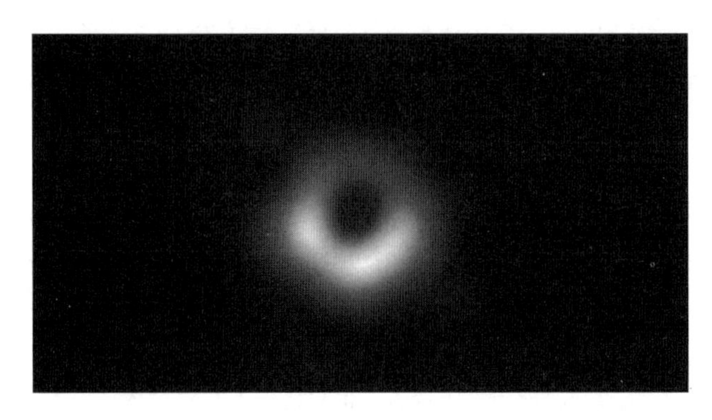

图 7-12　2019 年发布的黑洞照片

2020 年的诺贝尔物理学奖授予了彭罗斯和另外两位天文学家（根策尔和盖兹），授予这两位天文学家的理由是奖励他们在探索黑洞中所做出的杰出贡献。

根策尔和盖兹克服观测上的重重困难，竟然探测到距离银河系中心半径约 1 光月的区域。在这个极小的区域内，他们发现了 30 多颗围绕银心高速旋转的恒星，其中离银心最近的一颗（S2），离银心只有 120 天文单位（相当于冥王星到太阳距离的 3 倍），公转周期大约 16 年。这与木星围绕太阳的公转周期（约 12 年）差不多。我们的太阳系距银心 2.6 万光年，公转周期 2 亿多年。由此可见他们的观测已经深入银河系中心多么近的地方。他们根据上述观测，估计在银心处，相当于太阳系大小的范围内，集中了相当于 400 万倍太阳质量的物质，他们推测，这是一个单独的超大质量的致密天体，很可能是一个黑洞。

如图 7-13 所示，他们发现的这个位于银心的黑洞候选者在天空的人马座方向，被命名为人马座 A*，A 表示这是一个致密射电源，加 * 是为了区别于其他射电源。

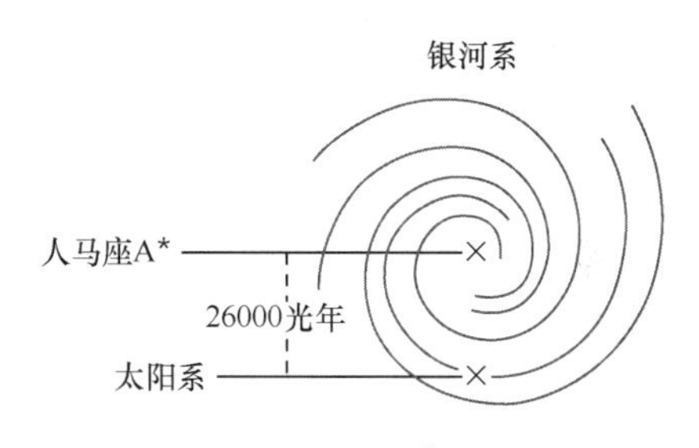

图 7-13　黑洞候选者人马座 A* 在银河系中的位置

笔者认为目前还不能确认他们已经发现了黑洞。当然，他们在探索黑洞的道路上做了艰苦的工作，并取得了很大进展，这是应该肯定的。

六、真空热效应与边界效应

昂鲁效应——真空中的“热浴”

量子场论是满足狭义相对论的量子理论。这种理论认为，真空中存在量子涨落，不断有虚的正反粒子对产生又消灭。由于这种涨落受到时间 - 能量不确定性原理的限制，虚粒子对的存在时间是极短的，不能直接观测到。但是，这种涨落会使真空具有能量，即零点能。

由于相对性原理，各个惯性系中的真空是等价的，真空能的零点也是相同的。所以，一个惯性观测者如果处在真空态，相对于他做匀速直线运动的任何观测者，也都会觉得自己处在真空态。

但是，1973 年，加拿大物理学家昂鲁发现，一个在真空中做匀加速直线运动的观测者，会感觉自己处在“热浴”之中。也就是说，他会感到周围存在热辐射，热辐射的温度 T 与他的加速度 a 成正比。在加速观测者的后方存在一个视界，这个视界虽然不是黑洞的表面，但它同样是时空的“边界”，加速观测者不知道视界后面的信息。昂鲁发现的这个效应十分微弱，至今未能用实验直接探测到。

昂鲁用以讨论这一效应的匀加速直线运动的坐标系，是林德勒早年提出的，所以称为林德勒坐标系。不过，林德勒只是得出了这一坐标系，并不知道这种坐标系中的观测者会在真空中感受到热效应。这一热效应是昂鲁首先提出的，所以称为昂鲁效应。昂鲁认为，做匀加速直线运动的观测者之所以会感受到热效应，是因为“真空”不同。也就是说，匀加速系中的真空（下面称为昂鲁真空）与惯性系中的真空（闵可夫斯基真空）不等价。

如图 7-14 所示，匀加速系中的真空能量零点比惯性系中要低，这就使得闵可夫斯基时空的真空零点能（惯性系中认为的）在匀加速系中以热能的形式呈现出来，于是做匀加速直线运动的观测者会感受到周围存在热辐射。

霍金发现黑洞有热辐射后，昂鲁恍然大悟，明白了自己发现的加速观测者在真空中感受到的热辐射与黑洞热辐射本质相同，有异曲同工之妙。

他们进行了深入的研究。此后就把霍金发现的黑洞热效应（霍金辐射）与昂鲁发现的匀加速直线运动观测者感受到的真空热效应（昂鲁效应），统称为霍金－昂鲁效应。注意，霍金与昂鲁各自发现的貌似不同的两种情况中都存在视界。有霍金辐射的时空中存在黑洞的事件视界，昂鲁效应中则存在匀加速直线运动造成的林德勒视界。静止于黑洞外的观测者认为热辐射来自黑洞视界，做匀加速运动的观测者则认为自己感受到的热辐射来自林德勒视界。

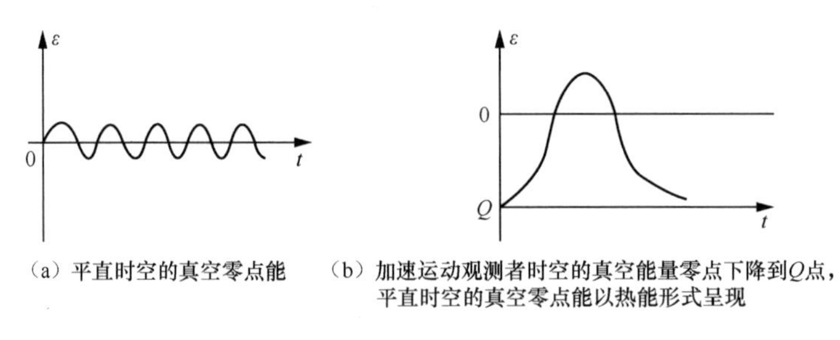

图 7-14　昂鲁效应：惯性系中的真空零点能（左）在加速系中呈现为热辐射能（右）

卡西米尔效应

荷兰物理学家卡西米尔在 1948 年发现了一种真空边界效应，后来称为卡西米尔效应。他把两块不带电的金属板平行放置于真空中，发现两块板之间产生了一种微弱的吸引力。因为金属板并不带电，也没有磁性，所以这种吸引力肯定不会是电磁力，那么这是一种什么力呢？卡西米尔等人研究后，认为这是一种真空边界效应产生的力。

量子场论认为，真空中不断产生虚正反粒子对的涨落，特别典型的是静质量为零的虚光子的涨落。一般来说虚光子可以以各种波长出现，但是，在真空中放置平行的金属板后，由于电场强度在金属中为零，所以两块金属板之间产生的虚光子对应的电磁波必须形成驻波，以保证其在金属面处的边界条件——电场强度为零。这样，处于两板之间的虚光子的数目就少于板外真空中的。板外真空中的虚光子对金属板的压力就大于了两板之间的虚光子对板的压力，于是宏观上就呈现出似乎两块板相互吸引的效应，如图 7-15 所示。

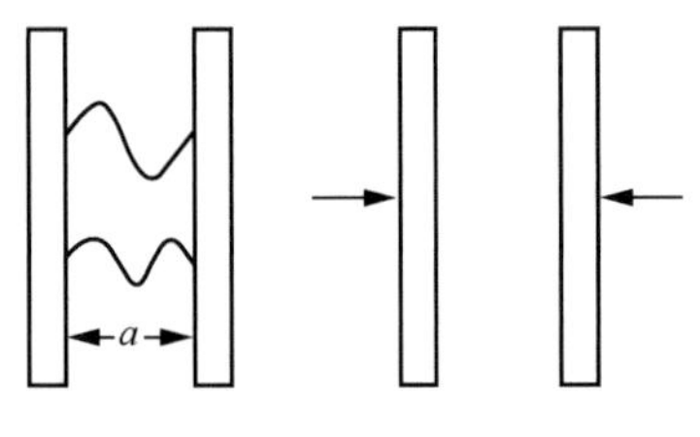

图 7-15　卡西米尔效应

卡西米尔效应是一种真空边界效应，两块金属板不属于真空，它们形成了板间真空的边界。

黑洞与倒退的镜子

物理学家早就指出，运动的光源会产生多普勒效应。

在真空中放置一面镜子，当有光照在它上面的时候，它会反射光，因此镜子本身也可以被看作一个光源。倒退的镜子，就像远离我们的光源，肯定会产生多普勒效应。

有人研究了一种有趣的情况：镜子不是匀速倒退，而是变速倒退。他们发现，如果镜子按某种加速度倒退时，反射光的光谱会呈现为类似于热辐射的谱。他们进而证明，坍缩星体形成黑洞时的表面非常像倒退的镜子，能够把入射的普通辐射以热辐射谱反射出来，表现为黑洞的霍金辐射，如图 7–16 所示。

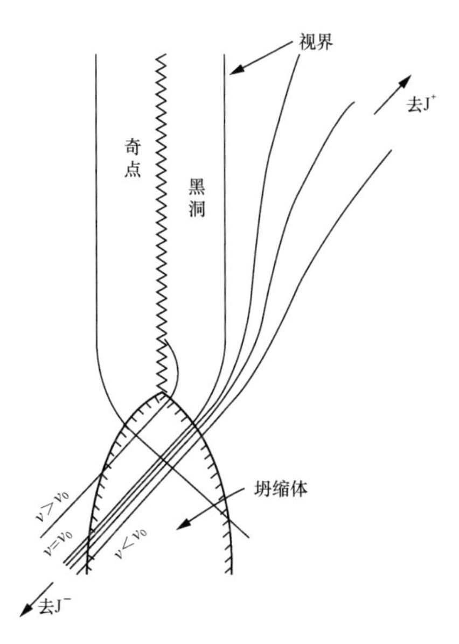

图 7–16　坍缩黑洞的表面像倒退的镜子

把正在形成黑洞的坍缩星体的表面看作一个变速倒退的镜子，把黑洞的霍金辐射理解为倒退镜子产生的多普勒效应，是一种十分有趣的观点。

模拟两个黑洞的接触

笔者作为刘辽先生的研究生，在 1979 年开始科研工作时，首先和师弟桂元星一起，追随刘先生研究了 PSR1913+16 脉冲双星的引力波辐射，然后又追随他和北京大学的许殿彦先生研究了黑洞的霍金辐射。

当时球对称黑洞的霍金辐射已经得到圆满证明，转动黑洞对自旋为整数的玻色子的霍金辐射也已经得到了严格证明。但是转动黑洞热辐射自旋为$\frac{1}{2}$的狄拉克粒子的严格证明尚无人给出。这是因为对质量不为零的狄拉克粒子的证明，要用到弯曲时空中的旋量计算，十分复杂。我们这个组首先完成了这一工作，证明了最普遍的稳态黑洞（克尔 – 纽曼黑洞）辐射的狄拉克粒子同样具有严格的黑体谱，同样是标准的霍金辐射。

此后笔者对霍金辐射和昂鲁效应都产生了兴趣。但这两种效应出现的物理状况似乎很不相同。霍金辐射是黑洞发射的，但昂鲁效应出现时并无黑洞存在，只不过是观测者在做匀加速直线运动而已。

但我们注意到这两种情况有一个共同点，就是都存在“视界”。于是，笔者产生一个猜想：“稳态时空中只要存在视界，而且视界处的表面引力不为零，就一定会产生热辐射，热辐射温度与 κ 成正比。”为此，我们给出了一个普遍证明，证明了上述猜想是正确的。用我们给出的公式，可以统一给出已知的所有黑洞产生霍金辐射的证明，也包括昂鲁效应在内。与前人算出的结果完全一样。

后来我们把这一方法加以改造，创造了逐点计算动态黑洞表面温度的方法。动态黑洞与稳态黑洞差别很大，稳态黑洞的表面温度是一个常数，表面各点温度相同；而动态黑洞只要不是球对称的，表面各点温度就不相同，而且随时间变化。在我们的方法出现以前，尚没有研究动态黑洞霍金辐射的好方法。动态黑洞的视界面方程和表面温度都很难确定。我们的方法一举克服了这两个困难，可以同时给出视界面方程和表面各点的辐射温度及辐射谱。我们用这一自己独创的方法研究了多种动态黑洞的霍金辐射。

此后，我们想尝试用这一方法研究两个黑洞的碰撞，笔者猜想黑洞碰撞时两个视界面接触，也许会产生天文观测可以看到的猛烈过程，例如喷流和爆发之类的现象。

由于找不到两个黑洞同时存在的精确解，这一研究无法进行。后来，我们注意到有人给出了匀加速直线运动的黑洞解，此解中有一个黑洞，还有一个林德勒视界。黑洞有霍金辐射，林德勒视界有昂鲁效应，笔者觉得可以把林德勒视界看作另一个黑洞的表面，用这个模型来模拟两个黑洞的“碰撞”或者“接触”，如图 7–17 所示。

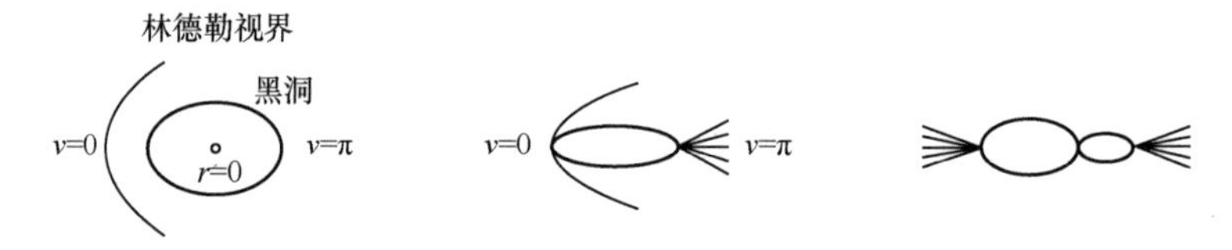

图 7–17　用加速黑洞模拟黑洞碰撞

我们完成了有关研究，结果当时使笔者大失所望，这两个视界面接触时，温度不是升高，而是降低，降低到绝对零度。

近年来天文学家接收到了来自宇宙深处的引力波，学术界认为这些引力波来自两个黑洞的并合。但在接收到引力波的同时，却大都没有观测到来自引力波源处的任何电磁辐射。这似乎表明，两个黑洞并合，视界面相互接触时，没有产生强烈的电磁辐射。我们上面关于两个“黑洞”接触时霍金辐射可以忽略的结论，倒是与这一天文观测结果一致。

七、霍金的主要成就和中国之行

霍金的三大贡献

霍金对黑洞研究做出了三个重大贡献。

首先是和彭罗斯一起证明了奇点定理。这个定理说，在一个广义相对论成立，因果性良好，能量非负，并至少有一点物质存在的时空中，一定存在时空奇点。

在他们提出奇点定理之前，人们把奇点理解为时空中曲率为无穷大，物质密度也为无穷大的点。彭罗斯和霍金则认为奇点根本不属于时空本身，他们把奇点理解为时间开始或结束的地方。

他们的奇点定理认为，一个真实存在的物理时空一定存在奇点，也就是说一定至少存在一个物理过程，时间有开始，或者有结束，或者既有开始又有结束。

霍金还和彭罗斯一起，进一步完善了奇点定理的证明。这一定理在物理学和哲学中都深刻而重要，所以他们提出并证明奇点定理的贡献是巨大的。

不过，笔者认为，在奇点定理的提出和证明中，彭罗斯的贡献比霍金大，因为这一定理是彭罗斯首先提出的，并且第一个证明也是他首先给出的。霍金后来的证明，基本上采用了彭罗斯所用的数学工具和证明思路。

更重要的是，首先把奇点理解为时间的开始和终结的人是彭罗斯。这一认识极为深刻，可能具有深远的意义。

霍金做出的第二个重大贡献是提出面积定理。这一定理是霍金独自得出的。这一定理启发了贝肯施泰因。贝肯施泰因首先猜测到黑洞的表面积是熵，黑洞具有热性质，从而去建立黑洞热力学。

霍金对黑洞研究做出的第三个贡献，也是他一生中最大的贡献，是他证明了黑洞有热辐射，从而最后肯定了黑洞具有热性质。把爱因斯坦的时空弯曲理论和热力学挂钩是非常了不起的事情。这里面功劳最大的是霍金，贝肯施泰因也功不可没。我们前面还提到昂鲁证明的匀加速观测者感受到的真空热效应，此效应的发现，也是对时空研究的重大贡献。

综上所述，我们看到了对黑洞和时空理论研究做出重大贡献的四颗明星，他们是霍金、彭罗斯、贝肯施泰因和昂鲁。

除去对黑洞的研究之外，霍金对宇宙学的研究也做出了贡献。他在读博期间就对霍伊尔的稳态宇宙研究提出过重要的质疑。后来他又在时空隧道和时间机器的研究中提出过时序保护猜想，这一猜想不允许出现闭合类时线，也不允许一个人影响自己的过去，从而使因果关系不至于发生混乱。

在宇宙学研究方面，他认为自己最大的贡献是提出了“无边界宇宙”的假说，认为最早期的宇宙处于“虚时间”状态。他希望这一“虚时的宇宙”可以避免宇宙早期的大爆炸奇点。

由此可以看出，虽然霍金和彭罗斯一起证明了奇点定理，但他内心其实还是相信奇点并不存在，也就是说他的数学、物理知识告诉他，时间一定有开始和终结，然而他的理智却告诉他，时间应该没有开始和终结。

笔者也对奇点定理的结论存在疑问，本书第十讲中将详细介绍我们的探索和展望。

中国之行

霍金对中国非常感兴趣，他一生中曾经三次访问中国。

第一次是在 1985 年，霍金应钱临照教授和王允然教授的邀请访问了中国科学技术大学（以下简称中科大），并顺访了北京师范大学（以下简称北师大）。

当霍金收到中科大邀请的时候，英国方面一度十分犹豫，他们觉得中国是个第三世界国家，比较落后，卫生条件和医疗条件大概都不行，而且目的地还不是首都北京，而是远在中国内地的合肥。他们怕万一出问题损失了他们的国宝。于是，作为英国皇家学会会员的钱临照先生亲自出面和英方联系，终于促成了霍金的这次中国之旅。

霍金在中科大进行了学术交流，并进行了科普讲座，受到中科大师生的热烈欢迎。

由于霍金希望游览长城，王允然教授就与北师大的刘辽教授联系。刘辽先生代表北师大引力组对霍金发出了邀请。

登上长城

霍金在北京与刘辽先生领导的广义相对论课题组进行了学术交流，并在“500 座教室”（即现在的敬文讲堂）为北师大师生们作了科普报告，受到热烈欢迎。当时这座大教室座无虚席，走廊和过道上也挤满了听众。由于当时霍金的声音一般人听不懂，所以由他的英国助理把他的讲话先翻译成普通的英语，再由王允然先生和刘辽先生翻译成中文。

在这次访问中，霍金完成了自己多年的心愿，在北师大师生的帮助下登上了长城。他异常高兴，说自己“宁愿死在长城，而不死在剑桥大学”。

图 7-18 是霍金游览长城时的照片。照片中穿白衣、背对镜头的是梁灿彬老师，霍金背后的是物理系学生朱宗宏，他当时刚考上刘辽先生的研究生，朱宗宏博士毕业后成为理论物理教授，担任过北师大天文系主任，一直从事引力波研究。

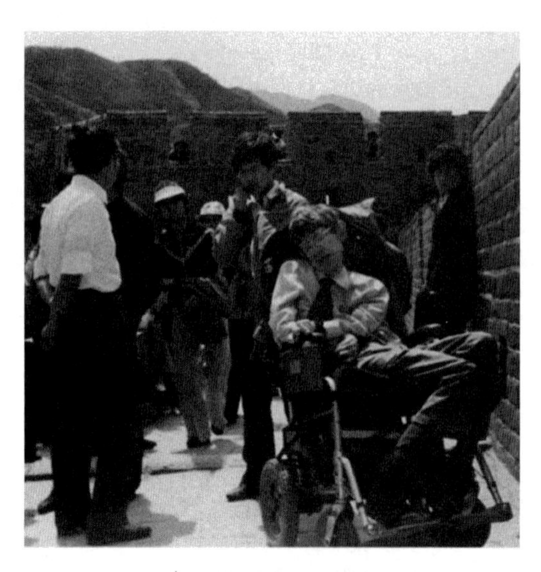

图 7-18　霍金在长城上

后来霍金又在 2002 年和 2006 年两次访问中国，由中国科学技术协会（简称中国科协）、中国科学院和湖南科学技术出版社接待，受到中国人民的热烈欢迎。这两次访问过程中都有他已毕业的博士生吴忠超（《时间简史》的译者）夫妇相陪同。

2006 年那次访问，霍金曾在人民大会堂为公众作科普演讲，盛况空前。笔者利用自己作为广义相对论和黑洞物理研究者的身份，向物理学会请求帮助，为北师大师生争取到了几百张门票，使大批北师大学生有机会目睹霍金这位物理大师的风采。我想，这些学生终生都不会忘记这次经历，而且他们中的大部分后来都是要当老师的，他们一定会向自己的学生讲述当时的盛况和自己的感想。

研究黑洞的明星中，彭罗斯没有来过中国，昂鲁来过。昂鲁参加了 1982 年在上海举办的研讨广义相对论的第三届“格罗斯曼会议”。贝肯施泰因也未能光临，他是犹太人，以色列国籍，当时中国和以色列还没有建交，中方不同意他使用以色列护照入境，希望他用第三国护照入境，被他拒绝，这是一件十分令人遗憾的事。

八、信息疑难与霍金打赌

爱打赌的霍金

2004 年 7 月，媒体上出现了一条与霍金有关的新闻。这条新闻报道的是关于霍金打赌的消息。霍金这个人十分爱开玩笑，多次因为科研工作与朋友打赌。这次报道的打赌内容与信息是否守恒有关。具体来说，就是落入黑洞的物质的信息，是否会从宇宙间彻底消失。

这次打赌发生在 1997 年。当时霍金和索恩认为落入黑洞中的信息丢失了，信息不守恒。普雷斯基尔则认为落入黑洞中的信息不会丢失，一定会以某种机制跑出来。

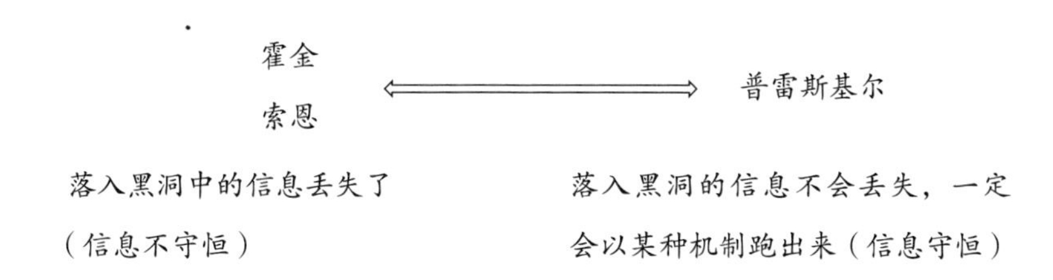

到了 2004 年，情况发生了变化，霍金认为自己输了，承认信息守恒。索恩不承认输，说这件事不能由霍金一个人说了算。普雷斯基尔在听了霍金认输的报告后，则表示没有听懂自己为什么赢了。

于是，这个打赌事件在全世界引起了广泛关注。

这不是霍金第一次打赌，他第一次打赌，是和索恩赌天鹅座 X-1 这个射电源（当时认为是可能的黑洞候选者）到底是不是黑洞。此事发生在 1974 年，后来以霍金认输结束。我们在本讲中的前面部分对这次打赌作了介绍。

霍金第二次打赌是在 1991 年，霍金和索恩等人争论会不会出现裸奇点。索恩和普雷斯基尔认为“会”，霍金认为“不会”。霍金认为“不会”存在裸奇点，是因为他赞同彭罗斯的宇宙监督假设。1997 年，有人用数值方法证明了奇点可以裸露，于是霍金认输。不过，笔者对于用数值方法给出的证明深感怀疑。广义相对论是一个非线性理论，数值计算的结果不一定可靠。

第三次打赌就是上面提到的 1997 年霍金提出的关于黑洞信息是否守恒的争论，下面我们要比较详细地介绍这次打赌。

第四次打赌发生在 2002 年，双方争论是否存在上帝粒子（即希格斯玻色子）。希格斯和凯恩认为“存在”，霍金认为“不存在”。这次打赌也是以霍金认输而告终。现在上帝粒子已经被发现，看来霍金确实错了。

这四次打赌都以霍金认输了事。

黑洞的信息疑难

自从确认构成坍缩星体的物质可以形成黑洞，生成单向膜区和事件视界以来，人们逐渐认识到，落入黑洞的物质和信息似乎再也出不来了。于是贝肯施泰因、惠勒、彭罗斯、伊斯拉埃尔等人相继提出“无毛猜想”，他们把信息比喻为毛，猜测黑洞外的观测者会失去落入黑洞的物质的几乎全部信息，只能探知黑洞的总质量、总电荷和总角动量。经过 15 年的探讨，终于由卡特、霍金和鲁宾逊证明了这一猜想，使之成为“无毛定理”。这条定理指出，黑洞外的观测者会失去落入黑洞的物质的几乎全部信息，只能探知它们的总质量、总电荷和总角动量。

一开始这个问题并不严重。虽然黑洞外的观测者失去了形成黑洞的物质的几乎全部信息，不可能了解坍缩生成黑洞的物质的成分，但是这些物质的信息并没有从宇宙中消失，只不过被永远锁在了黑洞内部，不能被外部观测者探知而已。

霍金辐射被发现之后，黑洞的信息疑难被激化了。这是因为霍金用弯曲时空量子场论证明了黑洞辐射是严格的黑体谱，而黑体辐射几乎不能从黑洞中带出任何信息。并且，黑洞具有负比热，它将通过热辐射而蒸发干净、彻底消失。这会使得原来储存于黑洞中的信息真的从宇宙中消失了。

信息的丢失意味着，形成黑洞的物质由原来的量子纯态全部衰变为混合态，熵大量增加，轻子数守恒定律和重子数守恒定律不再成立，量子引力理论将不具有幺正性。

轻子数守恒定律和重子数守恒定律不再成立，这倒没有多大关系，因为这两条守恒定律有可能是不严格的。这是因为人们一直没有发现与轻子和重子对应的规范场，所以有一些粒子物理学家怀疑这两条守恒定律可能不是严格的定律。

粒子物理学家认为最难以接受的是，信息不守恒将破坏量子理论的幺正性。目前所有的量子理论都是幺正的，它们的演化算符都是幺正算符。放弃幺正性，会给量子理论带来很大的麻烦，所以搞量子理论和粒子物理的学者，都倾向于坚持量子引力的幺正性，要求黑洞演化过程（包括辐射和吸收）信息守恒。

主张信息守恒的人给出了保证黑洞信息守恒的两种可能方式。

① 霍金辐射不可能是严格的黑体辐射，一定会有信息随辐射从黑洞中逸出。

② 可能存在一种量子效应，使霍金辐射突然在某一温度截止，从而导致信息作为“炉渣”保存在黑洞内部。

霍金态度的逆转

关于信息疑难的打赌，霍金之所以改变态度，转而相信黑洞辐射（即后来命名的霍金辐射）过程信息守恒，是因为以下考虑。

首先是基于“对偶猜想”。量子场论中的“对偶猜想”认为：反德西特空间中的超引力，等价于反德西特空间边界上的共形场论；由于共形场论是幺正的，所以反德西特空间一定信息守恒，因而落入反德西特空间中的黑洞的任何信息都必定会跑出来。霍金认为，从这一例子可以推想，任何空间中的黑洞内部的信息都有可能跑出来。他从反德西特空间中的黑洞信息守恒的例子得到了启发。

另外，霍金认为我们以前把黑洞想得太理想化了，理想黑洞的拓扑结构非平庸，会导致信息不守恒。但他认为，真实黑洞的拓扑结构是平庸的，信息不会丢失。

他还把黑洞辐射视作与粒子物理中的散射过程类似的过程，论证了黑洞辐射信息守恒的可能性。

霍金在 2004 年 7 月的相对论研讨会上高调宣布了他的新观点，转而认为黑洞辐射过程信息守恒，承认自己打赌输了。他在会上宣读了报告。但是这只是一篇高级科普报告，一共只有两个数学式子，不能看作科研报告。当时他承诺不久将发表一篇真正的科研论文，严格论证自己的结论。不过，直到他逝世，也没有看到他拿出关于黑洞信息守恒的真正的严格证明。

帕里克与维尔切克的工作

当时有不少论证黑洞信息守恒的论文，比较著名的是帕里克和维尔切克的工作。维尔切克因研究强相互作用的量子色动力学获得过诺贝尔奖，所以他们的工作影响较大。

他们认为，原先研究霍金辐射的工作有一个大的失误。这个失误就是忽略了辐射反作用的影响，从而错误地以为霍金辐射具有严格的黑体谱，并得出信息丢失的结论。他们认为黑洞每辐射出一个粒子，本身都会缺失一个粒子的质量。丢失的这一点质量虽然很小，却不应该忽视。他们认为黑洞丢失这一点质量时，体积会发生微小的收缩，这一收缩会产生势垒（见图 7–19），对辐射谱造成微小的影响，使辐射谱偏离黑体谱，辐射不再是严格的黑体辐射。对辐射谱的这一微小修正恰恰保证了量子引力的幺正性。所以，他们认为，霍金辐射没有导致信息丢失！

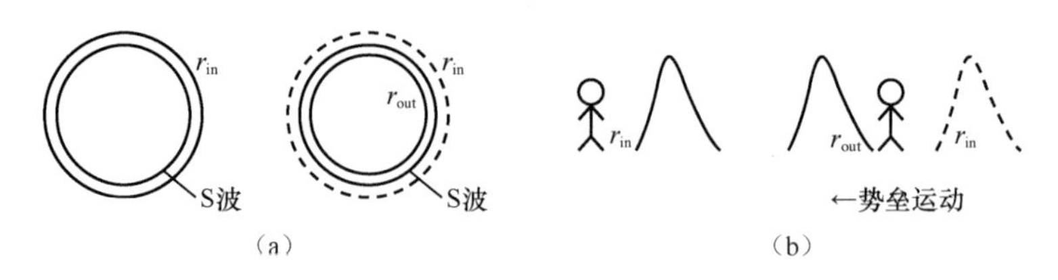

图 7-19　辐射引起黑洞的收缩和势垒的出现

我们课题组曾仔细阅读讨论过他们的论文，而且，我们以前不仅仔细阅读过霍金等人证明黑洞存在辐射的论文，还亲身研究过黑洞辐射。对于最一般的稳态黑洞（克尔－纽曼黑洞），辐射中的狄拉克粒子具有黑体谱的证明，最早就是我们这个课题组在刘辽先生的领导下首先得出的。笔者当年亲自参与了有关的计算和研究。回想起来，不管是我们对黑洞辐射的证明，还是霍金和其他人的证明，确实都没有考虑出射粒子对于黑洞的反作用，没有考虑黑洞会产生微小的收缩，并导致辐射谱偏离黑体谱，造成信息从黑洞中逸出，从而使得黑洞辐射过程信息守恒的可能性，也就是说，帕里克等人的批评意见是有道理的，我们应该重视他们的工作。

对帕里克工作的质疑

但是我们觉得，由于黑洞比热为负，不能与外界达成稳定的热平衡，所以黑洞与外部环境总是存在温差，这必将导致热流。霍金辐射流就是一种热流。而且，由于有温差，“热流动”肯定是一种不可逆过程，必将导致熵增加。

在信息理论中，信息被视作负熵，包括霍金在内的许多物理学家也赞同这一看法。黑洞的辐射过程造成熵增加，也就是说信息会丢失。这样看来，落入黑洞的物质的信息，至少会有一部分在辐射过程中丢失。

在物理学中，有质量守恒定律、能量守恒定律、电荷守恒定律……但从来没有过信息守恒定律。热力学第二定律的根本内容就是熵不守恒，熵在自然界中只会增加。如果信息可以看作负熵的观点正确，则没有道理认为信息应该守恒。所以，我们应该预料到，正确的做法是放弃信息守恒的束缚，认识到量子引力很可能不具有幺正性。

由此看来，即使落入黑洞的物质的信息有可能被辐射带往黑洞外，也有可能有部分信息会作为炉渣留在黑洞内，但必定会有一部分信息在辐射过程中丢失。那么，为什么帕里克等人的工作又似乎证明了黑洞辐射过程信息守恒呢?

我们猜想，他们的证明中可能忽略了某种东西。为此，我们首先把帕里克的工作加以推广，看看在推广过程中能否发现什么问题。

帕里克等人的论文是针对球对称黑洞辐射无质量、不带电粒子的情况给出证明的。我们首先把他们的工作逐步推广到旋转、带电的黑洞，以及辐射有质量、带电粒子的更一般情况。工作表明，这些情况似乎都能得到与他们的研究一致的结果。

后来我们发现，在他们和我们的证明过程中，都在无意中用了“黑洞辐射是可逆过程”的假定。如果是可逆过程，熵守恒，信息自然不会丢失。但是由于黑洞与外界不存在稳定的热平衡，一定存在温差，辐射过程一定是不可逆过程。所以，假定黑洞辐射是可逆过程是不对的，这是帕里克等人工作的一大失误。

所以，他们的工作并没有证明黑洞辐射过程信息守恒！他们虽然证明了黑洞辐射不是纯热谱，因而会有部分信息被辐射带出黑洞，但肯定仍会有部分信息在辐射中丢失。

黑洞中的信息有可能跑出来吗

虽然我们不同意信息守恒的观点和论证，认为落入黑洞的物质的信息会丢失一部分，甚至大部分，但我们也认为可能会有部分信息从黑洞中逸出，下面我们探讨信息逸出黑洞的几种可能方式。

第一种方式就是帕里克等人论证的，通过霍金辐射的隧道效应逸出部分信息。正如他们证明的，如果考虑黑洞射出粒子时自身质量的变化，霍金辐射会偏离黑体谱，从而有部分信息被辐射带出来。这一论证是有道理的，只不过这一效应远达不到保证信息守恒的程度。换句话说，霍金辐射会带出少量信息，但大量信息还是会随着黑洞的最后消失而丢失。

第二种方式是考虑动态黑洞（即非稳态黑洞）的情况。其实，真实的黑洞都不可能是稳态的，真实的黑洞一定处在不断吸积和辐射的过程中，质量一定是变化的，也就是说一定是动态的。

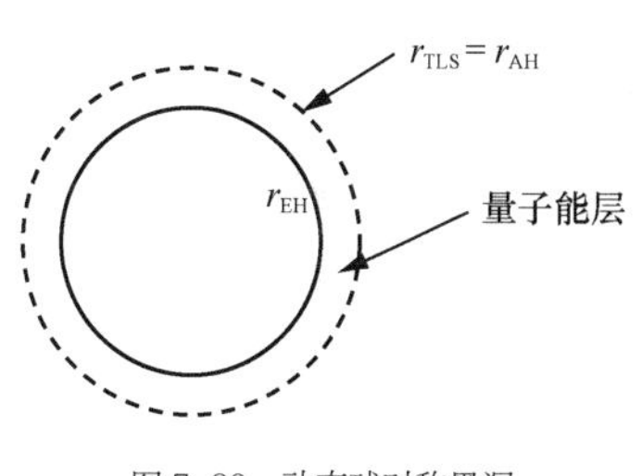

图 7-20　动态球对称黑洞（Vaidya 黑洞）的辐射

研究表明，球对称的动态黑洞（以 Vaidya 黑洞为例）的表观视界 r_{AH} 会和事件视界 r_{EH} 分离，如图 7-20 所示。表观视界定义为单向膜区的起点。在这两个视界之间存在一个量子能层。量子能层属于单向膜区。这种能层是稳态黑洞所没有的。一些研究认为，这种黑洞的霍金辐射从表观视界产生。

我们小组创建了一套研究动态黑洞霍金效应的方法，可以同时确定黑洞的温度和产生辐射的“视界”的位置。我们研究的结果是，霍金辐射产生自事件视界，而不是表观视界，并且具有严格的黑体辐射谱。但是，这一辐射必须穿过量子能层和表观视界 r_{AH} 才能真正射出黑洞，如果考虑这一过程，霍金辐射应该会偏离黑体谱并带出部分信息。

第三种方式是，考虑如果时空被扰动，光锥的张角发生涨落，当这一效应发生在黑洞视界处时，有可能使黑洞中的信息逸出。

图 7-21 的左图表示，B 点原来处在 A 点的光锥之外，两点没有因果关系，位于 A 点的粒子只有在做超光速运动时，才能到达 B 点，这是相对论所不允许的。但是如果时空被扰动，A 点光锥的张角发生了涨

落，如图 7-21 的右图所示，当张角张大时，B 点就位于 A 点的光锥之内了，位于 A 点的粒子就可以以亚光速运动到 B 点，这是相对论允许的。如果张角再恢复到原位，B 点又位于 A 点的光锥之外，也就是说，到达 B 点的粒子已经跑到了原本不可能到达的 A 点光锥之外了。

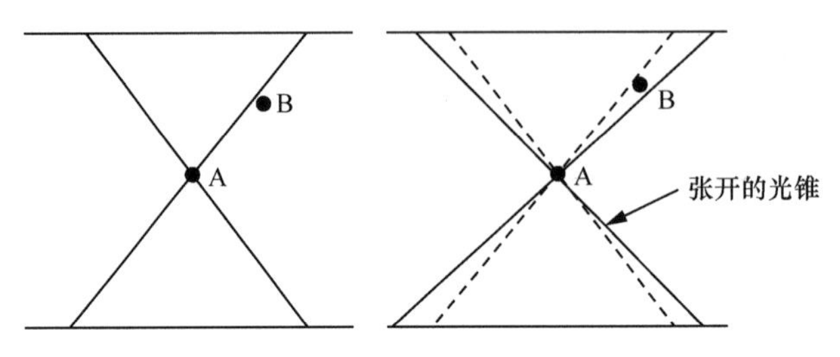

图 7-21　光锥张角的涨落

图 7-22 表示，当黑洞视界附近的时空被扰动，视界面作为一张光锥面，也可能张角发生涨落，使位于黑洞内的粒子最终跑到视界外，与粒子有关的信息也随之逸出。

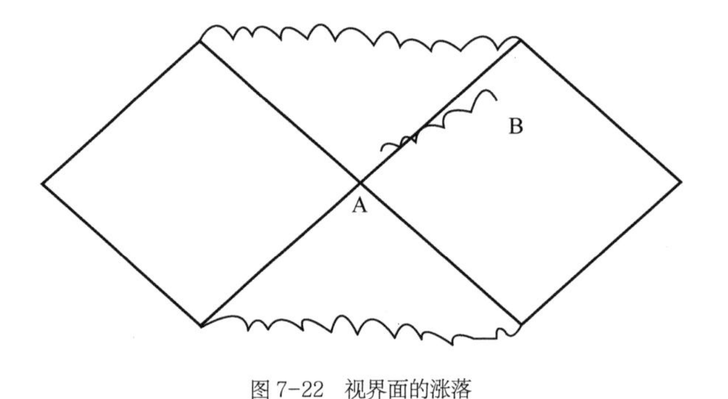

图 7-22　视界面的涨落

上述论述是一种理论推测，但是有一定道理。所以，这也可能是黑洞内部信息逸出的一种方式。

总之，我们认为落入黑洞的物质的信息是可能有部分逸出的。不过，黑洞演化过程是不可逆过程，落入黑洞的物质的信息不可能全部跑出来，一定会大部分丢失，所以，黑洞演化过程信息不会守恒，有关的量子引力理论也不会满足幺正性。

第八讲

星空与太阳系

一、太阳与月球

太阳

图 8-1 是太阳系的示意图。

各颗行星围绕太阳转动的轨道都是椭圆，这些椭圆轨道不太扁，比较接近圆形。彗星轨道则是比较扁的椭圆。彗星来自远方，穿过各行星的轨道飞向太阳，绕过太阳后又返回远方。

图 8-1　太阳系示意图

太阳质量相当于 33 万个地球的质量，它的质量占太阳系总质量的 99.87%（一说 99.86%）。太阳中心温度 1600 万开，有 3000 亿标准大气压（1 标准大气压 =101.325 千帕）。在那里进行氢原子核聚合成氦原子核的热核反应，这一反应是太阳能量的源泉。太阳表面温度约 6000 开，所以呈现黄颜色。太阳表面的黑子和暗条，温度要略低一些，但也会有约 4000 开；日珥和日冕都是太阳喷出的火焰；具体如图 8-2 和图 8-3 所示。

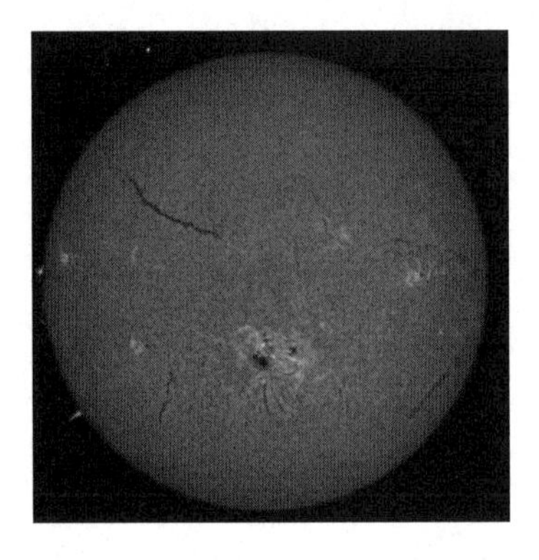

图 8-2　太阳表面的黑子、暗条、日冕及日珥

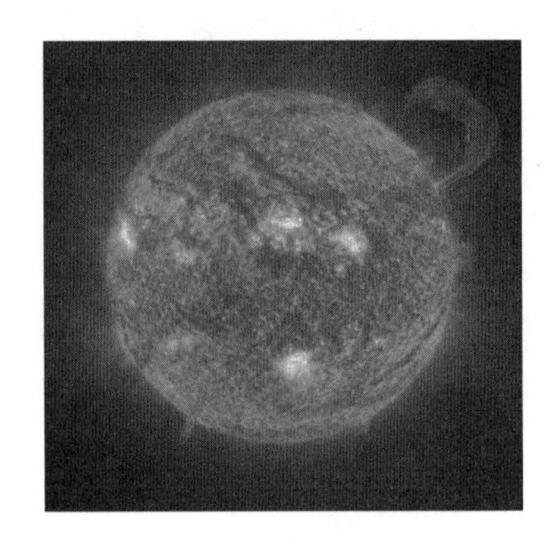

图 8-3　太阳及其上的日珥

太阳半径约为 70 万千米，距离地球约 1.5 亿千米（1.5×10^{8} 千米）。这个距离常用来比较太阳系中各行星到太阳的远近，并为其设定了一个单位，称为天文单位。这个距离到底有多远呢？光从太阳射到地球需要大约 8 分钟，这可以让我们感性地体会到太阳离我们有多远。

太阳不是一个恒定不变化的天体，上面不断有各种变化，大约 11 年为一个活动周期。当然，还存在更长的各种周期变化。

太阳辐射是地球主要的，而且几乎是唯一的能量来源。所以太阳活动是引起地球气候变化的主要因素。考古学发现，地球上曾出现过好多次冰期，每两个冰期之间的温暖时期称间冰期。造成这些气候冷暖变化的决定因素都是太阳活动的变化。这种冷暖交替变化，早在人类诞生之前就已长期存在。

人类活动肯定会对气候有影响，但是否有决定性影响是值得深入研究的问题。不过，减少人为的有害气体和物质的排放，肯定对于人类的健康和生存是十分重要的。

到目前为止，人类已经发射过多个太阳探测器，对太阳的各种物理性质和活动进行科学研究。2021 年 10 月和 2022 年 10 月，我国的“羲和号”和“夸父一号”太阳探测卫星先后升空，推动了对太阳的进一步的科学研究。

月球

图 8-4 是月球的正面和背面照片。

图 8-4　月球的正面和背面照片

由于月球的自转角速度与公转角速度相等，所以月球总是只有一面对着地球。从人类诞生以来，直到 1959 年，地球人都只见过月球的正面，从来没有见过月球的背面。所以我们看见的月面上的阴影是固定不变的，于是才有了月宫、嫦娥、吴刚、玉兔和桂树的想象。

1959 年，苏联发射了第一个月球探测器“月球 1 号”，人类才首次看到了月球的背面。第一个月球探测器从月球旁边擦身而过，但拍到了月球的一个侧背。苏联接着又发射了“月球 2 号”和“月球 3 号”探测器，“月球 2 号”探测器直接命中月球正面，“月球 3 号”探测器则围绕月球转动，拍下了月球背面的比较完整、清楚的照片。

月球表面有大量环形山，关于环形山的成因，历史上曾有过长期争论，有人认为是火山爆发造成的，也有人认为是陨石撞击造成的。用望远镜仔细观察时，发现许多环形山的中央都有一个小尖峰。主张火山形成的人马上强调，那个小尖峰就是火山口，陨石撞击怎么可能会出现环形山中央的尖峰呢？主张撞击说的人在地面上做了一个模拟实验，他们将一块小石头向一堆稀泥砸去，只见小石头砸进泥中后，居然反弹出一个小泥尖。这个实验极大地支持了环形山的撞击形成说。现在我们知道，月面上的环形山确实主要是由于陨石撞击形成的。

我们从图 8-4 可以看出来，月球的正面比背面平坦。这是由于月球的正面一直对着地球，地球对月球的正面起着保护伞的作用，从地球方向砸向月球的陨石大部分都被地球屏蔽，砸在了地球上。同样，月球也对地球起着保护伞的作用，从月球方向砸向地球的陨石也有相当一部分被月球挡住，砸在了月球背面。

月球距离地球 38 万千米，半径 1740 千米，质量仅为地球的$\frac{1}{81}$。月球表面的重力只有地球表面的$\frac{1}{6}$，所以体重 60 千克的人站在月球上，只有 10 千克左右，可以比较轻松地跳跃。

1969 年 7 月，美国的“阿波罗 11 号”飞船登月成功。这是人类第一次踏上月球，如图 8-5 和图 8-6 所示。

第一位登月的美国宇航员阿姆斯特朗，踏上月面时自豪地说：“对我来说这是一小步，对于整个人类来说，这是一大步。”他们胜利地完成了首次登月飞行，还带回了月球上的土壤样品，可以说居功至伟。

图 8-5　在月面上的“阿波罗 11 号”飞船的登月舱和宇航员

图 8-6　人类留在月球上的第一个脚印

不过，并非所有的航天飞行都一帆风顺。1970 年 4 月，美国的“阿波罗 13 号”飞船的登月之旅就遇到了巨大的危险。由于飞船上的氧气罐爆炸，这艘飞船被滞留在环绕地球的轨道上，去不了月球，也回不了地球，让全世界人民都为这几位宇航员捏了一把汗。万幸的是，他们最后终于乘坐登月舱返回了地球，虽然没有去成月球，但总算平安回来了。

随着经济和科学技术的飞速发展，中国也加入了探测月球的行列。2013 年 12 月，中国的“嫦娥三号”探测器在月面着陆，如图 8-7 所示。2019 年 1 月，中国的“嫦娥四号”探测器成功地在月球背面着陆，如图 8-8 所示。这是人类的探测器首次登陆月球背面。2020 年 12 月，“嫦娥五号”探测器再次登上月面考察，并成功带回了月壤的样品。

图 8-7　“嫦娥三号”在月球上

图 8-8　“嫦娥四号”在月球上

月球上没有嫦娥，没有吴刚，没有玉兔，没有桂树，更没有月宫，甚至没有空气和液态水。

不过，有一个探测器发现，月球南极的中心阴影深处可能存在冰湖。

更加令人振奋的是，考察发现，月球上存在大量的氦元素的同位素 ^3He。^3He 可以用作热核反应的优质燃料。有人计算过，如果每年从月球上取回一飞船的 ^3He 矿物，热核反应所产生的能量就够地球人用上一年。

二、行星及矮行星

地球

图 8-9 是从月球上看到的地球。我们生活的这颗美丽的蓝色星球，是太阳系中密度最大的一颗行星，半径约 6400 千米，质量 6×10^{27} 克。它的表面是由岩石构成的很薄的地壳，大陆地壳平均厚度大约只有 35 千米。地壳大部分被海洋覆盖。地壳下面是厚约 3000 千米的地幔，内有一层软流圈。岩石的板块漂浮在软流圈上，造成大陆漂移，如图 8-10 所示。在几亿年的时间里，原本连在一起的古大陆逐渐裂开并相互远离，形成今天的七大洲四大洋。

图 8-9　从月球看地球

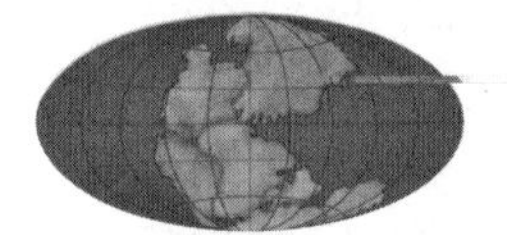

约2亿年前的联合古陆

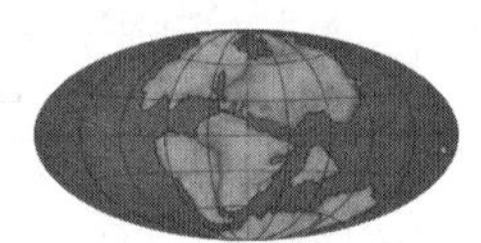

约1.3亿年前的联合古陆分裂为冈瓦纳古陆和劳亚古陆

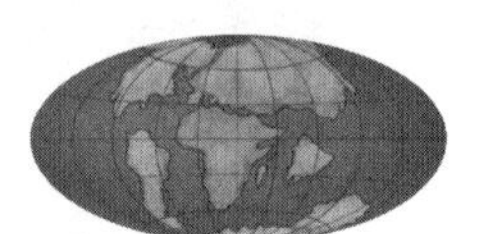

约6500万年前的冈瓦纳陆和劳亚古陆

图 8-10　漂移的大陆

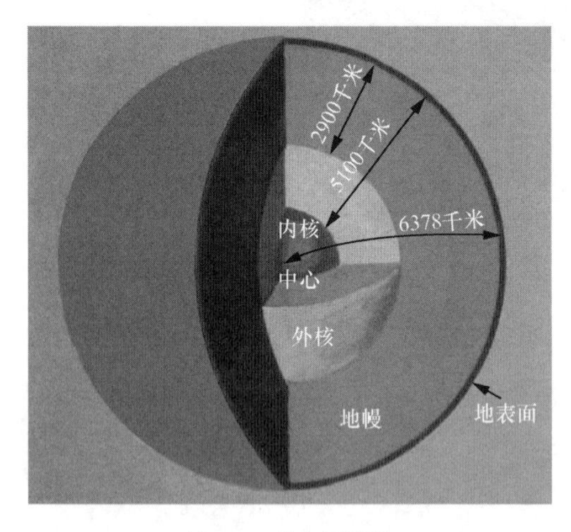

图 8-11　地球内部构造

地球内部构造如图 8-11 所示。地幔下面是地核，地核半径约 3500 千米，分内核和外核。外核是液态的铁和镍，内核是固体的铁球。越靠近地心温度越高，压强越大，地心处温度高达 5000 开，压强高达 300 万～ 400 万标准大气压。

地球外面有厚达 1000 千米以上的大气层。地球磁场（见图 8-12）则伸展到 10 个地球半径的地方。在背对太阳的一面，由于太阳风（太阳喷射的粒子流）的影响，地球磁场甚至可以伸展到月球轨道之外。这个有趣的领域属于空间物理的研究范围。

图 8-12　地球磁场

水星

水星是离太阳最近的一颗行星，如图 8-13 所示。

图 8-13　水星

由于它离太阳太近，一般人很难看到，只有在日出之前和日落之后才有看到的机会。据说哥白尼一辈子都没有看到过水星，这也与波兰那个地方早晚多云有关。

水星很小，半径 2440 千米，只比月球稍大一点。水星上面没有空气，表面与月球很像，布满环形山，如图 8-14 所示。

读者从水星表面的环形山可以看出，每个环形山的中央都有一个小尖峰。这当然也是陨石撞击造成的。

图 8-14　水星表面的环形山

火星

金星和火星是离地球最近的两颗行星。在太阳系中，这两颗行星的状况与地球最为相近，所以人们在寻找地外生命时曾寄希望于它们。

在 18—19 世纪，关于存在火星人的推测，曾经热闹非凡。

火星是一颗红色的行星，它的两极存在白色的“极冠”，天文学家们曾猜测那白色的东西是火星南北极处的冰雪，如图 8-15 所示。人们又发现火星表面似乎存在一些南北走向和东西走向的黑色线条，而且这些黑色线条在火星上的夏季时好像变粗了，冬季时又好像变细了一些。人们推测这些黑色线条是火星上的运河，火星人用它们来引夏季时极冠处融化的雪水，以灌溉红色的干旱土地。

后来的研究发现，火星上的自然条件不利于高级生物的生存。火星表面很像戈壁滩（图 8-16）干旱的红色土壤，主要成分是铁的氧化物。白色的极冠并非水形成的冰雪，而是二氧化碳形成的干冰。那些看似“运河”的黑色线条其实并没有水，只是火星地貌的误认。火星大气以二氧化碳为主，大气压约为地球的 1%，平均气温约为零下 23 摄氏度。

图 8-15　火星

图 8-16　探测器在火星表面

1971 年 12 月，苏联的探测器首先着陆火星。2004 年 1 月，美国的探测器也着陆火星（图 8-16）。2021 年 5 月，中国的“天问一号”探测器着陆于火星，5 月 22 日“祝融号”火星车成功驶上火星表面（图 8-17）。

图 8-17　“祝融号”火星车与着陆平台

开普勒曾预言火星有两颗卫星。他认为上帝是位数学家，不会胡乱安排各行星的卫星数，既然上帝给地球只安排了一颗卫星（月球），给木星安排了四颗卫星（当时伽利略发现的），那么，到太阳的距离在地球和木星之间的火星，上帝一定会给它安排两颗卫星。今天看来，这一理由甚为荒唐，但有趣的是，火星的卫星真的是两颗，即火卫一和火卫二（图 8-18）。

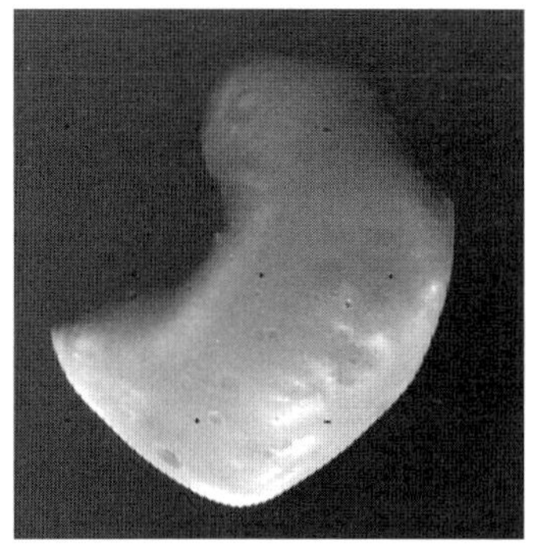

图 8-18　火卫一与火卫二

至今人们尚未发现火星上有生命存在，连微生物都没有发现，更不用说“火星人”了。

金星

如图 8-19，金星表面覆盖着浓厚的云，以二氧化碳为主。从地球上根本看不见云下的金星表面。当“火星人”存在的希望破灭之后，人们自然把注意力转向金星。

金星半径 6052 千米，大小与地球相似。关键在于金星的浓厚大气，气温高达 480 摄氏度，大气压约为 90 标准大气压。而且，大气层里还存在一层浓硫酸的云。这样的恶劣环境，肯定不利于生物生存。现在，已有多个苏联和美国的探测器降落金星表面，但由于那里恶劣的气象条件，这些探测器的工作寿命都不长。不过，它们发回的照片，总算让地球人看到了金星表面的地形，如图 8-20 所示。

图 8-19　金星

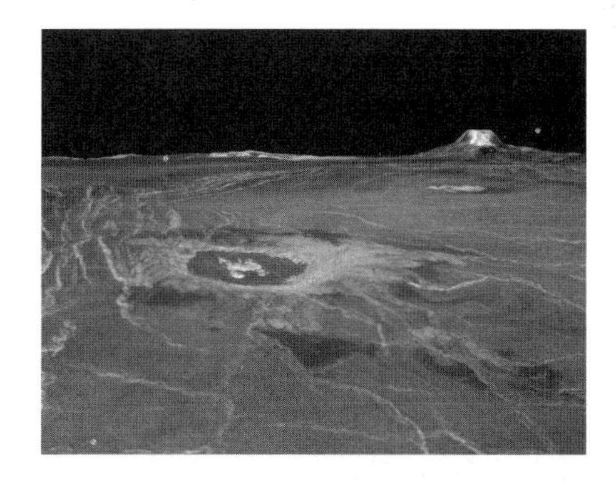

图 8-20　金星表面的地形

木星

图 8-21　木星

水星、金星、火星都是与地球相似的固态行星，称为“类地行星”。木星则不同，它是一颗“流体星”，如图 8-21 所示。

木星的浓密大气中，氢约占 80%，氦约占 20%。

大气层下是液态氢的海洋。液态的分子氢深 1.4 万千米，再下面是深 4.5

万千米的液态金属氢。最下面是铁和硅组成的固体核，核半径约占木星半径的五分之一，温度高达 4 万摄氏度。

伽利略发明天文望远镜后，曾发现木星上存在一块有如溃疡的大红斑。后来的研究表明，这是木星表面的一个大旋风，其中含有红磷化合物，其大小可以放进地球。有趣的是，这个红色的大气旋一直存在到今天。

伽利略曾发现木星有四颗卫星，如图 8-22 所示。后来进一步的天文观测发现，虽然木星不存在固体表面，但它的这四颗卫星却是固体卫星。如图 8-23 所示，木卫二表面是冰层，上面有冰缝和陨星坑（又称陨击坑），冰层下有液态水，而且这些水还含有盐分，因此很可能存在生命。木卫三则是太阳系中最大的卫星，比水星还要大。到目前为止，已经发现了 90 多颗木星的卫星。

图 8-22 木星及其四颗卫星

图 8-23 木卫二上的冰缝和陨击坑

木星放出的热量比它吸收的太阳能要多。有些天文学家据此怀疑木星上仍在进行热核反应，因此它可能实际上是一颗恒星。不过，这一点还没有最后确认。

土星

土星以它的光环著称（图 8-24），其光环由冰块和石块组成，如图 8-25 所示。

图 8-24 土星

图 8-25 土星光环的构成

土星也是一颗流体星。土星的海洋由液态的氢与氦组成，大气中也充满了氢与氦，还有少量氨与甲烷。

至今已经发现 146 颗土星的卫星，都是固体星。这些卫星上也可能存在生命。特别是土卫六（又名泰坦），是太阳系中第二大的卫星，比水星大。它浓密的大气中含有甲烷和氨，比较容易在紫外线作用下形成有机大分子，进而演化成生命物质。

天王星和海王星

天王星是唯一的自转轴躺在公转轨道上的行星，如图 8–26 所示。它是威廉·赫歇尔在 1781 年用望远镜发现的，此前知道的金、木、水、火、土五颗行星都是肉眼观测到的。天王星有浓密的大气层，下面的固体表面似乎是冰，至今发现了 27 颗天王星的卫星。因为它离我们太远，大约 19 天文单位，所以我们目前搜集到的关于它的信息还不多。

海王星则是亚当斯和勒威耶首先用牛顿力学预言，然后才由天文学家观测到的。当时，亚当斯和勒威耶分别独立地注意到，天王星的实际运行轨道和用牛顿力学计算的有差异，他们猜测这是由于一颗未知的行星在影响天王星的运动。于是他们反过来算出了这颗未知行星的轨道和位置，引导天文观测者寻找到了这颗行星，这就是海王星，如图 8–27 所示。

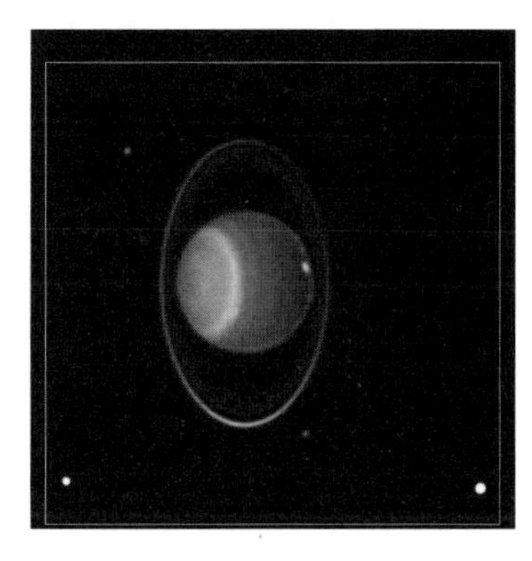

图 8-26　天王星

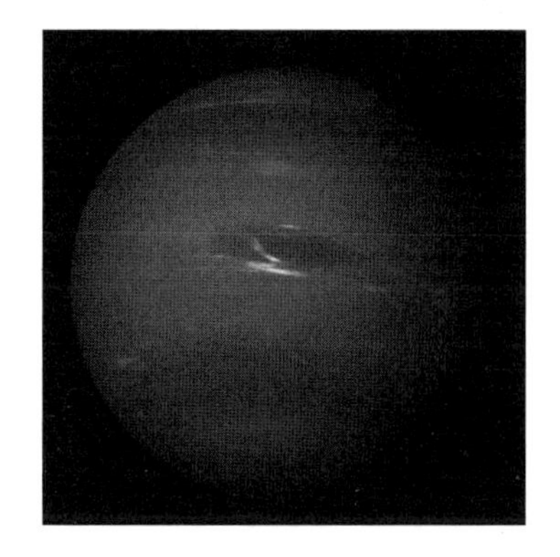

图 8-27　海王星

海王星与太阳之间的平均距离约为 30 天文单位。我们对它也了解不多，只知道它和天王星的密度差不多，已发现它的 14 颗卫星。

矮行星

在相当长的时期内，天文界认为行星有九颗，称为九大行星，即金星、木星、水星、火星、土星、地球，再加上天王星、海王星和冥王星。后来人们发现冥王星太小，比月球还小。太阳系里还有若干类似的天体，把它们都归入大行星似乎不合适。于是就取消了冥王星的大行星资格，把它归入矮行星（图 8–28），目前发现的矮行星一共有九颗（包括冥王星在内）。有一颗矮行星是用中国古代神话中的水神“共工”命名的。

现在已不再用大行星的称号，剩下的八颗大行星一律称为“行星”，所以太阳系中有八颗行星、至少九颗矮行星，此外还有彗星和小行星。

图 8-28　冥王星

冥王星有一个有趣的性质。它只有一颗卫星，称为“冥卫一”（又名卡戎）。冥卫一的半径是冥王星半径的一半，质量是它的八分之一。冥卫一的公转角速度与自转角速度相同，而且也与冥王星本身的自转角速度相同，好像这两颗星在脸对脸跳“二人转”。图 8-29 是一张从冥卫一上看冥王星的想象图。

图 8-29　从冥卫一上看冥王星（想象图）

八颗行星的比较

八颗行星可以分为两组。一组是“类地行星”，即与地球相似的行星，包括地球、水星、金星和火星。它们的特点是质量小但密度大。另一组是“类木行星”，即与木星相似的行星，包括木星、土星、天王星和海王星。表 8-1 是八颗行星数据的比较。

表 8-1　八颗行星数据的比较（数据截至本书出版前）

行星	日星距离（万千米）	公转周期（地球日）	赤道半径（千米）	质量（10^{24} 千克）	平均密度（克 / 厘米 ^{3}）	逃逸速度（千米 / 秒）	卫星数目	光环
水星	5791	88	2440	0.33	5.43	4.30	0	无
金星	10820	225	6052	4.87	5.24	10.36	0	无
地球	14960	365	6378	5.98	5.51	11.19	1	无
火星	22794	687	3396	0.64	3.93	5.03	2	无
木星	77848	4333	71492	1898	1.33	59.54	95	有
土星	143204	10759	60268	568	0.69	35.49	146	有
天王星	286704	30687	25559	86.8	1.27	21.29	27	有
海王星	451495	60190	24764	102	1.64	23.50	14	有

类地行星集中在太阳周围一个很小的空间内，类木行星占据的空间则比较大，如图 8-30 所示。类木行星都有大量卫星，而且都有光环，不过只有土星的光环比较明显。类地行星最多只有两颗卫星，而且都没有光环。

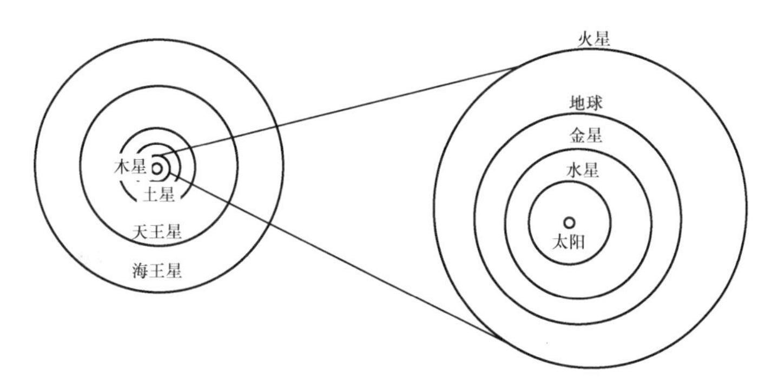

图 8-30　八颗行星轨道的比较

海王星距太阳 30 天文单位，光从太阳到海王星要走 4 小时。冥王星距太阳 39 天文单位，光从太阳到达冥王星要走 5 小时。

不过冥王星那里还不是太阳系的边界。实际上，海王星之外存在一个巨大的彗星仓库，那里储存有大量的脏雪球——彗星。有的天文学家认为，太阳系的边界大概在离太阳 0.5 光年的地方。不过，对于这一点天文学界还没有一致意见。

太阳系的尺度

我们现在小结一下太阳系的尺度：

地球半径 6400 千米；

月球半径 1700 千米；

太阳半径 70 万千米；

日地距离 1.5 亿千米（1 天文单位），光走 8 分钟；

海王星距太阳 30 天文单位，光走 4 小时；

冥王星距太阳 40 天文单位，光走 5 小时；

太阳系直径 1 光年。

三、小行星与彗星

提丢斯 – 波得定则

1766 年，德国的一位中学教师提丢斯（天文爱好者），发现各大行星到太阳的距离似乎有一个规律。他以日地距离为单位（即采用天文单位），给出一个公式：

$$D = (n + 4)/10 \quad (8.1)$$

用此公式算出的各行星到太阳的距离与观测值符合得非常好。读者可见表 8-2，根据提丢斯的说法，对于水星，取 $n = 0$，金星取 $n = 3$，地球取 $n = 6$……后面各行星的顺序继续按它们到太阳的距离排列，从近到远，每一个比前一个的 n 值翻倍。从表 8-2 中可以看出，计算值与观测值精确相符。不过，当时天王星、海王星等最远的几颗行星尚未被发现，它们不包括在提丢斯最初给出的表中。

表 8-2　提丢斯公式计算值与观测值的比较

参数	水星	金星	地球	火星	小行星带	木星	土星	天王星	海王星	冥王星
n	0	3	6	12	24	48	96	192	384	768
D（计算值）	0.4	0.7	1.0	1.6	2.8	5.2	10.0	19.6	38.8	77.2
D（观测值）	0.39	0.72	1.00	1.52		5.20	9.54	19.20	30.10	39.50

人们把这个令人惊奇的公式称为提丢斯公式。它唯一的缺陷是在 $n = 24$ 所对应的火星与木星之间，没有观察到对应的行星。1772 年，柏林天文台台长波得写出了另一个与提丢斯公式等价的公式：

$$D = 0.3 \times 2^{(n-2)} + 0.4 \quad \text{（天文单位）} \quad (8.2)$$

用此公式可以得到与提丢斯公式相同的结果。各行星从近到远依次取 $n = 1,2,3,\cdots$。唯一的例外是对于水星应该把第一项 $0.3 \times 2^{(n-2)}$ 用 0 替代。这个公式同样精确，不过在 $n = 5$ 的火星与木星之间也没有发现对应的行星。

这一规律被称为提丢斯 – 波得定则。一些人对提丢斯 – 波得定则表示怀疑，认为没有什么科学根据。而且，在火星和木星之间为什么会是一片空白？

波得坚信自己发现的规律是正确的，他写道：“火星的外面是一片空间，……迄今为止还没有看见那里面有什么行星。造物主会荒废这片空间吗？肯定不会！”但大多数人依然不相信波得的断言，他们认为造物主未必会和波得想的一样。

但是，九年后赫歇尔兄妹用天文望远镜发现了天王星，如果按照提丢斯 – 波得定则把天王星取作 $n = 8$，则理论计算值和观测值符合得很好。根据提丢斯公式，天王星应该取 $n = 192$，理论计算值也与观测值符合得很好。大多数人开始相信提丢斯 – 波得定则的正确性了。不过，火星和木星之间的区域仍然没有什么发现。

新的发现终于出现了。1801 年，天文学家皮亚齐发现了一颗小行星，轨道位于火星轨道和木星轨道之间，他将其命名为谷神星。但很快这颗星就找不到了，幸亏 24 岁的青年数学家高斯，依据皮亚齐的观测数据，算出了谷神星的轨道，天文学家终于重新找到了它。不过，谷神星太小，质量不到月球的 2%，直径也只有 945 千米，无法和已知的大行星相比。不久之后，又有人发现了一颗小行星，命名为智神星，遗憾的是，智神星比谷神星还小。

本来按照提丢斯 – 波得定则，在这片天区应该存在一颗大行星，为什么发现的是两颗很小的小行星呢？一些聪明的脑袋开始思考了。一位实习医生是一个天文爱好者，他在病床旁边守护病人时，思考了这个问题。他突然猜想，是不是原来的大行星碎裂成了许多小块呢？如果是这样，那么已发现的这两颗小行星的轨道相交处就应该是大行星碎裂处，这些碎块远离后应该还会汇聚起来，如果用望远镜对准这两颗小行星的轨道相交处，一定可以等到其他碎块回来。于是，他就把家中的望远镜对准谷神星和智神星轨道的交点，每天晚上在那里寻找。功夫不负有心人，他终于看到了另一个"碎块"，也就是另一颗小行星，他将其命名为灶神星。当他正在为自己的天才思想自豪时，一个消息传来，有一位与他有相同猜想的人也发现了一颗小行星。两个不在同一平面上的椭圆轨道会有两个交点。这位医生用望远镜对准了其中一个交点，那位有同样发现的人，用望远镜对准的是另一个交点。不过两个人都有收获。

捷报不断传来，越来越多的人发现了更多的小行星。这些发现者中不但有天文学家，还有更多的天文爱好者，他们的职业各种各样，有啤酒师、铁匠、印刷工人、审判官、乐师、药剂师、木匠、实习医生……他们都为天文学做出了贡献。

后来的研究表明，即使这些小行星起源于一颗大行星的碎裂，由于它们在长期运行中会受到其他天体的引力的影响，也不可能重新回到原来的碎裂之处，所以那位实习医生的猜测并不正确，不过，可喜的是，他还是真的有了收获。

小行星

现在我们发现，在火星和木星之间存在成千上万的小行星，称为小行星带，如图 8-31 所示。它们确实存在于提丢斯 - 波得定则所预言的大致范围内，如表 8-3 所示，上面填上了小行星带的范围。

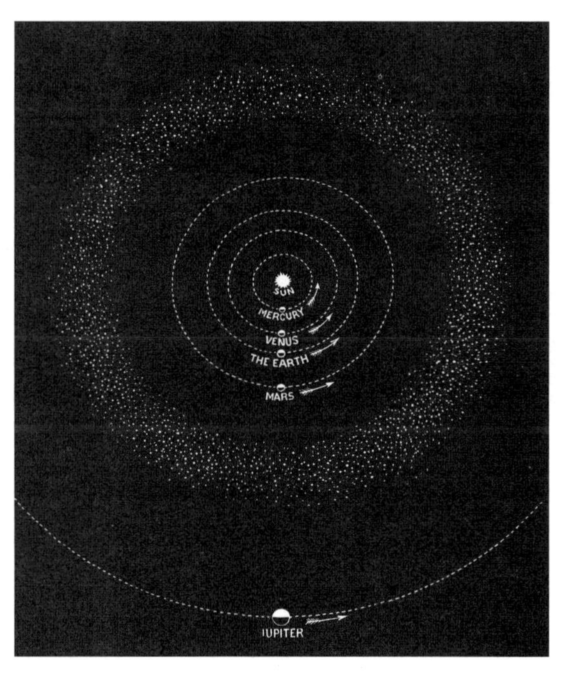

图 8-31　小行星带

表 8-3　提丢斯－波得定则计算值与观测值的比较

参数	水星	金星	地球	火星	小行星带	木星	土星	天王星	海王星	冥王星
n	0	3	6	12	24	48	96	192	384	768
D（计算值）	0.4	0.7	1.0	1.6	2.8	5.2	10.0	19.6	38.8	77.2
D（测量值）	0.39	0.72	1.00	1.52	2.30～3.30	5.20	9.54	19.20	30.10	39.50

目前发现了 120 万颗以上小行星，其中，中国人发现的有几千颗。中华人民共和国成立前，工农业和科学技术都不发达。26 岁的青年天文学家张钰哲，在 1928 年发现了一颗小行星，他将其命名为“中华”，但是后来这颗小行星又找不到了。中华人民共和国成立后，百废待兴，国家拿不出比较多的钱搞科研，但还是帮张钰哲装备了较好的望远镜，他终于再次观测到“中华”小行星。别看这一发现很小，但这是当时中国人的骄傲，是中国近现代天文学当时仅有的发现。后来，张钰哲被任命为中国自己建立的第一个现代天文台——中国科学院紫金山天文台的台长。在那里，中国天文学家又发现了一些小行星，起先将它们命名为紫金一号、紫金二号……。后来，中国经济发展了，设备也不断更新，发现的小行星越来越多，开始以科学家的名字命名，以学校的名字命名，如北师大星等。

小行星由于受到了大行星引力的影响，轨道会不断变动，有撞上地球的可能。有人计算过，直径 1 千米的小行星的撞击，相当于几百万颗投放在广岛的原子弹的威力。

图 8-32 和图 8-33 是小行星撞击地球和恐龙灭绝的想象图。有些科学家认为，恐龙灭绝是小行星撞击地球造成的。他们推测，当时可能有一颗直径 10 千米的小行星撞上了地球，撞击引起了火山大爆发，无数烟尘、水汽弥漫天空，阻挡阳光，形成连续多年的冬天，就像大规模核战争形成的核冬天一样，造成地球上大批动植物死亡，最终导致了恐龙灭绝。

图 8-32　小行星对地球的撞击（想象图）

图 8-33　小行星撞击地球导致恐龙灭绝（想象图）

彗星

彗星其实就是一些脏雪球，由冰雪和尘埃组成，如图 8-34 所示。彗星大量存在于海王星轨道之外，远离炽热的太阳。那里就像一个巨大的彗星仓库。在某些扰动之下，一些脏雪球落向太阳，它们沿着极扁的椭圆轨道奔向太阳附近，被阳光晒热后蒸发、升华，形成彗头和彗发。彗头的中央部分叫彗核。彗发外面包围着氢原子云的包层。在太阳附近，太阳喷射的粒子流（太阳风）和光压把彗星蒸发出来的物质压向与太阳相反的方向，形成巨大的彗尾。有些彗星的彗尾甚至可以横贯半个天空，景象十分壮观，甚至使古人感到恐惧。

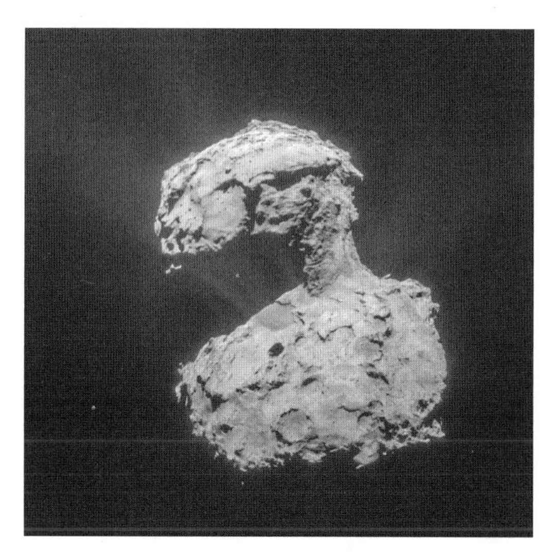

图 8-34　彗星是一个脏雪球

古人认为彗星的出现意味着战争、瘟疫等各种灾难，几乎没有一个民族认为彗星的出现是吉利的。

据西汉的《淮南子》一书记载，武王克商的时候就有彗星出现。武王的大军迎着彗星前进，彗星的头部指向东方。这颗彗星很可能是哈雷彗星。哈雷彗星出现的周期约为 76 年，图 8-35 为 1986 年回归的哈雷彗星。历史研究表明，哈雷彗星曾在公元前 1057 年出现过，这给确定武王克商的年份提供了重要的线索。不过《淮南子》并非一本专门的史书，而是淮南王刘安招集的一批门客编的一部杂书，所以记录的事件的时间不一定十分准确。但它至少告诉我们，在武王克商前后不久，出现过彗星。现在考证的武王克商之年是公元前 1046 年，确实离哈雷彗星出现之年不远。

图 8-35　1986 年出现的哈雷彗星

有一年，天文学界认为一颗彗星的尾部将扫过地球。那明亮的巨大彗星让一些天文学家感到恐惧，他们预感到灾难将要降临。然而，什么意外的事情也没有发生。后来的研究表明，组成明亮彗尾的气体非常稀薄，比当时实验室所能制造的真空状态还要稀薄很多。

不过，如果彗头撞上地球就不得了了。1994 年苏梅克 - 列维 9 号彗星撞上木星，向人们展示了一个极为猛烈的撞击过程。

图 8-36 显示彗星头部先分裂成 21 块，然后在 130 小时内逐次撞在木星上，其能量相当于 20 亿颗原子弹爆炸时释放的能量。图 8-37 画出了苏梅克 - 列维 9 号彗星撞击木星的位置。

图 8-36　苏梅克 - 列维 9 号彗星的彗头裂成 21 块，撞击木星

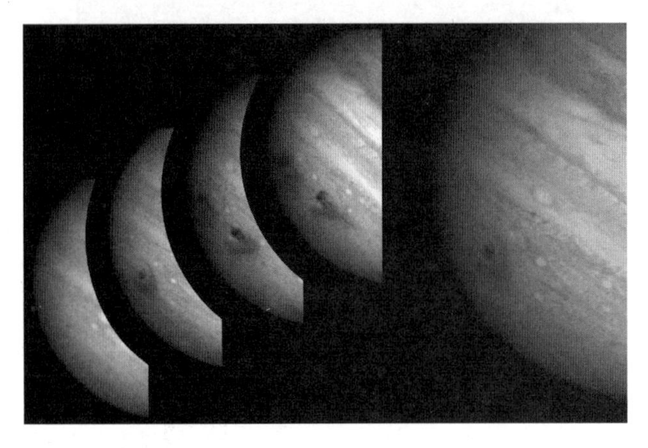

图 8-37　苏梅克 - 列维 9 号彗星撞击木星的位置

撞击的位置在木星的背面，等木星转过一个角度后，人类终于看见了撞击的后果。因为木星转过来的位置首先出现在中国可见范围内，所以中国人首先看到了彗星撞击后形成的黑斑状窟窿，其直径达数万千米。由此可以想象，彗头如果撞在地球上，必将造成严重的后果。

1908 年 6 月 30 日，俄国西伯利亚的通古斯地区发生了一次天体撞击地球的猛烈爆炸事件，如图 8-38 所示。那一天的早晨七点左右，沿西伯利亚铁路奔驰的火车上的乘客，看见一个巨大的火球，带着浓烟尾巴，飞向远方的森林，在那里发出了一声巨响，大地都为之颤动。

图 8-38　通古斯陨星

十月革命之后，苏联的科学考察队来到通古斯地区进行了考察，发现直径 25 千米的范围内，树木全

都从爆心向四面倒下，如图 8–39 所示。考察队原以为在那里可以找到一块巨大的陨石，但是什么也没有找到，也没有寻访到这场爆炸的目击者。离爆炸现场最近的是一位牧羊人，遗憾的是他是一个哑巴，而且是个文盲，所以什么也没有问出来。

图 8–39　通古斯陨星击倒的树木

这次爆炸的冲击波被德国波茨坦的气压计记录下来，而且录到了这次爆炸的冲击波绕地球一周后再次回到波茨坦所产生的信号。可见爆炸之猛烈。

由于没有找到陨石，于是产生了各种奇怪的推测。有人猜测是外星人的核飞船来探访地球，本想软着陆，结果不幸硬着陆，引起了飞船上的核装置爆炸。由于是核爆炸，所以没有留下陨石或陨铁。考察人员也觉得陨击坑周边土壤的放射性似乎比一般地区要强一些，但不十分肯定。也有人猜测是小黑洞撞击了地球，从通古斯地区撞入地球深处，然后从太平洋地区飞出去了。由于太平洋的那个区域当时没有船舶，因而没有人看见黑洞从海洋中飞出去。

不过，这些猜测都没有什么根据，现在天文界的主流看法，是一颗彗星的头部撞在了通古斯地区，因为彗头不过是个脏雪球，所以没有留下陨石或陨铁等残留物。

流星和流星雨

太阳系中的尘埃冰晶进入地球大气层后，与大气摩擦而产生光和热，就成为肉眼可见的流星。

流星雨则是彗星碎裂后的小渣子，大量涌进大气层所致，如图 8–40 所示。流星雨会在可预见的时间出现在天空的某一个方位，例如近年可以看到狮子座流星雨。图 8–41 是木刻版画中描述的 1833 年的狮子座流星雨。看来，当年出现的流星雨可能非常密集，十分壮观，给当时的人们留下了深刻的印象。

不过，近年来出现的流星雨远没有如此壮观，经常是几分钟才出现一颗流星。

单独流星的出现更是随机的。观测者通常把相机镜头固定指向观测方向，长时间曝光，这样才容易捕捉到偶然出现的流星，图 8–42 就是这样拍下的照片。照片中的弧线不是流星，而是由于长时间曝光，恒星围绕北天极转动而留下的光迹（星轨）。只有照片中那条直而亮的线条才是瞬间现身的流星。

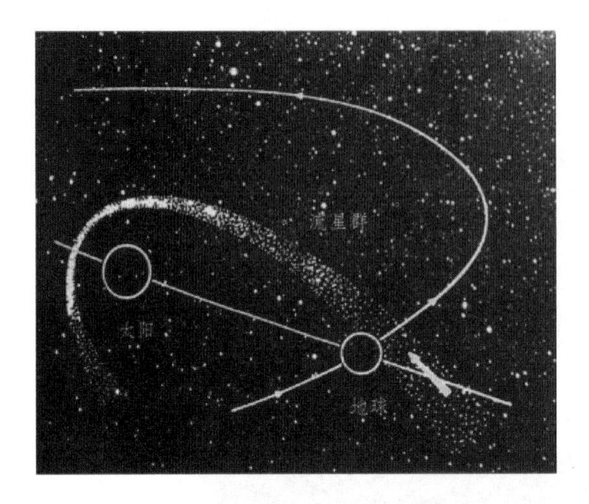

图 8–40　地球穿过彗星碎裂后形成的流星雨

图 8–41　1833 年狮子座流星雨（版画）

图 8–42　流星和星轨的照片

陨星——陨石与陨铁

通常的流星都会在大气中燃烧消失，不会落到地面；落到地面的称为陨星。它们是落入地球引力范围的较大的铁块或石块。虽然流星在与大气摩擦的过程中发光发热损失了一部分质量，但仍有较大的残留物落到地面砸出陨星坑（人们习惯称其为陨石坑）。

陨星中大部分是铁质，称为陨铁；石质的比较少，称为陨石。图 8–43 是重达 60 吨的南非霍巴陨铁。图 8–44 是落在我国新疆的重达 30 吨的陨铁。

在美国的亚利桑那州有一个巨大的陨石坑，直径达 1200 米，如图 8–45 所示。多年前这个陨石坑刚被发现时，天文学家怀疑下面有一块巨大的陨铁。由于缺乏资助，他们求助于钢铁企业，对他们说下面有好多现成的铁，要是挖出来，你们就不用炼生铁了，直接拿陨铁来炼钢就行了。钢铁企业老板对他们的话半信半疑，派人开挖掘机来挖，但是什么也没有挖到，失望而去。后来，科学家们又猜测，这块陨铁可能不在坑的正下方，陨铁可能是斜着砸向地面的，可能在坑旁边的地底下。不过，关于这块陨铁至今也没有大的发现，有人说可能砸得太深了，因此很难挖到。

图 8-43　南非霍巴陨铁

图 8-44　新疆陨铁

图 8-45　美国亚利桑那州陨石坑

1976 年 3 月 8 日下午，我国吉林市附近落了一场陨石雨。一块巨大的陨石带着巨响和红光落入大气层，几次爆炸后落到地面，引起当地居民的震惊。

事后，在 500 平方千米的土地上，搜集到了 100 多块陨石（图 8-46），总质量在 2.6 吨以上，其中最大的一块重达 1.77 吨，被命名为“吉林一号”。

图 8-46 “吉林一号”陨石

四、星空巡礼

为了探索更为辽阔的宇宙，我们先介绍一下从地面看到的星空。

我们看到的满天星斗，基本上都是恒星，它们是遥远的太阳。太阳系内的天体，除去太阳、月球之外，肉眼只能看到金、木、水、火、土五颗行星。其余所见就是偶然出现的彗星和流星了。

那么肉眼观测时，如何区分恒星和行星呢？有一个简单的判别方法，恒星闪烁，行星不闪烁。这是因为恒星极为遥远，距离我们至少也有几光年，所以恒星的像落在我们的视网膜上只是一个点，由于大气的波动，恒星的像在若干个视细胞上跳动，所以我们感觉它在闪烁。行星离我们较近，虽然粗看也像一个点，但它实际上是一个极小的圆面，它的像会覆盖几百个视细胞，大气波动下，行星形成的像虽然也有波动，但基本上仍在这些视细胞上，所以我们感觉行星不闪烁。

肉眼所见的恒星都在银河系中。它们围绕银河系的中心转动，但因为它们离我们非常远，所以看起来恒星间的相对位置几乎没有变化，这也是我们称其为恒星的原因。

古人把满天相对不动的恒星，根据自己的想象，划分为不同的星座。

现代天文学中使用的星座，如猎户座、金牛座、仙后座、英仙座等，均来源于古希腊。古希腊人按照他们的神话，把星空中的恒星想象成神话中的人物、动物。

中国古代则把天空分成三垣二十八宿。二十八宿是月亮休息的地方。月亮每晚住在一个“宿”中。每一个宿中有若干“星官”（即中国人命名的星座），每个星官中有若干颗星。感兴趣的读者可参看有关中西方星空的图书。

我们这里举例介绍几个冬夜和夏夜星空中的星座。

冬夜的星空

图8–47是冬夜的星空，在图中银河从左下方延伸向右上方，实际上是从西南向东北横贯天空。图8–48是冬夜最显眼的星座猎户座。图8–49表现的是希腊神话中的猎人俄里翁（猎户座）正与右上方的金牛（金牛座）搏斗的场景。

图8–47　冬夜的星空

图8–48　猎户座

图8–49　猎户与金牛

希腊人把星座中最亮的一颗恒星命名为α，然后按视亮度由强到弱排序，依次命名为α、β、γ、δ……

图8–48中，猎户座里中间横着的三颗星，中国人称为参宿一、参宿二、参宿三，其中参宿一的下方有一个著名的马头星云（图8–50），形状像马头，实际成分是银河系中不发光的尘埃和气体。

参宿一、参宿二、参宿三这三颗星（希腊名称分别为猎户座ζ、ε、δ），即中国古代所说的三星。春节前后，猎户座当空，正好三星高照。关于三星，中国古代还有另一个说法，是指夏夜星空中出现的心宿三星。其中最亮的心宿二，又称商星。所谓“参商不相见”，是指参宿和商星一个在冬季出现，一个在夏季出现，此出彼没。当然也有人说三星指的是夏夜出现的牛郎三星，即河鼓二（天鹰座 α，又称牛郎星）及其两侧的两颗小星。在牛郎织女的传说中，这两颗小星是他们的两个孩子。

在参宿这三颗星下面，有竖直的三颗“星”，中间那颗实际是一块亮云，称为猎户星云（现代天文学称为 M42），如图 8-51 所示。它是银河系中的气体星云，被附近的恒星照亮。

图 8-50 马头星云

图 8-51 猎户星云

猎户座四边形四个顶角的亮星，左上方是参宿四（猎户座 α），右上方是参宿五（猎户座 γ），左下方是参宿六（猎户座 κ），右下方是参宿七（猎户座 β）。

猎户座的左下方是大犬座，大犬座 α 星被中国人称为天狼星。大犬座 α 星有一颗伴星，称天狼星 B，是人类发现的第一颗白矮星，我们在第六讲中介绍过了。

夏夜的星空

接下来借介绍夏夜星空的机会，简单介绍一下天文学中的星图的用法。使用者应当想象自己把星图举到了头顶，把图中的北方对准实际的北方，这时星图上各恒星的位置就反映了实际夜空中恒星的位置。星图的中心是你的头顶，边界代表地平线。

图 8-52 是夏夜的星空图。银河从北向南纵贯天空。牛郎星（即天鹰座 α 星）在银河的东侧，织女星（即天琴座 α 星）在银河西侧。牛郎星距地球 16.8 光年，织女星距地球 25.3 光年。牛郎距织女 16 光年，他们之间要发一个电磁信号，16 年后对方才能收到。

图 8-52 夏夜星空图

夜空中比较明亮的星有天津四（天鹅座 α）、大角（牧夫座α）和角宿一（室女座α）等。前面提到的心宿三星中，心宿二（天蝎座α）比较偏南，不易看到。心宿二是一颗红巨星，在第六讲中也曾经提到过。我们的太阳将来就会演化成红巨星，然后形成白矮星。据天文学家研究，太阳形成红巨星时，大小就和现在的心宿二差不多，会把地球轨道包进去，大概能伸展到火星轨道处。

北斗星与北极星

下面再介绍一下北极星和北斗星，其实，我们一年四季都能看到它们。

在西方天文学中，北斗星是大熊座的一部分，而我们所说的北极星则是小熊座的α星，也就是小熊座中最亮的一颗，如图 8-53 所示。

图 8-53　北斗星与小熊座

从图 8-54 可以看出，利用北斗星很容易找到北极星，只需把北斗星中天璇、天枢二星的连线延伸五倍长，就可找到北极星。

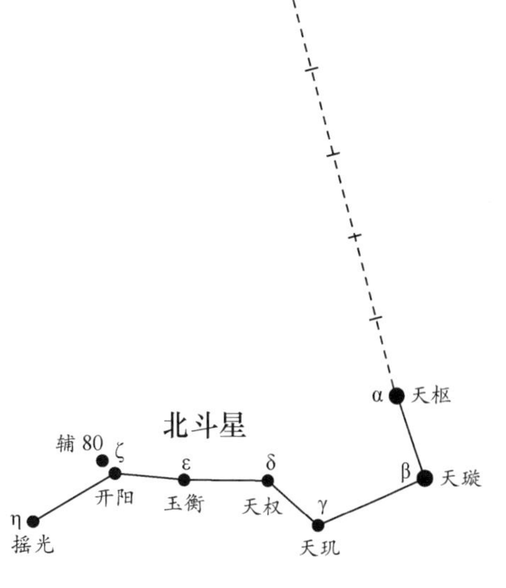

图 8-54　北斗星与北极星

从来没有注意过星空的人，在夜间迷路时可能会有点恍惚，一看天空似乎觉得哪个都像北斗星。但冷静下来仔细观察，明亮的北斗星还是十分显著的。不过，处在高山之间时，如果正碰上北斗星转到北极星下方，视线有可能被高山挡住。但这时，另一个可以指示北极星的星座会处于北极星上方，很容易看到。这就是呈 W 状的仙后座，仙后座 W 形的开口也正好朝向北极星，而且到北极星的视距离与北斗星差不多。

我们现在来介绍一下北斗星匙把上的第二颗星开阳（大熊座ζ）。视力好的人可以看出开阳是双星。开阳有一颗伴星开阳增一，又称为“辅”。有了天文望远镜后，人们惊讶地发现，开阳和辅居然各自都是双星。再仔细观

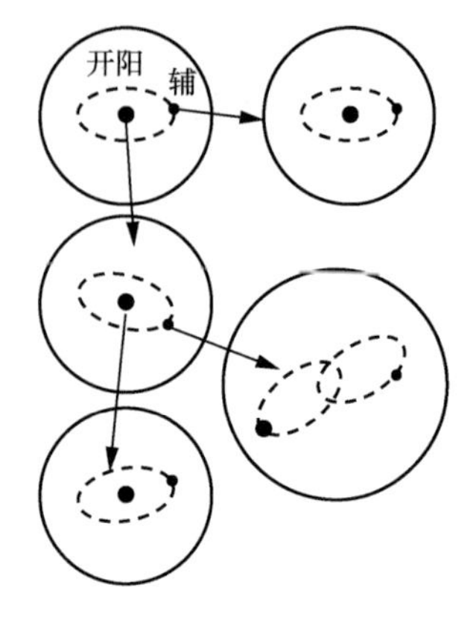

图 8-55　组成开阳和辅的聚星

察，发现组成开阳的双星（开阳 A 和开阳 B）各自还是双星，如图 8-55 所示。

这就是说，开阳和辅是一组聚星，天文学上把拥有三颗以上恒星的系统称为聚星。这组聚星居然有六颗围绕共同质心转动的恒星。这相当于一个拥有六个太阳的“太阳系”，太惊人了。这样的“太阳系”中，似乎不大容易存在生命。那里的行星在众多太阳的影响下，运动会具有随机性，它们会在六个太阳之间窜来窜去，温度会剧烈变化，生命很难存在。

肉眼所见的天上的恒星，都是银河系中的恒星，它们都在围绕银河系的中心转动。只不过它们都离我们太远了，所以在人类文明诞生后的这段时间，它们在天空中的相对位置都几乎没有变化，因此它们被称作恒星。但是，如果以 10 万年为单位来观察它们，就会发现它们之间的相对位置会有明显的变化。图 8-56 给出了北斗星 20 万年间的相对位置变化。

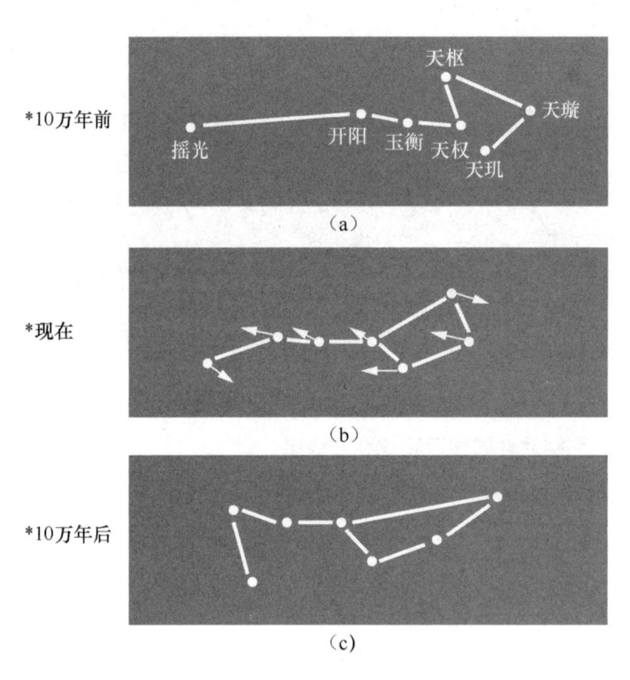

图 8-56　北斗星自行引起的位置变化

天文望远镜简介

图 8-57 是国家天文台的 2.16 米光学望远镜，于 1989 年建成并投入使用。这个建筑的穹顶可以开闭，观察星空时打开，露出望远镜，观察完后再关闭。

天文观测不仅接收光学信号，也接收射电和其他波段的电磁波。图 8-58 是接收来自宇宙空间的射电信号的射电望远镜阵列。

图 8-57　2.16 米光学望远镜

图 8-58　射电望远镜阵列（图片来源：ESO/Y.Beletsky）

波多黎各的沿着地形修建的阿雷西博射电望远镜（见图 8-59），曾是世界上最大的射电天文望远镜，现在已经坍塌。

图 8-59　波多黎各的巨型望远镜

目前世界上最大的单口径射电望远镜，是位于我国贵州省山区的 500 米口径球面射电望远镜 FAST，如图 8-60 所示。

清华大学无线电系毕业的南仁东教授，为建设这座望远镜耗费了自己后半生的几乎全部精力。他顽强地与病魔做斗争，终于为祖国、为科学做出了重大贡献。遗憾的是他没有看到这座望远镜正式运行，但他的精神将鼓励后来者继续勇攀高峰。

图 8-60　世界最大的单口径射电望远镜 FAST

望远镜对科学研究至关重要。由于光的传播需要时间，所以望远镜不仅在看远方，也在看历史。

五、星系与星系团

银河系

我们的太阳和其他大约 2000 亿颗类似的恒星一起，位于巨大的银河系中。银河系直径约 10 万光年，主要分为银心和银盘两个部分。我们的太阳系位于银盘上大约距银心 2 万 8000 光年的地方，如图 8-61 所示。太阳系以 220 千米 / 秒（一说 250 千米 / 秒）的速度围绕银心转动，约 2.5 亿年转一周，如图 8-62 所示。

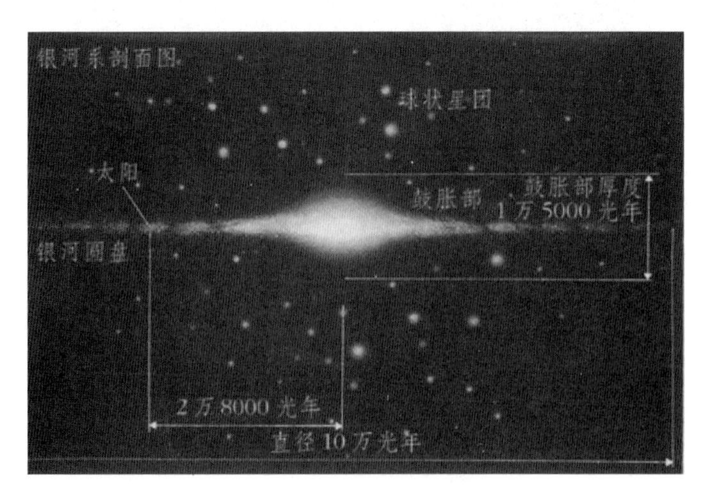

图 8-61　银河系剖面示意图

从图 8-61 可以看出，银河系的绝大部分恒星聚集在银心附近，银心的鼓胀部厚度约 1 万 5000 光年。

银河系中的许多恒星还聚集成星团，如图 8-63 所示。球状星团比较大，含有几万到几十万颗恒星。大部分球状星团都不在银盘上，而位于银盘的上方或下方。还有一种疏散星团，含有的恒星比较少，只含几十到几千颗恒星。疏散星团集中在银盘上。

图 8-62　银河系艺术图（图片来源：NASA/JPL-Caltech）

图 8-63　球状星团

河外星系

宇宙间有许多类似于银河系的星系，通常称为河外星系，即银河系之外的其他星系。这些星系往往聚集成星系团或星系群。由 100 个以上星系组成的团，称为星系团，一般的星系团都由上千个星系组成。不足 100 个星系组成的团，称为星系群。

我们的银河系就与其他几十个类似星系组成星系群，称本星系群。本星系群中离我们最近的三个星系是仙女星系（M31）和大 / 小麦哲伦云。

从望远镜中看仙女星系（图 8–64），非常壮观。它的大小和形状都与我们的银河系十分相似，从它的图像可以想象我们的银河系从外部看会是什么样子。仙女星系直径约 22 万光年，距离我们大约 220 万光年。

图 8–64　仙女星系

大、小麦哲伦云离我们更近，分别距地球约 16 万光年和约 19 万光年，它们自身相距 5.4 万光年。大麦哲伦云直径约 3.22 万光年，小麦哲伦云直径约 7000 光年。它们位于南半球的天空（图 8–65），是麦哲伦船队越过南美洲南端，进入南太平洋时，被随船的天文学家发现的，因此以麦哲伦的名字命名。

图 8–65　大、小麦哲伦云

图 8–66 是哈勃空间望远镜拍到的宇宙中的星系团与星系群。

我们用天文望远镜观测宇宙，发现在星系、星系团这样的尺度上，即小于 10^7 光年（千万光年）的尺度上，物质都是成团分布的。但在 10^8 光年以上，星系和星系团的分布是大体均匀的，也就是说，在这样的尺度上物质是均匀各向同性分布的，这一尺度被称为宇观尺度。

图 8-66 宇宙中的星系团与星系群

第九讲

膨胀的宇宙，虫洞与时间机器

一、膨胀的宇宙

广义相对论用于宇宙研究

（1）哪里是广义相对论的用武之地

广义相对论诞生的时期，正是量子理论蓬勃发展的时期，因此有人主张研究一下广义相对论对量子理论的修正，也就是研究一下时空弯曲效应对原子物理的影响。

但是，原子核与电子之间的万有引力强度只有电磁力的 10^{-37}，而原子现象中最重要的原子光谱，反映的正是电子和原子核间的电磁相互作用。万有引力对原子光谱的影响实在太微乎其微，在实验上根本观测不到。所以，爱因斯坦认为，在当时的实验条件之下，不应该把广义相对论应用于原子现象的研究。

现在，我们已经发现，除了引力相互作用和电磁相互作用之外，还有两种相互作用。它们是两种短程的相互作用，即原子核内和基本粒子之间的强相互作用和弱相互作用。然而与它们相比，引力相互作用依然可以忽略，请看下面的比较（以质子之间强相互作用的强度为 1 来衡量）。

强相互作用　1

电磁相互作用　10^{-2}

弱相互作用　10^{-14}

引力相互作用　10^{-39}

当年，爱因斯坦比较电磁相互作用和引力相互作用时，强相互作用和弱相互作用还没有被提出来。

在比较了电磁相互作用和引力相互作用的强度之后，爱因斯坦确定他的广义相对论不应该用于原子现象的研究。那么，应该应用到什么领域呢？

爱因斯坦想到了星系，想到了宇宙。宇宙中组成星系的物质虽然主要由原子构成，原子中的原子核和电子都是带电的，但这些物质的正负电荷之和为零，所以星系物质都是电中性的。宇宙空间存在的大量电磁辐射也是电中性的。因此，宇宙中物质间的电磁相互作用可以忽略，影响星系、各种天体，乃至整个宇宙的，主要是引力相互作用。爱因斯坦认为，宇宙才是广义相对论可以展示威力的天然舞台。

（2）什么是宇宙

我国古代对“宇宙”的最早阐述来自公元前 300 多年的尸子，即尸先生。此公姓尸名佼，据说参加过商鞅变法，是变法班子里的人。他说：

“四方上下曰宇，往古来今曰宙。”

另一个版本是：

“天地四方曰宇，往古来今曰宙。”

这两种说法都来自尸佼。

西汉时期，淮南王刘安召集一批门客，写了一本包罗万象的书——《淮南子》。到了东汉后期，有一位叫高诱的学者在《淮南子》一书的《原道训》中加了一个注，也提到宇宙：

“四方上下曰宇，古往今来曰宙。”

综上，中国的古人认为，宇就是空间，宙就是时间。我们今天说到的“宇宙”一词的含义是：“时间、空间及物质的总称。”

（3）望远镜中的宇宙

我们先简单介绍一下宇宙的结构。

我们的太阳系，直径 1 光年。这是考虑到太阳的万有引力能够产生影响的最远距离为 0.5 光年的结果。

银河系直径　　10^5 光年（10 万光年）
星系团直径　　10^7 光年（千万光年级别）

观测表明，在 10^8 光年（即 1 亿光年）或更大的尺度上，宇宙中的物质不再成团分布，而是均匀各向同性地分布着。

天文测距法简介

天体的距离是怎么测量的呢？

在天文学上有许多测距方法，适用于不同的天文学距离。

（1）三角视差法

历史上，最早使用的测量天体距离的方法当推三角视差法。用字母 A 表示月球，在地球上确定两个点 B 与 C，于是构成了一个三角形 ABC。BC 之间的距离可以测量，$\angle ABC$ 和 $\angle ACB$ 也可以测出，这样就可以用三角法（几何法的一种）得到月地距离 AB 或 AC。太阳与地球的距离也可以用这种方法测量，测出日地距离之后，我们可以以地球公转轨道的直径为基线来测其他恒星离我们的距离。方法是把远方待测的恒星作为 A 点，以地球绕日轨道的直径的两端（即间隔半年的地球公转位置）为 B 点和 C 点。由于已测出 BC 距离为日地距离的两倍，$\angle ABC$ 与 $\angle ACB$ 也可以测出，这样就可以用三角法得出待测恒星离我们的距离。这种方法适用的范围是 100 秒差距以内。天文学上喜欢用秒差距作为距离单位，1 秒差距 $\approx$ 3.26 光年，所以，三角视差法可以用来测量距离我们 300 多光年的恒星离我们的距离。

（2）赫罗图法

距我们 400 光年及以上的恒星，不能用三角视差法测距，但有许多其他的方法可以使用，例如赫罗图法。

在赫罗图上，主序星位于主星序上。从主序星的颜色（温度），即从赫罗图的横坐标找到它在主星序上的位置。这样可以十分准确地定出它的纵坐标（光度）。光度是对恒星的真实发光能力的度量。同样光度的恒星，离我们越远，它的视亮度就越低。天文学家可以测出这颗主序星的视亮度。利用视亮度和光度的差，可以确定这颗恒星离我们的距离。

（3）造父变星法

有一类恒星称为造父变星。这类恒星的光度会出现周期性变化，而它们的光变周期和光度有关，这被称作周光关系。天文学家观测造父变星的光变周期，就可以确定它的光度。再通过从地球上观察到的它的视亮度，把二者比较，就可以确定它离我们的距离。

我们如果发现远方星系中有一颗造父变星，便可以确定这个河外星系离我们的距离了。

（4）球状星团法

一般的星系都与我们的银河系相似，存在球状星团。这类球状星团都存在于银盘之外，非常明显。只要我们用一种方法（例如赫罗图法、造父变星法等）确定了某个星系离我们的距离，就可以用地球上测到的该星系中球状星团的视亮度推出其光度。天文学家发现，所有的球状星团的光度都差不多。所以，比较不同星系中球状星团的视亮度，就可以通过它们的光度和视亮度的比较，确定该球状星团离我们的距离，同时也就确定了该球状星团所在的星系离我们的距离。

（5）超新星法（Ia 型超新星）

超新星是恒星演化末期发生的大爆炸。超新星爆发时一天发出的光可以相当于太阳 1 亿年发出的光，所以十分明亮。因此，超新星发的光可以传播很远，很容易被观测到。但是各种超新星爆发的规模存在很大差异。首先是爆发前的星体大小差异可以很大；其次是爆发后的产物也都不相同，有的产物是中子星，有的是黑洞，而且大小各异，还有的会全部炸光不留渣滓。所以，各种超新星的光度差异很大，不容易确定。

但是后来人们发现，有一类超新星，是由于白矮星吸积物质，使自身质量不断增加，最终超过钱德拉塞卡极限（$1.44M_{\odot}$）而引起的爆发。这类超新星不仅爆发时的质量相近，而且爆炸不留渣滓，全部炸飞。所以这类超新星的光度基本是相同的，可以用来作为测量距离的“标准烛光”。这类超新星被称为 Ia 型超新星。超新星法现在被天文界广泛用来测距，尤其是测量那些离我们十分遥远的星系与我们的距离。

（6）哈勃定律法

哈勃等天文学家指出，遥远星系都在远离我们。这些星系远离我们的速度反映在它们的光谱线的红移上，红移量越大，表明它们远离我们的速度越快。

哈勃指出，这些星系的红移量与它们离我们的距离成正比，也就是说，远方星系远离我们的速度 v 和它们离我们的距离成正比。他得出一条定律，称为“哈勃定律”：

$$v = HD \tag{9.1}$$

式中，哈勃用自己的姓的首字母 H 作为比例常数。实际上，H 是一个接近常数的参数。从星系的红移量 Z，可以定出它们的远离速度 v，从上面给出的公式很容易确定这些星系离我们的距离 D。

除去上面列举的几个测距方法外，天文学界还有很多种测距方法，这些方法测得的结果可以相互印证。所以，我们今天测得的天体距离，可信度是相当高的。

爱因斯坦的宇宙模型

（1）宇宙学原理

爱因斯坦时代，天文观测发现银河系由众多的太阳系组成。这些太阳系有的有两个太阳，称为双星系；有的有三个以上的太阳，称为聚星系。像我们的太阳系这样，只有一个太阳的太阳系是少数。

在第八讲结尾我们提到过，在 10^8 光年以上（宇观尺度），似乎物质不再成团分布，而是均匀各向同性地分布着。也就是说，这些星系团或群，几乎在空间上是均匀分布，远近都差不多；而且看起来在各个方向上的分布也都差不多。由于越远的星系团，它发出的光传播到我们这里所用的时间越长，所以我们看见的远方星系团的图像，是它们以前的图像。越远的星系团，我们看到的它们的图像越古老。由于远方星系团的密度和近处星系团的密度差不多，所以宇宙中物质的密度应该是不随时间变化的。因此爱因斯坦总结出一条“宇宙学原理”：

在宇观尺度上，物质的分布始终是均匀各向同性的。

从上述讨论我们可以看出：望远镜不仅在看远方，而且在看历史。

（2）有限无边的静态宇宙

爱因斯坦希望，从他的广义相对论能够得出一个不随时间变化的、物质分布始终均匀各向同性的宇宙模型。

广义相对论的场方程是由 10 个二阶非线性偏微分方程组成的方程组，十分难解。而且，在解微分方程之前，要先给出初始条件和边界条件。初始条件就是宇宙初始的时候的状态。这个问题好解决，因为爱因斯坦设想的宇宙是不随时间变化的，所以宇宙的初始状态和现今的状态一样。边界条件呢？宇宙的边是什么样呢？谁也没见过。如果有人设想了一个宇宙边界情况，马上就会有人问，边界外面是什么样呢？外面算不算宇宙呢？这个问题很容易搅浑水。

爱因斯坦确实很厉害，他设想了一个有限无边的宇宙。这个宇宙没有边，当然也就不需要边界条件了。

什么是有限无边呢？在一般人的脑海中，有限就一定有边，无限就一定无边。例如一个桌子的桌面，长、宽、面积有限，一摸，四面有四个边，这是一个有限有边的平面。欧几里得平面呢？无限无边，面积无限，四面摸不着边。

怎么会存在有限无边的情况呢？爱因斯坦让大家想象一个篮球的球面，面积 $4\pi r^2$，有限。一个二维生物在上面爬，永远遇不到边。这就是一个有限无边的二维空间（曲面）。

爱因斯坦让大家充分发挥想象力，想象一个有限无边的三维空间，这是四维时空中的一张三维超曲面。在三维有限无边的空间中，如果有人乘坐一艘飞船向一个方向飞，假如他长生不老，那么他不用改变飞行方向，一直朝前飞，总有一天他会从我们的后面飞过来。

爱因斯坦设想的宇宙，就是这样一个不随时间变化的有限无边的宇宙，也就是四维时空中的一个三维超球面。

（3）宇宙项的引入

这个静态宇宙没有边，所以在解场方程时也就不需要边界条件了。爱因斯坦开始从他的广义相对论场方程［式（9.2）］

$$\boldsymbol{R}_{\mu\nu}-\frac{1}{2}\boldsymbol{g}_{\mu\nu}R=\kappa\boldsymbol{T}_{\mu\nu} \tag{9.2}$$

出发，试图得到这个静态宇宙解。但是经过尝试，却怎么也得不出这个解。后来爱因斯坦明白了，上述场方程是万有引力定律的推广，内中只含吸引效应，不含排斥效应。只有吸引，没有排斥，这样的宇宙不可能保持静态，一定会塌下去。于是爱因斯坦又在场方程中加入了一个排斥项，把方程改写为

$$\boldsymbol{R}_{\mu\nu}-\frac{1}{2}\boldsymbol{g}_{\mu\nu}R+\Lambda\boldsymbol{g}_{\mu\nu}=\kappa\boldsymbol{T}_{\mu\nu} \tag{9.3}$$

这个新加入的项称为“宇宙项”，用大写希腊字母 Λ 表示的常数称为“宇宙常数”。爱因斯坦怎么会想到这种形式的宇宙项会带来排斥呢？实际上他在创建广义相对论、寻找场方程的正确表达式时，做过多种尝试，场方程左端应该是什么样的函数，他试验过很多次，他知道形式如 $\Lambda\boldsymbol{g}_{\mu\nu}$ 的项只能带来排斥，不能带来万有引力的吸引效应。在解释太阳系中的行星运动光线偏折和引力红移等效应时，不需要排斥效应，只需要吸引效应，所以他抛弃了这种形式的排斥项，凑出了只有吸引效应的场方程［式（9.2）］。现在，他需要排斥效应了，于是重新捡回了他原来抛弃的起排斥效应的项，即现在所说的宇宙项。

爱因斯坦从他得到的含有宇宙项的场方程［式（9.3）］，很快得出了自己设想的有限无边的静态宇宙的解。

整个文明世界再次轰动了，伟大的爱因斯坦在创建狭义相对论和广义相对论之后，又解出了我们的宇宙——我们的宇宙是有限无边的！至于“有限无边”是怎么回事，实际上很少有人懂。

宇宙膨胀吗

（1）弗里德曼的膨胀宇宙模型

正在爱因斯坦为自己的新成就感到骄傲时，一个杂志社的编辑部转给他一份稿件。这是一位不出名的

苏联数学家弗里德曼写的。弗里德曼用爱因斯坦原来的不带宇宙项的场方程也得出了宇宙解，不过这个宇宙不是静态的，而是膨胀的，或者说是脉动的。脉动就是一胀一缩，胀缩交替的。脉动宇宙是有限无边的，而膨胀宇宙竟然是无限无边的。

爱因斯坦认为关于宇宙的问题自己已经解决了，而且似乎没有什么观测证据表明宇宙是膨胀或脉动的，就没有仔细看弗里德曼的文章，给杂志社写了否定这篇文章的意见。于是，杂志社通知弗里德曼，说审稿人认为他的文章有误，不能发表。但按照规定，杂志社没有告诉他审稿人是谁。

不久，有一个苏联科学代表团访问西欧，在一次有爱因斯坦参加的宴会上，爱因斯坦主动谈到了弗里德曼的论文，并说明是他审的稿。这个代表团回国后，立刻把这个信息转告弗里德曼。弗里德曼马上写了一封信给爱因斯坦，解释自己的论文。但是石沉大海，弗里德曼没有收到爱因斯坦的回信。他只好把自己的论文投给了德国的一个不出名的数学杂志。那个杂志刊登了他的论文，但没有引起学术界的注意。

后来的科学史专家在爱因斯坦去世后，重新翻阅了他的通信资料，发现他确实收到了弗里德曼的信，但可能因为工作忙，他没有注意这封信。实际上，作为名人，他每天都会收到来自世界各地的信，不可能每封信都亲自看，一般会由他的秘书或助手筛选他们认为重要的信，再转交或转告爱因斯坦。爱因斯坦很可能没有看过或没有注意过这封信，总之，他没有写回信。

爱因斯坦的静态宇宙模型是 1917 年提出的，弗里德曼的膨胀宇宙模型是 1922 年提出并遭到拒绝的。1923 年，天文界普遍观测到了远方星系的红移，离我们越远的星系，红移量越大。大家认为这是多普勒效应，表明远方星系正在远离我们。这说明宇宙不是静态的，而是膨胀的，于是爱因斯坦宣布放弃自己的静态宇宙模型。

爱因斯坦同时认为，宇宙项应该放弃，广义相对论场方程的正确形式应该是式（9.2），是不含宇宙项的那个方程。他希望大家忘掉宇宙项。但是，这个不是他希望大家忘记，大家就会忘记的。许多人继续使用带宇宙项的场方程[式（9.3）]。于是，两种场方程在广义相对论中同时使用。爱因斯坦十分遗憾，他说，引进宇宙项是自己一生中所犯的最大的错误。

这就像《天方夜谭》中的一个故事，渔夫捞起一个瓶子，一打开，魔鬼放出来了，想往回塞，却塞不进去了。

（2）勒梅特的“宇宙蛋”

不过，使用带宇宙项的方程，也取得了很多成绩。1927 年，比利时神父勒梅特，用带宇宙项的场方程也求出来膨胀和脉动的宇宙模型，并使爱因斯坦的静态宇宙模型成为自己的膨胀、脉动模型的一个特殊情况。

这位神父不简单，能解广义相对论的场方程，能有这个水平的人，天文、物理界都罕见。可见这位神父的数学和物理也十分了得。

勒梅特注意到自己的膨胀宇宙理论似乎和《圣经》所说的上帝创造世界不大协调。于是，他提出，上帝最初创造的世界并非今天我们看到的宇宙，而是一个“宇宙蛋”，大概有乒乓球那么大，是一个热蛋，这个宇宙蛋在膨胀过程中不断降温，终于形成了今天的宇宙。他创造性地解决了科学与神学之间的不协调。

α、β与γ的“火球”模型

（1）原始“核火球”

勒梅特指出了宇宙最初是一个热蛋，在膨胀中不断降温。但他没有指出，热蛋的热量来自何处。

1948年，物理学家伽莫夫把核物理引进了宇宙演化，他认为勒梅特所说的“宇宙蛋”，其实是一个核火球，其能量来源于核反应。他据此提出了宇宙演化的“火球模型”。他指导自己的研究生阿尔法进行这一研究。伽莫夫觉得这个学生的名字很像希腊字母α，自己的名字像希腊字母γ，正好他们研究所还有一位名字像希腊字母β的人。于是伽莫夫邀请他一起研究，最终以α、β、γ的名义发表了创建火球模型的论文。

（2）稳恒态宇宙模型

伽莫夫等人的工作受到英国著名天体物理学家霍伊尔的嘲笑，霍伊尔讥讽他们的模型为“大爆炸”模型，没有想到这个名字居然被学术界广泛采用了。同在1948年，霍伊尔与另外两位天体物理学家邦迪和戈尔德同时提出了稳恒态宇宙模型。

按照稳恒态宇宙模型，虽然宇宙在不断膨胀，但同时有物质从真空中不断产生，使宇宙中的物质密度基本保持不变。这是一个比较稳定、平稳的膨胀宇宙模型，不像火球模型那样起源于一场猛烈的爆炸。一直到20世纪60年代初，稳恒态模型比大爆炸模型似乎更令人信服。

（3）演化的宇宙

这里要特别强调，勒梅特和伽莫夫提出了宇宙演化的思想，这一点非常重要。

研究生物的人，最初是研究动植物分类和生物的多样性，达尔文的物种起源论，提出了生物进化的思想，这是一场革命；同样，研究人类的人，在提出人类的起源和演化之后，也导致了一场革命；后来发现，社会也是演化的，文明在不断革命中前进；研究地质的人，也在研究多种多样的地质结构的过程中产生了地球演化的思想。这些都是巨大的进步。现在，研究天文和物理的人发现，不仅一个个天体在演化，整个宇宙也在演化，这当然是科学史上的一场重大革命。

火球模型的观测证据

火球模型得到了天文观测的支持。

（1）哈勃定律

天文观测表明，远方的星系发出的光都有红移和蓝移。绝大多数都是红移，蓝移的很少。发生蓝移的星系都离我们的银河系比较近，和我们的银河系属于同一个本星系群。本星系群中的星系，有的呈现红移，有的呈现蓝移。而本星系群之外的，属于其他星系团的星系，光谱都是红移，没有蓝移。而且，离我们越远的星系，光谱线的红移越厉害。哈勃由此总结出了哈勃定律，即式（9.1）。

为什么本星系群中的这些星系有的有红移，有的有蓝移，而本星系群之外的星系却只有红移没有蓝移呢？

这是因为光谱线产生移动的机制不同。本星系群中的这些星系，围绕共同的质心转动，有时相互靠近，有时相互远离，它们发出的光会产生多普勒效应，因此有的呈现蓝移（趋近我们的银河系时），有的呈现红移（远离我们的银河系时）。总之，本星系群中的星系的红移和蓝移是由于多普勒效应造成的，和宇宙膨胀无关。

而本星系群之外的星系，产生红移的机制不是多普勒效应，而是宇宙膨胀造成的“宇宙学红移”。在本讲的第二部分，我们将解释这一点。哈勃定律描述的正是宇宙学红移，与各星系的相对运动产生的多普勒效应不是一回事，而宇宙学红移是支持宇宙膨胀理论的最强有力的天文观测证据。

图 9-1 是哈勃最早得出的远方星系远离速度和离我们的距离之间的关系的图。我们可以看到，其中的观测点十分分散。这是由于当时观测的星系离我们比较近，多普勒效应的影响比较大，因此造成了观测点弥散。令人吃惊的是，就是依据这样分散的观测点，哈勃居然勇敢地画出了从左下方到右上方的直线，大胆地确认了远方星系远离速度与距离之间的正比关系，即哈勃定律。应该说，他得到的这一正比关系是有猜测成分的，他猜出了实质性的规律。这大概和他熟悉自己的测量仪器和测量方法，知道它们的误差和可靠性，有一定关系。

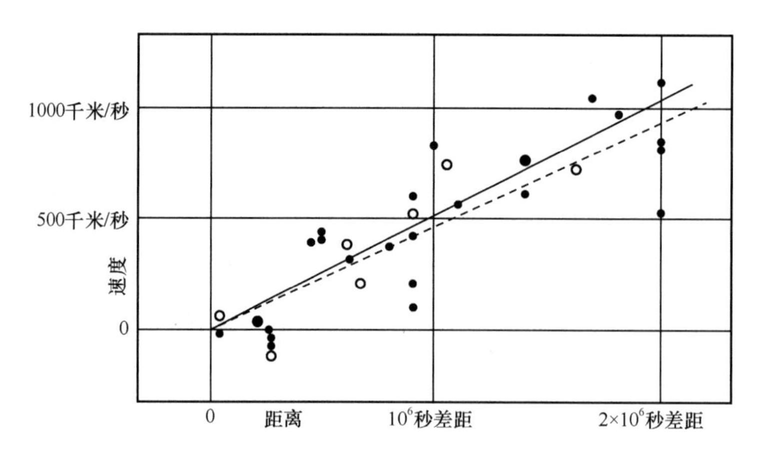

图 9-1　哈勃定律（哈勃最早给出的图）

（2）氦丰度

按照火球模型，宇宙诞生初期的物质全都是氢元素，它们在宇宙早期的高温高压下会产生氢聚合成氦的热核反应。后来，随着宇宙的膨胀，温度和压强逐渐降低，这一热核反应也就停止了。按照伽莫夫等人的计算，经过这样的过程，宇宙中的氢元素大概会有 20% 以上形成氦，剩余的氢元素还应该占 70% 以上。

这就是所谓的氦丰度。天文观测支持了这一理论计算结果。

（3）3K（3开）微波背景辐射

按照火球模型，随着宇宙的膨胀，温度会逐渐降低下来，但不会降到绝对零度。伽莫夫等人认为，现今的宇宙还应该保有10～20K的大爆炸余热。

后来，有一些研究宇宙学的相对论专家开始寻找这一大爆炸的余热，但是一直没有找到。这时一个消息传来，两位无线电专家偶然发现宇宙中存在温度为3K的热辐射，这一辐射的波段位于微波波段，所以被称为微波背景辐射。相对论专家们立刻指出，这正是大爆炸的余热。

事情的起因是，美国贝尔实验室的彭齐亚斯和威尔逊试图改装原已废弃的一套无线电系统。这套系统原来是用来接收人造卫星的信号的，他们想改造这一系统，用于探测来自宇宙深处的无线电信号。他们在改装调试工作中，发现总有一些噪声清除不掉，他们怀疑这一装置有什么问题，于是把全部装置拆开，拆开后发现在天线的中心部分有一堆鸽子粪，于是进行了清理。他们在论文中也谈到了这一点，不过为了文雅起见，没有说发现鸽子粪，而说发现了一堆“鸽子的白色分泌物”，他们清洗完后重新把系统安装好，但发现仍有噪声。他们终于恍然大悟，明白这些噪声不是仪器本身造成的，而是来自宇宙空间的无线电信号。这一信号呈现为热噪声，相应于绝对温度3K，处在无线电的微波波段。相对论专家认为这正是大爆炸的余热，称其为3K微波背景辐射。彭齐亚斯和威尔逊因为这一发现获得了诺贝尔物理学奖。

以上是天文观测对火球模型的三个重要支持。

对膨胀宇宙的简单说明

图9–2用来回答常常出现的一个问题：我们从地球上看，远方的星系都在远离我们，这是否说明我们这里是宇宙的中心，是宇宙大爆炸的中心？哈勃定律是否只对地球人正确？其实不是的，在任何一个星系中生活的生物，都会看到其他的星系在远离自己，都会觉得哈勃定律成立。

图9–2　膨胀宇宙比喻图

图9–2中的人在吹一个气球，这个气球代表一个二维空间，上面的每一个斑点代表一个星系。人一吹，气球就膨胀了，这个二维宇宙就膨胀了，这时所有的斑点都在相互远离，我们的膨胀宇宙就像这个膨胀的气球，任何一个星系上的生物都会觉得其他星系在远离自己，只不过我们的宇宙空间是三维的，比气球多了一个维。

这个比喻，可以澄清人们对膨胀宇宙的一些误解。

图9–3是宇宙从大爆炸中产生，然后逐渐膨胀演化的示意图。原始核火球中含有大量基本粒子，它们

从夸克形成强子，然后随着膨胀和降温，强子中的重子形成原子核，再与电子等轻子结合成原子或其他类原子的粒子，然后形成分子。这些物质逐渐形成星系，演化成今天的宇宙。这只是一个大概过程，实际情况要复杂得多，非常丰富多彩。

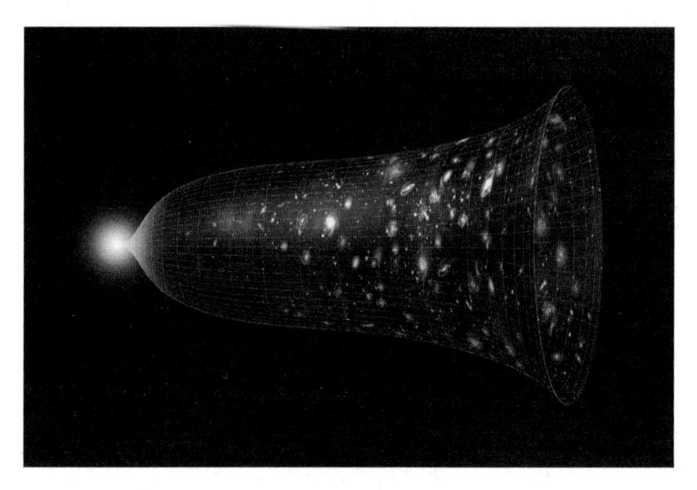

图 9-3　膨胀宇宙示意图

然而，还有大量的问题人类没有搞清楚。越是早期的宇宙，我们对它的真正了解越少。很多描述都是依据现有科学理论的猜测，很不可靠。

从哥白尼到现在，才 500 多年。也就是说，真正的自然科学诞生到现在才 500 多年。这在人类的历史上只是短暂的一刻，在宇宙的演化史上更是短短的一瞬间，我们现在不可能什么都知道。说得不客气点，现在的人类才刚刚从“无知”中往外迈出了一小步。正如牛顿指出的，在我们面前的是辽阔的未知海洋。

极早期宇宙

（1）弯曲时空量子场论

宇宙诞生的极早期，时空范围非常小，物质密度和温度非常高，量子效应不可忽略。所以想要研究这一时期的物理规律，引力场必须量子化。

目前研究引力场量子化的方案，一个是发展超弦理论，另一个是使用圈量子引力。做超弦方面研究的人，主要是原先研究粒子物理的人，他们对这一领域的知识比较熟悉；做圈量子引力研究的人，主要是原来研究广义相对论，也就是研究时空弯曲的人。他们分别在这两个领域做了许多工作，不过至今都没有建立起成功的理论，所有的方案都存在严重缺陷。

针对这一情况，许多研究弯曲时空的人开始走一条折中路线，就是引力场先不量子化，只是在弯曲时空的经典背景下把物质场量子化，这就是所谓“弯曲时空量子场论”。这一理论目前取得了一些重要成绩。例如，霍金就用这一理论证明了黑洞有热辐射，即霍金辐射。这是霍金一生最值得骄傲的成就。这一成就告诉我们，在万有引力和热效应之间存在目前尚不清楚的本质联系。近年来，研究大爆炸宇宙学也使用了“弯曲时空量子场论”这一理论。

“弯曲时空量子场论”能够使用的时间和空间范围为普朗克时间（10^{-44} 秒）之后，普朗克尺度（10^{-33} 厘米）以上。也就是说，用这一理论能够描述原始宇宙的尺度大于 10^{-33} 厘米，宇宙从奇点（时刻为零）诞生之后 10^{-44} 秒以后的情况。对于普朗克时间之前，空间尺度小于 10^{-33} 厘米的宇宙的最初的情况，还不能描述。不过，应该认为这已经很不错了。

（2）暴胀阶段与真空相变

现代的宇宙理论认为，从宇宙诞生之后（即 10^{-44} 秒之后）到 10^{-35} 秒之间，宇宙有一段平凡的膨胀时期，其规律和现在观测到的宇宙膨胀相似，可以用宇宙演化的标准模型描述。不过，这一时段的膨胀，使原始火球一样的宇宙开始降温，达到“过冷状态”。原来的真空态不再是能量最低态，成了“假真空”。另一方面新出现了一个新的能量最低态，即“真真空”。这时宇宙处在真空能为主的时期，原有的辐射能越来越少，逐渐变得远小于“假真空”与“真真空”之间的能量差，这一能量差即真空能。

在真空能为主的时期（$10^{-35} \sim 10^{-33}$ 秒），宇宙出现指数膨胀，即宇宙产生了“暴胀”。暴胀阶段宇宙的尺度因子增大 10^{43} 倍，比标准模型 150 亿年内增大的倍数还多。

暴胀阶段持续约 10^{-33} 秒，这时发生“真空相变”，宇宙突然从“假真空”态跃入“真真空”态，大量真空能转化为辐射能，于是宇宙被重新加热，成为以辐射能为主的时期，暴胀阶段也至此结束。宇宙重新恢复为按标准模型膨胀，直至现在。

宇宙的现在和未来

我们的宇宙正在不断膨胀中，这是大量观测事实支持的结论。

但是我们的宇宙未来会怎么样呢？研究认为，我们的宇宙未来有两种可能：一种是永远膨胀下去，另一种可能是膨胀到一个最大值后会转化为收缩。到底会按哪种情况演化，取决于宇宙中的物质密度。因为物质间存在万有引力，有一个吸引效应。如果宇宙中的物质密度大，吸引效应强，就会使宇宙的空间从膨胀逐渐转化为收缩。如果宇宙中物质密度不够大，虽然引力效应可以使空间膨胀逐渐减缓，但不足以使它转化为收缩，这样的宇宙将永远膨胀下去。

研究得到了一个临界密度 ρ_c，大约是 3 个氢原子 / 米 ^{3}。如果宇宙中的物质密度 $\rho > \rho_c$，这样的宇宙会是脉动的，脉动的宇宙是有限无边的，三维空间大小有限，但无边。这样的空间曲率是正的。在膨胀过程中，膨胀速度逐渐减慢到零，温度逐渐降到一个最小值，三维空间的体积达到一个最大值，然后转化为收缩。温度会重新升高，宇宙可能会重新收缩成一个核火球。这种宇宙有一个大爆炸的初始奇点，最后还会收缩到一个大坍缩的终结奇点。

当 $\rho=\rho_c$ 时，宇宙的三维空间是平直的；当 $\rho<\rho_c$ 时，宇宙的三维空间的曲率是负的。这两种宇宙都是无限无边的，空间大小都是无穷大。这两种宇宙都会永远膨胀下去，宇宙中的温度会越来越低。

有一点要强调，有限无边的宇宙，奇点是无穷小的。这种宇宙刚生成时体积也是无穷小，然后体积逐渐增大，达到极大值后再转为收缩，直至缩成无穷小的高温奇点。而无限无边的宇宙，它的奇点就是无穷大，所以它一开始形成的体积就是无穷大，这个无穷大的宇宙空间将继续膨胀，且永远膨胀下去。三种宇宙（$\rho<\rho_c$，$\rho=\rho_c$，$\rho>\rho_c$）的两种膨胀前景如图 9-4 所示。

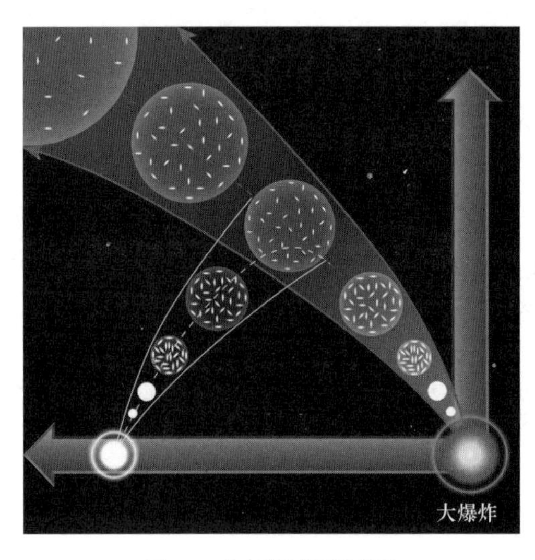

图 9-4　宇宙膨胀的两种前景

暗物质和暗能量

（1）暗物质

1933 年，美国天文学家兹威基发现星系团的位力质量远大于光度质量。所谓位力质量，是从统计物理学得到的一个质量。统计物理学中有一个位力定理，它表明，对于由多个质点（例如星系、分子等）形成的自引力系统，可以从系统（星系团）中各质点（星系）的相对速度和距离，估算出整个系统（星系团）的质量及各质点（星系）的平均质量。

兹威基的这一发现表明，星系团的实际质量，比其中的发光物质和被光照亮的物质（例如气体、尘埃等）的总质量还要大很多。这就是说，似乎存在大量观测不到的物质，这种物质就是今天学术界所说的暗物质。兹威基的这一工作是学术界发现存在暗物质的第一个证据。

后来，人们又发现，我们的银河系中似乎也存在暗物质。从银河系的银盘上的恒星围绕银心的转动速度，可以得出这些恒星受到的向心力。这一向心力只能来源于银心物质的万有引力。从牛顿的力学三定律和万有引力定律，就可以算出位于银心、产生这一引力的物质的质量。

天文学家们研究了银盘上距离银心远近不同的恒星的转速，甚至研究了位于银盘发光部分外围的气体的转速，发现位于银心的发光物质的质量产生的万有引力，不足以维持银盘上物质的转动，也就是说，发光物质产生的万有引力比银盘上物质转动所需的向心力要小很多。这表明除去发光物质及其照亮的气体和尘埃之外，还存在大量的看不见的暗物质。而且，从离银心远近不同的恒星的不同转动角速度及它们离银心的距离，可以得出这些暗物质似乎不完全集中于银心，而是呈扁球状（近似球状）分布在银心（图 9–5）附近。

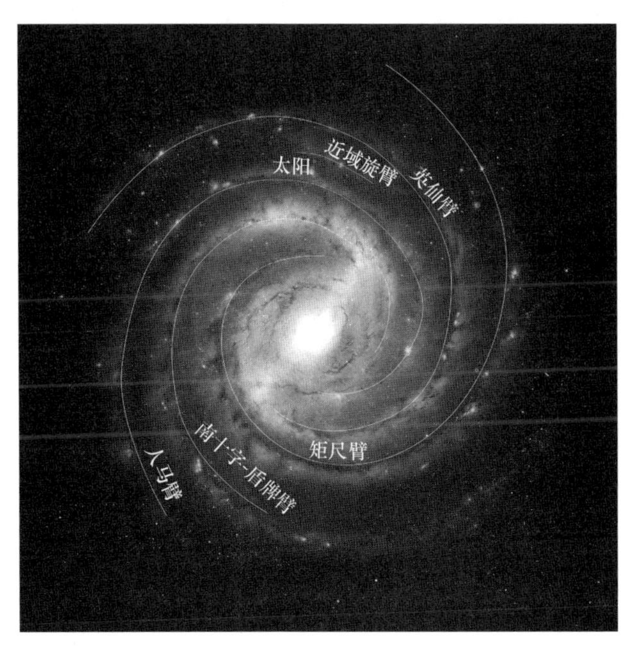

图 9–5 银河系俯视图

图 9–6 下面的曲线是假设银心附近的物质只有我们观测到的发光物质，银盘上的恒星所应有的转速。上面的那条曲线是实际观察到的银盘上的恒星和气体的转速。这一差异表明，位于银心的物质远比我们观测到的物质要多，而且，这些看不见的暗物质不都集中于银心的一点，而是呈晕状（近似于椭球状）分布。

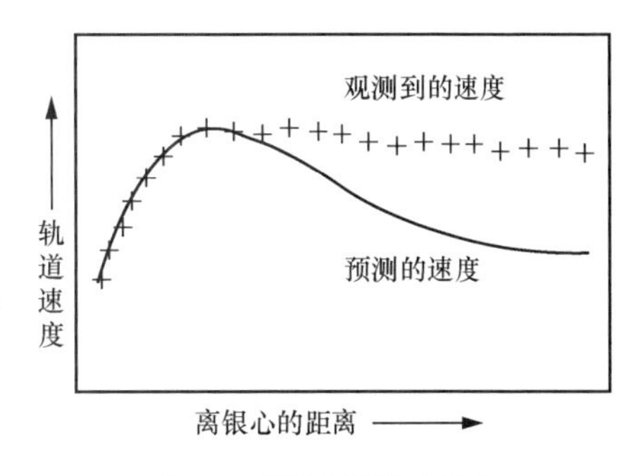

图 9–6 银盘上的恒星的转速

另外，研究表明，仅靠观测到的恒星质量，不足以使星系“成型”且稳定。而且，仅靠可观测到的发光物质的万有引力，不足以使星系或星系团能够束缚住观测到的高温热气体。

此外，引力透镜现象也支持了暗物质的存在。1980 年前后，天文观测发现，有一些遥远的星系似乎不是单独存在的，有时是几个物理上非常相似的星系聚集在一起。后来的研究发现，这几个非常相似的星系其实是同一个星系，只是由于引力透镜现象，同一个星系在我们看来出现了几个“像”，如图 9–7 所示。有时“像”还呈环状，形成所谓“爱因斯坦环”，如图 9–8 所示。

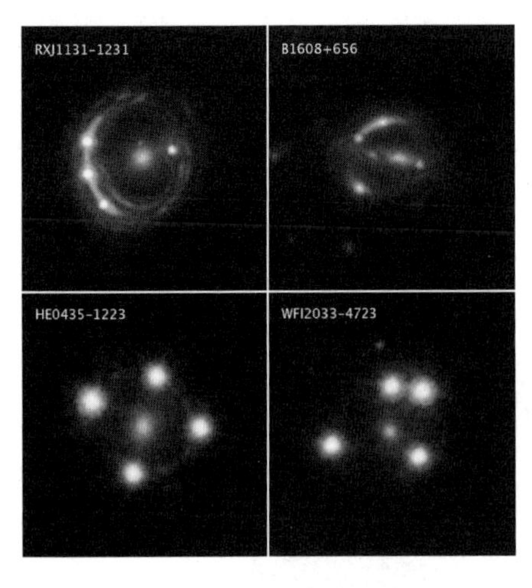

图 9-7　引力透镜现象

图 9-8　爱因斯坦环

图 9-9 给出了引力透镜成像的原理。在我们（O 点）和观测到的像（S_1、S_2）之间，应该存在很强的万有引力源（G），使遥远星系射来的光发生弯曲，产生类似光学透镜聚焦光线的效果。

但是，天文观测看到的产生透镜效应的物质（发光体及被照亮的气体、尘埃）似乎远不足以形成这一效应。天文学家们认为，这表明，在产生透镜效应的可见物质处（G），还聚集着大量看不见的暗物质。引力透镜效应是可见物质与暗物质共同产生的引力效应。

暗物质与普通物质一样，能产生万有引力，造成时空弯曲。但它们不参与电磁相互作用，不发光，也不挡光，所以我们观测不到它们。

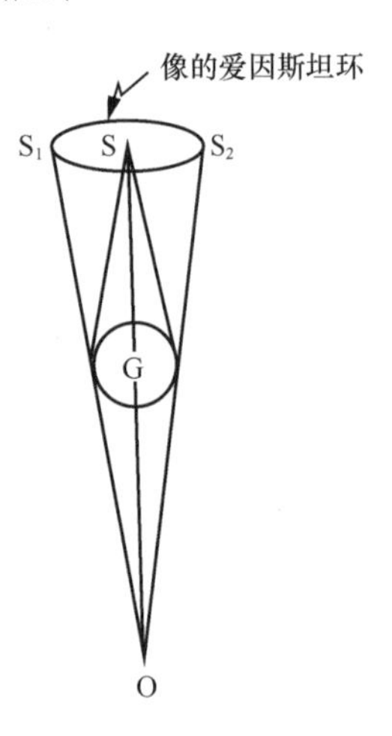

图 9-9　引力透镜成像的原理

（2）暗能量

当天文学家发现，Ⅰa 型超新星可以用作标准烛光来测量遥远星系离我们的距离之后，他们惊讶地发现，我们宇宙的膨胀不是一直在减速，而是在大约 60 亿年前从减速膨胀转变成了加速膨胀。

他们研究后推测，这是因为宇宙中存在一种压强为负的物质。这种奇特的物质虽然也有引力效应，但主要的是排斥作用。这种物质也不参加电磁相互作用，不发光，也不挡光。这方面与暗物质相似。但是暗物质与普通物质类似，在物质间起吸引作用。这种压强为负的物质却是相互间起排斥作用。因此科学家命名它为“暗能量”，以与“暗物质”相区别。

研究表明，暗能量的密度在宇宙膨胀过程中保持不变，这是因为不断有暗能量从真空中产生。它在宇宙中的总量越来越大，暗能量压强为负，使宇宙中的排斥效应越来越强。而宇宙中的普通物质和暗物质，从宇宙诞生之后就不再增加。随着宇宙的膨胀，普通物质和暗物质在宇宙中的密度不断减小，吸引效应越来越弱。最终，暗能量的排斥效应压倒普通物质和暗物质的吸引效应，使我们的宇宙从减速膨胀转变为加速膨胀。

学术界对暗物质和暗能量设想了多种模型，但至今没有形成一致的看法。所以，暗物质和暗能量问题至今没有解决，都成了“科学之谜”。

（3）暗物质与暗能量的异同比较

对于暗物质和暗能量的特点，它们的相似之处和不同之处，我们可以总结出以下几点。

① 暗物质和暗能量都不参与电磁相互作用，也就是说，都不发光，也不挡光，都对光是“透明”的。

② 暗物质成团分布，一般与普通物质聚在一起，例如银河系中心附近的暗物质，就聚集在银心附近呈“晕状”分布；暗能量则在宇宙中均匀分布。

③ 暗物质和普通物质一样，使宇宙膨胀减速；暗能量则有排斥效应（负压强），使宇宙膨胀加速。

④ 宇宙膨胀时，暗物质与普通物质的总量不变，密度随宇宙膨胀逐渐减小；而暗能量的密度在宇宙膨胀中保持不变，不断有暗能量从真空中产生，使宇宙中暗能量的总量不断增加。

⑤ 当暗能量的排斥效应超过普通物质与暗物质的（万有引力）吸引效应时，宇宙就会从减速膨胀转变为加速膨胀。

另外需要说明的是，暗物质、暗能量都与通常说的“反物质”无关。反物质仍然属于普通物质，既参与电磁相互作用，又产生万有引力。只不过反物质的原子核由反质子和反中子组成。反质子与质子的不同在于它带的是负电荷，反中子则与普通中子的磁矩相反，围绕反物质原子核旋转的电子是正电子，带正电。

（4）宇宙中各种物质的含量

下面给出了宇宙中各种物质所占的百分比（概数）。

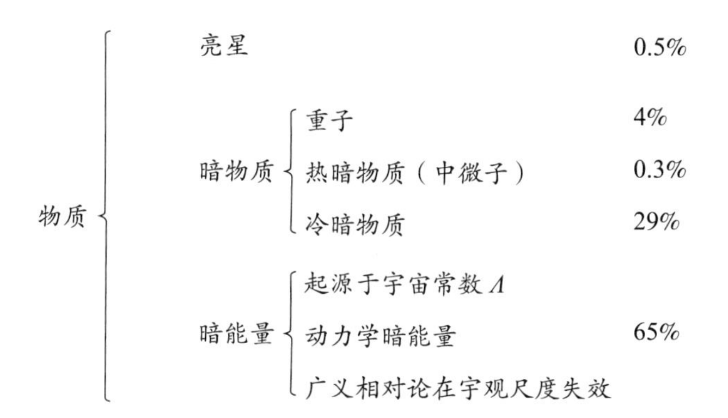

我们看到，发光的亮星只占宇宙中物质的 0.5%。重子物质，即气体、尘埃、黑洞等我们熟悉或可以想象的不发光物质，占 4%。如果中微子有静止质量，作为一种热暗物质，它大约占宇宙中物质质量的 0.3%。这些我们比较熟悉的物质，总共只占宇宙中物质的大约不到 5%。

冷暗物质就是我们前面所说的暗物质，大概能占到宇宙中物质总量的 29%。

而暗能量，则估计能占到全宇宙物质的65%。所以，宇宙中的暗能量和暗物质占了物质总数的绝大部分。

然而暗物质和暗能量究竟是什么，至今我们也没有搞清楚。许多学者构思了种种暗物质和暗能量（把暗能量视作“动力学暗能量”）模型，均不成功。

对于暗能量，除去是动力学暗能量的推测之外，学术界还有另外两种推测。许多人认为并不存在什么暗能量。宇宙中的排斥效应实际上起源于宇宙项，起源于宇宙常数的存在。按照这种意见，广义相对论的场方程中应该含有宇宙项。这一项本是爱因斯坦自己提出的，他后来又放弃了。然而有一些广义相对论专家正面评价爱因斯坦在场方程中引进的宇宙项，不肯放弃宇宙项。如果暗能量真的就是宇宙项所起的排斥作用，并不额外存在什么暗能量，那么爱因斯坦所认为的自己一生中所犯的最大错误，可能并不是错误，而是伟大的贡献。

当然，也有人认为，“暗能量疑难”，也就是宇宙中的“排斥效应疑难”，只不过说明了在宇观尺度下，爱因斯坦的广义相对论失效，场方程需要另外创建。

（5）评论

自然科学从哥白尼开始，至今才500多年，我们对宇宙，特别是早期宇宙的了解还十分不够。目前可以肯定的是，我们的宇宙是均匀的、无边的、膨胀的、不断演化的。但还不能肯定我们宇宙中的三维空间究竟是有限的，还是无限的；我们的宇宙会永远膨胀下去，还是在将来会转化为收缩。

我们只能依据现有的知识来研究和描述宇宙的演化。随着科学实践和理论的发展，我们对宇宙的描述会不断更新，不断丰富。因此，会不停地有新的宇宙学理论产生。

有一位宇宙学专家说过一句玩笑话：“千万别去追一辆公共汽车、一个女人，或者一个宇宙学的新理论，因为用不了多久，你就会等到下一个。”

二、关于大爆炸宇宙的问题

下面我们来说明几个关于大爆炸宇宙的常见问题。

大爆炸宇宙是什么种类的膨胀

大爆炸宇宙的膨胀，不是物质在空间中膨胀，而是空间本身膨胀。

图9–10的上图是对大爆炸宇宙的错误理解：在爆炸发生前，已经存在空间和时间，然后在某一时刻，在空间的某一点处发生大爆炸，大量物质从爆炸中产生；空间的这一点就是爆炸的中心，也就是空间的奇点；爆炸中心处的压强极高，与周围存在压强差，因而物质向周围扩散。

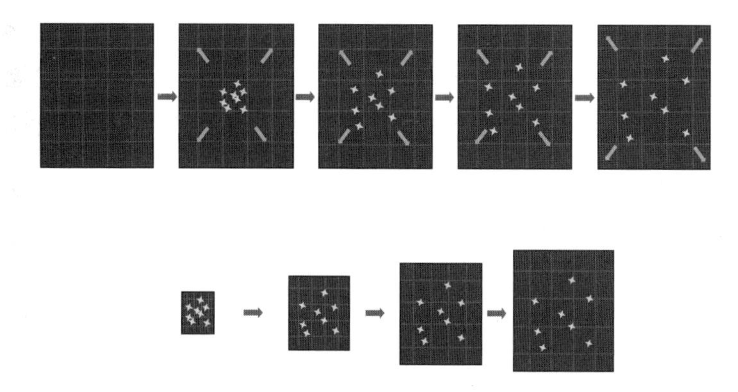

图 9-10　大爆炸宇宙是什么种类的膨胀

图 9-10 的下图是对大爆炸宇宙的正确理解：在爆炸之前，不仅不存在物质，也不存在时间与空间，时间与空间是和物质一起从大爆炸中产生的；大爆炸没有中心，也就是说膨胀没有中心，或者说空间的每一点都是大爆炸的中心；空间各点的密度、压强都相同，空间各点不存在压强差，因而也不存在物质扩散。这就是说，膨胀的物质没有边界，大爆炸宇宙的膨胀是空间本身的膨胀。当然，随着空间的膨胀，空间各点的压强都在减小，物质的密度也在减小。但是，压强和密度只随时间变化，不随空间变化。在任一时刻，空间各点的物质密度都相同，压强也都相同。换句话说，物质的压强和密度只是时间的函数，不是空间的函数。

宇宙学红移是多普勒效应吗

宇宙学红移不是多普勒效应，而是空间膨胀效应，其红移量不同于多普勒效应的红移量。

多普勒效应是光源在空间中运动造成的（见图 9-11 左图），宇宙学红移则是空间本身膨胀造成的（见图 9-11 右图）。

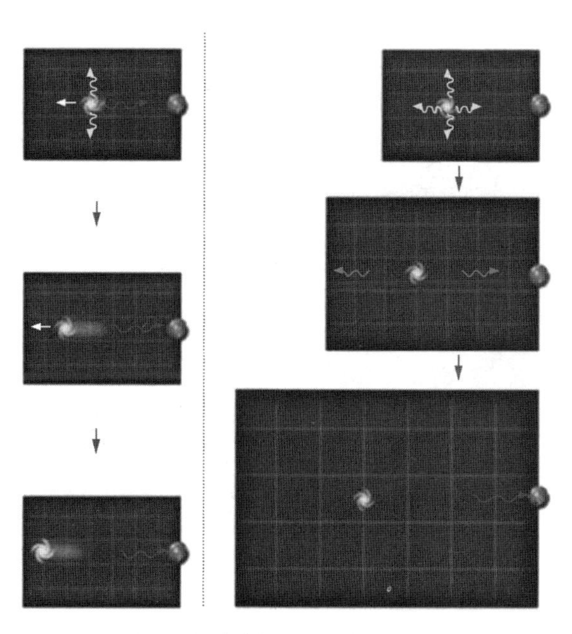

图 9-11　宇宙学红移不是多普勒效应

多普勒效应中，光源发出的光呈各向异性。如图 9–11 左图所示，光源向左移动，远离右方的地球，地球上的观测者将看到红移。但是，如果光源左方也有一个地球，上面也有观测者，那么由于光源朝向观测者运动，他应该看到蓝移，而不是红移。但是，对于右图所示的空间膨胀效应，光源发出的光呈各向同性，四面八方的观测者都觉得光源在远离他们，所以他们都看到光源发出的光发生红移。这正是我们看到的宇宙学红移现象，即所有的远方星系团都只出现红移。

我们前面也说过，确实存在少量的有蓝移的星系，它们都是离我们较近的本星系群中的星系。这些星系围绕本星系群的质心转动，因而各星系有相对运动，它们产生的红移和蓝移确实是相对运动造成的多普勒效应。我们讨论的宇宙学红移，是指本星系群之外，离我们更加遥远的其他星系团中的星系出现的红移，它们都不是多普勒效应造成的，而是空间膨胀效应造成的。

还有一点应该注意。在多普勒效应中，光在离开光源时，波长已发生改变，在传播过程中波长不再发生变化，如图 9–11 左图所示。但在空间膨胀效应中，光在离开光源时，波长并未发生改变，但在传播过程中，波长因空间膨胀而被拉长，才发生改变，如图 9–11 右图所示。

河外星系的退行速度可以超光速吗

答案是可以超光速。这一答案有点惊人，似乎与相对论有矛盾。

这是因为星系的退行速度随距离增大而增加，退行速度达到光速的距离称为“哈勃距离”。只要把哈勃定律 $v = HD$ 中的退行速度用真空中的光速取代，就可以得到哈勃距离 $d = c/H$，它大约是 140 亿光年。

位于哈勃距离之外的星系，退行速度超过光速。

请读者注意，这一结论并不违背相对论。这是因为退行速度是空间膨胀效应造成的，既不是物体在空间中运动的速度，也不是信号传播速度。相对论“禁止超光速”，是禁止物体在空间中的运动速度超光速，也禁止任何信号的传播速度超光速。

图 9–12 的左图，就是假定河外星系的退行运动是它们在空间中的真实运动，如果是这样，它们的退

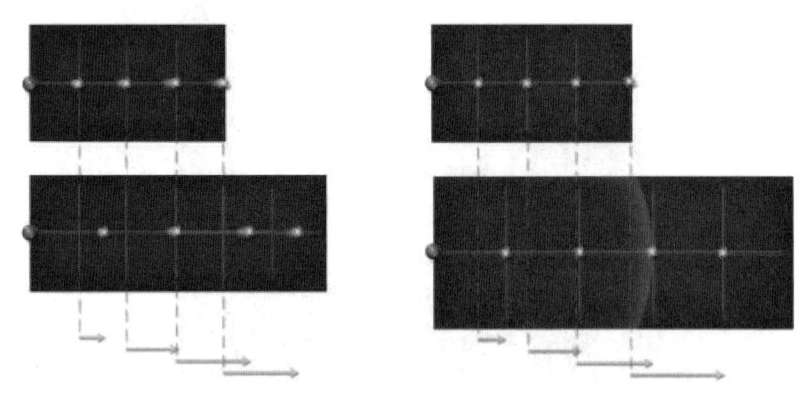

图 9–12　河外星系的退行速度可以超光速

行运动必须服从狭义相对论，退行速度不能超光速。图 9–12 右图表示河外星系的退行运动是空间膨胀造成的，因而不受光速的限制。

我们能看见退行速度比光速快的星系吗

答案是我们能看见。

乍一看，退行速度比光速快的星系位于哈勃距离之外，它发出的光子虽然以光速朝向我们运动，但光子处的空间膨胀速度超过光速，使光子远离我们。这种远离速度比光子奔向我们的速度大，似乎我们不可能接收到这个光子，因而看不见这个星系，如图 9–13 左图所示。

但要注意，哈勃距离 $d = c/H$ 依赖于 H。天文观测发现，原来所说的哈勃常数 H 其实不是一个严格的常数，它随着时间的增加而减小，因而应该称为哈勃参数。目前我们只把现在的哈勃参数称为哈勃常数。在描述宇宙演化时，称它为哈勃参数。由于 H 随时间的增加而减小，所以哈勃距离会随着时间的增加而增大，如图 9–13 右图所示。

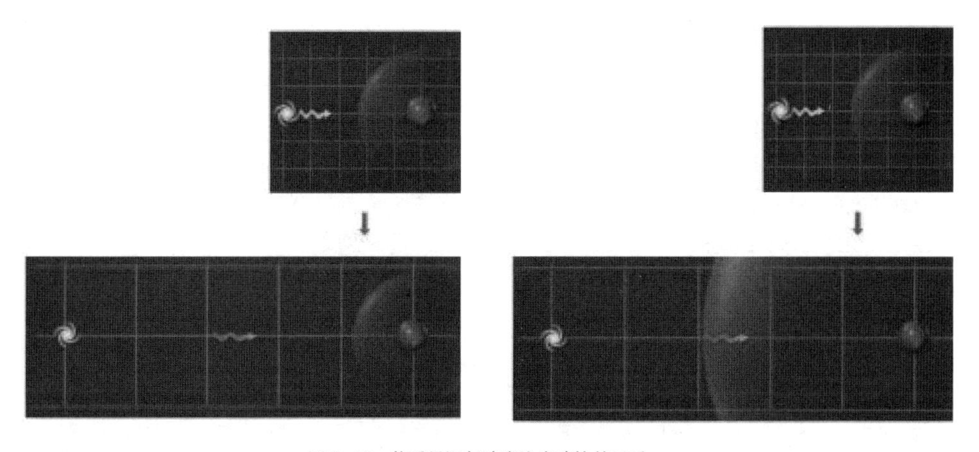

图 9–13　能看见退行速度比光速快的星系

这样，原本位于哈勃距离之外我们看不到的光子，随着哈勃距离的增大，会被包进哈勃距离之内，于是该光子就能到达我们这里，我们也就能看到发出这个光子的退行速度比光速快的星系了，如图 9–13 右图所示。

可观测宇宙有多大

可观测宇宙比“宇宙年龄乘光速”的值要大。

目前，宇宙年龄约 140 亿年。一般人可能以为宇宙的可观测距离最大也就是 140 亿光年，如图 9–14 左图所示。但是，在宇宙诞生时产生的光子，在奔向我们旅行的 140 亿年中，空间不断膨胀，产生这些光子的光源不断远离我们，所以可观测距离会大于 140 亿光年，如图 9–14 右图所示。研究表明，可观测距离可能三倍于 140 亿光年，约为 460 亿光年。

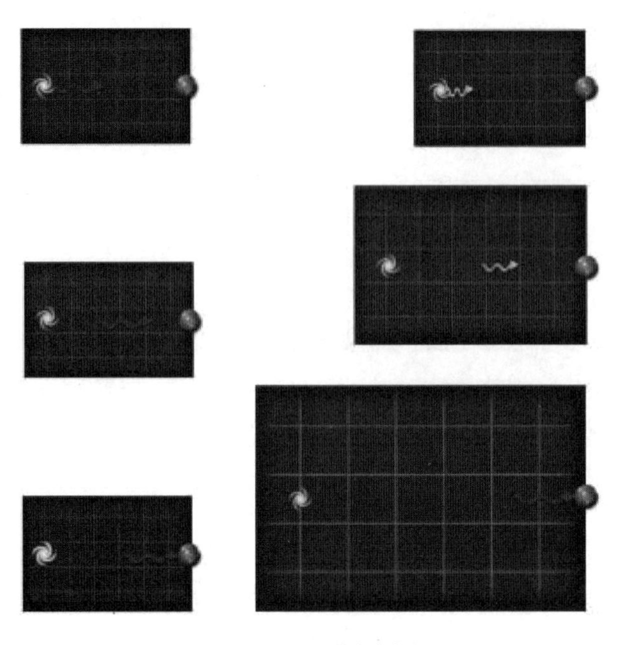

图 9-14　可观测宇宙有多大

近来有报道，天文观测已经看到了距离我们 200 多亿光年的单颗恒星。

宇宙中的物质自身也在膨胀吗

图 9-15 的上图描述的是，宇宙膨胀时，不仅空间在膨胀，所有的物质，包括星系、恒星、行星、人体、尺子等一切东西，都在膨胀。如果真是这样，我们就感受不到膨胀了，

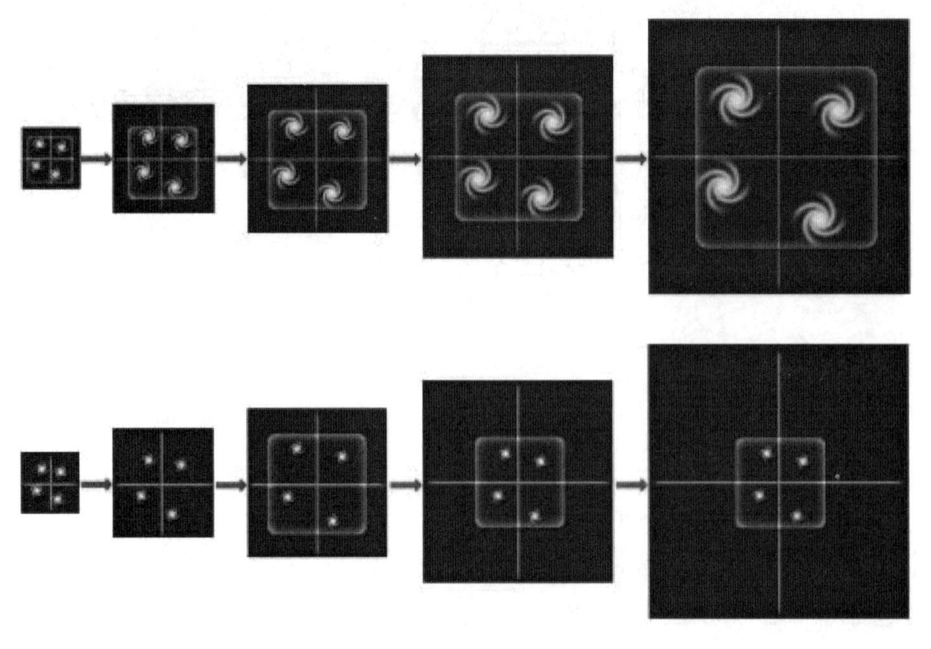

图 9-15　宇宙中的物体自身是否膨胀

真实的情况是，宇宙膨胀的初期，曾有一段时间一切东西都随空间的膨胀而膨胀。但当膨胀到一定阶段，由于物质间的万有引力效应越来越明显，物质的相互引力会逐渐压倒空间膨胀，形成“成团”结构，逐渐稳定到平衡状态。这时，原子、分子、人体、地球、星系、星系团本身都不再膨胀，只是星系团间的距离仍在加大，这也就是我们目前通过宇宙学红移观测到的宇宙膨胀情况，如图 9-15 下图所示。

三、虫洞——时空隧道

什么是虫洞

量子宇宙学认为，除去我们的宇宙之外，还可能存在其他的宇宙，甚至存在大量的与我们相近、相似或者有较多差异的宇宙。

这些宇宙之间可能有“管道”相通，这些“管道”就称为“虫洞”或“时空隧道”。这些虫洞连接不同的宇宙。但也有可能，某些虫洞的两个开口在同一个宇宙中，这类虫洞像“手柄”一样，连接同一宇宙的不同地方，如图 9-16 所示。

图 9-16　连接不同宇宙的虫洞及“手柄”

由于虫洞和多个宇宙的存在，时空的拓扑结构复杂起来，有不存在虫洞和“手柄”的单连通的时空，也有存在“手柄”的多连通时空，还有存在由虫洞相连的多个宇宙的多连通时空。

研究表明，有些虫洞允许旅行者或物体通过，另一些虫洞则不允许旅行者或物体通过。

可通过的虫洞有两类。一类是可以长时间存在的虫洞，称为洛伦兹虫洞。这种虫洞的洞口像一个巨大的球，外面的人可以看见飞船飞进去，却不见飞船穿过球的另一侧出来。这是因为这个球只是一个虫洞的洞口，里面存在通往其他宇宙或其他地方的时空隧道，这种隧道存在于更高维的空间，隧道的另一个出口可能在本宇宙的远方，也可能在其他宇宙，还可能在“过去”或“未来”。

另外，还有一种可以瞬时通过的欧几里得虫洞。这种虫洞的洞口和管道都看不见。假设一个欧几里得虫洞的洞口扫过某个人，这个人可以瞬间通过这个虫洞，从另一个洞口飞出。这个洞口可能在本宇宙的远方，也可能在另一个宇宙，或者在“过去”或“未来”。例如可能出现这样的情况，一个欧几里得虫洞扫过位于北京的某个同学，他可能瞬间出现在纽约的摩天大楼之上，也可能瞬时回到了过去，出现在治水的大禹的身边，把大禹吓了一跳：“怎么出现个怪人？”

不过，近年来的研究令人失望，量子引力理论似乎不支持允许宏观物体穿过的大欧几里得虫洞的存在，但小的、可以瞬时通过微观量子的欧几里得虫洞还是有存在可能的。

虫洞概念的由来

虫洞概念是爱因斯坦和他的助手罗森首先提出的，不过当时不叫“虫洞”，叫“喉”或者“桥”。他们在 1935 年首次得出连接两个施瓦西时空的爱因斯坦 – 罗森桥。这是一种不可通过的桥。

我们在第七讲第二部分介绍彭罗斯图时，曾提到施瓦西时空可以被解析延拓为更完备的克鲁斯卡时空，并给出了克鲁斯卡尔时空的图（见图 7–7）和它对应的彭罗斯图（见图 7–8）。这两种图都显示，克鲁斯卡尔时空存在黑洞区（F 区）、白洞区（P 区）和我们的洞外宇宙（Ⅰ区），奇妙的是，还存在另一个与我们类似的宇宙（Ⅱ区）。Ⅰ区和Ⅱ区之间没有因果关联，也就是说光或亚光速物体都不能在Ⅰ区与Ⅱ区之间流动，只有超光速信号才可以在Ⅰ区和Ⅱ区间交流。但是相对论禁止超光速运动存在，所以Ⅰ区和Ⅱ区没有因果联系。不过，这两个时空区之间有时空通道相连，这就是图 7–7 中横向连接Ⅰ区与Ⅱ区的“喉”或“爱因斯坦 – 罗森桥”。这个“桥”就是不可通过的虫洞。图 9–17 所示为爱因斯坦 – 罗森桥。图中上面的那部分是时空Ⅰ区，下面那部分是时空Ⅱ区。两个区之间有曲面管状壁相连。

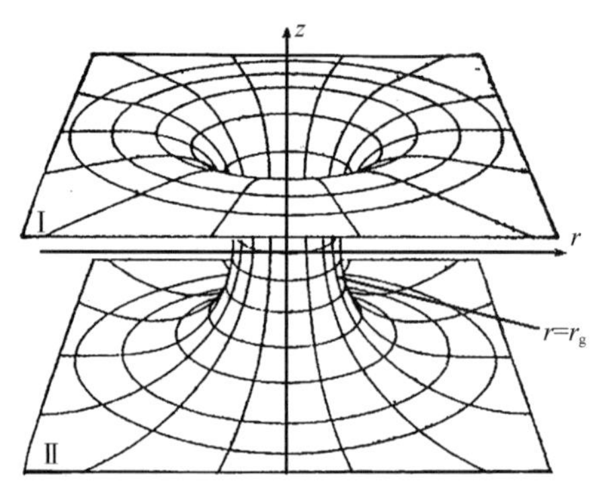

图 9–17　爱因斯坦 – 罗森桥

这个“桥”有点像“喉”。但要注意连接Ⅰ区与Ⅱ区的“喉”不是中间那个空的管道，那属于更高维的空间，不属于克鲁斯卡尔时空。“喉”指的是那个连接Ⅰ区“平面”与Ⅱ区“平面”的曲面，即图中“管道”的“壁”。这个“壁”属于克鲁斯卡尔时空。

爱因斯坦 – 罗森桥的发现，引起了一些数学家和物理学家的兴趣。人们进行了更深入的研究。1957 年，美国相对论专家米斯纳与惠勒首次提出“虫洞”这一名称，用来描述一些不可通过的“桥”，如图 9–18 所示。

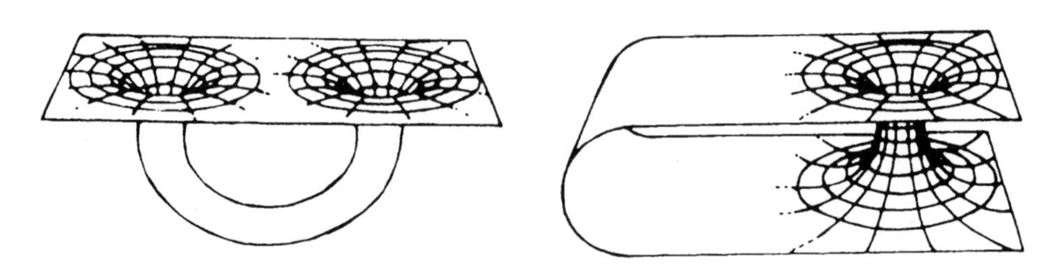

图 9–18　米斯纳与惠勒的虫洞

他们把这类不可通过的虫洞想象为质量和电荷。也就是说，他们猜测宇宙间并不真的存在“质量”和“电荷”。我们研究的质量和电荷，不过是虫洞的洞口。所以他们提出“没有质量的质量”和“没有电荷的电荷”的猜测。

不过，这些虫洞都是不可穿越的。

1985 年，美国天文学家卡尔·萨根写了一本小说《接触》，书中主人公通过时空隧道到织女星附近去旅行。织女星距离我们 25.3 光年，太远了。于是萨根想象有时空隧道连接我们的太阳系和织女星。时空隧道的一端是黑洞（在地球附近），另一端是白洞（在织女星附近），女主角掉进黑洞，很快穿越时空隧道从白洞跑出来，走了一条弯曲时空中的捷径，大大缩短了旅行时间，如图 9-19 所示。

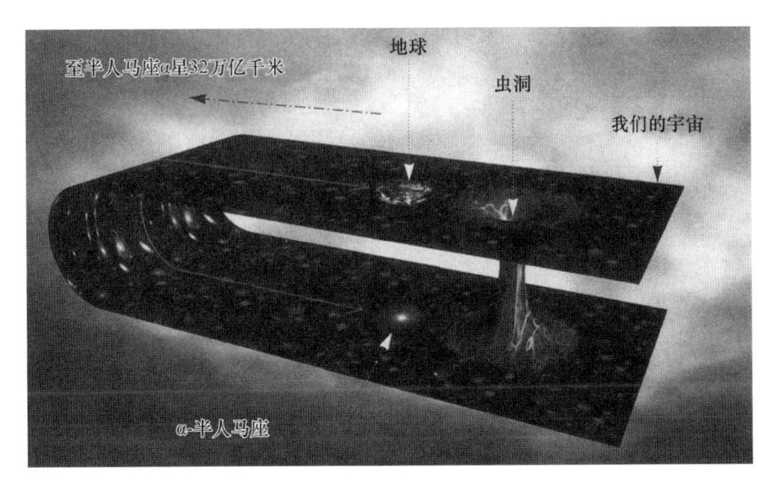

图 9-19　连接地球附近与织女星处的时空隧道

萨根是研究行星的天文学家，不懂广义相对论。他最初用连接黑洞与白洞的“管道”作为时空隧道，如图 9-20 所示。他不知道自己的设想是否科学，于是请教了他的朋友基普·索恩。索恩是广义相对论专家，立刻告诉他“不行”。因为连接黑洞与白洞的“管道”即使存在，也不可能稳定，只要有东西通过，“管道”立刻就会缩紧而关闭，不能通行。索恩建议他改用虫洞做“管道”，两头的开口不是黑洞和白洞，而是虫洞的洞口。这样的时空隧道有可能是稳定的，可通过的。

此后，出现了大量小说和电影，描述通过各种时空隧道（洛伦兹虫洞或欧几里得虫洞）或制造时间机器，前往过去或未来，或者前往其他宇宙。科普界出现了关于时空隧道和时间机器的文学热。

不过，对这方面的真正科学研究是从 1988 年开始的。这一年，索恩等人写了一篇名为《时空中的虫洞及其在星际旅行中的用途》的文章，发表在《美国物理杂志》上，这是一个用于物理教学的杂志，主要是供中学物理老师作教学参考用的，平常并不发表科研论文，这次突然刊登了一篇引起轰动的高水平科研论文，这篇论文使这一杂志“陡然生辉”。

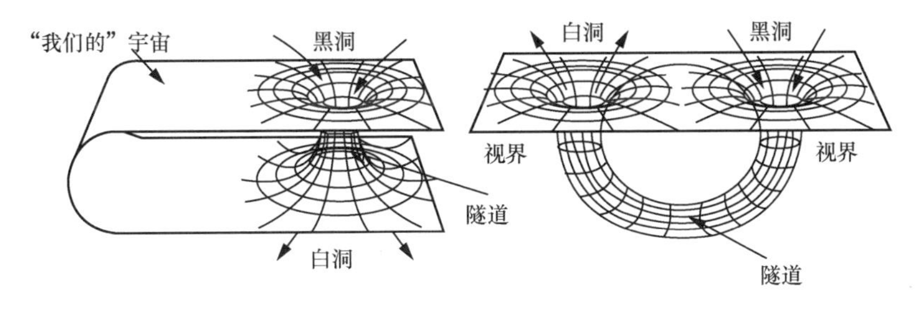

图 9-20　萨根想象的时空隧道

形成虫洞的可能性

牛顿认为，绝对的时间就像均匀流逝的平静的河流。绝对的空间也是绝对平滑的。然而，我们知道，你远看一条河，确实是平静流逝的。但是如果你近一点看，就会看到有微微起伏的波浪；再近一点看，就会发现泡沫和浪花。

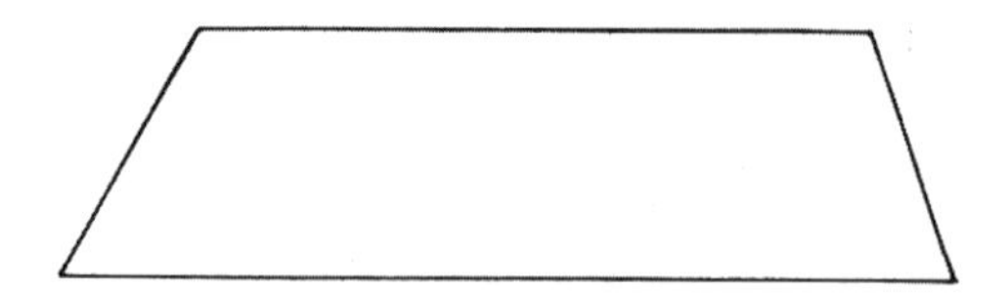

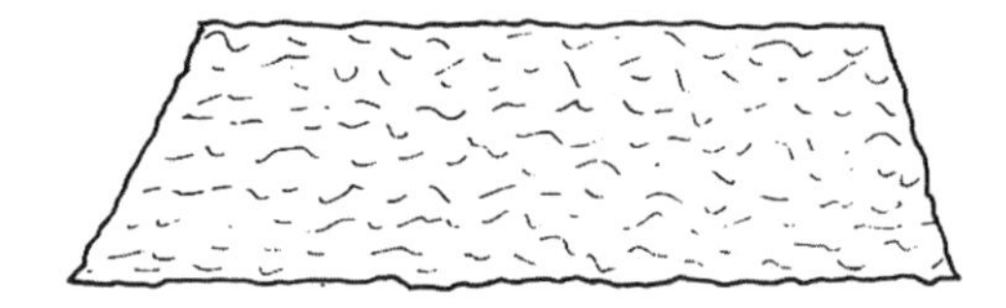

图 9-21　不同高度看海面

这也和从飞机上看大海一样（见图 9-21）：飞得很高时，觉得海面非常平静；低一点飞，就会看到海面有波浪；再低一点飞，就会看到泡沫和浪花。

广义相对论认为，我们的时空也与河面和海面类似，宏观上看它是平静的，从微观上看我们会发现存在时空涨落和时空泡沫，也就是说，会发现时空有波动。

在宇宙诞生的初期，由于高温和物质的高密度，时空存在剧烈的涨落，处于混沌状态，有可能形成拓扑复杂的时空结构，即有可能形成多个宇宙泡和虫洞。在宇宙膨胀的过程中，这些宇宙泡会成长为一个个膨胀的宇宙，虫洞也可能保留至今，并被放大。图 9-22 就是想象的极早期宇宙，犹如一炉沸腾的钢水。其中冒出了一个宇宙泡，形成我们的宇宙。我们的天文望远镜所及的空间只是球体的一个小斑点，即图 9-22 中气球状的宇宙中的黑斑。我们的宇宙很可能就是这样形成的。研究表明，在宇宙膨胀过程中，这样形成的多个宇宙及连接它们的“管道”（虫洞）都有可能保留下来。也就是说，宇宙早期形成的虫洞有可能保留到今天。

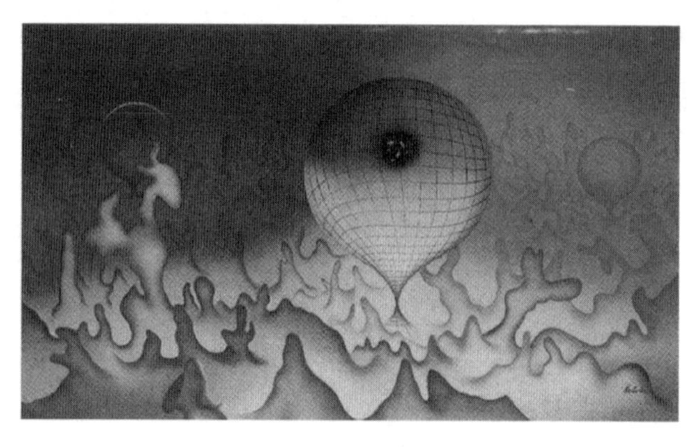

图 9-22　宇宙诞生初期的高温混沌状态

此外，目前的量子引力理论不排除改变时空拓扑的可能性，认为有可能制造出新的虫洞，但也不保证一定能制造出新的虫洞。

维持虫洞的可能性——负能困难

量子引力的研究表明，维持虫洞的存在，需要有大量的负能物质。

负能物质不是反物质，也不是暗物质。反物质和暗物质的能量和质量都是正的。负能物质的特点是，它的能量和质量都是负的。从牛顿第二定律 $F = ma$ 可以看出，当 $m < 0$ 时，加速方向（即 a 的方向）会与施力方向（F 的方向）相反。

人们最早注意到负能物质的存在是通过卡西米尔效应。在第七讲中我们曾经介绍过这一效应（见图 7-15）。

两块金属板间的虚光子必须形成驻波，而金属板外部则有任何波长的虚光子，所以板间虚光子数量少于板外，板外虚光子的压强大于板间虚光子的压强，形成卡西米尔效应所呈现的两块金属板之间的吸引力。

由于我们把真空视为能量的零点，板间虚光子数量少于板外普通真空，所以板间的真空能低于板外，也就是说板间的真空能为负。这是我们较早接触到的负能状态，不过这种负能的密度很低。当板间距离为 1 米时，负能密度相当于 10 亿亿立方米中有一个负能基本粒子。

另一种负能量状态出现在黑洞附近，同样也十分微弱。

我们还没有发现任何大量存在的负能物质。然而，撑开一个半径 1 厘米的虫洞需要相当于地球质量的负能物质，撑开一个半径 1 千米的虫洞需要相当于太阳质量的负能物质，撑开一个半径 1 光年的虫洞需要大于银河系发光物质总质量 100 倍的负能物质。由此来看，撑开一个虫洞希望渺茫。

通过虫洞的可能性——张力困难

有人想，我们干吗要去撑开一个半径 1 光年的虫洞，撑开半径 1 千米的虫洞就足以让飞船通过了。遗憾的是，虫洞内存在极强的张力，会把试图穿过虫洞的任何物体都扯碎。

研究表明，虫洞内的张力 F 与虫洞半径的二次方成反比

$$F \propto \frac{1}{r^2} \tag{9.4}$$

当我们以光年为单位来表示虫洞的半径 r 时，通过虫洞的物体所承受的张力为

$$F = \frac{F_{\max}}{r^2} \tag{9.5}$$

式中，$F_{\max}$ 为物质能承受的最大张力，也就是原子不被扯碎的张力。有人说，原子不被扯碎，人扯碎了怎么办？此处，我们暂不考虑人被扯碎的问题，只讨论原子不被扯碎的条件。

从式（9.5）可以看出，$r < 1$，即虫洞半径小于 1 光年时，$F > F_{\max}$，虫洞内物体受到的张力会把原子扯碎。这当然是不行的。所以，半径小于 1 光年的虫洞，肯定不能作为星际航行的通道。

维持半径 $r \geqslant 1$ 光年的虫洞（有可能作为旅行通道的虫洞），需要质量大于银河系发光物质总质量（M_m）100 倍的负能物质，而这个发光物质的总质量 M_m，为 1000 亿～ 2000 亿倍的太阳质量。

由此看来，撑开可以用作星系旅行的虫洞，应该是不可能的。

一个有趣的想法

有人建议不传递物质，只传递信息，只让信息穿过虫洞传递，信息不怕张力的破坏，这样就可以避免张力困难等很多困难。

比如，把要通过的人（例如张三）做一个全息扫描，然后把他的信息通过虫洞发送过去，那边的人再用这些信息复制一个张三，这不就行了吗？但是，我们现在还不会复制生命。而且，复制的不仅是肉体，还必须包括意识、记忆、情感、智慧等。因此复制必须是“全息”的。

所以，这条途径现在看来也根本实现不了。

四、时间机器

1895 年，英国学者威尔斯写了一本科幻小说《时间机器》。这本小说出版于相对论发表之前，其艺术价值高于科学价值。威尔斯还写过《文明的脚步》和《隐身人》等著名文学作品。笔者没有读过《时间机器》这本书，但有幸读过《文明的脚步》和《隐身人》这两本书。《隐身人》也是一本神奇的科幻小说。《文明的脚步》则是一本关于人类文明发展的普及读物。这本书把西方文明的发展和东方文明的发展对照起来写，很有独到之处。我们上历史课时，讲中国史时不提世界史，讲世界史时不提中国史，很难了解我们中国在世界历史中的地位。

《文明的脚步》这本书对笔者影响很大，笔者在写《探求上帝的秘密》和《物理学与人类文明十六讲》这两本书时，就按照威尔斯的风格，把东方文明和西方文明的发展对照起来写，希望使读者能更好地了解我们中华文明在世界文明中的地位。

用虫洞创造时间机器

近年来，有关时间机器的科普读物大量涌现。这是因为，在相对论发表之后，特别是在用相对论研究虫洞、时空隧道之后，时间机器的相关设想从空想走向了科学，使人们有可能用现代物理学的内容去探讨研制时间机器的可能性。

一些著名的相对论天体物理学家（例如霍金与索恩等人）也多次发表有关的科学论述和科普著作。他们认为，相对论允许存在时间机器，也给出了一些制造时间机器的似乎可行的方案。

霍金在《时间简史》和《果壳中的宇宙》两本科普读物中，都谈到利用虫洞制造时间机器的可能性。如图 9-23 所示，霍金设想把虫洞的一个洞口装在太空飞船上，另一个洞口留在地球上，一个宇航员在上午 12 点从留在地球上的洞口进入虫洞，然后乘飞船到太空旅行，经历高速飞行后，飞船返回地球，宇航员从伴随他一起周游太空的那个虫洞口出来。他惊讶地发现，他完成太空旅行走出虫洞的时间，是他出发旅行的那一天的上午 10 点。也就是说，他走出虫洞的时间比他出发时进入虫洞的时间要早两小时。他在出发之前就已经回来了，他甚至还看到了出发时的自己正在准备进入虫洞登上飞船的情景。

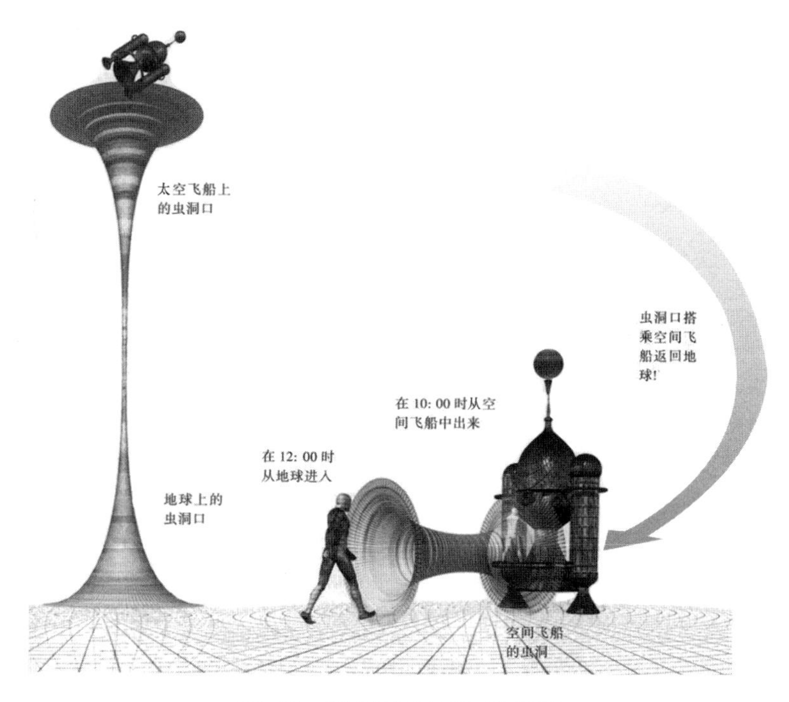

图 9-23　利用飞船和虫洞制造的时间机器

制备这样的时间机器，完成这样的“回到过去”的太空旅行真的可能吗？需要什么样的条件呢？

研究表明，制备这样的时间机器需要注意两点（见图 9-24）：

① 有一个洛伦兹虫洞，两个洞口 A 与 B 的洞外距离为 L，远远大于洞内距离 l；

② 有一个洞口（例如 A）不动，另一个洞口（B）高速远离又高速返回，且运动的时间足够长。

这样，利用狭义相对论的时间变慢效应，就可以构成闭合类时线，形成时间机器。

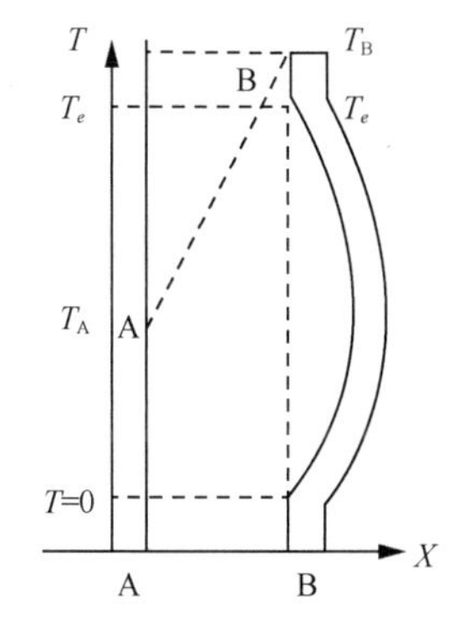

图 9-24　构造时间机器的原理

要制造时间机器，就必须形成闭合类时线。沿闭合类时线运动的人，一定会回到自己的过去，这看起来十分荒谬。然而，如果不形成闭合类时线，不回到自己的过去，就不是时间机器。

所以，制造时间机器的时空有以下特点：

① 有一个因果性正常的时空供我们生存；

② 有一个存在闭合类时线的时空；

③ 此二时空之间存在一个叫柯西视界的类光超曲面，上面有闭合类光线。

一个人如果真的能回到自己的过去，会出现难以解释的逻辑困难。如果这个回到过去的人是个坏小子，他看到了自己的祖辈，还杀害了他们，那么，他自己又是怎么生出来的呢？回到过去和影响过去，是时间机器理论需要克服的困难。

能否回到过去或影响过去

回到过去并影响过去会破坏因果性，怎么解决这个问题呢？

霍金提出“时序保护”猜想：物理规律不允许出现闭合类时线或闭合类光线，既不允许一个人回到过去，也不允许把信息传递到过去。

信息传递回过去，当然也会破坏因果律。例如一个人，考试没有考好，题没有做出来，这时如果他能把考题的信息发给考试前的自己，使自己在考试前就知道了试卷的内容，做了相应的准备，然后参加考试，做出了试题，那么，他到底有没有把题做出来呢？这也是一个严重的逻辑困难。

霍金认为，破坏闭合类时线和闭合类光线的原因是，闭合类时线和闭合类光线将导致真空极化的能量发散，这种发散将破坏掉闭合类时线和闭合类光线。这就是霍金的“时序保护猜想”。这一猜想如果正确，实际上就否定了制造时间机器的可能性。

后来定居美国的苏联物理学家诺维科夫，则提出了与霍金的上述猜想不同的“自洽性原理”。按照这一原理，人和信息能够回到过去，但有一种机制，使回到过去的人和信息不能破坏“自洽性”，即不能破坏相应的逻辑关系。不过，这一原理的根据是什么，诺维科夫没有说明。

笔者认为，“时序保护猜想”和“自洽性原理”的根据可能都是热力学第二定律。物理学的这条根本性定律指出了时间的方向性和流逝性。

物理学中有两个特别的理论，一个是广义相对论，另一个就是热力学第二定律。

除去广义相对论之外的所有其他物理理论，都把时空和物理客体完全割裂开来，把时空看作舞台，物理客体看作演员，舞台和演员互不影响。也就是说，客体不影响时空，时空也不影响客体。但是广义相对论认为，时空和客体是相互影响的，也就是说舞台和演员是相互影响的。物质的存在使时空弯曲，时空的弯曲又反作用于物质。正如惠勒所说：“物质告诉时空如何弯曲，时空告诉物质如何运动。”

在除去热力学第二定律之外的其他物理理论中，时间都是可逆的，可以反向的。只有热力学第二定律告诉我们，时间只能向前流逝，只能从过去经过现在走向未来，不能倒流。

时间的这种流逝性和方向性，可能正是禁止出现时间机器的根源。

如果天空中出现一个球状的虫洞洞口，我们会看到什么呢？会看到类似于李白的《梦游天姥吟留别》中描述的情景：

洞天石扉，

訇然中开。

青冥浩荡不见底，

……

还有一位艺术家写的诗，用来描述虫洞洞口出现在天空的景象，也非常合适：

只闻白日升天去，

不见青天降下来。

有朝一日天破了，

大家齐喊阿癐癐（guǎi guǎi）。

“阿癐癐”是江苏人表示惊讶的口头语，这首诗的作者是明代画家唐寅（唐伯虎），诗题在他的画《白日升天图》上。

第十讲

对时间的认识和探索

引言：相对论研究引发的“时间疑义”

爱因斯坦在 1905 年说，应该假定“同时”具有传递性，即假如把 A 处的钟与 B 处的钟校准到“同时、同步”，把 B 处的钟与 C 处的钟校准到“同时、同步”，则 C、A 两处的钟自然彼此“同时、同步”。

后来朗道等人指出：不一定，仅当时间轴与三个空间轴都垂直的时空，“同时”才具有传递性。例如，匀速转动的圆盘上的静止钟，时间轴与空间轴不都垂直，同时就不具有传递性。

真奇怪！居然有同时不具有传递性的怪事！

自然界中还有哪些类似的规律？它们之间有没有关系？

笔者想到了热力学第零定律。它真的与同时的传递性有关系吗？

彭罗斯与霍金的奇点定理指出，任何一个满足以下条件的时空一定存在“时间有开始或结束”的过程：

① 广义相对论正确；

② 因果性成立；

③ 能量非负且至少含有一点物质；

时间有没有开始和结束，以前是哲学家和神学家讨论的问题。现在数学家和物理学家来发表看法，并进行了数学与物理论证，这是多么神奇的事情！

既然同时的传递性与热力学第零定律有关，那么奇点定理涉及的问题，即时间有没有开始和终结的问题，会不会也与热力学有关呢？如果有关，是与哪一条热力学定律有关呢？

现在我们已经知道热力学第一定律保证了时间的均匀性，第二定律显示了时间的方向性和流逝性，第零定律又联系到同时的传递性。于是笔者猜测：奇点问题也许与热力学第三定律有关。从 1979 年起，笔者开始了对时间本性与热力学关系的时断时续的探讨。

一、时间是什么

有一首优美的宋词：

忆昔午桥桥上饮，
坐中多是豪英。
长沟流月去无声。
杏花疏影里，
吹笛到天明。
……

笔者十分喜欢这首《临江仙·夜登小阁忆洛中旧游》。除去词中的豪气和对优美时光的描述与怀念之外，笔者还特别欣赏其中的一句“长沟流月去无声”。这多么像对抽象的时间的描述啊！时间就像这长河的流水一样，永远无声无息地从过去经过现在流向未来。

这首词的作者陈与义是宋朝人，生于北宋，死于南宋，经历了人生和国家命运的巨变。北宋时他已中进士，但未居要职。南宋时他曾任吏部侍郎（相当于中央组织部副部长），后来又官居参知政事（相当于国务院副总理）。

时间是什么？这是一个似乎人人皆知，实际上又很难说清楚的问题。公元 4 世纪，著名基督教思想家圣·奥古斯丁在《忏悔录》中说过一句至理名言：

时间是什么？人不问我，我很清楚；一旦问起，我便茫然。

古希腊的时间观

古希腊的哲学家们曾对时间有过许多著名的论述。

毕达哥拉斯（约公元前 580—约前 500 年）曾提出过宇宙的“中心火模型”（见本书第四讲）。

毕达哥拉斯依据这一宇宙模型，首次给时间下了一个定义：

时间就是天球。

今天看，这一说法十分含糊。一般认为，这句话的意思是说时间是循环运动的。

与毕达哥拉斯同时代的另一位哲学家赫拉克利特（约公元前 540—约前 480 年）则强调了时间的流逝性。他说：

一切皆变，无物常在。

人不能两次踏进同一条河流。

太阳每天都是新的。

第一句话的意思是，所有的东西都在不停地变化，没有永恒不变的东西。第二句话的意思是，河流每时每刻都会有变化，人第二次踏进它时和第一次踏进时相比，它多少已有变化，应该认为它已不再是同一条河流。第三句话的意思是，太阳不会一成不变，每天出现的太阳都会与前一天的太阳有差异，都应该被认为是新的。

上述说法强调了变化，认为每时每刻都在变化，时间永不停止，不断向前。

不过，赫拉克利特认为时间还有另一种属性，那就是循环性。时间虽然不停向前，但另一方面又是循环的。

古希腊的哲学家大都具有循环的时间观。

古希腊哲学的泰斗、唯心主义的鼻祖柏拉图（公元前 4 世纪）认为，真实的“实在世界”是“理念”，我们接触到的万物和宇宙，都不过是“理念”的“影子”。

“理念”完美而“永恒”，它不存在于宇宙和时空中。万物和宇宙则是不完美的，处于不断变化中。

他认为，“造物主”给“永恒”创造了一个“动态相似物”，用以描述变化的万物，那就是“时间”。因此，柏拉图强调：

时间是“永恒”的映象；

时间是“永恒”的动态相似物；

时间不停地流逝，模仿着“永恒”；

时间无始无终，循环流逝（36000 年为一个周期）。

他又说：“时间就是天球的运动。”这一说法可以看作他对毕达哥拉斯“时间就是天球”的观点的进一步阐释。

柏拉图的学生、唯物主义哲学的鼻祖亚里士多德把“时间”和“运动”明确联系起来。他说：

时间是运动的计数。

时间是运动持续的量度。

时间的出现使运动的测量成为可能，使我们可以区分快、慢和静止。同时，亚里士多德也认为时间是循环的。

中国古代的时间观

中国古代的思想流派很多，曾经有过百花齐放、百家争鸣的时期。不过，后来比较有影响的主要有三家：孔子创立的儒家，以老庄哲学为主体的道家，从古印度传入中国的释家（即释迦牟尼创建的佛教）。在中国古代知识分子的思想中，往往混杂着这三家的思想，不过主流思想是孔子的儒家思想。

孔子对时间曾有一段描述：

子在川上曰：“逝者如斯夫，不舍昼夜。”（《论语・子罕》）

这句话的意思是，孔子在河边说，时间（逝者）就像这河流一样，昼夜不停地流逝着。

孔子把时间说成“逝者”，强调了时间的流逝性。可以看出，他认为时间是永远存在的，永远流逝的。不过，他对时间好像没有更多更详细的论述。释家和道家对世界的存在和变化有一些描述，但对“时间”本身似乎没有直接的论述。

佛教认为时间是循环的，每一个轮回称为一个“劫波”或一个“劫”。然而两个循环是连续的呢，还是间隔着“毁灭”呢？不同流派好像有不同的解释。

道家认为“万物生于有，有生于无”。但哲学家对这一观点的解释并不统一，有些哲学家认为，道家的思想中也存在循环的时间观。

我们从古诗词中可以看出中国古代一些知识分子的时间观。他们认为时间有周期，但不是简单的重复、循环，而是螺旋形发展。

例如唐朝刘希夷的《白头吟》中写道：

年年岁岁花相似，
岁岁年年人不同。

北宋晏殊的《浣溪沙·一曲新词酒一杯》更能反映这一时间观：

一曲新词酒一杯，
去年天气旧亭台。（循环的相似）
夕阳西下几时回？（时间不停向前）
无可奈何花落去，（万物与时俱进）
似曾相识燕归来。（循环的相似）
小园香径独徘徊。

基督教的时间观

按照基督教的观点，世界是上帝创造的。

但是世界是何时创造出来的？《圣经》上没有说，神学家对此有不少研究。

最令神学家们讨厌的是，一些对基督教有怀疑的人，不时会提出一些难以回答的问题。比如，有人问：“上帝创世之前在干什么呢？”

这个问题很难回答，《圣经》上没有说。于是有的教士就吓唬提这种问题的人：“上帝给敢于问这种问题的人准备了地狱。”不过，敢于问这种问题的人，往往并不坚信基督教，所以也不怕教士们的恐吓。

在公元 4 世纪的时候，杰出的神学家圣·奥古斯丁比较有力地回答了这个难题。他说：“世界是创造出来的，不是在时间中，而是与时间一起同时产生。”按照他的观点，上帝处在时间之外，他在创造世界的同时创造了时间。所以在创世之前没有时间，当然也就不存在“创世之前”。

应该说，这一观点非常有创造性，它甚至影响到了今天的现代宇宙学。按照现代宇宙学，时间、空间和整个宇宙中的物质是一起在大爆炸中诞生的，时间是从大爆炸那一刻才开始有的，所以不存在什么“大爆炸之前”。

总之，按照基督教的观点，时间是线性的，不是循环的。时间一直向前流逝，有开始（创世），还可能有终结（世界末日）。

牛顿与莱布尼茨的时间观

牛顿认为，存在绝对空间和绝对时间。

绝对空间就像空箱子，绝对时间就像不断流逝的河流。绝对时间与绝对空间无关，时间、空间也与物质及其运动无关。

牛顿用水桶实验（参见第五讲）论证了绝对空间的存在，但他从来没有具体论证过绝对时间的存在。

牛顿认为：绝对时间是一条始终如一的河流，没有涨落，没有波涛；绝对时间除了均匀流逝的属性之外，没有其他属性。

牛顿又认为，在绝对时间之外，还存在“相对时间”：

> 相对的、表观的和通常的时间，是可感知的和外在的、对运动之延续的度量，它常常用来代替真实的时间，如一小时、一天、一个月、一年……
>
> 可能并不存在一种运动，可以用来准确地测量时间。
>
> 所有的运动可能都是加速的或减速的，但绝对时间的流逝不会有所改变。

总之，牛顿认为真实的时间是绝对时间。我们平时感知和测量的时间都是相对时间。

按照牛顿的观点，绝对时间是均匀的、有方向的、永远流逝的“河流”，它与物质的存在和运动无关。如果物质消失了，绝对时间和绝对空间还会继续存在。

和牛顿同时代的德国数学家莱布尼茨不仅在微积分发现权上和牛顿发生了激烈冲突，在时空观上也和牛顿针锋相对。

可不要小看了莱布尼茨，他在做学问上是一位了不起的多面手。他不仅研究数学和物理，还研究哲学、历史、自然法则、法学、神学和外交。

莱布尼茨认为，根本不存在绝对时间和绝对空间，时间和空间都是相对的。空间不过是物体和现象有序性的一种表现方式，时间则是相继发生的事件的罗列。不存在脱离物理实体的时间与空间，没有物质就没有时间与空间。

那么，时间是几维的呢？空间又是几维的呢？与牛顿同时代的英国哲学家洛克认为，时间是一维的。此前，哲学界和科学界已公认空间是三维的。现代自然科学认为，两静止点电荷间的作用力和它们之间距离的平方成反比的库仑定律，是对空间三维性的有力支持。至于时间的一维性，目前还没有有力的论证。

爱因斯坦的时空观

爱因斯坦的相对论，极大地推动了时空观的发展。

爱因斯坦的狭义相对论认为：时间是相对的，空间也是相对的，时空作为一个整体（四维时空）是绝对的；能量是相对的，动量也是相对的，但能量和动量作为一个整体（四维动量）是绝对的。不过狭义相对论没有反映出时空与物质之间的关系。

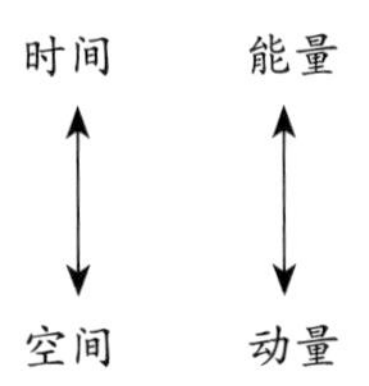

爱因斯坦的广义相对论进一步认为，时空是和物质及其运动有关的，有物质存在的时空是弯曲的，没有物质存在的时空是平直的。

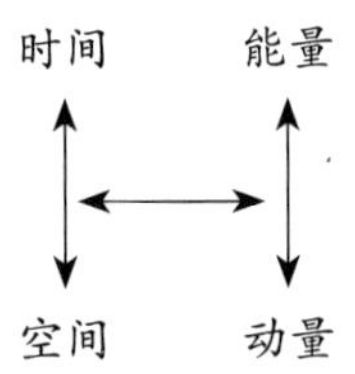

这一理论认为，时空与物质及其运动之间存在相互作用。正如著名的相对论专家惠勒所说，广义相对论的本质是“物质告诉时空如何弯曲，时空告诉物质如何运动”。值得注意的是，在狭义和广义相对论中，如果物质不存在，时空依然会存在，只不过从弯曲变为平直而已。

从爱因斯坦的上述观点不难看出，牛顿时空观对他有深刻影响。不过，他把四维时空中的每个时空点看作一个“事件”，这又反映出莱布尼茨时空观对他也有影响。

爱因斯坦晚年（1952 年）时，在《狭义与广义相对论浅说》第 15 版序言中写道：“空间 - 时间未必能看作是可以脱离物质世界的真实客体而独立存在的东西。并不是物体存在于空间中，而是这些物体具有空间广延性。这样看来：‘关于一无所有的空间’的概念，就失去了意义。”

上述叙述表明，在他 1955 年逝世之前，他已认识到，时空是物质伸张性和广延性的表现。不存在一无所有的时空，时空与物质应该同生同灭，没有物质就应该没有时空。

从中不难看出，爱因斯坦在发展和改造牛顿时空观的同时，逐步吸收了莱布尼茨的时空观。他的哲学思想走在了他的物理理论（狭义与广义相对论）的前面。

量子引力的观点

与相对论同时诞生的量子理论，因为有大量实验可以验证，取得了巨大的进展。电磁场和各种物质场相继成功地量子化。所以，不少人希望把引力场也量子化。然而引力场量子化的工作遇到了很大困难，至今还没有成功。

把引力场量子化的方案称为量子引力，目前有一些这方面的专家在继续探索。

当前量子引力的主流观点是，时空与物质应该同生同灭。相关专家认为存在时空涨落。他们认为在物质密度极大、时空范围极小的情况下（例如宇宙的极早期），伴随着物质的涨落，存在着时空涨落。极早期的时空极不平静，可能存在时空的泡沫和浪花。

这方面的研究工作遇到了很大的困难，不过探索仍在继续。从量子引力的各种探索方案中，不难看出牛顿、莱布尼茨和爱因斯坦时空观对它们的影响。

二、“同时”的定义与时间的测量

时间有两个基本性质：一个是它的测度性，即如何测量时间；另一个是它的流逝性，即如何定义时间的流逝。这里我们只探讨时间的测量，不探讨时间的流逝。时间流逝性的问题，应该留给研究非平衡统计和热力学的人去探讨。

时间测量的困难

自古以来，人类都是用周期运动来测量时间，例如地球的公转与自转周期，月相的变化周期，摆的振动周期，等等。

最早对这一问题进行哲学探讨的是古希腊的先贤。例如，毕达哥拉斯学派断言，“时间就是天球”；柏拉图认为“时间就是天球的运动”；亚里士多德指出“时间是运动的计数”“时间是运动持续的量度”。

到了近代，人们对时间测量有了更深的哲学认识。牛顿已经认识到不存在严格的周期运动，运动都是加速或减速的，因此不能对时间进行绝对精确的测量。

与牛顿同时代的哲学家洛克也已经认识到“不能确认两个相继时间段的相等”。他认为，“时间只能用周期运动作单位进行度量，然而我们不能确知任何两个周期是严格相等的。我们只能假定，周期运动的每一个周期都是相等的，才能对时间进行度量”（洛克，《人类理解论》，商务印书馆）。

不过，洛克没有进行更深入的分析。

欧拉的思路——定义好钟

首先把时间测量和运动定律联系起来的是欧拉，后来是庞加莱（庞加莱,《时间的测量》, 1898 年）。

欧拉在《时间和空间的沉思》一书中说，“如果以某个给定的循环过程为单位时间，而发现牛顿第一定律成立的话，这个过程就是周期的（即每次循环都经历相同的时间）”。当时的人们相信，用尺子进行的空间长度的测量是没有问题的。然而，在相对论发表之后，人们认识到尺子在运动过程中是有可能发生变化的。更为关键的是，相对论中的空间距离，是用时间和光速的乘积来定义的。这里存在逻辑循环，所以欧拉的设想并非无可置疑。

应该说，把时间测量和运动定律联系起来的思想是具有革命性的。后来的一些相对论专家沿用了这一思想，提出“好钟”的概念。

美国的米斯纳、索恩和惠勒在他们的巨著《引力》中写道：“一个好钟（即局部惯性系的时间坐标）会使穿过时空的局部区域的自由粒子的时空轨迹是直的。”

他们还指出，时间应该如何定义呢？时间的定义应该使运动显得简单！

这就是说，所谓“好钟”，是指按它们的运转节奏，物理规律的表达最简单，例如，惯性定律成立，能量守恒定律、动量守恒定律成立，力学和电磁学等物理规律形式简单。然而，什么样的形式才算简单，也是一个值得研究的问题。

庞加莱没有对欧拉的思想提出异议。但他同时提出了时间测量的另一个思路，这一思路后来被爱因斯坦采用并发展。

庞加莱的思路——约定光速

庞加莱认为，“时间必须变成可测量的东西，不能被测量的东西不能成为科学的对象”（庞加莱,《最后的沉思》），所以他认真思考过时间测量的问题。

他认为，时间的测量分为两个问题：

① 异地时钟的同时（或同步）；

② 相继时间段（即哲学上所说的“绵延”）的相等。

庞加莱一个创新的想法是，异地时钟的校准和时间段的度量需要依赖于对信号传播速度的“约定”。

他认为不仅时间间隔的计量取决于约定，而且异地事件的“同时”的定义也取决于约定。他认为这两个问题相互关联，而且只有通过“约定”才能得到解决。

那么，约定什么呢？当时的实验告诉他，真空中的光速可能是最快的速度，也就是“极限速度”。而且，实验还表明真空中的光速似乎均匀各向同性。他推测通过约定真空中的光速各向同性有可能解决上述问题。

庞加莱 1898 年在《时间的测量》一文中就指出，光具有不变的速度，特别是光速在所有方向上都相同“是一条公理，没有这一公理就无法测量光速”。他在此文中还讨论了用交换光信号对钟的问题。

1902 年，他又在《科学与假设》一书中重申了上述观点。

在相对论发表之前，在奥林匹亚科学院的活动中，爱因斯坦和他的朋友们曾经阅读并热烈讨论过庞加莱的《科学与假设》，他们也可能阅读过更早发表的庞加莱的短文《时间的测量》。不过，爱因斯坦本人没有谈到过这一点。（庞加莱生前对爱因斯坦评价不高，而且没有支持相对论，这使爱因斯坦很失望。爱因斯坦可能对他有意见。）然而，爱因斯坦的朋友们回忆过当年对庞加莱上述著作的讨论。从爱因斯坦发表的相对论的论文中，也不难看出庞加莱“约定光速”的设想对他的影响。

爱因斯坦对“同时性”的定义——约定光速

爱因斯坦赞同庞加莱对时间度量的约定论，并在他的相对论中用“约定真空中的光速”的方式定义了异地事件的同时，即校准了静置于空间不同点的钟，定义了它们的“同时”。

由于物理学是一门实验的科学、测量的科学，有关时间度量的任何约定，都必须使定义在测量上有可操作性。

在相对论的开创性论文《论动体的电动力学》中，爱因斯坦给出了“同时性的定义”（下述文字的配图说明如图 10-1 所示）。他写道：

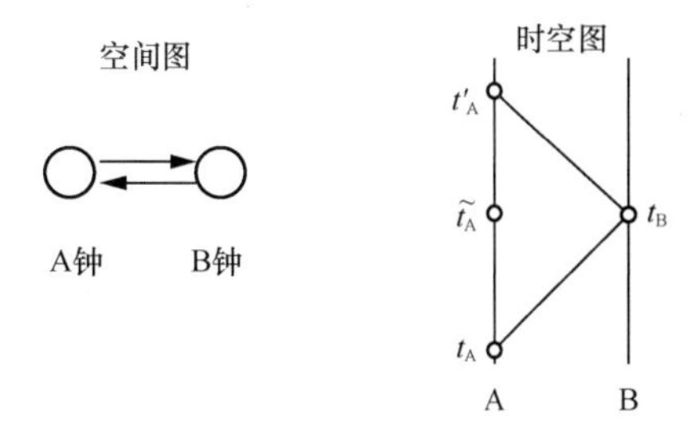

图 10-1　惯性系中异地时钟的校准

“如果在空间的 A 点有一个钟，在 A 点的观察者只要在事件发生的同时记下指针的位置，就能确定 A 点最邻近的事件的时间值。若在空间的另一点 B 也有一个钟，此钟在一切方面都与 A 钟类似，那么在 B 点的观察者就能测定 B 点最邻近的事件的时间值。但是若无其他假设，就不能把 B 点的事件同 A 点的事件之间的时间关系进行比较。到目前为止，我们只定义了‘A 时间’和‘B 时间’，还没有定义 A 和 B 的公共‘时间’。

“除非我们用定义规定光从 A 走到 B 所需的‘时间’，等于它从 B 走到 A 所需的‘时间’，否则公共‘时间’就完全不能确定。现在令一束光线于‘A 时刻’t_A 从 A 射向 B，于‘B 时刻’t_B 又从 B 被反射回 A，于‘A 时刻’ t'_A 再回到 A。

“按照定义，两钟同步的条件是

$$t_B - t_A = t'_A - t_B \tag{10.1}$$

“我们假定，同步性的这个定义是无矛盾的，能适用于任何数目的点，并且下列关系总是成立的。

① 假如 B 处的钟与 A 处的钟同步，则 A 处的钟与 B 处的钟也同步。（笔者注：即‘同时’的定义具有可逆性）

② 假如 A 处的钟与 B 及 C 处的钟同步，则 B、C 两处的钟彼此也同步。（笔者注：即‘同时’具有传递性）

“这样，借助于某些假想的物理实验，我们解决了如何理解位于不同地点的同步静止钟这个问题，并且显然得到了‘同时’或‘同步’的定义，以及‘时间’的定义。事件的‘时间’就是位于事件所在处的静止钟在事件发生的同时给出的时间。这个静止钟是校准过的，它在一切时间测量上都与一个特定的静止钟同步。

“根据经验，我们进一步假定，量$\frac{2\mathrm{AB}}{t'_\mathrm{A}-t_\mathrm{A}}$是个普适恒量，也即真空中的光速。”

式（10.1）可改写为

$$\frac{t_\mathrm{A}+t'_\mathrm{A}}{2}=t_\mathrm{B} \tag{10.2}$$

爱因斯坦就把 A 钟的时刻

$$\widetilde{t_\mathrm{A}}=\frac{t_\mathrm{A}+t'_\mathrm{A}}{2} \tag{10.3}$$

定义为与 B 钟的 t_B 同时的时刻。

在平直时空的惯性系中，爱因斯坦用这种方法不仅定义了异地“坐标钟”的“坐标时”（坐标系中的时间坐标）的“同时”，而且定义了异地静止标准钟的“固有时”（实验测量的时间）的同时。在操作过程中，他上面提到的几点假设都没有出现矛盾。

三、同时的传递性与热力学第零定律

朗道的工作——同时的传递性的条件

然而，后来朗道等人的研究表明，如果在弯曲时空中采用任意的参考系，或在平直时空中采用某些非惯性系（例如转动圆盘参考系），则爱因斯坦关于“同时”具有传递性的假设②并不一定成立。他们指出，只有在时轴正交系（即时间轴与三个空间轴都正交，但空间轴之间可以不相互正交）中，爱因斯坦的假设②才成立，“同时”才具有传递性，才能在这个时空中建立“同时面”，定义统一的时间，使静置于各点的钟保持同时和同步。

下面我们介绍一下朗道等人关于“同时的传递性”的讨论。

按照爱因斯坦创立狭义相对论的论文《论动体的电动力学》中的假设②，在空间的 A、B、C 三点各静置一个钟，它们完全相同而且质量良好，如图 10–2 所示。这时从 A 向 B 发射一个光信号，并反射回来，我们可以把 A、B 两个钟校准，定义二者的“同时”，即得到的 t_B 是与 t_A 同时的时刻。再从 B 向 C 发射一个光信号并反射回来，从而把 B、C 两个钟校准，即得到的 t_C 是与 t_B 同时的时刻。按照爱因斯坦的假设②，这时 A、C 两个钟就自然校准了。也就是说，这时如果从 C 向 A 发射光信号并反射回来，得到的与 C 钟的 t_C 时刻同时的 A 钟时刻 t'_A，应该就是 t_A，不应该有矛盾存在。

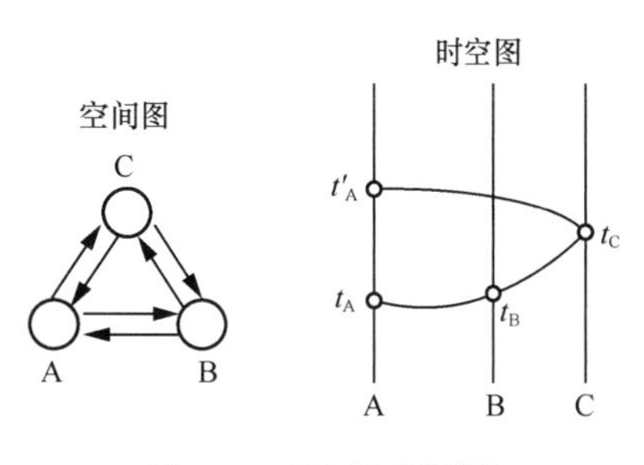

图 10–2　“同时”的传递性

这表示“同时”具有传递性，全时空可以定义统一的时间。这一结论与我们的常识一致，因此爱因斯坦论文中的假设②与假设①长期没有引起人们的兴趣。大家都认为这两个假设当然正确，而注意力都被吸引到“同时的相对性”“动钟变慢”“动尺收缩”等明显与经典物理学冲突的结论上去了。

然而，朗道等人的研究却表明，在弯曲时空（以及平直时空的某些非惯性系，例如转盘参考系）中却未必能做到这一点。在用光信号把 A、B 两个钟对好，把 B、C 两个钟也对好后，这时 C、A 两个钟却往往对不上。如图 10–2 所示，与 t_C 同时的 A 钟时刻 t'_A 很可能不同于 t_A。

这表示“同时”这个概念失去了传递性，不能在这样的时空中定义统一的时间。他们发现，只有在时间轴与三个空间轴都正交（空间轴之间不一定相互正交）的参考系中，即所谓“时轴正交系”中，“同时”才具有传递性，才能在整个时空中定义统一的时间，建立“同时面”。

朗道等人给出的“时轴正交”条件是:

$$\boldsymbol{g}_{0i} = 0(i = 1, 2, 3) \tag{10.4}$$

或等价地有

$$\oint \frac{\boldsymbol{g}_{0i}}{\boldsymbol{g}_{00}} \mathrm{d}x^i = 0 \tag{10.5}$$

式中: $\boldsymbol{g}_{\mu\nu}$（μ 和 ν 可分别取 0、1、2、3）为度规张量，是与弯曲时空中的度量有关的函数；“0”代表时间坐标；i 和 j 代表 1、2、3 三个空间坐标。式中的各 $\boldsymbol{g}_{0i}$ 均为零，表示时间轴与三个空间轴都正交。

狭义相对论通常讨论的都是惯性系，而且往往采用直角坐标来描述，在这样的参考系中，时轴正交条件 [式（10.4）] 当然成立，“同时”肯定具有传递性，所以假设②在讨论狭义相对论时没有发现问题。

但是在弯曲时空和平直时空的非惯性系中，往往讨论的不是时轴正交系，在这些非时轴正交的参考系中，“同时”就不具有传递性，不能在时空中建立统一的时间，也就是说，不存在“同时面”。

猜想与尝试

笔者第一次听到朗道关于“同时的传递性”的工作，是在 1978 年左右，在刘辽先生讲授的广义相对论课上。当时，我作为刘辽先生的研究生，正追随他学习广义相对论，并进入了黑洞和引力波的研究领域，主要精力放在探讨一般稳态黑洞的霍金辐射和脉冲双星的引力波辐射上。但朗道的有关结论也引起了我极大的兴趣。

想不到天底下居然有这样的事情，A、B 两个钟对好，B、C 两个钟也对好，居然有可能 C 钟与 A 钟对不上。这真是太奇怪了，“同时传递性”的问题不停地在我脑海中浮现。

我开始想，物理学中还有类似的情况吗？我突然想到了热力学第零定律。这个定律说，有三个热力学系统，如果 A 与 B 达到了热平衡，B 与 C 也达到了热平衡，那么 A 与 C 就一定达到热平衡。这叫作热平衡的传递性，是德国数学家卡拉特奥多里在 1909 年首先提出的，后来被福勒在 1939 年确认为热力学第零定律。

这时我突发奇想,“同时的传递性”和“热平衡的传递性”会不会有关呢？比如说，二者会不会等价呢？

这个问题一直在我脑海中打转，后来我决定认真思考一下。假设这两个命题等价，设法去证明它。

首先要找到连接这两个命题的桥梁。这个桥梁涉及的理论中需要同时含有时间和温度这两个物理量。

恰好我们当时正在研究各种黑洞的霍金辐射。其中一种方法是利用温度格林函数。这类函数的特点是，其中的温度以虚时间周期的倒数呈现。其中有温度，也有时间，不过是虚时间，这倒关系不大。但是没有出现时刻，出现的只是时间周期，即时间段。

于是我想，对应于温度的很可能不是时刻，而是时间段。时间段可以用钟的运转周期来反映，或者说利用“钟速”来反映。

于是我提出一个猜想：

“热平衡的传递性”等价于“钟速同步的传递性”。

新的对钟等级——钟速同步的传递性

我开始试图去证明这一猜想，首先要求出“钟速同步”具有传递性的条件。

现在我们不要求把钟的时刻对好，只要求把钟的快慢对好。请看图 10-3，我们用光信号来校准静置于 A、B、C 三处的三个钟。A 钟与 B 钟的第一个同时时刻是 t_{A1} 和 t_{B1}，B 钟与 C 钟的第一个同时时刻是 t_{B1} 和 t_{C1}，C 钟与 A 钟的第一个同时时刻是 t_{C1} 和 t'_{A1}。我们现在不是去研究 t'_{A1} 是否与 t_{A1} 重合（重合则表示“同时”具有传递性），而是在考虑三个钟的第二次光信号校准问题。这时，A 钟与 B 钟的第二个同时时刻是 t_{A2} 和 t_{B2}，B 钟与 C 钟的第二个同时时刻是

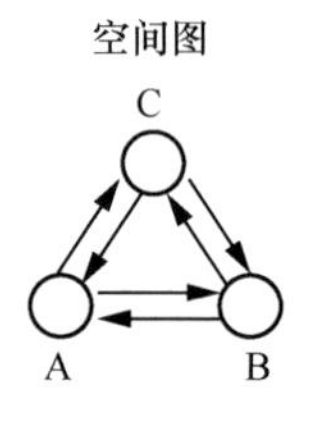

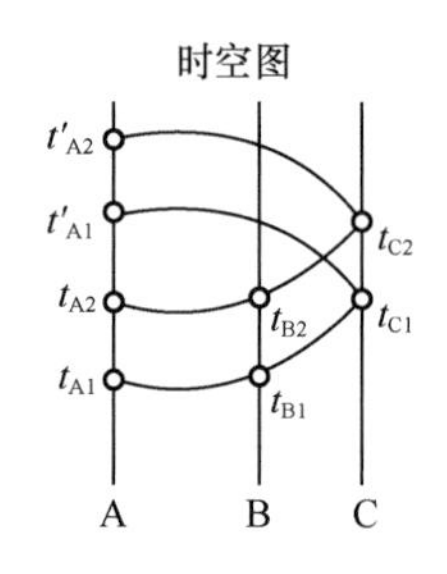

图 10-3 “钟速同步的传递性”

t_{B2} 与 t_{C2}，C 钟与 A 钟的第二个同时时刻是 t_{C2} 与 t'_{A2}。

显然当 A 钟走过时间段 $t_{A2}-t_{A1}$ 时，B 钟走过时间段 $t_{B2}-t_{B1}$，C 钟则走过时间段 $t_{C2}-t_{C1}$，A 钟又走过时间段 $t'_{A2}-t'_{A1}$。时间段的长短就反映钟速。我们探讨，这样校准钟速后，是否有 $t'_{A2}-t'_{A1}$ 恰好等于 $t_{A2}-t_{A1}$，如果时间段 $t'_{A2}-t'_{A1}$ 恰好等于 $t_{A2}-t_{A1}$，就表明钟速同步具有传递性。也就是说，这时静置于各空间点的钟，已调整到走得一样快，各钟的钟速已调整“同步”。当然，这种情况下，时刻还不一定能调整到“同时”。

按照爱因斯坦和朗道的思路与对钟方案，我们得出了“钟速同步具有传递性”的条件：

$$\frac{\partial}{\partial x^0}\left(\frac{\boldsymbol{g}_{0i}}{\boldsymbol{g}_{00}}\right)=0 \qquad (10.6)$$

或等价地有

$$\frac{\partial}{\partial x^0}\oint\frac{\boldsymbol{g}_{0i}}{\boldsymbol{g}_{00}}\mathrm{d}x^i=0 \qquad (10.7)$$

式中，$x^0=ct$，c 为真空中的光速，t 为通常的时间坐标。

此条件比朗道提出的“同时具有传递性”的条件 [式（10.4）] 要弱。这是当然的，“同时”要求把静置于空间各点的钟的“时刻”对好，而“钟速同步”只要求把各点的钟的快慢对好，并不要求时刻一定对好。

所以，“同时”具有传递性的时空，“钟速同步”也一定具有传递性，反之则不一定。

约定光速来定义相继时间段的相等

前面已经谈到，庞加莱认为时间的测量包含两个问题：（1）异地时钟的同时与同步；（2）相继时间段的相等。庞加莱主张通过“约定”来解决时间测量的问题。他推测通过“约定真空中的光速各向同性”可以一举解决时间测量的这两个问题。他在文章中谈论了通过约定光速来校准异地时钟的想法。爱因斯坦在创立相对论的第一篇论文中，具体给出了通过约定光速来校准异地时钟的方案。朗道等人又对这一方案加以了进一步分析。

不过，庞加莱没有具体谈论如何通过约定光速来解决“相继时间段相等”的问题。在这一问题上，他没有对欧拉等人建议的“好钟”方案提出异议。此后，惠勒等人又对“好钟”方案加以了发展。

所以，当前相对论中的时间测量问题建立在两个假设的基础上：一个是用“约定光速”来定义异地时钟的同时和同步，另一个是用“约定好钟”来定义相继时间段的相等。

大约在 2005 年左右，在参与纪念相对论诞生 100 周年的活动时，我重新阅读了爱因斯坦创立相对论的第一篇论文《论动体的电动力学》，以及庞加莱的《科学与假设》《科学的价值》等图书，再次注意到他们对时间测量问题的论述，并注意到物理学中对解决“异地时钟同时和同步”和“相继时间段相等”的不同做法。

我想，是否能像庞加莱预期的那样，在“约定光速”这个前提下，像解决“异地时钟同时”一样，来解决“相继时间段相等”的问题呢？

这时，我回忆起当年自己提出“钟速同步”的传递性时，曾有一个学生问我，既然不同地点的钟可能指着不同的时刻，你谈的同步的钟速是指哪个时刻呢？我思考后回答，是“任何时刻”，“时钟同步”，是指这些钟在任何时刻都同步。对方大概觉得这个答复还可以，就不再问了。不过，我一直觉得这个答复好像并不完全令自己满意。

我沿着这一思路继续思考，既然任何时刻钟速都同步，如果把“对钟”操作持续一圈，“对”回到原来的钟，表达钟速同步的相等时间段岂不就是同一时钟的相继时间段吗？

大家看图 10–3，$t_{A2}-t_{A1}$ 和 $t'_{A2}-t'_{A1}$ 不就是 A 钟在不同时刻的两个时间段吗？

在图 10–3 中，把表征钟速的时间段 $t_{A2}-t_{A1}$ 与 B、C 两处的时间段的长度（表征钟速）相继校准，也就是使得 $t_{B2}-t_{B1}=t_{A2}-t_{A1}$，$t_{C2}-t_{C1}=t_{B2}-t_{B1}$。再把 C 钟的钟速与 A 钟的钟速校准，则得到 $t'_{A2}-t'_{A1}=t_{C2}-t_{C1}$。这时原来的 t_{A1} 时刻没有对回到原处，而是到了 t'_{A1}；t_{A2} 时刻也没有对回到原处，而是到了 t'_{A2}，但满足了 $t'_{A2}-t'_{A1}=t_{A2}-t_{A1}$，这两个时间段相等，也就是钟速保持了同步。

不过，从图 10–3 看，这两个时间段 $t_{A2}-t_{A1}$ 和 $t'_{A2}-t'_{A1}$ 并没有紧紧相连，而是中间空了一段。实际上，我们可以调节时间段 $t_{A2}-t_{A1}$ 的长短，使其经过 B、C 两处再对回 A 处时，t'_{A1} 恰好与 t_{A2} 重合（见图 10–4），这时两个相等的线段 $t'_{A2}-t'_{A1}$ 与 $t_{A2}-t_{A1}$ 恰好连接，于是我们得到了连续的、等长的“相继时间段”。这就正好解决了定义“相继时间段相等”的困难。

事实上，操作可以更简化。只需要“对”一个时刻即可。如图 10–5 所示，让 A 钟的 t_{A1} 经过与 B、C 钟的“同时”时刻校准，回到 A 钟的“同时”时刻为 t_{A2}。然后把 t_{A2} 时刻再做一次与 B、C 钟同时进行的校准，再次回到 A 钟的同时时刻为 t_{A3}。显然，$t_{A3}-t_{A2}$ 即图 10–4 中的 $t'_{A2}-t'_{A1}$，也就是说，“钟速同步的传递性”可以保证 $t_{A3}-t_{A2}=t_{A2}-t_{A1}$，也就是保证了同一时钟“相继时间段相等”。

我们看到，调整钟速同步的方案通过对真空中光速各向同性的约定，不仅可以定义异地时钟的钟速同步，而且可以定义任一时钟的“相继时间段相等”。

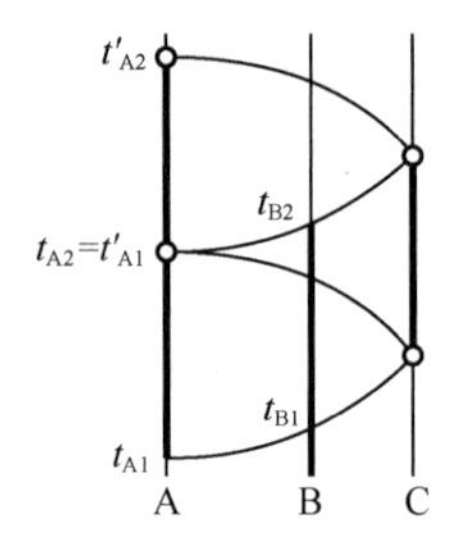

图 10–4 “相继时间段相等”

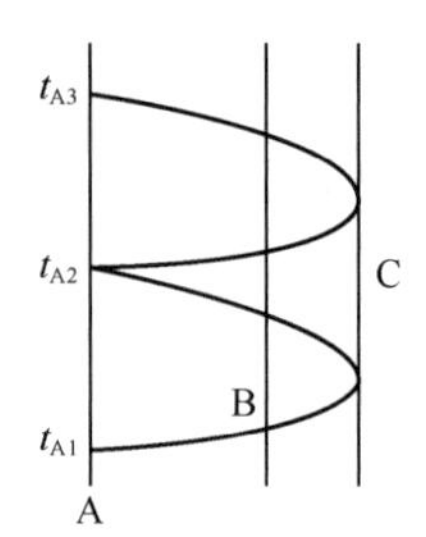

图 10–5 “相继时间段相等”的另一示意图

我们实现了庞加莱在时间测量问题上的猜想，只用真空中光速各向同性这一个约定，就实现了“异地时钟的校准”和“相继时间段相等”的操作。由此看来，在物理学中，约定“好钟”的存在似乎是不必要的。

“约定光速”等价于“约定时空的对称性”

然而，在“好钟”的理论中也存在合理的因素。从诺特定理可知，要求能量守恒定律成立，相当于要求“时间具有均匀性”。

在狭义相对论中，对真空中光速的约定，本质上就是对时空对称性的约定。约定光速在真空中点点均匀，相当于约定时间和空间具有均匀性，而从诺特定理可知，时间均匀性对应着物理学中的能量守恒定律成立，空间均匀性对应着动量守恒定律成立。约定真空中的光速各向同性，相当于约定空间的各向同性，对应着物理学中的角动量守恒。要求光速不变原理成立，相当于要求时空具有 Boost 对称性，即洛伦兹对称性，也即要求洛伦兹变换成立。

现代物理学中约定光速是一个常数，包含三方面的含义，即约定光速均匀、各向同性，而且光速与观测者相对于光源的运动无关。如上所述，这相当于约定时间和空间都具有均匀性，而且三维空间还具有各向同性，并且光速不变原理成立。总的来说，就是要求时空具有庞加莱对称性。

弯曲的时空不具有整体的庞加莱对称性。然而，测量是在局域进行的，我们只需要约定局部光速，约定光速在每一时空点的邻域都均匀各向同性，而且是同一个常数 C，这一约定对应着局域庞加莱不变性。

广义相对论中的测量都是局域的，我们“对钟”所用的小步雷达法，建立在局域测量的基础上。约定“局域光速”，相当于约定弯曲时空中存在局域的庞加莱对称性。这与把引力场看作规范场的引力规范理论是一致的。

引力规范理论认为，没有物质的时空具有整体庞加莱对称性。有物质存在时，时空的整体对称性被破坏，但仍具有局域庞加莱对称性。也就是说，庞加莱对称性只在时空每一点的无穷小邻域内成立。对称性的局域化，产生了一种补偿场，也就是规范场。这种规范场就是万有引力场，表现为时空弯曲效应。持这种观点的人认为，广义相对论本质上是一个以庞加莱群为基础的引力规范理论。

从上述讨论可以看出下列关系：

对“真空中光速”的约定 ⇔ 对“时空对称性”的约定

约定真空中的光速是常数 ⇔ 约定时空具有庞加莱对称性

光速的均匀性 ⇔ 时间、空间的平移不变性 ⇔ 能量守恒、动量守恒

光速的各向同性 ⇔ 空间转动不变性 ⇔ 角动量守恒

光速不变原理 ⇔ 时空 Boost 不变性 ⇔ 洛伦兹变换成立

对“好钟”的约定，可以看作对时空对称性的约定，特别是对时间对称性的约定。均匀流逝的时间可以保证能量守恒定律成立。各种时空对称性可以保证物理规律简单。

从上面的讨论可以看出，对“时空对称性”的约定，相当于对光速的约定。因此，我们只采用“约定光速”的办法，就可以定义“异地时钟同步”和“相继时间段相等”。“好钟”不再是一个独立的约定，而只是对光速约定的一个推论。

“钟速同步的传递性”等价于热力学第零定律

我们曾用温度格林函数和普朗克黑体谱等论证了“钟速同步的传递性”等价于热力学第零定律。

热力学第零定律成立的时空，钟速同步一定具有传递性，一定能把全空间各点的静止钟的钟速都调整同步，也能做到使每一个钟的相继时间段都相等。在这个意义上，热力学第零定律成立的时空，能在全时空定义统一的时间。

另外，钟速同步具有传递性的时空，热力学第零定律一定成立。

我们惊讶地发现，主张热平衡具有传递性，可以定义温度的热力学第零定律，同时保证了可以在全时空定义统一的“钟速”，包括“异地时钟同步”和“相继时间段相等”。

不过，从前面的讨论也可以看出，热力学第零定律成立还不能保证把空间各点静止钟的“时刻”对好，不能保证可以在全时空建立统一的“同时面”。

把“时刻”统一对好，建立“同时面”，是比把钟速调整同步更高的要求，当然也就是比热力学第零定律成立更高的要求。

爱因斯坦的论文没有区分时钟的“同时”和“同步”。我们的探讨表明，这两个概念还是有差别的。

热力学第零定律成立是钟速同步具有传递性的充要条件，但只是“同时具有传递性”和在全时空建立统一的“同时面”的必要条件，不是充分条件。

四、奇点疑难——时间有没有开始与终结

时空曲率发散的奇点

广义相对论发表后，人们逐渐认识到，广义相对论描述的弯曲时空中往往存在奇点或奇面。

例如，静态施瓦西时空在 $r=0$ 处有一个奇点，在 $r=\frac{2GM}{c^2}$ 处有一个奇异的球面（视界）。转动轴对称的克尔时空（或克尔－纽曼时空）的中心有一个奇环，在内外视界 $r_\pm = M \pm \sqrt{M^2+a^2+Q^2}$ 处是两个椭球状的奇面。大爆炸宇宙模型有一个初始奇点，大坍缩宇宙则有一个终结奇点。

奇点分为两类。一类是内禀奇点，这类奇点处，时空曲率为无穷大，物质密度也为无穷大。这类奇点

不能通过坐标变换而消除，是时空本性的反映，所以称为内禀奇点（或内禀奇异性）。例如施瓦西黑洞的中心奇点，克尔黑洞的中心奇环，大爆炸宇宙的初始奇点和大坍缩宇宙的终结奇点，都属于内禀奇点。

另一类，则是我们采用的数学工具的局限性造成的，具体来说就是选用的坐标系的缺点造成了奇点，称为坐标奇点（或坐标奇异性）。坐标奇点处时空曲率并不发散，因此坐标奇异性是可以通过坐标变换加以消除的，所以坐标奇点实际上是假奇点。施瓦西黑洞和克尔黑洞的视界面处的奇异性都属于这类坐标奇异性（假奇点）。

在本讲中，我们只对内禀奇点感兴趣，因为它们反映时空的本性，以下所称的奇点，都是指内禀奇点。

时空曲率往往用表述曲率的张量来描述，例如曲率标量 R，里奇张量 $\boldsymbol{R}_{\mu\nu}$，曲率张量 $\boldsymbol{R}_{\mu\nu\sigma\tau}$ 等，它们是不同阶的张量，其中曲率标量（0 阶张量）R 在坐标变化下不变，而里奇张量（二阶张量）和曲率张量（四阶张量）在坐标变换下都会变。用在坐标变换下会变的量来确定内禀奇点显然是不合适的，因为这样的量在一个坐标系下发散（为无穷大），在另一个坐标系下可能不发散，这样奇点到底是不是真奇点（内禀奇点）就不好确定了，所以通常利用里奇张量的缩并

$$\boldsymbol{R}_{\mu\nu}\boldsymbol{R}^{\mu\nu}$$

或曲率张量的缩并

$$\boldsymbol{R}_{\mu\nu\sigma\tau}\boldsymbol{R}^{\mu\nu\sigma\tau}$$

来描述。缩并后，它们都成为标量，在坐标变换下都不再变化。再加上原有的曲率标量 R，如果这三个标量（不变量）中有一个在时空某处为无穷大，就可判定该处为内禀奇点。因为标量在坐标变换下不变，它们的无穷大不可能通过坐标系变换而消除，所以这种无穷大反映时空的本性在该处出了毛病。

例如施瓦西时空在 $r=0$ 处，虽然 $\boldsymbol{R}$ 和 $\boldsymbol{R}_{\mu\nu}\boldsymbol{R}^{\mu\nu}$ 都不为无穷大，但

$$\boldsymbol{R}_{\mu\nu\sigma\tau}\boldsymbol{R}^{\mu\nu\sigma\tau}=\frac{48M^2}{r^6}\to\infty \tag{10.8}$$

所以 $r=0$ 处为施瓦西时空的内禀奇点。

研究表明，克尔时空和克尔 – 纽曼时空在 $r=0$ 且 $\theta=\dfrac{\pi}{2}$ 的奇环处，时空曲率形成的标量也出现发散，所以它们的奇环也属于内禀奇异性。

宇宙的大爆炸奇点和大坍缩奇点处，描述时空曲率的标量也出现发散，因此这两类奇点也是内禀奇点。

内禀奇点处，时空曲率为无穷大，物质密度也为无穷大。研究表明，能够用广义相对论描述的时空，也就是从爱因斯坦方程求解出的弯曲时空解，似乎都存在内禀奇点。

然而在人类观察、测量到的时空区，都没有发现或接触到奇点，但理论上又存在奇点，这是怎么回事呢?

在第七讲我们提到过，苏联物理学家哈拉特尼科夫和栗弗席兹认为，奇点和奇环的存在是因为人们把星体和坍缩过程想得过于理想化了。他们认为，星体坍缩不可能始终保持严格的球对称或严格的轴对称，一定会有所偏离，坍缩物质一定会在星体中心附近相互碰撞或擦肩而过，所以最终不可能形成奇点或奇环。

实际上，爱因斯坦和爱丁顿等人早年就有类似的想法，他们曾据此反对过奥本海默的暗星理论（即黑洞理论），认为坍缩星体不可能形成暗星（黑洞），当然更不可能形成奇点。

然而，彭罗斯（他被霍金的博士生导师夏默“拉”去研究相对论）在对哈拉特尼科夫和栗弗席兹的上述观点进行研究分析后，得出了相反的结论。他证明了奇点定理，认为奇点不可避免，满足广义相对论的合理的弯曲时空中一定存在奇点。坍缩成黑洞的星体，不管坍缩过程是否保持球对称，都一定会形成奇点，所以施瓦西黑洞的中心一定存在奇点，这是一个坍缩形成的终结奇点。因为广义相对论是一个满足时间反演的理论，所以作为黑洞过程的时间反演的白洞的中心，也一定存在一个初始奇点。

后来，彭罗斯又和霍金合作，不断改进他们的研究，终于对奇点定理给出了更为严格的证明。

奇点——时间的开始与终结

奇点处不仅时空曲率发散，物质密度发散，而且奇点会产生完全不确定的信息，破坏时空中的因果性。于是有人建议把奇点从时空中挖掉，或者说把奇点从时空中“开除”，这样时空就不再存在曲率发散的奇点了，当然它也就不再能释放不确定的信息，不再能破坏时空中的因果性了。

但是，挖掉奇点后，时空就会出现一个“空洞”，任何世界线就会在那里断掉。

在相对论中，任何物理过程都是用世界线来描述的。静止的质点或做亚光速运动的质点（例如物体、人、火箭）都会在时空中描出一条类时世界线，而光子运动则以类光世界线呈现。超光速运动的点会描出类空世界线。但相对论认为超光速运动是不可能的，所以我们暂不考虑类空世界线，只考虑能够描述真实物理过程的类时或类光世界线。如果时空中出现了“空洞”，那么任何一条世界线在到达“空洞”时都会断掉，这表示相应的物理过程将在“空洞”处终止，也会有新的物理过程从“空洞”处诞生。而且，理论上也不排除从“空洞”处冒出无法预测的质点（物体或人）或光信号。时空中的因果性依然会受到破坏。

有人想，是否可以用拓扑方法把“空洞”补上。例如把有“空洞”的时空嵌入一个更大的无“空洞”的时空中。然而，研究表明，挖掉奇点后形成的“空洞”，无法补成正常时空，或嵌入更大的正常时空。修补“空洞”后，奇点必定再现。因此，挖去奇点的“空洞”是无法修补的。

所以，有奇点的时空是“病态”的，是无法通过挖补成为正常时空的。

总之，在奇点处，无论如何挖补，世界线还是会在那里断掉。这启发彭罗斯产生了对奇点的新的认识。

他认为，奇点就是所有物理过程都会断掉，即所有的类时或类光世界线都会断掉的地方。这个地方好像一个洞，而且这是一个无法修补的洞。为什么无法修补？因为时空在奇点处是病态的，病态的主要原因就是那里时空曲率发散，即曲率为无穷大。

研究表明，不仅类时或类光世界线碰到奇点会断掉，而且也会有类时或类光世界线从奇点处诞生。类时世界线的长度就是描出这一世界线的质点（人或物体）经历的时间。类光世界线的长度不是光子经历的时间，而是描述它运动的仿射参量。这一仿射参量也可近似地理解为光子经历的“时间”。

由于奇点是类时世界线和类光世界线开始或结束的地方，所以彭罗斯认为，奇点也可以理解为时间开始或终结的地方。不过要注意，由于奇点处于时空之外，所以时间的“起点”或“终点”并不属于时空本身。

这就是说，按照现代广义相对论的看法，奇点根本就不属于时空，奇点是时空之外的东西。有人把奇点看作时空的边界。我们知道，无穷远点也可被视为时空的边界。二者的区别在于，奇点是类时世界线在有限时间内（类光世界线在有限仿射距离内）就可达到的边界，无穷远点则是类时世界线需要无穷长时间（类光世界线需要无限长仿射长度）才可抵达的边界。

由于一般的世界线不一定描述惯性运动，非惯性运动中包含非引力的相互作用，也就是说，非惯性运动不完全是时空弯曲造成的。只有世界线中的测地线才纯粹描述时空弯曲效应，反映时空本性，所以彭罗斯用弯曲时空中的类时或类光测地线来定义时空奇点。这样就完全排除了其他物理效应的影响。

五、奇点定理简介

现在我们介绍一下彭罗斯与霍金的奇点定理。先介绍一些准备知识，例如测地线汇与共轭点、能量条件和因果性条件等，然后介绍证明奇点定理的思路和结论。

测地线汇与共轭点

什么叫测地线汇呢？就是在一个时空区域中，如果过每一时空点均有且只有一条测地线，这族测地线就构成一个测地线汇。按照定义，测地线汇中的测地线不会相交。如果相交，交点就是测地线汇的奇点。不过，测地线汇的奇点还不是我们想探讨的时空奇点。

在平直时空中，两条直线最多只有一个交点。所以，从一点出发的一族直线，不可能再有第二个交点。

然而，作为直线在弯曲时空中的推广的测地线，却可能有两个交点。例如地球仪表面上的经线，是球面上的测地线，它们在南极点和北极点各有一个交点。所以，经线既可以看作从北极点出发的一族测地线汇，在南极有第二个交点；也可以看作从南极点出发的测地线汇，在北极有第二个交点。因此，这族测地线汇（经线族）有两个交点。这两个交点称为相互共轭的点，或简称为经线线汇的共轭点。

共轭点是测地线汇的奇点，但它们也还不是时空奇点。不过，在证明奇点定理的过程中，要用到测地线汇和共轭点这两个重要概念。

共轭点有两种：一种是从一点出发的测地线汇的共轭点，另一种是与超曲面正交的一族测地线汇的共轭点。

第一种共轭点，就是类似于地球仪表面经线那种情况的共轭点，相互共轭的是位于南北极的两点。不过，在奇点定理的研究中所用的共轭点，往往是指测地线汇中邻近的测地线出现的两个交点，如图 10-6 所示。而不是像经线情况那种相距很远的测地线（经线）出现的交点。

第二种共轭点，是在研究星体坍缩形成陷获区、最终形成黑洞和内禀奇点时定义的共轭点。

彭罗斯设想存在一张三维类空超曲面，它是四维时空中的一张三维截面，可以看作星体在坍缩过程中的一张“同时面”，其法矢量类时。他设想存在一族与此超曲面正交的测地线汇。这就是说，过此超曲面上的每一点，都有且只有一条与此超曲面正交的类时测地线，它们构成一个测地线汇。如果此测地线汇延伸后出现交点，这个交点就称为此测地线汇与超曲面共轭的点，如图 10-7 所示。这种共轭点也是线汇的奇点，但也还不是时空奇点。

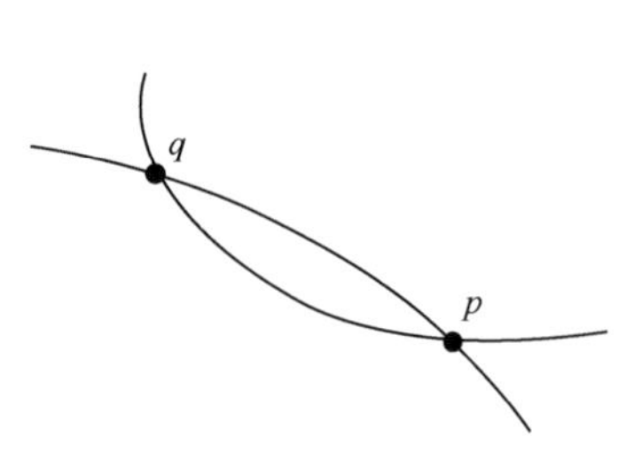

图 10-6　线汇的共轭点

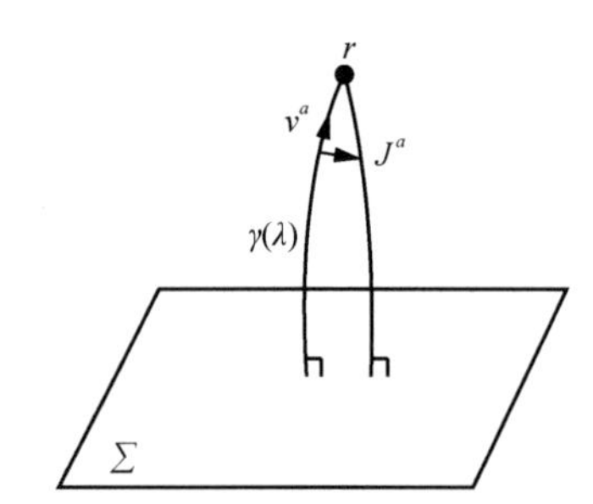

图 10-7　测地线汇与超曲面共轭的点

最长线：无共轭点的测地线

众所周知，在通常的黎曼空间中，测地线是两点之间所有连线中最短的一条，所以又称为短程线。在广义相对论所描述的黎曼时空中，测地线也是两点之间所有连线（世界线）中长度取极值的线，不过它可能是其中的最短线，也可能是其中的最长线。不管是最长线也好，最短线也好，往往仍将测地线称为“短程线”。在黎曼时空中，测地线之所以有时候是世界线中最短的一条，有时候又是世界线中最长的一条，是因为黎曼时空不是球面那样的黎曼空间，而是时间度规和空间度规正负不同的伪黎曼空间。

在黎曼时空中，如果两点之间的连线是类时世界线（或类光世界线），即两点之间存在因果关联，那么这些类时线（或类光线）中一般会有最长线，但不存在最短线。这种最长线就是其中的测地线。类时测地线的长度就是描出这条测地线的自由质点实际经历的时间（称为固有时）。类光测地线的长度就是用以度量它长度的仿射参量。我们可以把类光线的仿射参量想象为光子“经历的时间”，不过要注意，这种仿射参量并非真正的时间。

如果黎曼时空中的两点之间不存在因果关联，那么连接它们的世界线只能是类空世界线，只有超光速运动的质点或信号才能沿这种世界线运动。因为相对论禁止超光速运动，所以我们这里对类空世界线及其连接的时空点之间的关系不感兴趣。

那么，连接因果关联的两个时空点的类时世界线或类光世界线中，一定存在最长线（即固有时或仿射参量取极大值的线）吗？它一定是其中的测地线吗？

研究表明，问题没有这么简单。只有当类时或类光测地线上不存在共轭点时，它们才是两点之间的最长线。

为了使读者易于理解弯曲时空中有因果关联的两点之间"长度取极值的线"与"测地线"之间的关系，我们先来看地球仪表面的一个比较直观的例子。众所周知，过北京的经线这个大圆圈，是一条测地线。它包括了连接北京和北极点的最短线。注意，这条最短线是指我们从北京坐飞机往北飞行，沿经线前往北极点。实际上，沿这条经线还存在另外一条前往北极的路线，那就是坐飞机往南飞，绕过南极点再往北飞，最终也会到达北极点。显然，往南飞的这条路径虽然沿着经线（测地线），却不是前往北极点的最短线。不过，这条路线沿着经线这个大圆周，它确实是测地线。为什么这条测地线不是北京到北极点的最短线呢？这是因为这条路径上存在与北极点共轭的南极点，而直接往北飞前往北极的这段测地线上却不存在共轭点。由此可见，地球表面上两点之间的最短线，不仅必须是测地线（大圆周），而且这段测地线上还不许存在共轭点。

在四维弯曲时空中也是这样，有因果关联的两点之间，长度取极值（对类时世界线和类光世界线应该是极大值）的世界线，不仅必须是测地线，而且在这段测地线上还不能有共轭点。

至于在什么样的时空中，有因果关系的两点之间才存在最长线，我们将在讲奇点定理的证明思路时加以介绍。

下面，我们先介绍时空的因果条件和能量条件，为进一步介绍奇点定理做准备。

时空的因果结构

彭罗斯等人建议了五个因果条件，满足这些条件的时空有不同的因果结构，其中的因果性一个比一个好。

① 编时条件：不存在闭合类时线；也就是说，一个人或一个质点，不能随着时间的推移回到自己的过去。

前面已经介绍过，一个人或一个质点，不管是在三维空间中静止还是运动，都会在四维时空中描出一条类时世界线，也就是描写亚光速运动的世界线。这种世界线描绘了人和质点的"历史轨迹"。

如果这种世界线闭合，就表明这个人或质点可以回到自己的过去，改变自己的过去，造成因果性的破坏。编时条件就是为了禁止出现这种荒谬的情况。

② 因果条件：不存在闭合因果线；也就是说，不仅不允许出现闭合的类时世界线，也不允许出现闭合的类光世界线。闭合类光世界线表明光子或光信号随着时间的前进可以转回到过去，把信息传回过去，这同样会影响过去，破坏时空的因果性。

③ 强因果条件：不存在闭合因果线，也不存在无限逼近闭合的因果线。沿“无限逼近闭合的因果线”运动的人、质点或光信号，不可能完全不影响自己的过去。

④ 稳定因果条件：在对时空进行微扰时，也不出现闭合因果线；这就是说，满足稳定因果条件的时空，不仅原本不存在闭合因果线，在时空受到扰动时，也不会出现闭合因果线。

物质的存在和运动，不可能不对时空产生反作用，造成微扰。如果稍有微扰，时空就出现闭合因果线，那么这种时空的因果性还是不够好的。

⑤ 整体双曲：时空存在柯西面。柯西面是这样一种超曲面，时空中的任何一条因果线都必定与它相交，而且只相交一次。

整体双曲时空被一张张柯西面填满，每张柯西面都可看作该时空的一张“同时面”。

我们只要知道了一张柯西面上的全部信息，就可以知道整个时空的全部“历史”，知道这些信息代表的事件是如何从过去演变而来，将来又会如何演变下去。非整体双曲的时空都做不到这点。

所以，整体双曲的时空是因果性最好的时空，不少人认为，真实的物理时空都应该是整体双曲的。整体双曲有可能是物理规律对时空的要求。

整体双曲的时空一定是稳定因果的，稳定因果的时空一定是强因果时空，强因果时空一定满足因果条件，满足因果条件的时空一定满足编时条件。

闵可夫斯基时空和施瓦西时空都是整体双曲的。R–N 时空（即带电施瓦西时空）是稳定因果的。转动的克尔时空和克尔 – 纽曼时空则因果性很差，连编时条件都不满足，在奇环附近存在闭合类时世界线，沿此线运动的质点，会不断回到自己的过去，不断重复这段历史。

能量条件

能量条件主要是对时空中是否存在能量和物质、存在什么样的能量和物质提出要求。

（1）弱能量条件

时空中的能量密度 ρ 一定非负

$$\rho \geqslant 0，且 \rho + p_i \geqslant 0 \quad (i = 1, 2, 3) \tag{10.9}$$

式中，p_i 为压强（应力）的三个分量。

（2）强能量条件

$$\rho+\Sigma_{i=1}^{3} p_i \geqslant 0，且 \rho+p_i \geqslant 0 \quad (i=1, 2, 3) \tag{10.10}$$

强能量条件是说，压强（应力）不能太负。实际上，在绝大数情况下，压强都是正的，所以，一般情况下，强能量条件反而比弱能量条件更弱。但是要注意，物理上存在压强为负的情况，在这种情况下，强能量条件就比弱能量条件强了。

（3）主能量条件

$$\rho \geqslant |p_i| \quad (i=1, 2, 3)$$

$$u^2 \leqslant 1 \tag{10.11}$$

式中，u 为能流的三维速度（已令光速 $c=1$）。主能量条件的含义是能流不能超光速，且弱能量条件 $\rho \geqslant 0$ 必须成立。

不难看出，从主能量条件可以推出弱能量条件。

奇点定理证明的思路

下面介绍奇点定理证明的思路。

彭罗斯和霍金证明了如下预备定理。

① 在强因果时空中，不一定有最长线，如果有，则一定是无共轭点的测地线。

② 在整体双曲时空中，一定有最长线，它一定是无共轭点的测地线。

另外，他们又证明：

如果广义相对论正确，强能量条件成立，而且时空中至少有一个存在物质的时空点，则测地线上，在有限的仿射距离内必存在共轭点。

我们看到，因果性良好，要求时空中存在最长线，而且它一定是无共轭点的测地线。而其他一些合理的物理条件（广义相对论成立，能量条件成立，时空中至少存在一点物质等），则要求测地线上一定有共轭点。

一方面要求测地线上没有共轭点，另一方面又要求测地线上有共轭点，这个矛盾怎么解决呢？只能是要求测地线在有限的长度（仿射距离）内“断掉”。“断掉”之处，就是时空的奇点。这就是说，测地线在伸展到共轭点处之前，先碰到了奇点，“断掉”了。

这个奇点不能简单地看作一个“洞”，它是时空曲率发散的地方。也就是说，在奇点处，描述时空曲率的标量之中至少有一个是无穷大，因而这种发散（无穷大）是不能通过坐标变换来消除的。所以说，这个奇点是时空本身的毛病造成的，这个“洞”是无法弥补的，不可能把这个时空嵌入一个更大的时空，来把奇点这个“洞”补上。

对于亚光速的质点，它描出的类时世界线的长度（即仿射距离）就是质点经历的真实时间（固有时）。对于类光测地线，其仿射长度虽然不是时间，但也可看作时间进程的类似描述。

类时或类光测地线在有限的仿射长度内碰到奇点“断掉”，那么对于沿这些测地线运动的质点或光信号，奇点就是时间开始或终结的地方。发展到奇点处“断掉”的类时测地线，碰到了时间的终点；从奇点处产生出来的类时测地线，奇点是时间开始的地方。

彭罗斯和霍金证明，不管是“从一点出发的类时或类光测地线汇”，还是“与类空超曲面正交的测地线汇”，都存在上述既必须有共轭点，又必须没有共轭点的情况。也就是说，这两类测地线汇都会在有限的仿射长度内“断掉”。这就是说，它们描述的时空都存在奇点，它们描述的物理过程都一定有时间的开始或时间的结束，或者既有开始又有结束。

满足上述因果性条件和能量条件的时空，几乎包括了广义相对论的所有时空解。例如，施瓦西时空、克尔时空和膨胀宇宙模型中都存在奇点。只有闵可夫斯基时空和德西特时空不包含在内，实际上，这两种“理想”的时空中没有任何物质，处处是真空，都不满足能量条件和存在物质的条件，所以，都不是真实存在的时空，而只是理想模型。

总之，彭罗斯和霍金的奇点定理，证明了在任何一个合理的物理时空中，都至少存在一个物理过程，其时间有开始或者结束，或者既有开始又有结束。

读者可以想象，这是一个多么神奇的结论啊！时间有没有开始和结束，自古以来很少有人探讨，只有极少数聪明的哲学家和神学家思考过这一问题。不过，他们都只是从哲学和神学的角度来思考这一问题。

现在，居然有物理学家来探讨这一问题了，他们用自然科学和数学来进行探讨，比古代的单纯神学和哲学思考要可靠多了。

霍金正是在了解了彭罗斯对奇点问题的研究工作之后，对时空理论产生了极大兴趣，从此走入了对奇点和时间问题进行探讨的殿堂。他们二人从此合作，给出了奇点定理的若干严格证明。

六、对奇点定理的质疑与热力学第三定律

关于奇点定理的猜想

我跟随刘辽先生开始对黑洞和引力波的研究之后，虽然听说过奇点定理，但一开始并没有注意。

我第一次注意到奇点定理是在 1979 年参加纪念爱因斯坦诞生 100 周年活动的时候。当时在科学会堂的纪念报告会上，中国科学院理论物理研究所的郭汉英教授，比较详细地介绍了彭罗斯与霍金关于奇点定理的工作。

物理学和数学居然介入了时间有没有开始和结束的研究，这引起了我极大的兴趣。我非常想知道奇点定理是如何证明的，于是在研究黑洞和引力波之余，逐渐开始学习与奇点定理相关的知识：一方面系统地听了梁灿彬教授的“整体微分几何与广义相对论”课程，另一方面阅读了沃尔德用整体微分几何著述的《广义相对论》，特别是其中关于时空因果结构和奇点定理证明的相关内容。

相对论界的大多数人是不相信真正存在奇点的，他们把希望寄托在引力场量子化上。他们推测，引力场量子化后，奇点会自动消失。然而，引力场量子化的工作却遇到了极大困难，至今没有成功。

我平时爱胡思乱想。学习和工作之余，我突然想到，既然我推测“同时的传递性”与热力学第零定律有关，那么，奇点定理涉及的问题，即“时间有没有开始和结束”的问题，会不会也与热力学定律有关呢？如果有关，可能与哪一条热力学定律有关呢？

学物理的人都知道，时间的性质与热力学是有关的。但一般都是指时间的流逝性与热力学第二定律有关。再有就是时间的均匀性与能量守恒定律，也就是热力学第一定律（该定律是能量守恒定律在热力学问题中的形式）有关。我既然推测“同时的传递性”（即“同时”的定义）与热力学第零定律有关，那么只剩下一个热力学第三定律，似乎还没有人思考或探讨过它与时间的性质是否有关。

会不会就是这条定律与奇点定理有关呢？指出“绝对零度不可达到”的第三定律，会不会阻止时空奇点出现，要求时间没有开始和结束呢？

想到这里，我头脑无比兴奋，决定认真探索一下这个问题。

我梳理了一下自己研究广义相对论和黑洞物理时碰到的知识，注意到几个可能相关的内容。

奇点对视界温度的强烈影响

笔者所知道的几个视界与奇点接触，或者奇点出现在视界上的例子中，与奇点接触的视界处的霍金辐射温度都为无穷大，或者为绝对零度。

（1）施瓦西黑洞

施瓦西黑洞质量越小，温度越高，在它的质量全部转化为热辐射的最后瞬间，也就是事件视界与内禀奇点接触的瞬间，其半径为

$$r_{\mathrm{H}} = 2M \to 0 \quad (10.12)$$

这时，它的霍金辐射温度趋于无穷大

$$T=\frac{1}{8\pi k_B M}\to\infty \quad (10.13)$$

这里采用了 $c=G=\frac{h}{2\pi}=1$ 的引力单位制，k_B 为玻尔兹曼常量。

（2）克尔黑洞

克尔黑洞有内、外两个视界，奇环位于内视界以里的赤道面上。已经有人证明，进入克尔黑洞内部的物质，不可能从赤道面上方或下方接近奇环。笔者则进一步证明，在赤道面上，奇环表面表现出“视界”的特性。也就是说，奇环表面似乎存在在原有内、外视界之外的第三个视界，而且这第三个视界能产生温度为无穷大的霍金辐射。也就是说，奇环沿赤道面表现出发散的温度。

（3）Manko 黑洞

笔者还注意到苏联理论物理学家马尼科（V.S.Manko）给出的若干有奇异性的黑洞解。这些解中的黑洞，在视界的赤道上或两极处存在奇点。笔者曾经证明，无论这些黑洞的“奇点”出现在黑洞视界的赤道、两极或其他什么地方，出现奇点处的视界的霍金辐射温度或者趋于绝对零度，或者趋于无穷大。

综上所述，奇点会对事件视界的温度产生强烈影响，与奇点接触的视界处，霍金辐射温度或者趋于无穷大，或者趋于绝对零度。

不可抵达的类时奇点与温度

R–N 黑洞（即带电施瓦西黑洞）的奇点是类时的，也就是说，在时空图中，R–N 奇点是与时间轴平行的曲线（图 10–8 中的波折线）。

梁灿彬和盖罗奇等曾证明，没有类时世界线可以抵达 R–N 奇点，只有类光世界线（图 10–8 中虚线）或趋于类光的类时世界线才能抵达 R–N 奇点（图 10–8 中实线）。也就是说，只有光线，或者积分加速度趋于无穷大的质点才能抵达 R–N 奇点。

图 10–8　趋近 R–N 黑洞类时奇点的火箭

$$\int_{\tau_1}^{\tau_0} b\,\mathrm{d}\tau=+\infty \quad (10.14)$$

式中，b 为质点的固有加速度，τ 是质点自身经历的固有时间（即世界线的长度），τ_1 为质点开始运动的某一时刻，τ_0 为质点抵达 R–N 奇点的时刻。

笔者认为可以换个方式理解这一结论。只要 $\tau_0-\tau_1$ 是有限值，上面结论的直接推论就是：在有限时间内抵达 R–N 奇点的质点的固有加速度 b 自身必须趋于无穷大，即 $b\to+\infty$，而这样一来，就可以看出新的物理意义了。林德勒和昂鲁的研究表明，在平直时空的真空中以固有加速度做匀加速直线运动的观测者（或质点）处在热浴中，也就是说，处在温度为

$$T=\frac{b}{2\pi k_B} \quad (10.15)$$

（k_B 为玻尔兹曼常量）的热辐射中。如果认为昂鲁效应在弯曲时空的局部平直参考系中依然成立，把昂鲁效应用到此例中，就可以得到如下结论：趋于 R–N 奇点的加速观测者或物体的环境温度将趋于无穷大。也就是说，观测者或物体接触 R–N 奇点时温度将达到无穷大，这显然是违背热力学常识的，也就是说，热力学规律将禁止质点或观测者到达奇点，它经历的时间不会有终结。

笔者发现，这一结论可以很容易地推广到克尔 – 纽曼黑洞中的奇环情况。克尔 – 纽曼黑洞的奇环也属于类时奇异性，可以用与上面类似的方法证明，在有限的时间内抵达克尔 – 纽曼奇环的物体，温度将在有限时间内趋于无穷大。

接触奇点的坐标系的温度

黑洞外的观测者得不到黑洞内部的信息，当然也“看不见”藏在黑洞视界后面的奇点或奇环。

我们曾经谈到，克尔黑洞、R–N 黑洞和克尔 – 纽曼黑洞都有内、外两个视界，两个视界之间是单向膜区，如果从外界不断向这些黑洞提供角动量或电荷，它们的内、外视界会不断靠近，最后二者重合，单向膜区只剩下一张膜，形成极端黑洞。极端黑洞的霍金温度是绝对零度。这时如果再提供一点角动量或电荷，最后的单向膜也会消失，奇点或奇环就会裸露出来，这种裸奇异会破坏时空的因果性。于是彭罗斯提出宇宙监督假设，认为存在一位“宇宙监督”，它禁止裸奇异的出现。我们看到，在出现裸奇异之前，先要形成绝对零度的极端黑洞。人们自然会猜想，这位“宇宙监督”很可能就是热力学第三定律。

奇点或奇环裸露之后，观测者将直接受到奇点或奇环的影响，他们的某些物理过程会碰到奇点或奇环，这些过程经历的时间可以在有限长度内开始或结束。

不过，我们可以清楚地看到，这些时间有开始或终结的过程都是在违背热力学第三定律的情况下出现的。

看来，热力学第三定律不仅扮演“宇宙监督”的角色，禁止奇点裸露，而且会干脆禁止奇点存在。

我们在研究黑洞的霍金辐射时，接触到一种证明方法：假定覆盖全部施瓦西流形的克鲁斯卡尔时空处在绝对零度，写出此时空中的零温格林函数，则在把克鲁斯卡尔坐标变换为通常的施瓦西坐标时，原来的零温格林函数将变为施瓦西坐标下的有限温度格林函数，其温度就是施瓦西黑洞的霍金辐射温度。

因为学术界可以用多种方法证明施瓦西黑洞存在霍金辐射温度，所以这一证明反过来告诉我们，克鲁斯卡尔时空的温度确实是绝对零度。

另外，有限温度时空区的施瓦西外部时空，接触不到“施瓦西奇点”，而处于绝对零度的克鲁斯卡尔时空则直接接触奇点。

这也启发我们：奇点是伴随绝对零度状态一起出现的。

负温度与广义热力学第三定律

上述讨论表明，奇点总是伴随着系统的温度异常而出现的。一种情况是系统的温度要在有限时间内降到绝对零度，这是热力学第三定律所禁止的。另一种情况是系统的温度要在有限时间内升高到无穷大。这种情况当然也应该是热力学不允许的，但通常所说的热力学第三定律（或其他定律）都没有包括这种情况。

笔者注意到物理学中不常引起注意的一类系统，就是存在负温度的系统。通常的物理系统，总能量不受限制，能级数目无穷多。处在基态的粒子总是多于处在激发态的粒子，粒子分布情况是能级越高，处在那里的粒子越少。这类系统的最低温度是绝对零度，对最高温度没有限制，似乎可以高到无穷大。

但是在激光和磁学等领域，在总能量有限、能级数目也有限的系统中，有可能出现“粒子数反转”的情况，那就是处在高能级的粒子数多于处在低能级和基态的粒子数。这种系统可以定义负温度，出现粒子数反转时，系统就处于负温度状态。

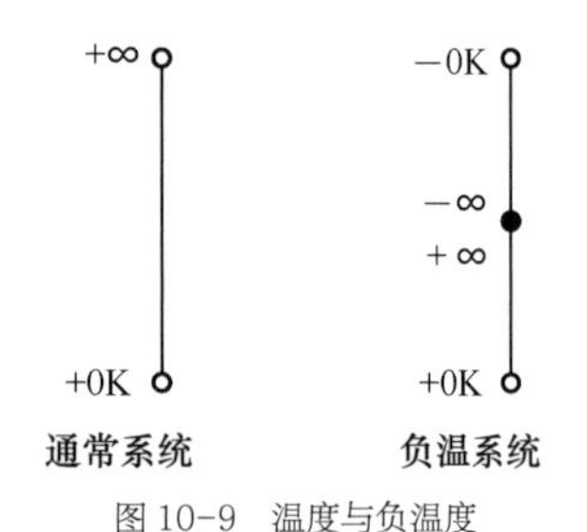

图 10–9　温度与负温度

要注意，负温度不是在绝对零度之下，而是在无穷大的温度之上。这就是说，负温度比正温度高，如图 10–9 所示。温度的正无穷大与负无穷大相等，最高温度是负的绝对零度。

类似于通常的热力学系统，负温系统也遵守热力学的各条定律。不过，它的第三定律要推广为：

“不能通过有限次操作，把系统的温度降低到正的绝对零度；也不能通过有限次操作，把系统的温度升高到负绝对零度。”

这条定律告诉我们，对于负温系统，温度只能存在于开区间（+0K，−0K）中。笔者觉得，对于通常的热力学系统，实际上温度也只能定义在开区间（0K，+∞）中。所以，可以考虑把通常的热力学第三定律改写为：

“不能通过有限次操作，把系统的温度降到绝对零度，或者升高到无穷大。”

这样，我们上面关于奇点和热力学定律关系的讨论，就可以简述为：所有奇点出现的情况都伴随着热力学第三定律的破缺。

也就是说，热力学第三定律将禁止奇点的出现，禁止时间在有限的时间之前开始，或者在有限的时间之后终结。热力学第三定律将保证时间的无始无终性。

对奇点定理证明的质疑

奇点定理都是用测地线汇来证明的。因果性条件要求测地线上没有共轭点，而能量条件和广义相对论等又要求测地线上存在共轭点。二者的矛盾导致了测地线在中途“断掉”，导致时间过程出现开始和结束，从而最终证明了奇点定理。

笔者对奇点定理的证明过程进行了分析、思考，最后提出了质疑。

奇点定理的证明过程有的用类时测地线，有的用类光测地线，总之是必须要用测地线。这是因为测地线反映了弯曲时空的本性，而非测地线描述的运动中存在引力之外的其他相互作用。

我们对奇点定理证明的分析，简述如下。

（1）类时测地线情况

已经有人证明，如果类时测地线 γ_0 上 P、Q 两点之间存在共轭点（共轭于 P 点），则一定能在此测地线的 P、Q 间微扰出一束类时线汇 γ，其中除 γ_0 是测地线（加速度 $a = 0$）之外，其余都是类时非测地线，a 均不为零。当这束类时线汇 γ 收缩到 γ_0 上时，显然有 $a \to 0$。

如果昂鲁效应在这一时空小邻域成立，则 γ 上（除 γ_0 外）所有观测者均感受到温度

$$T = \frac{a}{2\pi k_B} \neq 0$$

而测地线 γ_0 上的观测者，由于 $a = 0$，将处在绝对零度。

（2）类光测地线情况

也已有人证明，如果类光测地线 γ_0 上的 P、Q 两点之间存在与 P 共轭的点（共轭点），则一定能以 γ_0 为中心微扰出一束类时线汇 γ，在类时线上可以定义时间，并定义加速度 a，这些 a 都是有限值。当类时线汇 γ 收缩到 γ_0 时，笔者猜测 a 不会趋于零。这是因为，如果 $a \to 0$，γ_0 必定是类时测地线，但我们知道此例中 γ_0 不是类时测地线而是类光测地线。笔者猜测，对于类光测地线 γ_0，当类时线汇 $\gamma \to \gamma_0$ 时，将会有 $a \to \infty$。笔者和同事几经努力，最终证明了自己的猜测。当 $\gamma \to \gamma_0$ 时，确实有 $a \to \infty$，昂鲁效应的温度 $T \to \infty$。

这就是说，类光测地线似乎可以看作加速度为无穷大的曲线，它似乎也是温度为无穷大的线。

类时测地线处在绝对零度，类光测地线处在温度发散的情况。这两种情况都与热力学第三定律冲突。由此看来，用测地线汇来证明奇点定理，其结论的可靠性值得怀疑。

我们知道，类时测地线描述的都是不受外力的质点的运动，其固有加速度都应该为零。我们这里把描述自由光子运动的类光测地线看作加速度为无穷大的类时测地线，这种看法可以吗？

为此，我们对类光测地线进行了一些研究。

对类光测地线加速度的研究

我们首先回顾了林德勒的工作。他研究了在平直的闵可夫斯基时空中做匀加速直线运动的观测者，如图 10-10 所示。

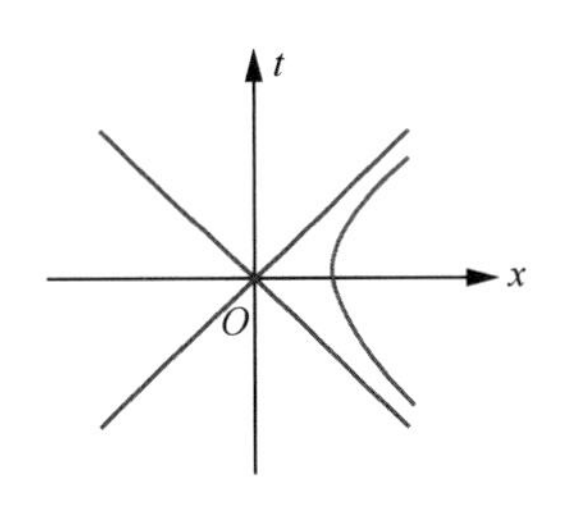

图 10-10　林德勒观测者的世界线

如图 10–10 所示，做匀加速直线运动的观测者的世界线，是闵可夫斯基时空 (t, x) 中的一条类时线。它是一条双曲线。此双曲线的渐近线是图中相交于 O 点的光线，即 O 点的光锥面上的类光线。研究表明，匀加速观测者的固有加速度 a 越大，他描出的世界线，即图中的双曲线，越逼近其渐近线。当 $a \to \infty$ 时，匀加速观测者的世界线就趋于了图中的类光线。

林德勒本人对此有什么看法吗？为此，笔者翻阅了林德勒本人的著作《基础相对论》，结果发现林德勒本人明确指出，此例中，作为匀加速观测者世界线的渐近线的类光线，可以看作加速度为无穷大的类时线。

看来，把光线看作加速度为无穷大的类时线有一定道理。但笔者在与朋友的讨论中，有人指出，上例中的光线不是一条完整的测地线。它描述的是入射光线在 O 点被镜子反射，再出射的情况。前半段和后半段都是类光测地线，但它在 O 点被镜子作用，受到了“外力”，所以两段加在一起，不是一条完整的类光测地线。

为此，笔者又和同事合作，研究了在弯曲时空中可以无限延伸的类光测地线，证明了这种“自由的”类光测地线，也被加速度趋于无穷大的类时线汇逼近，也可以看作加速度为无穷大的类时线。

20 世纪初导致物理学革命的“两朵乌云”均与对光的认识有关。

黑体辐射困难导致了量子理论的诞生。迈克耳孙 – 莫雷实验揭示了“光速的绝对性”（对任何观测者，测得的光速恒为常数 c）。

我们的研究提出了一个新困惑：自由光线的加速度发散。这个问题可能与相对论和量子理论都有关系。

这可能与光子不能被看作经典粒子有关。光子有波粒二象性，因此它的运动不能简单地看作沿类光测地线的运动。

奇点的出现违背热力学第三定律

综上所述，利用测地线汇来证明的奇点定理，是不可靠的。所有能够观测到或接触到奇点的例子，都与时空的热性质出现异常有关，温度或者处于绝对零度，或者趋于无穷大，都与热力学第三定律冲突。

因此，我们认为，热力学第三定律会排除奇点出现的可能，保证时间过程的无限性。因此时间既不会有开始，也不会有终结。

热力学第三定律不仅作为“宇宙监督”禁止奇点裸露，而且干脆禁止奇点存在。

结论：对时间与热力学关系的讨论

通过上述探讨，我们看到时间和热力学之间确实存在着深刻的本质联系。热力学的四条定律都与时间的性质有关：

① 第零定律表明，异地时钟的同步和相继时间段的相等，都是可操作的，因此时间是可以定义的；

② 第一定律表明，时间是均匀的；

③ 第二定律表明，时间是流逝的；

④ 第三定律表明，时间是无穷无尽的，既没有开始，也没有结束。

因此，物理学中涉及时间的理论，都不应该与热力学脱钩。例如量子引力理论的研究，不应该像其他量子场论那样，局限于绝对零度下的研究，应该直接考虑有限温度下的量子引力理论。

人类对时间的认识和研究在不断深化。但是直至今天，我们仍然难以回答“时间究竟是什么”这一难题。

第十一讲

文明的起源——探索人类的童年

一、宇宙何时创生

基督教的观点

《圣经》上说，太初之时，黯淡无光，只有无边无际的水，上帝（耶和华）之灵在水上运行。耶和华说："要有光。"于是在黑暗中就有了光明，耶和华说："这就是白天。"不久之后，黑暗重新降临，耶和华说："这就是夜晚。"这是创世第一天的事。

创世的第二天，耶和华把天和水分开。第三天，耶和华让陆地露出水面，长出树木和花草。第四天，他创造了日、月和群星。第五天他创造了各种动物。第六天耶和华按照自己的样子塑造了人，这是个男人。第七天他休息。第八天他给这个男人取名叫亚当，又从男人的身上取下一根肋骨，造出女人，叫夏娃。

这就是上帝创造世界和人类的过程。然而，上帝创世在哪一年呢？距今已经多久了呢？《圣经》上没有说。

中世纪时，欧洲的基督教会认为"创世"发生于公元前 5500 年。新教诞生时，马丁·路德又把这一时间原点修正为公元前 4000 年。

后来，开普勒通过天文观测发现，以前认为的耶稣诞生时间有误，耶稣诞生的时间应该在公元前 4 年。因此，他认为上帝创世的时间应该在公元前 4004 年。

再后来，爱尔兰大主教，《圣经》编年史权威厄谢尔经过反复研究，最终确定上帝创世的时间为公元前 4004 年 10 月 22 日晚上 8 点。

佛教的观点

与基督教的宇宙观不同，佛教认为存在多个世界，每个世界都在不断创生又不断毁灭之中。一个世界从创生到毁灭是一个大劫（"劫"就是"劫波"）。佛教有不同的教派，各教派比较认可的观点是，一个大劫约有 268 亿年。其中，43 亿 2000 万年为一劫，为梵天神的一日。

我们现在所处的大劫叫"贤劫"，上一个大劫叫"庄严劫"，下一个大劫叫"星宿劫"。

一个大劫分为"成"（产生）、"住"（保持）、"坏"（衰败）和"空"（毁灭）四个中劫。这四个中劫里，只有"住"这个中劫适合生命和人类生存。

每个中劫又分为 20 个小劫。我们现在生活在"住"这个中劫的第九个小劫里。

佛教主张因果报应，每个劫都有佛"主持"。不过，与基督教不同，佛不是世界的"主宰"，而是引导众生的"导师"。主持现在这个小劫的是释迦牟尼佛（即如来佛），主持下个小劫的是弥勒佛。

道家的观点

按照道家的观点，万物都产生自一个叫作“道”的东西。老子在《道德经》中说：

道生一，一生二，二生三，三生万物。
人法地，地法天，天法道，道法自然。

然而什么是“道”呢？老子说：“有物混成，先天地生，寂兮寥兮，独立而不改，周行而不殆，可以为天地母。吾不知其名，字之曰道，强为之名曰大。大曰逝，逝曰远，远曰反。”老子又说：“万物生于有，有生于无。”老子本人对此没有进行更多的解释。历代研究《道德经》的学者认为，这里的有和无，不是指有没有东西的意思，而是指有没有“形质”的意思。也就是说，这里的“有”是指“有形质”的东西，即“形而下”的东西；“无”则是指“无形质”的东西，即“形而上”的东西。所以，他们认为，“道”就是这里所说的“无”，是无形质的“形而上”的东西。

那么，“道生一，一生二，二生三，三生万物”又是什么意思呢？学者们认为：“道生一”指的是无形质的“形而上”的“道”，衍生出有形质的“形而下”的东西；“一生二”指的是“形而下”的东西有阴阳两面；“二生三”指的是阴与阳相互作用，“冲气以为和”，阴、阳与“和合”而为三，然后再生成万物。

那么“道”的本质究竟是什么呢？老子没有进一步具体讲，只是在《道德经》中说，“道可道，非常道”。什么意思呢？有一些学者解释说，这句话的意思是，“道”是不能用语言解释清楚的，如果有人用语言告诉你什么是“道”，那他讲的东西肯定不是“道”的本质，不是真正的“道”、永恒的“道”。也就是说，“道”似乎只能意会，不能言传，真是玄而又玄。

文献上说老子是周朝的史官，与孔子同时代。孔子还曾向他请教，后来由于对时局不满，老子出走了。他西出函谷关不知所终。幸好他在出关时，应函谷关关长之请，写下了《道德经》，这是我们今天能够看到的老子留下的唯一著作。

老子生活在春秋时期，当时人口稀少，他西出函谷关后到哪里去了，遇到了什么，我们都不得而知，他可能隐居于市井或山林，可能成仙升天，也可能遭遇不测，总之是下落不明。我们现在看到的道家的著作，除去《道德经》之外，都不是老子本人留下的著作，而是后人学习研究《道德经》后的体会和发展。

笔者认为，在自然科学已经取得重大成就的今天，对上述《道德经》中的论述，我们是否可以有新的理解呢？比如说，我们是否可以把“有物混成”中的“物”看作“道”呢？它“先天地生”“可以为天地母”，它是万物之源，然而它是生出来的，原来并不存在。把“有生于无”中的“有”看作“道”，这个“道”或“有”就是初生的宇宙。这个宇宙来自虚无，来自时空之外的“奇点”。也就是说，宇宙的诞生完全是无中生有。

现代的科学宇宙观

在第九讲中我们介绍过现代的、科学的宇宙观。根据天文学和物理学的研究，我们的宇宙是不断膨胀、不断演化的。它起源于一场大爆炸。一般认为爆炸发生于一个时空奇点，那里物质密度和时空曲率都是无穷大，温度无穷高，时间、空间和物质一起从这场大爆炸中产生。也有一种观点认为，根本不存在时空奇点，宇宙的创生完全是“无中生有”，在“一无所有”之中发生了一场爆炸，这场爆炸从虚无中产生了物质，同时产生了时间和空间。

总之，时间和空间是与物质一起从大爆炸中产生的。大爆炸之前没有时间，所以严格说来也没有“之前”。还应该注意的是，大爆炸中的三维空间体积，可以是无穷小，也可以是无穷大。初始空间体积为无穷小的宇宙，三维空间的曲率 $K>0$。这类宇宙是有限无边的，它的空间体积有限，但没有边。宇宙膨胀是脉动的，体积膨胀到一个最大值后会转为收缩，此时温度也会从不断降低转变为重新升高。最后整个宇宙会缩小“回归”到一个高温、高密度的大坍缩奇点。

如果大爆炸一开始产生的三维空间体积是无穷大的，那么这类三维空间的曲率 $K \leqslant 0$。$K=0$ 的三维空间是平直的，$K<0$ 的三维空间是负曲率的。这两种宇宙的空间都是无限无边的，它们的空间体积始终是无穷大，而且它们将永远膨胀下去，温度会越来越低，$K<0$ 的空间曲率会越来越小。

那么我们的宇宙到底属于哪一种情况呢？现在还不能确定。可以肯定的是，我们的宇宙目前正在膨胀并不断降温。它大约起源于 138 亿年前的一场大爆炸，爆炸发生的时刻就是宇宙的诞生时刻和时间的开始时刻。还可以肯定，我们生活的宇宙一定是无边的，但不知道它的空间体积是有限还是无限的。如果体积有限，我们的宇宙将是脉动的，将来会从膨胀转化为收缩；如果体积无限，我们的宇宙将会永远膨胀下去。

二、人类的诞生

宇宙简史

现在我们来回顾一下人类和文明如何从宇宙中诞生。

我们的宇宙起源于约 138 亿年前的一场大爆炸，爆炸形成的原始火球不断膨胀降温，先经历一段辐射为主的时期，以光辐射为主，然后逐渐由夸克形成强子，这些粒子再和轻子一起形成化学元素，化学元素一开始以氢为主，先是氢核（质子）在原始的高温下发生热核聚变，形成氦核，然后温度逐渐降低，热核聚变停止。这个阶段生成的氦元素占物质总量的百分之二十几，其余的成分是氢元素。这些原始的气体在热涨落下逐渐聚集成团，并收缩形成恒星。其中质量较大的恒星，在收缩过程中，大量的引力势能转化为热能，温度急剧升高，重新点燃了氢聚合成氦的热核反应，形成了发光发热的主序星。

如第八讲所述，主序星中生成的氦会进一步聚合成碳、氧等较重的元素，并沿着元素演化的“天梯”依次形成更重的元素。主序星将根据自身质量的大小分别演化为白矮星、中子星和黑洞。研究表明，质量越大的恒星演化越快，并在发生超新星爆发时，把自身内部形成的铁、硅等重元素抛向宇宙空间。这些超新星爆发的“渣滓”会被质量较小、演化较慢，因而比较年轻的恒星（例如我们的太阳）吸引过去，围绕它们旋转，并逐渐形成固体的行星。

我们的地球就是 46 亿年前由超新星爆发的渣滓聚集而成的一颗固体行星。根据研究，地球上的水有可能来自彗星。彗星实质是脏雪球，水是它们的主要成分。现在，太阳系中海王星轨道之外的广阔空间，还存在一个彗星的仓库，那里“储藏”有大量的彗星。

大约 35 亿年前，地球上出现了原始的生命，生命的孢子可能来源于宇宙空间，也可能生于地球。地球上的生命最初发源于海洋，然后逐渐进化，并登上陆地。这些生物按照达尔文的进化论描述的规律，不断演进、发展。

2 亿～ 1 亿年前，地球成了恐龙的世界，这个时期地球上原始的联合古陆（盘古大陆）开始分离，南美洲和非洲大陆彻底裂开，逐渐形成了今天地球上各块大陆和海洋的格局。

大约 6500 万年前，地球上发生了可怕的灾变，恐龙大量灭绝。这场灾变有可能是小行星或彗星的头部撞击地球引起的。撞击触发了大规模的火山爆发，火山烟灰和水汽形成的浓云连续若干年覆盖地球，阻断阳光，于是地球上出现了连续多年的冬天。严寒和食物短缺造成了恐龙的灭绝。也有人认为，恐龙灭绝的原因可能是银河系中离太阳不远处发生了一次超新星爆发，爆发产生的强烈辐射导致了恐龙的灭绝。不管具体原因是什么，恐龙的灭绝使哺乳动物的天敌减少，哺乳动物得以迅速发展和进化。不久之后地球就成了哺乳动物的天下。

大约 800 万年前，有一批猿从树上下来，变成了直立猿，“直立”解放了猿的上肢。大约 200 万年前，一部分直立猿进化成了原始的人类。

劳动创造了人

人与猿的分水岭是制造工具。一部分直立猿在生活实践中学会了制造工具，最初是打制石器。科学研究认为，人类的劳动是从制造工具开始的，而语言是从劳动中并和劳动一起产生的。语言又和思维直接相联系，思维是用语言进行的，所以语言是思想的直接体现。

总之，劳动、语言和思维都是从制造工具开始的。也就是说，人类是从制造工具开始诞生的，其标志是开始产生语言和思维，所以说劳动创造了人。

从大约 250 万年前直到 1 万年前，是人类诞生的初级阶段——旧石器时代。这个时期的人类还只会打制石器，不会对石器进行细致的加工，但是已经学会利用天然火来取暖、驱赶野兽和烧熟食物。这个时期，用血缘联系起来的氏族已经出现。先是出现母系氏族，后来演化为父系氏族。通行的都是族外婚。

旧石器时代持续了差不多 250 万年，到了距现在 1 万年前，原始的人类终于学会了磨制石器和制造陶器，并且产生了以种植为主的农业和以饲养动物为主的畜牧业。这个时期的原始人类还学会了人工取火。人类从此进入了一个新时代，这个时代被称为新石器时代。

到了距今 6000 多年前，人类学会了冶炼金属，初创了文字，出现了城市。这个时期，氏族社会开始解体，出现了阶级分化，出现了国家。从此人类进入了金属时代。

人类文明就是从进入金属时代开始诞生的。文明的标志有三个要素，即文字、金属和城市。

从旧石器时代晚期开始，原始的人类就开始创造艺术。图 11-1 是在西班牙阿尔塔米拉地区发现的山洞壁画。古人类学家认为这些壁画是旧石器时代晚期的人类留下的。图 11-1 的左图是野马，右图是野牛。这些画非常精细，不禁使笔者感到震惊，这些画真的是旧石器时代的人类留下的吗？那时的古人类就有如此高超的绘画水平吗？

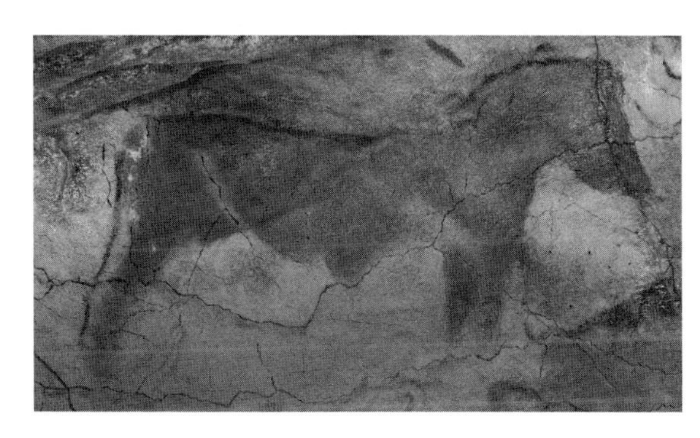

图 11-1 旧石器时代晚期的壁画

崇拜与图腾

原始人对世界只有粗浅的认识，与大自然斗争的力量很弱。他们的思维有点像儿童，往往分不清想象与现实。如果在睡觉时梦见了逝去的祖先，他们就以为这些先人夜里曾经光临并与自己交谈。

他们崇拜祖先，崇拜火，崇拜太阳、动物、植物和山川，崇拜一切难以抗衡的力量。他们需要氏族的繁荣，因而崇拜生殖，先是女性生殖崇拜，然后又发展出男性生殖崇拜。考古学家发现了各种崇拜的实物象征，有些实物象征一直留存到今天。

由于崇拜，各个部族都出现了标志本部族的图腾，这些图腾往往是某一种动物或植物的形象。

中华民族比较奇怪，崇拜一种并不存在的动物——龙。这是怎么回事呢？龙的身子像蛇又像鳄鱼。五六千年前的中华大地，比现在炎热，到处是森林、草地、沼泽、河流和湖泊。蛇非常多，而且生活着体态较大的鳄鱼。在原始人看来，鳄鱼比较凶猛，还经常在雷雨前发出类似敲鼓的声音，似乎能呼风唤雨。而蛇多得数不胜数，不但野地里有蛇，屋子、山洞里也经常有蛇出没。此外，古人还可能见过恐龙的化石，这使他们相信确实存在着这种庞然大物。

如果仔细看，龙除去身体像蛇和鳄鱼之外，它的角像鹿，尾巴像马，鳞像鱼，爪像鸡，……这似乎告诉我们，中华民族是由崇拜蛇图腾、鳄图腾、鹿图腾、马图腾、鱼图腾、鸡图腾等各种图腾的大量部族融合而成的。

中华民族的“华”字在古代与“花”字通用，不仅有“美”的含义，也有百花齐放、五彩缤纷的含义。“龙”和“华”都告诉我们，中华民族是由众多伟大部族融合形成的民族，像是一座美丽的百花园。

一次重要的考古发现

近百年来，中国的古生物和古人类学研究取得了许多重要的成就。这里想介绍其中一项产生了世界影响的重大发现。这就是 1929 年在北京郊区周口店发现了北京猿人的头盖骨，这一发现立刻轰动了全球。这是因为，虽然人是从猿进化而来的理论当时已经被学术界基本接受，但是从猿到人的进化过程的中间环节尚缺乏实物证据。北京猿人的发现，恰好弥补了这一空白。于是，这一发现吸引了许多国际古生物与古人类学专家来到周口店参观考察，并进行学术交流。这一重要发现很快得到了学术界的认可。

做出这一发现的是从北京大学地质系毕业的青年学者裴文中。裴文中大学刚毕业时找不到工作，有一段时间曾经靠给小报写文章维持生活。鲁迅先生很欣赏他的作品，看出他确实有才华。后来他前往中国地质调查所（北平分所）求职，所长翁文灏先生收留了他，派他到周口店的考古现场去工作，具体任务是负责工作人员的伙食。裴文中对科研充满兴趣，在完成自己的本职工作之余，经常在考古现场观看和倾听科研人员的工作和议论。

周口店这个地方之所以能被考古界注意到，是因为这个地方出产“龙骨”。当地的老百姓发掘到“龙骨”后，经常把它们当作药材卖到中药铺，其实这些“龙骨”就是些古生物化石。科学家发现这一情况后，就到那里做考古发掘。经过一段时间的发掘后，主持这项工作的学者觉得此地已经没有多少东西了，其他一些地方（例如辽宁）更值得发掘探索。中国地质调查所所长翁文灏主持了有关讨论。讨论时，裴文中也列席旁听。主张转场的意见占绝对上风之后，裴文中嘟囔了一句：“其实这里还可以再挖挖。”翁文灏是一位正直、民主的科学家，他最后说，既然裴文中认为这里还可以再挖挖，那就把他留下来，再给他配两个工人，继续在这里挖，其他人都转场。

于是周口店发掘现场就只剩下裴文中和两个协助他的工人。也真是老天爷眷顾他，不久之后，在 1929 年 12 月 2 日的傍晚，他们就发现了土中有一块类似动物头骨的骨头。裴文中认为这很重要。当时已近黄昏，他怕把骨头碰坏，就想明天天亮再继续挖。天黑后他又怕有人当晚来偷“龙骨”，于是他们在油灯照亮下，把骨头连带周围的土块一并取下带回屋内。第二天，裴文中就用棉花包裹这块骨头，外面再包上一床棉被，坐牛车赶到长辛店火车站，再乘火车到达北平地质研究所。在那里工作的中外学者一致肯定了这一重要发现，为此英法两国争着要裴文中去他们国家留学，他选择去了法国。

这块头盖骨一直保存在北京的协和医院。由于周口店科学考古的经费是美国洛克菲勒基金会提供的，所以，中美之间有一个协议，在周口店发掘出的任何东西，都必须由设在协和医院的洛克菲勒基金会的机构（北平地质研究所）保管。中外学者均可以在那里自由研究。为了保证中国的主权，翁文灏还要求在协议中加上一条，在周口店发现的任何物品，虽然由洛克菲勒基金会保管，但未经中国政府同意，不能运出中国。

失踪的头盖骨

抗日战争爆发后，翁文灏去了大后方，裴文中留在北平。由于国际局势不断恶化，日美关系也越来越差，所以洛克菲勒基金会提议暂时把保存在协和医院的珍品运到美国保管，战后再归还中国。为此，裴文中与翁文灏通了电话，电话是通过香港中转的，翁文灏请示国民政府后同意了这一方案。

于是裴文中等人把包括北京猿人头盖骨在内的国宝装了两个箱子，送上了一列从前门火车站出发开往青岛的美国海军陆战队的火车，准备在那里装船运往美国。不巧的是，就在这列火车到达青岛时，珍珠港被炸，太平洋战争爆发。驻在山东的日军袭击了这列美国海军陆战队的火车及车站上的美方仓库，导致这块猿人头盖骨下落不明。

此后经过多年寻找，仍然毫无线索。中华人民共和国成立后，裴文中先生还曾专程去日本寻找，结果仍未找到。

抗日战争时期有一些日本学者曾对这块头盖骨很有兴趣。是他们趁乱拿走了吗？但是为什么战后这么多年他们还不拿出来展览或研究呢？另外，当时的日本兵文化素质很低，一般也就上过小学，他们如果在混乱中捡到这块头盖骨，也可能会认为毫无价值而随意丢弃。

总之，这块珍贵的北京猿人头盖骨失踪了。幸好当时专业工人曾做了几个惟妙惟肖的仿制品，可以使后人看到这块头盖骨的样子，稍微弥补了一些损失。

后来，中国考古专家又曾在周口店一带发现了其他一些北京猿人的头盖骨和其他骨骼，但最完整的头盖骨还是裴文中先生发现的那块。对于研究古人类而言，头盖骨比其他骨骼更重要，因为从头盖骨的形状和大小可以估算出原始人的脑容量，而脑容量是判断原始人进化程度最重要的标志之一。

石器还是石头

科学发现最重要的是第一次发现，科学创新最重要的是第一次创新。所以，裴文中先生是发现北京猿人的最大功臣。

裴文中在发现北京猿人头盖骨之后，又在周口店发现了用火的遗迹和原始人遗留的石器。这些打制的石器非常粗糙，不容易和天然的有破损的石头相区分。所以，一开始时，学者们对这些石器有较大争议。由于法国的古生物权威步日耶等人要来参观，裴文中在周口店布置了一个有关北京猿人的展览室。预展时，翁文灏来视察，他拿起几块展览的石器敲打着说：“这不是石头吗？怎么是石器？”裴文中解释说，这不仅要看石器本身，还要看发现它们的环境，我们是在综合研究后才做出了判断。翁文灏比较民主，就说：“那就让来参观的外国专家再判断一下吧。”外国专家们在参观后，肯定了裴文中的结论，认为这些东西是人工打制的石器，不是天然的石头。

这一发现非常重要，裴文中进一步确认了这里生活的原始人已经能够打制石器，确实已经完成了从猿到人的进化，进入了旧石器时代。

北京猿人头盖骨、用火遗迹和打制石器的发现，使周口店古人类的发现资料完备起来。

三、探索人类的童年——地中海文明

人类文明的起源（公元前4000年—前3000年）

现代考古学认为，人类文明的出现有三大重要标志，那就是文字、冶炼金属和城市与国家的出现。

按照这个标准，出现于环地中海区域的海洋文明比出现于中华大地的大河文明要早。

公元前3000多年，在尼罗河流域（现今的埃及地区）和两河流域（即底格里斯河和幼发拉底河流域，现今的伊拉克、叙利亚地区）就分别出现了文字、国家、炼铜技术，也就是说出现了人类文明。

公元前2000年左右，古埃及和两河流域的文明已经扩散到爱琴海区域，出现在克里特岛（米诺斯文明）和希腊半岛（迈锡尼文明），并波及印度河流域。这个时期相当于我国的大禹治水和夏朝建立时期，但是我们还没找到存在于这一时期的文字和金属制品，只发现了若干水利工程和建筑，是否出现了城市也还有争议，所以还不能确认已经出现了文明。

公元前1700年左右，一个闪米特民族喜克索人入侵了埃及，成为尼罗河流域的统治民族，创立埃及文明的古埃及人则成了被统治民族。这一时期，犹太人首次出现在人类历史中。他们随喜克索斯人游牧进入了埃及。古时的犹太人就比较有经济头脑，他们帮助喜克索斯人向埃及人收税。

图11-2 汉谟拉比法典

这时两河流域出现了闪米特人建立的古巴比伦王国。苏美尔人的国家早在公元前2000年左右就被闪米特人取代，闪米特人继承和发展了苏美尔文明，先后建立起阿卡德、巴比伦等国家。著名的巴比伦国王汉谟拉比，颁布了以他的名字命名的著名的“汉谟拉比法典”。这是奴隶社会的第一部比较完整的法典，此法典的石刻本已经被考古学家发现（图11-2）。

这一时期相当于中国的成汤灭夏时期。西方的某些考古专家曾误认为商汤就是汉谟拉比，其实两者差了十万八千里，根本不是一回事。从商朝建立开始，中国有了比较可靠的历史资料。

公元前16世纪，喜克索人被埃及人驱逐出境。曾经帮助喜克索人收税的犹太人，日子越来越不好过。于是犹太人在他们的领袖摩西的率领下离开埃及，前往两河流域，并最终定居在巴勒斯坦地区。逃跑的犹太人遭到埃及法老的军队的追击和驱赶，《圣经·旧约全书》讲述了这一掩盖于神话下的可能存在的部分历史。

这一时期，雄伟的卡纳克神庙和卢克索神庙，出现在位于尼罗河东岸的古埃及首都卢克索的城区。卢克索在开罗的南面，比较靠尼罗河上游的地方，距开罗大约 700 千米。也就是说这两座神庙在金字塔的南方约 700 千米的地方。

这个时期，来自伊朗高原的雅利安人入侵了印度，并逐渐成为印度的统治民族，原来创立古印度文明的原住民则沦为了被压迫民族。

这一时期，中华大地上出现了强大的商朝。持续约 600 年的商朝曾多次迁都，最后一次最为著名，即“盘庚迁殷”。商王盘庚把首都迁移到一个叫殷的地方，此后，直至商朝灭亡的 273 年时间里没有再迁都。这一时期的商朝十分强大，威名远扬，所以历史上商朝又称为“殷商”或者“殷”。考古学家已经确认“盘庚迁殷”的时间大致是在公元前 1319 年，此后的中国就有了绵延至今从未间断的历史记录。

也是在这一时期，美洲出现了玛雅文明。建立玛雅文明和其他美洲文明的印第安人是黄种人，是中华民族的近亲。他们是在大约 1 万年前的远古时代，穿过白令海峡进入美洲大陆的。此前，美洲没有古人类生存。当时气候比现在冷，白令海峡可能结了冰，形成了陆上通道。

公元前 1000 年左右是古希腊的“荷马时代”。荷马是传说中的一位盲人歌手。相传为他所作的关于特洛伊战争的著名史诗《伊利昂纪》（又译为《伊利亚特》）和《奥德修纪》（又译为《奥德赛》）一直流传到今天。特洛伊战争是古希腊历史上一次著名的战争，这场战争也可以看作古希腊的开国之战。关于这场战争，没有留下任何史料，只留下了荷马传唱的史诗。这些史诗描述的内容是真实的吗？或者说，有多少真实的成分？这成了给考古工作者留下的难题，我们将在第四节对此加以讨论和叙述。

这一时期是中国周朝建立的时期，考古研究表明，武王克商发生在公元前 1046 年。周朝分为西周和东周两个时期，共计延续近 800 年。从这一时期开始，中国就有了比较完整的历史资料。这个时期的中国，比古希腊和古罗马都要先进。

苏美尔文明

据研究，两河流域出现的苏美尔文明，比尼罗河流域出现的古埃及文明，时间上还要略微早一些，是目前发现的最早的人类文明。不过，这两个区域的文明很快就有了相互交流。

苏美尔人最早使用文字。他们把文字刻在泥板上，晒干并烤干。这些泥板文书有不少保留到了今天。图 11–3 这块 4000 多年前的泥板文书上，记录了大洪水事件。《圣经》中关于洪水的传说，有可能就出自两河流域。苏美尔人不仅发明了炼铜技术，还发明了印章，后来还创造了滚动印章（图 11–4）。这些印章可以看作印刷术的先驱。苏美尔人建立了城市，还建立了国家。此外，他们还有一项重要发明——车轮，他们发明车轮可能是受到了制造陶器时用的转动的陶轮的启发。

苏美尔人大约在公元前 2900 年建立起城邦国家。他们的皮肤是浅黑色，很像黄种人。苏美尔人的语言也接近黄种人，像土耳其、匈牙利等民族的语言，还有人认为有点像汉藏语系，也有人认为有点像女真语。

图 11-3　苏美尔的泥板文书

图 11-4　苏美尔的滚动印章

图 11-5 是 5000 多年前苏美尔人制造的黄金头盔，其加工非常精细。图 11-6 则是继苏美尔人之后，出现在两河流域的乌尔人打造的金匕首，匕首的柄上镶有宝石，这也是差不多 5000 年前的遗物。

图 11-5　5000 年前苏美尔的金头盔

图 11-6　乌尔人的金匕首

古埃及文明

（1）尼罗河的赠礼

古埃及文明的产生和尼罗河的定期泛滥有关。正如古希腊历史学家希罗多德所说："埃及是尼罗河的赠礼。"

古埃及的历史是人类文明产生之后最早也最完备的历史。

笔者在 2011 年曾到埃及旅游，那位精通汉语的埃及导游介绍说，他们埃及有 7000 年文明史。我最初觉得他似乎有点吹牛。后来我在一本历史书上看到，说公元前 4241 年，埃及人已经定了 365 天为一年。他们把太阳与天狼星同时从地平线上升起的那一天，定为一年的开始。说也奇怪，尼罗河往往恰好从那一天开始泛滥。我想有了这样的文化，还能不承认他们已经进入了文明时代吗？这个年份距今已经 6000 多年，所以，说埃及有 7000 年文明史，还真的不是吹牛。

相比之下，我们中华文明的诞生就晚一些，公元前 3000 多年是中国传说中的炎黄时期。我们的考古学家已经发现了那个时期的精致石器、玉器和水利工程，但是至今还没有发现文字、金属和城市。公元前

2000 年左右，作为古埃及文明象征的金字塔和狮身人面像已经矗立在尼罗河畔。这个时期相当于我们的尧舜时期。现在的历史研究和考古发现只能告诉我们，尧的国号似乎叫唐，都城大约位于山西的临汾、陶寺一带；舜的国号可能叫虞，都城可能位于山西的运城一带。然而依然没有发现文字，没有发现冶炼和使用金属的证据，是否存在城市也有争论，所以至今还没有证据表明，中华大地在尧舜时期已经形成了文明。

古埃及的历史分为早王朝时期（约公元前 3100—前 2686 年）、古王国时期（约公元前 2686—前 2181 年）、中王国时期（约公元前 2040—前 1786 年）和新王国时期（约公元前 1567—前 1085 年），其间经历了古埃及的 20 个王朝，其中大多数王朝是统一的。不过在古王国和中王国之间，以及中王国和新王国之间存在两个国家不统一的中间期。这两个中间期都爆发过贫民和奴隶的大起义，出现过外族入侵，国家分裂而混乱。第二个中间期包括喜克索人入侵并控制埃及，然后被驱逐，摩西率犹太人逃出埃及这些事件。

古埃及的首都孟菲斯建于古王国时期，就在今天的开罗附近。著名的吉萨金字塔群也是在古王国时期建立的，与首都孟菲斯隔尼罗河相望，在古代埃及，活人住的城一般在尼罗河东岸。死人的墓地则在尼罗河的西岸。金字塔是埃及国王（法老）的陵墓，所以在河的西岸。

（2）金字塔与狮身人面像

在金字塔出现之前，埃及国王的墓葬是马斯塔巴墓，马斯塔巴这个名字不是古埃及人用的，而是后来的阿拉伯人起的。在阿拉伯语中，马斯塔巴的意思是板凳，意思是这座陵墓像板凳。因为阿拉伯人不是埃及人的直系后代，而是后来的外来移民，所以他们起的这个名字没有尊崇的含义。

埃及最早的金字塔是左塞金字塔（图 11-7）。这座金字塔高 62 米，是公元前 2600 年以前建的。这座金字塔是阶梯状的，这一点并不奇怪，美洲印第安人的金字塔也是阶梯状的。抗日战争期间，有飞行员从空中发现，汉武帝的陵墓也是阶梯状的。看来古人把大陵墓建成阶梯状是一种普遍现象。

图 11-7　埃及最早的金字塔——左塞金字塔

我们熟悉的三座最大的埃及金字塔位于吉萨金字塔群（图 11-8），其中最高的是胡夫金字塔，原高 146.5 米（相当于 40 层楼高），边长 230 米，由约 230 万块平均 2.5 吨重的石头砌成。另外两座叫作哈夫拉金字塔和门卡乌拉金字塔。这三座大金字塔都是大约公元前 2600 年到公元前 2500 年建成的。胡夫、哈夫拉和孟考拉是祖孙三代，他们的金字塔一座比一座小。

图 11-8　吉萨金字塔群

图 11-9　金字塔局部

金字塔附近并不出产石料，那么构成金字塔的巨石是从哪里运来的呢？古埃及人又是用什么方法把它们运来的呢？有人认为，这些巨石并非是天然的，而是类似于水泥块那样人工制造的。也有人认为，金字塔是外星人建造的。这些说法都缺乏科学依据。现在考古学界的观点认为，这些石料是从远方运来的。古埃及人可能运用尼罗河上的木排之类的工具，把巨石运到建筑工地，再通过滑动的方法把它们运到金字塔上。图 11-10 是古埃及人留下的一幅搬运巨大神像的图，可看到有众多劳动者（可能是奴隶）正在拖动安放在木排上的石像。他们把橄榄油倒在地面上，以减少滑动摩擦。在一些纸草文书上，记录有古埃及人使用橄榄油做润滑剂，来搬运石料的情况，还控诉工头克扣橄榄油。

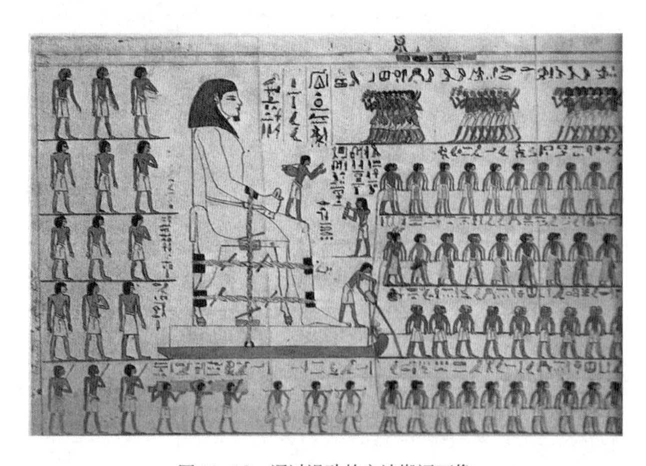

图 11-10　通过滑动的方法搬运石像

哈夫拉金字塔的旁边，矗立着著名的狮身人面像（图 11–11），它高约 21 米，长约 74 米。西方人称其为“斯芬克斯”。不过，这不是埃及人称呼他的名字。这个名字是后来占领这里的希腊人起的，来源于希腊神话中的一个怪物。狮身人面像现在已腐蚀得很厉害，刚发现时比现在完整。这个狮身人面像的面部有点像非洲的黑种人。金字塔中壁画里的人物，皮肤也比较黑。

图 11–11 狮身人面像

（3）卢克索神庙与卡纳克神庙

中王国时期和新王国时期，埃及的首都迁到卢克索（希腊人称为底比斯）。卢克索在尼罗河的东岸。法老、祭司等贵族又在卢克索城区兴建了宏伟的卡纳克神庙（图 11–12）和卢克索神庙（图 11–13）。这两个神庙相距约 3 千米，有一条“斯芬克斯大道”相连，大道的两侧路边立有一座座小的狮身人面像（图 11–14）。

图 11–12 卡纳克神庙

图 11–13 卢克索神庙

图 11-14　斯芬克斯大道

卡纳克神庙长 700 米，宽 500 米；卢克索神庙长 190 米，宽 55 米。两座神庙中都矗立着一根根巨大的石柱，柱子都很粗，要四五个人手拉手才能围过来。卢克索神庙的石柱采取的是纸莎草茎的构型。

卡纳克神庙中还矗立着由巨大的花岗岩制成的方尖碑（图 11-15），碑上刻有象形文字。这些方尖碑制作于公元前 1503—前 1482 年这段时期，也就是著名的、埃及历史上唯一的女法老哈特舍普苏统治埃及的时期。这些象形文字比我们在殷墟发现的甲骨文时间要早。

在尼罗河的西岸，有纪念这位女法老的神殿（图 11-16）。另外，在西岸的山谷（帝王谷）中还发现了一个山洞，里面藏有大量珍宝和许多法老的木乃伊。从这些东西的混乱摆放看来，这些珍宝是古埃及人在危险将要来临时，紧急隐藏于此处的。

图 11-15　刻有象形文字的方尖碑

图 11-16　女王神殿

（4）古埃及文字之谜

古埃及方尖碑上的象形文字早已失传。事实上，很多民族在文明诞生的初期都曾使用过象形文字，但都没有能沿用到今天。唯一的例外是我们祖先创建的汉字，这种象形文字虽然几经演变，但一直沿用到了今天。

图 11-17 是古埃及的三种文字。古埃及的象形文字诞生于公元前 4000 年左右，一直使用到公元 394 年，

称为希罗格里菲文（为碑铭体文字）。不过由于象形文字使用起来不方便，早在公元前 2500—前 700 年，就出现过一种专供神庙祭司们使用的祭司体文字（为僧侣体文字），这种文字虽然比象形文字好用，但仍不够方便。所以从公元前 7 世纪之后它就开始被世俗体文字取代，到公元 4 世纪左右，僧侣体文字完全停用。世俗体文字从公元前 7 世纪左右开始使用，到公元 4 世纪左右也和僧侣体文字一起停用了。最后出现的一种埃及文字是公元 3 世纪出现的科普特文，因为当时埃及已经被希腊人占领，所以科普特文大部分使用了希腊字母。科普特文取代了上述三种古埃及文字，一直沿用到今天。不过，实际上绝大部分埃及人早就不用科普特文了，这种文字只在很少的边远地区有人使用。现今的埃及通行的是阿拉伯文，今天的埃及人不是古埃及人的后裔，而是后来移民进来的阿拉伯人和部分希腊、罗马人的后裔。

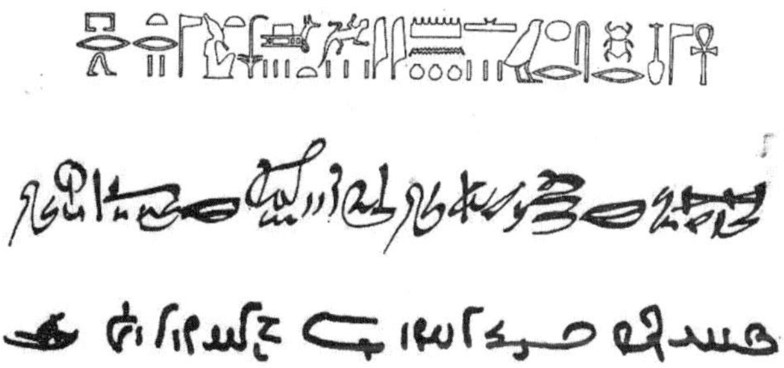

图 11-17　古埃及的三种文字

古埃及人把文字写在纸莎草（又称纸草）上。纸莎草是尼罗河流域独有的一种植物。古埃及人把纸莎草的茎纵向切成薄片，一片挨一片连起来压紧、晒干，把自己创造的象形文字写在上面。当地干燥的气候有利于纸草的保存，有大量的纸草文书（又称纸草文献）保留到了今天。这些纸草文书上记录了古埃及人的生活、劳动和经济 / 政治制度，还留下了大体完备的编年史。和苏美尔人一样，古埃及人也会炼铜，他们也建立了城市和国家。

古埃及历史上充满了王权和神权的斗争。国家的权力实际上由法老和神庙的祭司分享。这种情况在世界上非常普遍，无论是古埃及、古希腊、古罗马还是近现代的世界，大多数国家都存在王权和神权、国王和宗教领袖的斗争。只有我们中国，自古以来就是个例外，一直是皇权压倒神权。皇帝就是天子，政权和神权统一集中在皇帝手中。

（5）王权与神权的斗争

古埃及历史上有一次著名的王权与神权的斗争，即埃赫纳吞改革。这次斗争发生在公元前 14 世纪的第十八王朝的中叶。当时的法老企图从阿蒙神庙祭司集团手中夺权，法老阿蒙霍特普四世冲破阿蒙神庙祭司集团的阻拦，登上王位，宣布取消对阿蒙神的崇拜，改为崇拜阿吞神，从而取消阿蒙神庙祭司集团的权力。这位法老改名“埃赫纳吞”，意思是“阿吞的光辉”或“有益于阿吞者”。王后纳芙蒂蒂（图 11-18）非常能干，

图 11-18　纳芙蒂蒂半身像

帮助他进行改革。祭司们为了挽回大势，把埃赫纳吞的母亲太后提伊请出来，对他施加压力，终于迫使改革停止。

埃赫纳吞屈服了，但他的王后不愿屈服，于是迁居外地。公元前 1362 年，埃赫纳吞去世，改革彻底失败，阿蒙神祭司集团全面复辟。此后埃赫纳吞的儿子（也是他的女婿）图坦卡蒙继承了王位，成为新的法老。他的母亲纳芙蒂蒂辅佐他，但他 9 岁继位，18 岁就去世了。他的木乃伊已经被发现，他的身子和四肢上有几处骨折，头骨上还有伤。因此有些考古学家怀疑他是非正常死亡，可能死于祭司发动的政变。不过也有人认为，由于近亲结婚，图坦卡蒙可能天生身体脆弱，因此他并不是非正常死亡。图坦卡蒙的金棺也已被发现，金棺用 100 多千克黄金制成，现存放在开罗的埃及博物馆（图 11–19）。图 11–20 是对图坦卡蒙木乃伊的复原图。

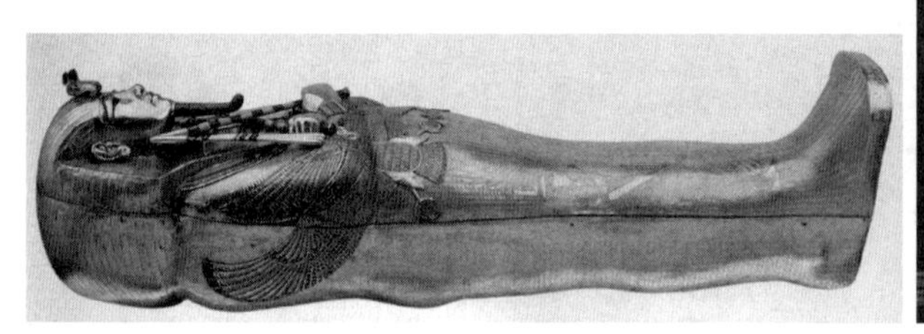

图 11-19　图坦卡蒙的金棺

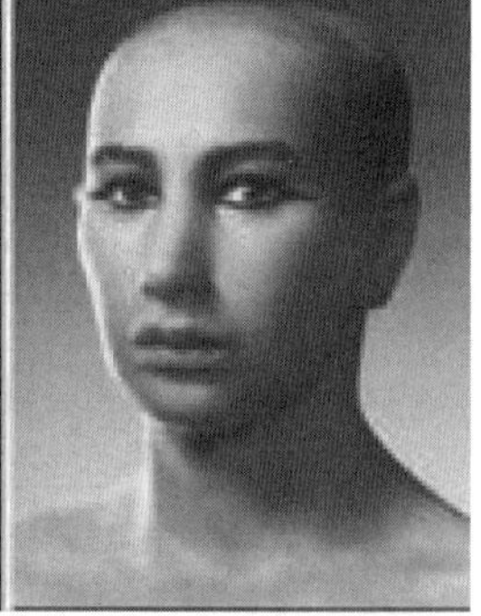

图 11-20　图坦卡蒙木乃伊的复原图

（6）法老的胡须与血缘

埃及历史上最强悍的法老拉美西斯二世，在位时间为第十九王朝的公元前 1304—前 1257 年，相当于中国的盘庚迁殷时期。他 90 多岁去世，有 100 多个儿女。他曾率大军入侵亚洲，和当时亚洲的另一强国赫梯平分霸权。有人认为，他可能就是追赶摩西率领的逃出埃及的犹太人的那个法老。

考古学家们发现了拉美西斯二世的一座雕像（图 11–21）。与其他法老雕像不同，这座雕像的胡子是直的。考古人员认为，这表明制作这一雕像时法老还活着。法老活着时制作的雕像，胡须是直的，死后制作的雕像胡须就是弯的了。

图 11-21　拉美西斯二世雕像

顺便说一下，埃及的法老都留胡须。唯一的女法老哈特舍普苏还特意戴了个假胡须。

图 11–22 是在古埃及第十八王朝（约公元前 1567—前 1320 年）的陵墓中发现的壁画。画中右侧是一位女贵族，左侧是两个服侍她的女奴。注意贵妇人和女奴的皮肤都很黑，她们很像黑种人或其他有色人种。

还有一点值得注意，女主人坐在椅子上。这幅画反映的时期相当于我们的商朝，他们那个时候就已经有座椅了。我们中国人则长时期采用盘腿坐和跪坐的方式，直到唐朝才开始有了类似于椅子的东西（胡床）。而且唐人仍普遍用盘腿坐或跪坐的方式。唐朝时期中日交往很多，大唐是日本人心目中的偶像国家，唐人的跪坐和盘腿坐方式被他们学去，一直沿用到今天。到了宋朝，中国开始有了“交椅”，此后，椅子才逐渐在中华大地推广开来。

图 11-23 是一对法老夫妇。古埃及人认为法老的血缘最为高贵。“肥水不流外人田”，所以法老的家族经常是兄妹、姐弟通婚。由于近亲结婚，法老的身体往往很脆弱。

现在一般认为，古埃及人似乎是黑白混血的。他们的语言好像与闪米特语族（存在于北非与西亚）和非洲的一些语族均有关系。

图 11-22　贵族夫人与女奴

图 11-23　法老夫妇

埃及考古

（1）拿破仑与埃及学的诞生

对埃及的科学考古是从拿破仑时代开始的。拿破仑这位 19 世纪的军事天才，率领百战百胜的大军，把法国大革命的成果推向整个欧洲，到处播下资本主义的种子。为了彻底战胜英国，他曾提出远征印度的计划。此计划的第一步就是渡过地中海，占领埃及，然后再以埃及为基地，沿陆路打向印度。

拿破仑是一位尊重科学的领导人，在制订远征计划时，他组织了由175位学者组成的庞大的随军考察团，其中有考古学家、历史学家、地理学家、博物学家和其他各类科学家，计划对所到之处进行各种科学考察。

拿破仑一生中留下了许多名言，如“狮子领导的绵羊可以战胜绵羊领导的狮子”“宪法应该制定得简单、含糊”“统治者有的时候应该是狮子，有的时候应该是狐狸，进行统治的全部秘诀就在于，他应该知道，自己什么时候应该是狮子，什么时候应该是狐狸”，等等。

在远征埃及的过程中，拿破仑也留下了一些名言。1798年，当大军成功登陆准备向埃及内地进发时，他下令说：“全军出发，驴和学者在中间。”这句话究竟是什么意思，在后来的历史学家中引起了争论。一种观点是拿破仑认为驮载着军火和粮食的驴，对军队至关重要；同时他又非常珍视学者，把他们看得与驮载重要物资的驴同样重要。另一种观点是，拿破仑认为学者和驴同样愚蠢，打仗时需要特别保护。

图 11-24　罗塞塔石碑

当大军在金字塔下与敌军相遇时，他又发表了临阵演说：“士兵们，人类5000年的文明史在金字塔尖上注视着你们……”鼓励大家奋勇向前。

拿破仑成功地控制了埃及，随军学者们也在历史上首次对埃及进行了比较全面的科学考察。他们最重要的发现之一是罗塞塔石碑（又译为罗塞达石碑，图11-24）。它是由一位军官于1799年在尼罗河三角洲西部的罗塞塔城附近发现的。这位军官在该处一个残破的早已放弃的堡垒中，偶然发现了这块石碑。这块用黑色玄武岩制成的石碑长114厘米，宽72厘米，厚28厘米，当时被垒在一个羊圈的围墙上。重要的是这块石碑上有三段用不同文字刻下的碑文。拿破仑对这一发现很重视，遗憾的是，没有一种文字能有人看懂。经过研究，可以确定其中两段是古埃及文（分别是象形文字和世俗体文字），一段是古希腊文。这三段文字可能记录的是同一内容。

作为远征军司令的拿破仑没有停下自己的脚步，他率军踏上前往印度的征程。不幸的是他的部队在西亚一带遇到了鼠疫，大批人员被感染，所以不得不返回埃及。这时法国国内一团混乱的消息传来，拿破仑决定返回法国挽救危局，于是他冒险穿过英国舰队封锁的地中海，乘船返回法国。此后，他控制了法国政局，当上了资产阶级帝国的皇帝。

拿破仑最后在欧洲反动势力的联手打击下失败了，但他已经把资本主义的种子撒遍了欧洲，同样他在埃及开创的科学研究也没有停下来。

（2）神童破译罗塞塔石碑

1802年之后，一些优秀的学者开展了对罗塞塔石碑的研究。第一个比较有成就的人是瑞典驻法国的外交官阿克布拉德，他通过对碑上世俗体文字和古希腊文字的比较，认出了几个名词。另一位有成就的学者是以神童和多面手著称的英国学者托马斯·杨。

我们在第一讲中已经介绍过托马斯·杨，他最著名的成就是完成了光的双缝干涉实验，从而确认了光是一种波动，而且是横波。他通过对碑上几种文字的比较，加深了对这些文字中表音和表义成分的认识，并认出了碑文里国王和王后的名字。

对碑文做出全面破译的是另一位神童，法国的商博良。他 12 岁就已经掌握了好几种语言和文字，后来又学习了古希伯来文、阿拉伯文和古埃及的科普特文。科普特文直到 17 世纪还在埃及北部流行，现在只有极少数人还在使用。为了加深自己对古文字的理解，他坚持用科普特文记日记。有趣的是，后世的一位学者误把商博良的日记当成了古文献，还进行了一番研究，闹了一场笑话。

1809 年，商博良开始对罗塞塔石碑进行研究，后来又把自己的研究工作推广到其他古埃及文献（其他碑刻及纸草文书）。商博良最终彻底破译了罗塞塔石碑上的文字，并弄懂了许多古埃及文献，对古埃及历史的研究做出了重大贡献。

现代的埃及学专家已经基本掌握了从公元前 3000 年以来埃及的历史和文化，他们依据各种考古所得的实物和纸草文书，完成了“埃及编年史”，建立了埃及学。

埃及近代考古的最大成就是在卢克索地区的尼罗河西岸发现了帝王谷，1922—1933 年，英国考古学家霍华德·卡特在那里的一个陵墓里发现了许多珍贵文物和法老图坦卡蒙的木乃伊金棺。另一个重大发现是 1954 年考古学家在胡夫金字塔旁发现了法老胡夫随葬的“太阳船”。有人认为这是胡夫生前使用的船，也有人推测这是胡夫去世后用以登天的船。

希腊考古

（1）环地中海文明

存在于环地中海地区的西方文明，首先诞生于两河流域和尼罗河流域，即苏美尔文明和古埃及文明，创造这一文明的原始人类并非白种人。苏美尔人极有可能是黄种人，古埃及人也皮肤发黑，至少有部分的黑人或黄种人血统。

公元前 2000 年左右，文明从古埃及和两河流域传播到地中海上的一些岛屿以及巴尔干半岛的最南端。不过，当时这一地区的人还不是现代欧洲人的祖先。后来，闪米特人（阿拉伯人与犹太人的祖先）进入了两河流域和尼罗河流域，他们继承和发扬了苏美尔人和古埃及人的文化，创造了一系列闪米特人的国家，如阿卡德（相当于我国的尧舜时代）、古巴比伦（相当于商代）、腓尼基（相当于西周时期）和亚述（相当于春秋时期）等。

不同于闪米特人的印欧人，可能起源于伊朗高原。他们先进入欧洲大陆的森林，到了公元前 1000 年左右，其中部分部族南下进入巴尔干半岛，接受那里的先进文化，逐步创建了古希腊文明。

（2）荷马史诗

我们知道，现代欧美地区的文明起源于古罗马，古罗马文明又起源于古希腊。从公元前700年往后的希腊历史开始有文字记载，但那之前的历史人们就长期不清楚，只流传下来一些传唱的史诗。据说这些史诗是当时一位盲诗人、歌手荷马创作的，所以这一时代被称为荷马时代。流传下来的史诗中有两首比较完整，一首叫《伊利昂纪》（又译为《伊利亚特》），另一首叫《奥德修纪》（又译为《奥德赛》）。伊利昂是特洛伊的译音。这两首史诗都是描述希腊人和特洛伊人争夺海上霸权的长期战争的。《伊利昂纪》描写了这一战争的几乎全过程。《奥德修纪》则描写了在希腊人赢得这场战争之后，足智多谋的希腊英雄伊萨卡王奥德修斯返回家乡时经历的艰险历程。这些史诗中充满了神奇的故事，出现了不少天神和妖魔，所以长期被后人视作文学作品，认为与真实的历史没有关系。

《伊利昂纪》中描写的特洛伊战争，起因于美丽的斯巴达王后被特洛伊王子拐跑，斯巴达国王求助各希腊盟邦，共同发兵攻打特洛伊城。战况波澜起伏，希腊英雄们和特洛伊英雄们在天神的帮助下奋勇鏖战，最终希腊人借助木马计攻克了特洛伊城，这就是广为流传的“特洛伊木马”的故事。

《奥德修纪》则描写了希腊英雄奥德修斯在战争胜利后，返家旅途的多灾多难。由于希腊联军在攻入特洛伊城后大肆屠杀和掠夺，触怒了天神，天神让他们在回国途中遭遇风暴。幸存的奥德修斯等人在海上漂泊了10年，克服女妖、女巫的阻拦，终于回到自己的家乡，并战胜各种恶棍，最后与妻子圆满团聚。

荷马史诗长期以来作为神话在欧洲广泛流传，几乎没有人相信这些故事中包含有真实的历史成分。

（3）特洛伊城的发现

到了19世纪，一位叫谢里曼的德国商人，自掏腰包考察特洛伊战争的真相，才改变了这一状况。谢里曼出身于一个贫穷的牧师家庭，从小听父亲讲了许多关于特洛伊战争的故事，他十分着迷。他相信这些故事都是真的，故事中的希腊英雄和特洛伊英雄都确有其人。谢里曼12岁就开始自己挣钱谋生，他当过学徒、售货员、水手、商行办事员，最后成为一名商人。在发了一笔财之后，他决心用自己的财产实地考察一下特洛伊战争的真实性。

在考察特洛伊城之前，谢里曼曾在希腊地区进行过初步考察。他首先到过伊萨卡，奥德修斯就是伊萨卡的国王。谢里曼觉得那里的残墙断壁都与伊萨卡王有关，旁边山上的山洞可能就是史诗中所说的三个仙女住过的地方。他又来到伯罗奔尼撒半岛的迈锡尼遗址。希腊联军统帅阿伽门农就是迈锡尼的国王，在史诗中他被不忠的王后和奸夫害死。谢里曼相信迈锡尼的许多残破建筑和陵墓都与史诗中的阿伽门农及谋害他的凶手有关。

后来他又根据史诗中的描述来到小亚细亚半岛（现今土耳其境内）。他相信故事中的特洛伊城就应该在那里。当时大多数历史学家都不相信特洛伊战争的真实性，但也有很少几位历史学家猜测故事有一定真实背景，他们推测了特洛伊城在小亚细亚半岛的可能位置，但没有做过实地考察。谢里曼按照他们的描述，找到了他们推测的特洛伊城的位置。谢里曼在那里考察后，认为这个地方不对，不可能是特洛伊城的位置。第一，这个地方离海太远，史诗中描述在船上的希腊英雄可以听到特洛伊城里的笛声，而且这些英雄们为了把船上的物资搬到城下，一天可以跑几个来回，如果特洛伊城在这样的地方，船上的希腊英雄不可能听到城中的笛声，更不可能一天从海边到城下跑几个来回；第二，史诗中曾描述希腊英雄和特洛伊英雄围着城相互追杀，能绕城跑几圈，但这个地方存在悬崖、沟壑，根本不可能围着城跑几圈；第三，史诗中提到特洛伊城外有一个冷水泉，还有一个热水泉，但这里什么泉都没有。谢里曼确信特洛伊城不可能在这里，于是他开始在小亚细亚半岛上到处考察，终于，他发现了一个地方，那里离海边不远，地势平坦，而且有热水泉和冷水泉。如果特洛伊城在这里，船上的人可以听到城中的笛声。英雄们也有可能围绕着城跑，相互追杀。谢里曼想，特洛伊城肯定在这里！

于是谢里曼马上集中人力物力在这里开挖。功夫不负有心人，他真的挖到了珍贵文物，他确信这些宝贝就是特洛伊人在城破前埋藏的。谢里曼发现特洛伊城和特洛伊国王宝藏的消息很快传遍欧洲，吸引了许多历史学家和考古人员的关注。

经过长期的研究和反复推敲，大家确定这里的确是特洛伊城的遗址。不过历史上的特洛伊城，先后建过九座，一座毁了又建一座。史诗中的特洛伊城是历史上建的第七座，是公元前 1000 年左右建的，而谢里曼发现宝藏的特洛伊城则是公元前 2000 年左右建的第二座。

当时的谢里曼考古知识还比较欠缺，他挖透了那座特洛伊城的地层，挖到了更早更古老的特洛伊人留下的金银财宝。这些财宝不是和希腊人打仗的那批特洛伊人的，不过没有关系，最重要的是他发现了特洛伊城的遗址，发现了古代特洛伊人留下的遗物和遗迹，这大大促进了希腊历史的考古研究。

谢里曼的后半生一直致力于希腊历史的考古，他刻苦钻研，掌握了 13 种语言和文字，成为一位考古学家，还带出了不少优秀的助手和学生。

谢里曼的研究表明，我们不应该忽视史诗等古典文学作品，里面往往含有真实的历史成分。

还应该提及一件有趣的小事。荷马史诗曾经描写过一位希腊英雄在出征的前夜与他的妻子在灯下交谈的场景。妻子一边与他谈话，一边用野猪牙给他缝制头盔。在所有文字记载的史料中，从未提到过用野猪牙制作的头盔，这段描述有真实性吗？后来在近代考古中，工作人员真的在古希腊人的墓中发现了用野猪牙连在一起制成的头盔，还发现了一个头戴野猪牙头盔的战士的头像。看来这种头盔不仅在古希腊时代使用过，而且还曾用得比较普遍。这个小例子再次告诉我们，不能忽视古代的史诗或者其他文学作品，那里面往往包含有真实的历史。

荷马史诗中描述的特洛伊战争，应该反映的是公元前 1000 年左右，希腊人与特洛伊人争夺海上贸易通道和海上霸权的战争，只不过史诗中把这场战争艺术化、神秘化了而已。

四、探索人类的童年——中华文明

我们的祖先从周朝开始就留下了丰富的历史资料，此后一直没有间断。所以从公元前 1000 年左右往后的历史我们都比较清楚，这些史料中包括作为上古文献的《尚书》、由二十四史组成的纪传体断代史、以《资治通鉴》为代表的编年史、记述事件的“纪事本末”体史料，还有许多其他体裁的史书。

周朝以前没有完整的史料。在《尚书》中有不少远古帝王的诏书和言论，但不一定可靠。许多史学家认为，《尚书》的内容大部分为春秋时期的文人、史官所作，并非夏朝甚至尧舜时期的作品，但可能有一定的真实性。

司马迁的《史记》从炎黄时代一直写到汉武帝时代，但周朝以前的记述是否可靠还需要进一步研究。

今天，我们国家正在大力开展夏、商、周时期的考古研究，已经取得了很大成绩。殷商甲骨文的发现使我们知道商朝后期肯定已经有了比较成熟的文字。甲骨文中关于商朝帝王世系的记载与《史记》的记载完全吻合，这一发现验证了《史记》的科学性和可靠性。

下面我们对部分史书进行一些简单介绍，然后介绍近年来我国的考古成就。

丰富的历史文献

（1）《尚书》

在古代“上”和“尚”是同义的通用字，所以《尚书》就是“上古的书”“重要的书”。

《尚书》的内容大部分是古代帝王的“诏书”和“训令”，以及军队作战时的誓词等，其中没有神话，内容比较严肃。

《尚书》包含的内容最早从尧舜时期开始，最晚到战国晚期，一般认为是在春秋战国时期形成的。当时各国流行的版本大同小异，所用文字是当时各国自己的文字。秦始皇统一全国之后，统一文字并焚书坑儒，下令民间不许保有《尚书》等带有政治色彩的书籍，把这些书收集到中央，做了有利于秦朝统治者的改写。《尚书》的新抄本采用新文字隶书写成，中央和民间的其余版本被全部烧毁。因此焚书坑儒之后，只有秦朝的中央保留有用隶书写成的《尚书》，民间已经找不到《尚书》的踪迹了。

《今文尚书》

秦末农民大起义之后，天下大乱。有一位在秦朝中央工作的博士伏生（又称伏胜），趁乱偷出一套《尚书》，带回老家山东济南。山东很快也兵荒马乱，伏生只好把这套《尚书》藏在自己家的墙壁之中，然后外出逃命。等到社会安定下来，他回到家乡，从墙壁中取出这套《尚书》，打算教学生。可是由于腐蚀和其他意外，这部《尚书》只剩 28 篇。他当时已年老体弱，丢失的那部分《尚书》的内容，他已记不起来，于是就在家乡用保存下来的 28 篇开讲《尚书》，并改用汉代通行的隶书传授。

汉文帝时天下安定下来，有余力顾及学术著作了。当时全国已找不到《尚书》，汉文帝听说伏生在山东讲解《尚书》，就想请他来长安讲。但伏生已 90 多岁，走不动路了，于是汉文帝派晁错前去听伏生讲授，把这 28 篇抄了回来。后来市面上又冒出一篇《泰誓》（又作《太誓》），是讲述周武王克商时的内容的，这 28 篇中没有，于是加上《泰誓》，官方拥有的《尚书》就有 29 篇了。

《古文尚书》

汉景帝之子鲁恭王被封到鲁国，那里是孔子的家乡。鲁恭王并不喜欢文学和历史，他喜欢修建宫殿。在拆除旧房子准备大兴土木之时，人们意外地在孔子家旧居的墙壁夹层中发现了一批古书，其中包括《尚书》。不过这部《尚书》却是在秦始皇统一文字之前，用鲁国当时的文字写成的。这种文字已经几乎无人能看懂了，幸好当时孔子的一位后人孔安国专门研究古文字，鲁恭王就把这部《尚书》交给他研究。他当时对古文字也已几乎是文盲了。在下了一番功夫后，孔安国弄清了这部《尚书》共 45 篇，比伏生等人的 29 篇还多出 16 篇。经研究，与伏生的《尚书》相同的 29 篇出入不大。那多出的 16 篇称为"逸书"，即丢失了的书；孔安国和其他学者研究了很久，对"逸书"的理解还是没什么进展。

此后伏生等人保留下来的 29 篇用隶书写成的《尚书》，被称为《今文尚书》。孔安国等人研究过的鲁恭王发现的《尚书》，由于是用古文字写成的，所以被称为《古文尚书》。《古文尚书》的"逸书"长期保存在中央档案馆，一般人看不到，但西汉中期作为太史令的司马迁应该能够看到。司马迁在《史记》中曾引用"逸书"的一些内容，这大概是后来保留下来的"逸书"的仅有文字。

此后学术界围绕《今文尚书》《古文尚书》进行了激烈的学术争论，不幸的是，在东汉末年和三国两晋时期，《今文尚书》《古文尚书》的学术争论与政治斗争挂起了钩，结果损失很大。

在西汉初期出现的《今文尚书》，在晋朝时遗失。在西汉中期（景帝）时出现的《古文尚书》，在晋朝时"逸书"丢失，到了唐朝则全部丢失。

伪《古文尚书》

令人意外的是，在《古文尚书》丢失之前，在东晋和南北朝时期又冒出一部《尚书》，它包括《古文尚书》的全部内容，还有一些新的篇章。当时和以后的学者都对这部《尚书》表示极大的怀疑，多数人认为是伪作，因此称其为"伪《古文尚书》"。不过这部书即使是伪作，也包含了原《古文尚书》的内容，仍有相当大的价值。

这部伪《古文尚书》共 58 篇，其中 33 篇与《古文尚书》一致，还多出 25 篇。我们今天看到的《尚书》就是这部伪《古文尚书》的版本，因为其他书中引用了不少《今文尚书》和《古文尚书》的内容，所以可以对伪《古文尚书》进行一些校对。

（2）司马迁与《史记》

现在最重要的正史"二十四史"是断代史，基本上是每个皇朝有一部史，也有个别的有两部，例如《旧唐书》和《新唐书》、《旧五代史》和《新五代史》。不过，"二十四史"的第一部——《史记》，却是通史。它从传说的炎黄时代、唐尧虞舜时期一直写到司马迁生活的汉武帝时期。所以《史记》既包含当时的古代史、近代史，也包含当时的当代史。然而写当代史是十分危险的，所有的统治者都想美化自己，不能容忍任何写自己缺点和错误的文字，而史官又追求真实，所以史官常常受到统治者的打击报复，司马迁受宫刑就是汉武帝对他的打击报复。

司马迁写史的态度是非常严肃认真的，因此《史记》的内容十分可靠，近年来考古发现的殷商甲骨文有商王世系的记载，与《史记》所述完全吻合。

司马迁的《史记》是纪传体，每一位皇帝、诸侯王和重要人物都分别有传记记载，纪传体写史是司马迁首创，“二十四史”中的其他二十三史也仿效司马迁用纪传体书写。

汉武帝听说司马迁在写史，就向他要来自己和父亲的传记，即“今上本纪”和“景帝本纪”。汉武帝看后大怒，觉得司马迁没有把自己和父亲写得“高大上”。他把这两篇本纪毁掉，但又不好直接因此事惩罚司马迁，因为这样会影响他自己的名声，最后他找了一个借口，用“诽谤贰师将军李广利”的罪名惩处了司马迁。李广利是汉武帝宠妃李夫人的哥哥，靠裙带关系上位。当时“飞将军”李广已去世，他的孙子李陵自告奋勇，率五千步兵敢死队，千里奔袭匈奴大本营，大获全胜。但他们在撤回途中遭大批匈奴骑兵追击，贰师将军李广利没有按原定的方案派出接应部队，导致李陵全军覆没，自己也被俘。汉武帝把司马迁叫来，问他这段历史怎么写，司马迁认为李陵兵败被俘投降，辱没自己的祖先有罪，但是兵败的原因不在李陵，而在李广利不发援兵。本来司马迁讲的是有道理的，但汉武帝大怒，指责他诽谤李广利，把司马迁处以宫刑。

李广利所干的最著名的事情就是远征大宛（位于今吉尔吉斯斯坦与土库曼斯坦境内），抢回汗血宝马。这次远征条件艰苦，将领克扣军饷，汉军伤亡重大。出发时六万人，返回玉门关的只有一万多人。李广利后来投降匈奴，又被匈奴杀掉，落得可耻下场。

忍辱负重的太史公

宫刑残酷而耻辱，司马迁曾想到自杀，但转而又想自己写史的抱负还没有完成，于是忍辱负重活了下来，完成了《史记》这部伟大的历史巨著。

司马迁没有向汉武帝屈服，汉武帝毁掉的两篇本纪，他就让其空缺，没有重写。后来《史记》上的这两篇本纪，是后人依据《史记》中其他部分的有关内容重新补写的。

司马迁在《史记》的《太史公自序》中说：

昔西伯拘羑里，演《周易》；孔子厄陈、蔡，作《春秋》；屈原放逐，著《离骚》；左丘失明，厥有《国语》；孙子膑脚，而论兵法；不韦迁蜀，世传《吕览》；韩非囚秦，《说难》、《孤愤》；《诗》三百篇，大抵贤圣发愤之所为作也。

这段话的意思是，当年西伯侯姬昌（即后来的周文王）被商纣王拘留在羑里（河南汤阴）时，他在那里完成了《周易》；孔子被困在陈国和蔡国时，整理了鲁国的史书《春秋》；屈原被流放期间写出了《离骚》；左丘明眼瞎了，还坚持写了《国语》；孙子的脚受了膑刑，但完成了《孙子兵法》；吕不韦被流放到蜀地时，召集宾客写了《吕氏春秋》；韩非被囚禁在秦国的狱中时，写了《说难》和《孤愤》这样的好文章。《诗经》三百篇大致也是贤圣发愤而完成的。

司马迁以这些例子鼓励自己奋发，完成写史书的大任。他在《太史公自序》中还说：

太史公曰：“先人有言：‘自周公卒五百岁而有孔子。孔子卒后至于今五百岁，有能绍明世、正《易传》，继《春秋》、本《诗》《书》《礼》《乐》之际？’意在斯乎！意在斯乎！小子何敢让焉！”

这段话的意思是：先人说过，周公死后五百年而有孔子（而周公“制礼作乐”，周公死后“礼崩乐坏”，后来孔子“克己复礼”）；现在孔子也已死了五百年，有能像孔子那样光照当代，正确解释《易经》，继写历史（《春秋》），传播《诗经》、《书经》（即《尚书》），审定《礼乐》，使它们发扬光大的人吗？难道天降大任于我吗？难道天降大任于我吗？我不敢推辞啊！

巫蛊之祸

汉武帝是中国历史上拥有雄才大略的皇帝，但在晚年时变得好大喜功，喜怒无常。他在重用卫青、霍去病大败匈奴之后，继续进行对外战争和扩张，使农民负担极其严重。他和皇后卫子夫所生的儿子刘据（卫太子），比较能倾听臣下的意见，比较了解民间的疾苦，多次规劝汉武帝减少征战，减轻劳役，汉武帝都不听。

当时宫廷中，经常有后妃、公主或女巫用法术（称为巫蛊之术）暗害竞争者。汉武帝对此深恶痛绝，严惩企图用巫蛊害人的人。这时一些奸臣利用武帝的这种心理在他身边进谗言诬陷好人，以致武帝把自己和皇后卫子夫生的两个女儿（诸邑公主和阳石公主）都处死了。而且，那些奸臣还在汉武帝身边诬陷卫太子。当时汉武帝不在京城，由于奸臣作梗，刘据见不到父亲，非常惊恐。他身边的门客力劝他赶快动手“清君侧”，卫太子于是决心发动政变，清除汉武帝周围的奸臣。皇后卫子夫把皇宫卫队交给了刘据，刘据还得到京城部分卫戍部队和民间群众的支持，于是动手杀掉在京城中的奸臣。汉武帝在外地听说“太子叛乱”，立刻调兵进京平叛。汉武帝调动的大都是久经战阵的野战部队，双方在京城血战五天，死了几万人，街上血流成河。最后卫太子失败，逃出城后自杀，他的母亲皇后卫子夫也上吊自尽。汉武帝听说太子自杀也很悲伤，说：“傻孩子，何至于此。”这件事情在历史上称为“巫蛊之祸”。

轮台罪己诏

汉武帝后来清楚了实情，太子并没有反对他的意思，于是杀掉那些诬陷太子的人。他沉痛思念儿子，修建了思子宫，又在卫太子自杀处建了归来望思台。

这时有人向汉武帝建议在新疆轮台建军事基地，把大汉王朝的势力扩展到那里。汉朝的轮台不在现今轮台县的位置，而在乌鲁木齐附近。汉武帝经过巫蛊之祸后，沉痛回忆卫太子等人的意见，反思了自己加重民众负担的不当之处，于是拒绝了这一建议。他发布了“轮台罪己诏”，做了自我批评。这个诏书的发布，标志着汉武帝执政方针的改变，他开始停止对外的主动进攻，减轻民众的劳役，使大汉王朝的经济重新恢复。在他死后，出现了“昭宣中兴”的盛世。

在巫蛊之祸中，还出现了一件与司马迁有关的事情。司马迁有个朋友叫任安，是一位将军，当时带一支部队驻扎在长安附近，拱卫京师。巫蛊之祸发生时，太子刘据传令任安出兵助战，同时汉武帝也派人传令任安出兵平叛。任安同时收到两个命令，他考虑再三，没敢动。

汉武帝在平定动乱之后，把任安抓了起来，说他“首鼠两端”，把他判了死刑。任安向司马迁求助，司马迁觉得自己无能为力，于是给他写了一封信，即《报任安书》。这封信中有一段与《史记》中《太史公自序》相同的内容。

“昭宣中兴”与海昏侯

汉武帝去世后，小儿子刘弗陵继承了皇位，是为汉昭帝。刘弗陵的母亲是钩弋夫人，钩弋夫人小时候可能得过风疹一类的病，一只手掌伸不开，像钩子一样，所以称为钩弋夫人。汉武帝在决定立刘弗陵为太子时，立刻赐死了钩弋夫人。因为汉武帝觉得钩弋夫人很年轻，自己死后她可能操控朝廷，做出像吕后那样的事情，所以不能留下她。从这件事可以看出汉武帝的残酷。

汉昭帝去世后，因为没有儿子，当时霍光（霍去病的异母弟）专权，就迎立了封在外地的昌邑王刘贺为帝。刘贺是汉武帝与李夫人（即贰师将军李广利的妹妹）的孙子，比汉昭帝小一辈。但霍光很快发现刘贺很难控制，于是只让他当了20多天皇帝，就把他废黜，并指责他在当政的20多天中犯了1127个错误（笔者认为这实在奇葩，这么多错误，他犯得过来吗？）。后来汉宣帝封他为海昏侯。前几年在江西发现了海昏侯的墓，挖出好多金银财宝。

霍光又改立卫太子的孙子刘询（汉武帝和卫子夫的重孙）为帝，是为汉宣帝。汉宣帝时期，司马迁的外孙杨恽，献出了保存多年的外祖父的珍贵著作《史记》的手稿，使得这部巨著得以面世。

司马迁生前《史记》未能公布，而且司马迁是何时死的，怎么死的，史书上也没有记载，一些历史学家推测他最终还是被汉武帝害死的。

汉昭帝和汉宣帝时期，延续了汉武帝晚年执行的休养生息政策，经济逐渐恢复，人民安居乐业，这一时期在历史上称为“昭宣中兴”。

不过也不要把封建帝王想得太好，他们大多是很残暴的。杨恽虽然在揭露霍光的儿子谋反阴谋，以及献出《史记》上有功，但后来因在背后议论汉宣帝而被罢官，再后来又因在一篇文章中批评汉宣帝而被判死刑，被残酷地腰斩。

前面我们对《史记》成书的相关事件做了一个大致的介绍，下面我们再简单介绍一下前四史的另外三部史书的成书经过。

按照历史的时间顺序，这三部史书是记载西汉的《汉书》、记载东汉的《后汉书》和记载三国纷争的《三国志》。然而成书的顺序则先是《汉书》，然后是《三国志》，最后才是《后汉书》。下面我们按照成书先后的顺序来介绍。

（3）班固与《汉书》

《汉书》的主要作者是东汉的班固。他的父亲班彪就是一位史学家，给班固留下了很多史学遗产。班固成人后，考虑到《史记》只写到汉武帝时期为止，没有包括全部西汉的历史，因此他立志写一部完整的汉代（西汉）历史书，并计划按《史记》的纪传体写。与《史记》不同的是:《史记》是通史，从炎黄、尧舜、夏、商、周、秦一直写到汉武帝之前的汉朝。班固准备把书写成断代史，只包括西汉和王莽的新朝。

班固的弟弟班超起先协助哥哥写《汉书》，后来投笔从戎出使西域，成为中国历史上著名的外交家。班固本人很受大将军窦宪的赏识，曾追随窦宪远征匈奴（公元 89 年），为窦宪参谋军机。在与南匈奴联合驱走北匈奴之后，班固曾为窦宪起草碑文，刻石记功。北匈奴从此离开中国北方，远走中亚。

窦宪这次北伐对中国影响不大，但对西方（欧洲、中西亚和北非）历史影响很大。虽然北匈奴远走，但其他游牧民族（如鲜卑、柔然、契丹、女真、蒙古）又先后在塞外兴起，对中原汉族政权的威胁并未消失。然而一百多年后，匈奴人出现在欧洲，驱赶欧洲各民族向西逃跑，造成世界历史上著名的民族大迁移。

窦宪在东汉独揽大权，遭人嫉恨，最后在政治斗争中失败。有人趁机利用班固与窦宪的关系，诬陷班固，把他关进监狱，班固最后死于狱中（公元 92 年）。当时《汉书》还未完成，后来汉和帝希望完成《汉书》，他想到班固的妹妹班昭也是一位史学家，曾协助班固写《汉书》，于是下令让班昭完成《汉书》的剩余部分。班昭邀请懂得天文的马续写了《汉书》的《天文志》，自己则补写了《汉书》中的八表，从而最后整理完成了《汉书》。班昭是二十四史的作者中唯一的女性，是中国古代第一位女史学家。

班昭后来还向马续的弟弟马融等人讲解《汉书》，把马融培养成一个大学问家，既通《汉书》又通《古文尚书》。顺便说一下，马续和马融都是东汉开国功臣伏波将军马援的侄孙。

（4）陈寿与《三国志》

现在来介绍一下《三国志》的写作。《三国志》的作者陈寿是蜀国人，是蜀汉史学家谯周的学生。他从小就注意政治和历史，蜀汉灭亡后，他来到晋国。当时魏国和吴国也已灭亡。魏、吴两国都设有史官，记录本国的历史。但是蜀国没有设史官，没有官方记录的史料，幸亏陈寿本人就是蜀国人，又专攻历史，平时对蜀国的事件比较留心。

本来写当代史是十分危险的，但当时魏、蜀、吴均已灭亡。关于三国的当代史变成了近代史，写起来危险性小了很多。还有一个有利的条件，就是晋国的皇族司马氏家族，从第一代司马懿开始，就对诸葛亮十分敬佩。诸葛亮是三国时期引人注目的人物，写《三国志》肯定绕不过诸葛亮，而且必须大书特书。司马氏家族是中国历史上最凶残的家族，本来写三国历史非常困难，没想到司马氏家族敬佩诸葛亮，这给陈寿写《三国志》创造了有利条件。

陈寿在《三国志》的“蜀志”中为诸葛亮单独列传，写得非常真实生动，让后人看到了一个“鞠躬尽瘁，死而后已”的伟大形象。

陈寿认为诸葛亮一生严于律己，宽以待人，把蜀国治理到无以复加的地步。不过，他“治戎为长，奇谋为短”“理民之干，优于将略”。这和我们在文学作品《三国演义》中看到的诸葛亮形象出入很大，诸葛亮在打仗上并不像小说中写的那样神奇。有人说陈寿在公报私仇，这是因为陈寿的父亲是马谡的参谋，失街亭后马谡被斩，陈寿的父亲也被剃了头发，剃头发当时是一种惩罚。不过，后世的史学家认为陈寿是实事求是的，写出了一个真实而伟大的诸葛亮。

陈寿在世时，魏、蜀、吴三国刚灭亡不久，许多史料还没有披露出来，所以《三国志》写得比较简洁。后来，出现的史料越来越多。一百多年后，南北朝的刘宋时期，有一位史学家裴松之决心为《三国志》作注。裴松之认为陈寿写的《三国志》非常好，但过于简略，于是他放弃了自己写《后汉书》的想法，全力以赴为《三国志》作注。他注的文字是正文的三倍，并列举引用了很多史料和史书，其中引的很多书今天已经失传。

裴松之的注大大丰富了《三国志》，所以许多学者（包括毛主席）认为，看陈寿的《三国志》，应该看裴松之加注的版本。

（5）范晔与《后汉书》

《后汉书》是断代史，写从光武帝刘秀创建东汉王朝，直到汉献帝被杀，这将近 200 年的历史。作者范晔和裴松之都是南北朝时刘宋的人。由于刘宋王朝内部争斗厉害，范晔被人怀疑卷入其中而被杀害。现在的史料表明，这是一桩冤案，他其实并未参与有关的政治斗争。《后汉书》的另一个作者司马彪，生活的年代比范晔略早。司马彪是晋朝人，他们二人并不认识，只是《后汉书》中用了司马彪写的“志”。

《后汉书》有一点值得赞扬，以往的史书都是写男人的，女人在书中只是作为附属品出现，《后汉书》中加了《列女传》。特别值得一提的是，《后汉书》写了蔡文姬这个才女的传记，使后世对蔡文姬有了比较全面的了解。

前四史的主要作者中只有陈寿得以善终，其余三人均死于非命。

（6）司马光与《资治通鉴》

《资治通鉴》采用的不是司马迁的纪传体写法，也不是断代史，而是编年史。编年史的写法自古就有，《春秋》就是鲁国的编年史书，后来又由孔子加以整理。由于《春秋》过于简略，而且主要是叙述鲁国的历史，后来左丘明又根据各国的史料对它加以增补充实，成为《左传》，或称《左氏春秋》，又称《春秋左氏传》。

《资治通鉴》是北宋司马光主编的，这部书从韩、赵、魏三分晋国那一年（公元前 403 年）开始，一直写到后周显德六年（959 年，第二年，即 960 年，后周灭亡），共计 1362 年。在写作过程中，他一直得到宋神宗的支持，书名《资治通鉴》也是宋神宗定的，宋神宗还给《资治通鉴》写了序言。

在宋神宗时代出了两位杰出人物，一位是司马光，另一位是王安石。司马光编写了《资治通鉴》这部历史巨著；王安石则与宋神宗一起，为富国强兵搞起了大规模的政治经济改革。这一改革虽然没有成功，但意义重大。这次改革在历史上被称为“熙宁变法”。由于列宁称王安石是 11 世纪中国的改革家，所以中华人民共和国成立后，“熙宁变法”被改称为王安石变法。王安石确实是这一变法的核心人物，但主要人物不止他一个，在王安石遭到攻击而被罢相之后，宋神宗仍与其他革新派大臣一起继续推行改革。

司马光坚决反对这一改革，是守旧派的领袖人物，与王安石水火不相容。宋神宗很了不起，他一方面重用王安石进行改革，另一方面继续支持司马光编写《资治通鉴》，所以变法的推行并没有妨碍司马光的写作。

王安石与司马光都是君子，二人都勤奋工作，又都洁身自好。同时，二人又都很固执，都听不进不同意见。他们在“改革”这件公事上，形同水火，互不相容，但又绝不在私下里报复打击对方，而且还阻止了别人这样做的企图，真可以说是两位君子！

宋神宗原本想通过改革实现富国强兵的目的，但终因保守势力过于强大而失败。

王安石变法失败了，司马光的《资治通鉴》却完成了。历史上对王安石变法的争论莫衷一是，但对《资治通鉴》的评价却一直很高。

有一种意见认为，北宋时期中国的商业发达，当时的中国已经处在了向资本主义社会过渡的前夜。王安石变法的失败，使中国失去了向资本主义过渡的良机。但好像多数历史学家认为，如果王安石变法胜利，中国也不会早日发展起资本主义。

考古成就

（1）中国历史纪年的探索

我们认为自己有 5000 年的文明史，然而周朝以前的历史纪年我们却长期不清楚。

历史上我们首先弄清楚的是《资治通鉴》中所记录的韩、赵、魏三分晋国的那一年，是公元前 403 年，此后的中国历史纪年都是清楚的。以后我们又依据对其他史料的研究，把中国的历史纪年上推到公元前 841 年，这一年在中国历史上称为共和元年。因为这一年国都中的民众把胡作非为的周厉王流放，由周公和召公共同监管周王国，共和元年以后的中国历史纪年是完全清楚的。

后来人们又注意到《竹书纪年》这部书中记述的一件奇事，就是周懿王元年“天再旦于郑”。也就是说，在周懿王元年的一天，河南一个叫作郑的地方早晨天亮了两次，这怎么可能呢？很多人都不相信。但是现代天文学的研究表明，如果日全食出现在太阳即将升起的早晨，就会出现“天再旦”的奇怪现象。

于是天文学家们研究了历史上凌晨出现日全食的记录，一些中国天文学家找到了一次这样的记录，但日本天文学家认为那次日全食中国看不到，只有在太平洋上的一些海岛上才能看到。这些日本学者指出了发生在公元前 899 年的另一次日全食，这次日全食中国河南的居民能在凌晨时看到。这一研究结果后来得到了公认，所以中国最早的历史纪年上推到了公元前 899 年，即周懿王元年为公元前 899 年。

《竹书纪年》又叫《汲冢纪年》。这部书发现于晋朝的时候，当时在河南“汲”这个地方有一个叫作“不准”（fǒu biāo）的人，在盗墓时火把用完了，他发现墓中有不少竹片，就随手拿了一些当火把用，他盗完墓，把剩余竹片一扔就跑了。当地人一看这些竹片上有古文字，就把墓挖开，共挖出了几十车竹简，上面都有字。经过当时的文史学家研究，这些竹片上记录的是战国时期魏国的史书，作为魏王的陪葬品埋入墓中，结果幸运地躲过了秦始皇的“焚书坑儒”。现在这部书早已散失，但是很多后人的著作中曾大量引用，所以我们今天还能有幸看到这部书的许多内容。今天的历史学家已经基本肯定《竹书纪年》是一部真史书。

（2）甲骨文与殷墟

清朝末年，河南安阳郊外小屯村的村民挖出了一些“龙骨”。龙骨就是古代动物的化石，可以用于中药，这些龙骨上刻有一些类似文字的东西，因此引起了古董商和一些知识分子的注意。1899年，在京城做官的金石学家王懿荣知晓此事后，用高价向古董商买了一批龙骨进行研究。他发现这些龙骨其实就是龟甲和牛的肩胛骨，上面刻的东西好像是一些古文字，因此称其为甲骨文。后来人们弄清楚了小屯村一带就是历史上所说的“殷墟”，史书记载秦末时项羽曾在殷墟与章邯相会。

经过研究，历史学家现在已经大体读懂了甲骨文，上面记录有商王的世系，与《史记》上记载的完全相同。这些甲骨大都是用来占卜的，殷人迷信鬼神，非常重视占卜，不管是国家大事还是商王家事，都经常占卜，看是否吉利。

据甲骨文记载，商王武丁有一位叫作妇好的王后，是一位女将军，经常带兵出征。商军出征一般是3000到5000人，最多一次有13000人。1976年考古人员在河南安阳（即殷墟所在地）发现了妇好的墓，墓中有大量随葬品（图11-25和图11-26）；出土文物有1900多件，包括400多件青铜器，其中有兵器170多件，上面有妇好的名字，这与妇好是一位女将军相符。还有近800件玉器，大量玉器也和她的王后身份相符。史书上没有关于妇好的记载，但甲骨文中有。不过有一个疑点，墓中没有发现妇好的遗骨，这非常奇怪。

图11-25　妇好钺

图11-26　妇好爵

在妇好墓中，还出土了一尊后母辛鼎（图11-27），这是王后辛的儿子命人铸造用来祭祀母亲辛的，“辛”是妇好的谥号。

武丁还有一位王后叫戊，后母戊鼎早在1939年就发现了（图11-28）。这个鼎是戊的儿子命人铸造用来祭祀母亲的。它是至今发现的世界上最大的古青铜制品。这个鼎大约1立方米，重约832.84千克。它在农民的保护下躲过了日寇的搜寻，保存至今，现存于北京的中国国家博物馆。

图 11-27　后母辛鼎

图 11-28　后母戊鼎

在发现甲骨和妇好墓的附近，有大殿的遗迹。《竹书纪年》上说，盘庚迁殷后 273 年“更不徙都”，看来这里应该就是商朝用了 273 年的都城殷的遗址。不过笔者认为有一个疑点，在殷这个地方没有发现城墙的遗迹。怎么可能没有城墙呢？奴隶暴动怎么办？外敌入侵怎么办？笔者怀疑殷是商王朝摆放祖宗牌位、祭祀祖宗的地方，是商王的墓地，活人并不住在这里。

武王伐纣时，周军在殷商首都朝歌的郊外与商军进行了决战。朝歌就在这里吗？朝歌就是殷吗？笔者怀疑商王住的都城朝歌另有地方，不是殷，殷只是商王祭祀祖先、占卜鬼神的地方。

当然，究竟怎么回事，还要由历史学家来考古判定。

（3）三星堆的发现

1986 年在四川西部的三星堆出土了大批青铜器（图 11-29 至图 11-32），这批精美的青铜器制作的年代是殷商晚期，时间与从妇好墓出土的青铜器的时间差不多，但风格却很不一样。有人怀疑制造这批青铜器的人或技术来源于西方，更多的研究者则认为这批青铜器是当地人制作，具有当地的文化艺术风格。

三星堆出土的铜人的面部确实不大像中原地区的古人，但与当地的一些原住民比较像。此外，出土的青铜制品中有不少飞鸟，商人倒是一个以鸟为图腾的民族。三星堆的发掘和研究工作目前正在进行，不断有新的发现传出。

妇好墓和三星堆出土的青铜器，以及其他一些商朝的青铜器，都制作精良，所以中华民族绝不是从商朝才开始会炼铜的，炼铜技术的起源应该更早。商朝的甲骨文也比较成熟，所以中国的文字起源也应该比商朝更早。

图 11-29 三星堆出土的铜人

图 11-30 三星堆出土的铜人头像

图 11-31 三星堆出土的青铜神树

图 11-32 三星堆出土的青铜鸟

(4) 武王克商探讨

周朝以前的中国历史，虽然《尚书》和《史记》等文献上都有记载，但具体年份往往定不下来，为此中国启动了夏商周断代工程研究。

武王克商是历史上的一个重要事件，但其发生时间各种推测和研究结论相差一百多年，最可能的年份是在公元前 1057 年至公元前 1027 年这 30 年之间。

提出公元前 1057 年这个年份，是因为古书《淮南子》上记载了一段天象，说周武王大军向商朝首都进发时出现了彗星。天文学家和历史学家研究后指出，如果这颗彗星是哈雷彗星的话，彗星出现的年份是公元前 1057 年。但是《淮南子》不是一部史书，而是一部杂书，内容繁杂。这部书是西汉的淮南王刘安召集一批门客写的包罗万象的书，所以有关说法并不可靠，或者说不一定精确。有可能是武王克商前后出现过彗星。彗星不吉利，这颗彗星还“授殷人其柄”，看来殷人要倒霉了。彗星出现和武王克商的年份有可能相隔不太远，古人从迷信的角度出发就把它们联系到了一起。

史书上有对武王克商那段时间“孟津观兵”和“牧野之战”的记载，这两个事件可能主要依据《尚书》。

《尚书》的《泰誓》篇记载，武王克商前三年，曾在黄河边的孟津检阅部队，据说参加的有八百诸侯。当时出现了火流星，落向王屋山。有一条白鱼跃入武王（自称太子发）的舟上。因为商朝崇敬白色，所以随行人员都认为，上天在向武王显示他将战胜殷商。在这次阅兵仪式上，师尚父（即武王的岳父，也即小说中的姜子牙）下达了三年后会盟攻商的命令。

三年后进行了牧野之战，《尚书》的《牧誓》上有记载。武王会同各路诸侯，率战车 300 乘，虎贲 3000 人，披甲战士 4 万 5000 人，来到朝歌城郊的牧野。武王手持铜斧和白毛旗，历数商王的几大罪状：听信妇人言，不祭祀祖宗，疏远王侯贵族，收容并重用逃亡奴隶。前三条其实都是殷商内部的事情，与周及其同盟者似乎没有多大关系，但最后一条非常重要。奴隶社会中收容和重用逃亡奴隶是所有奴隶主最痛恨的，周武王提出这一条，最能激起他的同盟者同仇敌忾。历史上说“纣王无道”，实际上并不是说他特别残暴，而是说他把社会秩序搞乱了。

商纣王对周军突然兵临城下准备不足，三年前周武王的孟津观兵也没有引起他的重视。现在他的主力部队正在淮河一带作战，都城里没有多少部队。他临时武装起来的奴隶部队临阵倒戈，商朝很快就灭亡了，纣王自焚而死。所以牧野郊区并未发生血战。现有史料表明，周武王也没有因为战功奖赏任何人。唯一受到奖励的是一个叫“利”的人，他在决战前向武王建议，在甲子日的早晨祭祀岁星（即木星），然后进攻，会大吉大利。武王照他的话做了，真的大获全胜。于是武王在克商后八天赐给利一块铜，利用这块铜制了一个簋。现在这个簋被发现了，历史学家将其命名为“利簋”（图 11–33），这个簋上铸有武王奖励“利”这件事情的铭文。

图 11–33　利簋

后来，历史上的农民起义军往往引用上面的典故来鼓舞士兵的士气。例如东汉末年黄巾起义就提出过“岁在甲子，天下大吉”，元末红巾军起义军则打出“虎贲三千，直抵幽燕之地”的旗帜。

夏商周断代工程的研究结论是，牧野之战发生在公元前 1046 年 1 月 20 日，周军攻入朝歌，商朝灭亡。

《竹书纪年》上记载，盘庚迁殷后历经 273 年“更不徙都”。由此可以知道盘庚迁殷发生在公元前 1319 年，这个年份就是我们目前所能确定的中国历史上的最早年份。

（5）关于夏朝及以前的考古

《史记》和《尚书》均有关于夏朝的记载，《史记》上明确说在商朝之前有一个夏朝，夏朝的创始人就是传说中大禹治水的禹和他的儿子启。

《史记》列有详细的夏朝和商朝各代君王的世系。甲骨文发现之后，人们惊讶地发现甲骨文上所列的商王世系与《史记》上记载的完全相同。这极大地肯定了《史记》内容的真实性，既然司马迁给出的商朝君王世系完全正确，那么他给出的夏朝君王世系也应该相当可信。

古书上说，“禹铸九鼎”“并以铜为兵”，看来夏朝已经能炼铜，不过至今为止发现的夏朝青铜器很少，更没有看到大禹铸的鼎。已经发现的夏朝青铜器都比较精致，看来夏朝炼制铜合金的技术已比较成熟。这表明中华民族掌握冶炼青铜技术的时间应该更早；或者这种技术是从西方传入的，传入时就已经比较成熟。

令人不解的是，大禹的陵墓在浙江绍兴。以往我们都认为中华文明主要发源于黄河流域，商、周、秦、汉的都城都在黄河流域，传说中的尧都、舜都、炎黄二帝的都城和陵墓也都在黄河流域。在当时的技术水平和交通条件下，大禹怎么可能走到绍兴那么远的地方去呢？在古代，洪水是最大、最常见的自然灾害，给古人的印象最深，中国和西方都有许多关于洪水的故事。是不是我们把黄河、长江流域出现的多个治水领袖都归成了一个叫大禹的人呢？

夏朝的城市发现的不多，而且比较小，例如二里头文化可能就是夏朝的文化。我们还没有发现夏朝的文字，不过在有些夏朝的陶器上有类似早期文字的图形。

殷商的甲骨文是商朝后期的，文字已比较成熟，这表明，商朝前期甚至夏朝都可能已经有了早期的文字。

人类文明的产生有三个要素：文字、冶炼金属、城市与国家。也就是说，必须同时发现这三点，我们才能认为那一时期已经产生了人类文明，否则就只能算是文化。目前我国考古工作者已经发现了陶寺文化（山西临汾）、石峁文化（陕西神木）、河洛古国（河南巩义）、红山文化（东北地区）、良渚文化（浙江钱塘江）、河姆渡文化（浙江余姚）、贾湖文化（河南）等。这些地方都发现了石器、玉器、陶器甚至水利工程。这些文化出现在 8000 多年前到 4000 年前。很可能就是传说中炎黄、尧舜时代留下的遗迹。不过这些地方都没有发现文字和青铜器，是否已形成城市也还有争议。所以这些文化存在的时期，还不能说已经形成了文明。

不过，我国的大规模考古才刚刚展开，我们完全有理由相信，随着我国经济和科学技术的发展，在不久的将来一定会有更多更大的发现，中国文明的起点一定会进一步往前推。

第十二讲

文明的演进

一、思想大解放的时代（公元前800—前300年）

刀光剑影与百家争鸣

埃及和两河流域产生的文明，通过地中海扩散到巴尔干半岛的南端及小亚细亚半岛。在欧洲大陆丛林中生活的人也逐渐南下，进入巴尔干半岛的南端。他们在那里与来自北非和西亚的文明发生碰撞，产生出新的地中海文明。

伴随着刀光剑影，出现了思想上百花齐放、百家争鸣的局面，这就古希腊的“战国”时代。

与此同时，中华大地也在经历夏、商、西周的繁荣之后，进入了春秋战国时代。和地中海地区的情况相似，春秋战国时代也是一个伴随着刀光剑影，在思想上百花齐放、百家争鸣的时代。

公元前 600—前 500 年，是人类文明史上的重要时期。这一时期，在西方诞生了人类历史上第一个影响深远的宗教——犹太教，由它衍生出的几个宗教，至今已统治了西方 2500 年。在东方则几乎同时诞生了对古代中国影响最大的三位思想家——孔子、老子和释迦牟尼。他们的学说，至今也影响了中华文明差不多 2500 年。

犹太教的诞生

读者可能记得，我们在介绍古埃及的时候，曾谈到过喜克索人入侵埃及的事情。这件事影响了犹太人的历史。公元前 18 世纪，犹太人随入侵埃及的喜克索人，游牧进入了尼罗河流域。公元前 16 世纪，埃及人驱走了喜克索人。原来协助喜克索人向埃及居民收税的犹太人，日子越来越不好过。于是，他们在自己的领袖摩西的率领下，逃出埃及，进入现在的阿拉伯半岛，最后定居于巴勒斯坦地区。《圣经・旧约全书》，在《出埃及记》中讲述了这一掩盖于神话下的可能存在的历史。

公元前 586 年，犹太人被征服他们的巴比伦人强行迁移到巴比伦城郊，沦为“巴比伦之囚”。在那里，犹太人没有散开，而是聚在一起，形成了自己的宗教犹太教。他们认为耶和华（上帝）是唯一的神，相信救世主终将降临并拯救他们。犹太教是“一神教”，此前人类文明产生的宗教都是“多神教”。

公元前 539 年，波斯国王居鲁士打败了巴比伦，释放犹太人回家乡，于是犹太人返回了巴勒斯坦。

影响中国的三位“圣人”

公元前 6 世纪，中国产生了两位卓越的思想家，一位是孔子，另一位是老子。孔子创建了儒家学说。在中国，儒家学说被知识分子和人民群众普遍接受，成为中华民族的主流思想，在这一点上，它有点像宗教，因此也有人称儒家学说为儒教。孔子被广泛尊重，尤其是被知识分子尊重。但是，孔子毕竟是人，不是神，而且，他本人主张“敬鬼神而远之”。在儒家学说中，地位接近于神的是称为天子的皇帝。所以，儒教并非真正的宗教，儒家的领袖不可能与皇帝抗衡。

与孔子同时代的老子，创立了道家学说。道家最基本的学说来自老子的《道德经》，这一学说后来又被庄子发展，成为“老庄哲学”。在历史上，道家学说曾经和儒家学说有过竞争。后来产生的道教，其领袖为了增加自己的影响力，把老子拉过来当自己的祖师爷。实际上道教和道家还不是一回事。

另一位对中国产生重大影响的思想家是释迦牟尼。他是古印度人，实际出生在尼泊尔。他创立的佛教在印度流行了 1000 多年，不过最终没有在印度地区站住脚。然而，佛教却翻过喜马拉雅山和帕米尔高原，传入了中国，并漂洋过海进入了日本和东南亚，在这些地区产生了重大影响。佛教的信徒也被称为“释家”。

这三位思想家的学说，都对中国文化产生了重大影响。

皇权压倒神权的中国

在西方，自古以来就存在王权与神权的斗争。古埃及一直有祭司与法老的斗争，国家权力在神庙和朝廷间不断转移。在中世纪的欧洲，我们经常看到教皇与各国君主的斗争，各个国家内部则存在国王与红衣主教的斗争。法国作家大仲马写的《三个火枪手》中生动地描述了法国国王与红衣主教的矛盾。

在近代的北非、中亚和南亚，我们也不断地看到宗教领袖与世俗君主的斗争，教会与世俗政府的博弈。

但是，在中国我们却看不到类似的例子。这是因为，古代中国的皇权始终压倒神权，不允许宗教干政。自汉武帝以来，皇帝推崇儒家学说，儒家学说起着宗教的作用。中国的知识分子绝大多数都信奉孔子的儒家学说。孔子是圣人，但不是神，神是作为“天子”的皇帝。所以在古代中国，皇帝集皇权与神权于一身，没有宗教势力能与皇帝抗衡。

中国最强大的宗教势力是佛教，但佛教过于强大后就会受到皇帝的打击。南北朝时期，出现过北魏太武帝灭佛。五代后期又出现过周世宗柴荣打击佛教。当时，由于战乱和压迫剥削严重，生活艰难，于是男人纷纷出家当和尚，不少女人出家做尼姑。这样下去，兵没有人当，地没有人种，孩子也要没有人生了。周世宗面对如此严峻的形势，不得不出手打击佛教，他亲自带头打菩萨，并强迫和尚、尼姑还俗。

不过，总的来说，中国历代的统治者一般都能容忍宗教的存在，容忍多种宗教并存。只要宗教领袖不自称神仙，不是企图建立势力与统治者抗衡的邪教，各种宗教都可以在中国存在。老百姓有信仰任何一种宗教的自由，也有不信教的自由。

中国历史上出现过不少宗教，有的宗教（例如佛教）有时候势力还很大。但是大多数中国人信教不够虔诚，一般是遇到灾难的时候就会去拜佛拜菩萨，日子过得顺利就忘记了，经常是“临时抱佛脚”。

总的来说，宗教在中国从来没有形成像西方那样的强大势力，在中国一直是皇权压倒神权，世俗政权压倒宗教势力。造成这一现象的重要原因是中国的知识分子大都集中在孔子门下，佛教、道教等各种宗教中高层次、高水平的人才太少，很难成气候。

“人定胜天”的思想

除此之外，中华民族还有一个与其他民族不同的特点，就是在天神的面前，不是跪倒屈从于它们，而是充满奋斗精神，与天斗，与地斗，相信自己的力量，相信“人定胜天”。

大家可以回顾一下我们中华民族的各种神话和传说：“后羿射日”“精卫填海”“女娲补天”“愚公移山”“大闹天宫”“大禹治水”等。古人碰到的最常见的严重天灾就是洪水，无论是在两河流域、尼罗河流域还是我们的黄河、长江流域，都流传着许多有关洪水的故事。西方人在洪水面前只能乞求上帝帮忙，使用上帝恩赐的“挪亚方舟”。而我们则是在人民领袖的率领下大规模治水，并最后获得成功。

中华民族推崇奋斗不屈的精神。陶渊明的《读山海经·其十》中有这样几句诗：

精卫衔微木，
将以填沧海。
刑天舞干戚，
猛志固常在。

诗中的刑天在与天帝的战斗中失败，被天帝砍掉了脑袋。但他仍然不屈服，他用肚脐眼当嘴，用两乳当眼睛，双手拿着斧头（干戚），还要跟天帝继续搏斗，这是何等的悲壮！精卫这只小鸟，一次只能衔一小块木屑，一小粒沙子，但是它坚信，只要自己坚持，一定能填满大海，这种精神何等的令人敬佩！

“愚公移山”这个故事，表现了愚公坚信“人定胜天”的思想，也表现了他坚持不懈的奋斗精神。这个故事美中不足的是，最终还是靠了天帝的帮忙，天帝派天神移走了这两座大山。但是，毛主席引用这个故事时，在结尾处作了一个革命性的解释，他说：“我们也会感动上帝的。这个上帝不是别人，就是全中国的人民大众。”大家注意，中国共产党的心中也有上帝，这个上帝就是人民。“上帝就是人民”，这个论断非常值得我们深思。

春秋与战国

公元前 770 年，周平王把都城从镐京迁到洛邑，史称平王东迁。它标志着西周的结束，东周的开始。平王东迁之后，周天子号召和统治全国的能力大大减弱，诸侯国蠢蠢欲动，越来越不听话。最后周天子完全失去了号令诸侯的能力，不过东周还是延续了 500 多年，直到公元前 256 年才正式灭亡。

那么，春秋时期从什么时候开始计算呢？《春秋》原是鲁国的史书。有幸被孔子加工整理，成为那个时期最重要的一部现代、当代史。《春秋》记录的时间是从公元前 722 年到公元前 481 年。对于春秋时期开始的时间曾经有过不同意见。对春秋结束、战国开始的时间争议比较小，一般认为是公元前 403 年（《史记·六国年表》则定为公元前 475 年），这一年韩、赵、魏三分晋国。司马光的《资治通鉴》的记述也是从这一年开始的。

现在比较统一的意见，是把平王东迁、东周开始的时间视作春秋时期的开始。这就是说春秋时期是从公元前 770 年平王东迁开始，到公元前 403 年韩、赵、魏三分晋国为止。

争霸战争与百家争鸣

春秋时期烽烟四起，诸侯争霸，互相攻打。首先是一些国家开始不听周王的号令，这时另一些国家就道貌岸然地出来尊王攘夷，名为维护周天子的地位，实则为自己谋取利益。

首先是齐桓公在管仲的帮助下开始称霸（公元前 679 年）。然后是晋文公、楚庄王、秦穆公和宋襄公登上政治舞台，是为春秋五霸。实际上宋襄公只是一个假仁假义的诸侯，仗打得一塌糊涂，根本算不上一霸。所以后人往往加上吴国和越国，把吴越算在五霸中。在争霸战中，各国为了增强自己的实力，不断进行改革，伴随着刀光剑影，各种思想也活跃于政治舞台，出现了百家争鸣的局面。

不要向霸主挑战

春秋战国时期，最激烈、时间最长的争霸斗争，发生在晋国和楚国之间，其他小国则参与其中助战。其中最大的一次战役是晋楚城濮之战，双方各有几万人参战。

晋楚争霸百年，结果两败俱伤，实力都大大削弱。此时的秦国则躲在一边，在不断改革中逐渐崛起，从诸侯国中比较弱、比较落后的一个逐渐成长为强大而先进的一个。这段历史告诉我们，新兴的国家最好是韬光养晦，不要向霸主挑战。向霸主挑战的后果，最常见的情况有两种，一是被霸主打垮，二是两败俱伤，结果给第三方崛起创造条件。

清代的《东周列国志》这部小说，比较真实地描述了春秋战国时期的历史。这部书把文学和历史很好地结合在了一起，值得一读。

希波战争——马拉松与温泉关

公元前 492—前 449 年（相当于我国的春秋时期），在地中海区域发生了希腊与波斯的争霸战争。

欧洲历史学的鼻祖希罗多德，在他的巨著《历史》（又称《希腊波斯战争史》）中详细记载了这场战争。此书共分九卷，前半部分介绍希腊周边国家的情况，后半部分讲述了希波战争的全貌。

战争的第一阶段是波斯王大流士远征希腊。他于公元前 490 年统帅十万大军来到希腊北部的马拉松平原，在那里与以雅典军为主的一万希腊军相遇。希腊军勇往直前，居然以少胜多打败了波斯军。为了让家乡父老早点安心，希腊人派出军队中的一位长跑选手，历时 3 小时，跑了约 40 千米，到达雅典的中心广场，把胜利的消息传达给了同胞。

这就是现代体育运动中马拉松长跑比赛的来历。

公元前 480 年波斯王薛西斯一世（大流士的儿子）又卷土重来。他号称自己率领着百万大军，水陆并进，攻向希腊。希腊城邦斯巴达的国王列奥尼达率领 300 名斯巴达战士，会同其他希腊同盟军，共 7000 人左右，在希腊北部的温泉关迎击波斯军。因当地希腊人出卖，同盟军腹背受敌，为保存实力，列奥尼达命大部分希腊同盟军撤退，只留下 300 名斯巴达战士及很少一点同盟军坚守。列奥尼达与他的 300 名战士打出了可歌可泣的战绩。他们全部牺牲在战场上，写下了西方军事史上光辉灿烂的一页，也极大地震撼了波斯侵略军。后人在温泉关立了一块石碑，上面刻着这样几句话："前往斯巴达的客商啊，请告诉我们的同胞，列奥尼达和他的 300 名战士忠于职守，已全部为国捐躯。"

不久后，以雅典为主的希腊舰队在萨拉米斯海战中以少胜多，打垮波斯舰队。第二年，在陆上的决战中，斯巴达重装步兵引导的希腊联军又大破波斯陆军。至此，希腊人赢得了希波战争第一阶段的胜利，波斯军退回国内。

在战争的第二阶段中，希腊人转守为攻，攻入波斯控制的地区。这时，对海外利益不关心的斯巴达人基本退出了战争。以海军为主且十分重视海外利益的雅典，会同其他希腊城邦，组织了一个军事同盟——提洛同盟。他们多次击败波斯的海、陆军，攻入原来被波斯控制的小亚细亚半岛。随着胜利的取得，希腊人的内部矛盾也越来越厉害，逐渐形成了以雅典为首和以斯巴达为首的两个阵营。

雅典与斯巴达的争霸

雅典、斯巴达和其他希腊城邦都是奴隶制城邦。雅典是奴隶主的民主政治，重大事情由公民会议决定，公民会议选出执政官管理具体政务。当然对于"民主"，奴隶是没有份的，奴隶制国家中，奴隶不属于人，被看作牲口。斯巴达是贵族奴隶制，有国王，还有长老会议。

雅典以海军强大著称，斯巴达则以陆军强大著称。针对雅典为首的提洛同盟，斯巴达也拉拢一批城邦，组成以自己为首的伯罗奔尼撒同盟。

这两大同盟从公元前 431 年到公元前 404 年，争霸二十余年，史称伯罗奔尼撒战争。战争从伯罗奔尼撒半岛，扩展到爱琴海上的岛屿，还蔓延到西西里岛上的叙拉古。斯巴达最后赢得了这场战争，但自己的实力也被大大削弱，可以说是两败俱伤。

这时位于希腊北部基本不参与争霸的马其顿王国逐渐崛起，成为希腊地区最强大的国家。

希腊的另一位著名历史学家修昔底德写了一部《伯罗奔尼撒战争史》，详细记述了这场战争。

伯罗奔尼撒战争这段时期，相当于我国的春秋晚期，公元前 404 年，伯罗奔尼撒战争结束。第二年，也就是公元前 403 年，韩、赵、魏三分晋国，中国的春秋时期结束，战国时期开始。

二、灿烂的古希腊文明

繁荣的数学、科学与艺术

古希腊与古代中国的一个重要不同点是，古希腊人重视数学、科学和艺术，这可能与他们比较重视人与自然的关系有关。古代中国则更重视人与人之间的关系，思想家们讨论的也主要是政治和社会问题；虽然有时也有一些对自然界的猜想和疑问，但在数学（特别是几何学）、科学和哲学方面，古代中国还远不能和古希腊相比。

古希腊的斯巴达是一个尚武的城邦，公民的主要工作是当兵打仗，生产劳动完全由奴隶承担。雅典则是一个比较民主的城邦，公民不仅关心政治、军事，也关心生产活动、自然现象和文化艺术。所以，雅典成为古希腊的科学、数学、艺术和哲学的中心。当然，雅典的主要生产者也是奴隶。

雅典人泰勒斯第一次预报了日全食。他的学生毕达哥拉斯证明了勾股定理，并建立起数学和科学的毕达哥拉斯学派。毕达哥拉斯还提出了第一个科学的宇宙模型（中心火模型），并指出大地是一个球（地球），月食是地球的影子造成的。后来，另一位杰出的学者亚里士多德又把宇宙的中心火模型发展成地心说。

古希腊人创造了许多艺术作品，不少石雕保留到了今天。图 12-1 是雅典的帕特农神庙遗迹，图 12-2 是神庙的浮雕，这组浮雕由好几幅石雕组成，栩栩如生。图 12-3 是雕塑《掷铁饼者》（原作遗失、现存为古罗马的复制品）。这些都是公元前 400 多年的作品。我们中国古代同一时期的艺术品，远不能和它们相比。

图 12-1　雅典帕特农神庙遗迹

图 12-2　帕特农神庙的骑士浮雕

古希腊人已经了解到，数学上的黄金分割会创造美感，所以他们把黄金分割用到了艺术创作上。请大家注意图 12-4 的《断臂维纳斯》，从她的肚脐划分，身高长度的上段：下段 = 下段：身高，满足黄金分割。再看她的上半身，从颈部划分，头颈：颈脐 = 颈脐：上半身，也满足黄金分割。再看她的下半身，从膝盖处分，脐膝：膝脚 = 膝脚：下半身，同样满足黄金分割。黄金分割的应用，增强了雕像的美感。

图 12-3　雕塑《掷铁饼者》（公元 2 世纪罗马时代的复制品）

图 12-4　雕塑《断臂维纳斯》（公元前 150 年左右）

《断臂维纳斯》雕像被发现后，吸引了众多观众和艺术家的关注。大家对此雕像的美进行了许多分析，产生了许多讨论，例如此雕像丢失的双臂原来究竟是什么样子，然而各种猜测都不能令人满意。有人指出，这恰恰反映了此雕像的残缺美。据说，从美学的角度看，残缺有时候能引起各式各样的猜想，反而会带来一种额外的美——残缺美。

其实《红楼梦》后 40 回的遗失，也给后人带来了这种残缺美，许多红学家和红学爱好者分析、讨论，甚至续写《红楼梦》。然而，人们总觉得研究后发表的内容好像都不够完美，都达不到曹雪芹原有的境界。关于《红楼梦》后 40 回的分析、讨论会不断地持续下去，笔者认为不会有一个大家皆认为完美的终结。

美学中还有距离美。有很多东西你远看很美，近看就会发现不少不足之处，就不那么美了。比如远看一片草地，郁郁葱葱，草地上还开着五颜六色的鲜花，景色太美了；走近一看，有不少蚊虫、毒蛇、狗屎，这美感顿时就大打折扣了。

哲学的先驱与鼻祖

公元前 4 世纪左右，古希腊已经产生了成熟的哲学体系。这个时期首先出现了著名的思想家苏格拉底。苏格拉底提倡怀疑和争论，雅典的统治者感到他对自己有威胁，就把他以“无神论者”的罪名处死。当时许多人都同情他，看押他的人都示意他逃跑，表示自己绝不阻拦。但他拒绝逃跑，喝下了毒酒。苏格拉底死后，他的学生把他的言论收集整理成《苏格拉底言行回忆录》，流传至今。这一点有点像孔子的《论语》，都是由学生整理而成的。

苏格拉底有一个杰出的学生叫柏拉图。传说苏格拉底在首次见到柏拉图的前一天夜晚，曾经做了一个梦，梦见一只小天鹅落在自己的膝盖上，小天鹅很快长得羽翼丰满，唱着优美动听的歌飞上了蓝天。第二天，苏格拉底就收获了柏拉图这个学生。

柏拉图原本很关心政治，但在看到自己正直而伟大的老师被雅典的统治者处死之后，对雅典的民主政体产生了怀疑。他认为雅典并不是一个理想的国家，于是他开始远离政治，专注于学术研究，并周游列国。他在埃及的神庙中听祭司们谈到了一个发达国家因火山爆发而沉入海底的故事：从前，在海峡的对面，有一个繁荣发达的国家，后来在一次大规模的火山爆发和地震之后，这个国家沉入了海底。这就是后来传说的沉没于海底的“大西洲”。但是，这里所说的海峡是哪个海峡，沉没于其中的海洋是哪个海洋，柏拉图并没有说清楚。这个传说在西方历史上一直受人关注。有人认为这里说的海峡是直布罗陀海峡，这片陆地沉没的海洋即现在的大西洋。不过，大多数人推测，沉没的“大西洲”应该是地中海里的一个岛国，遭受到火山爆发的摧毁，沉没于地中海；或者是岛上的文明被摧毁，但岛屿依然存在。

柏拉图是哲学的鼻祖，他认为人们看到的万物都不是真实的存在。真实存在的是一个叫作“理念”的抽象的东西。理念完美而永恒，万物都不过是理念的影子。因为万物会变化、会腐朽，而理念却永恒存在，所以柏拉图给“永恒”创造了一个“动态的相似物”，那就是“时间”。

从今天的观点来看，柏拉图是一位唯心主义的哲学家，可以看作唯心主义的鼻祖。有些哲学家甚至认为，他是整个哲学的鼻祖，后世哲学家的工作，都只不过是在给柏拉图的哲学体系增加补充和注释。

柏拉图还提出了“理想国”的主张。他认为一个理想的国家应该由聪明的哲学家统治，这些哲学家为整个国家制定法律，对国家进行全权的治理，除去哲学家之外的所有人，都必须遵守法律。他认为，这样的国家才是理想的国家。他的这一思想在西方历史上产生了重大影响。资本主义诞生前夜，还有人发挥他的这一思想写出《乌托邦》《新大西岛》等幻想著作。有人认为，柏拉图不看好雅典的民主政体，他心目中的理想国是以斯巴达为原型的国家。

柏拉图最优秀的学生是亚里士多德。但是亚里士多德并非柏拉图学说的直接继承者。亚里士多德在掌握了老师的学说后，把老师的理论翻了一个底朝天。他认为“理念”并不存在，而强调实在，强调观察，认为我们看到的万物才是真实的存在，凡是我们看不见、摸不着的东西，都不应该承认它们存在。于是他把老师的学说颠倒了过来，建立了一套新的唯物主义的哲学体系，所以，亚里士多德是一位唯物主义的哲学家，可以看作唯物主义的鼻祖。

亚里士多德提出自己学说的时候，柏拉图已经很老了。柏拉图难过地说：“我就像一匹老马，可小马驹还忍心踢我。”亚里士多德则回应说：“吾爱吾师，吾尤爱真理。”

最早的学院

柏拉图创立了希腊学园（又称柏拉图学园“阿卡德米”），这可能是世界上最早的私立学院，现代英语中的 Academy（学院）一词就来源于希腊语 Akademeia（阿卡德米亚）。亚里士多德则创立了吕克昂（又称亚里士多德学园）。他在这个学园中，和学生一边散步一边讨论，所以人们又把他们称为“逍遥学派”。

这两个学园不同于孔子创立的私学。私学虽然创立的时间比柏拉图等人的学园要早，但在创立者去世后，就自动消亡了。而这两个学园在柏拉图和亚里士多德去世后，依然延续了几百年，甚至近千年。

值得一提的是与柏拉图、亚里士多德几乎同时的中国的战国时期，齐国创立了一个官办的面向普通知识分子的“稷下学宫”，设在首都临淄西门外的一个叫稷下的地方。当时的齐国比较开明，不仅经济发达、社会安定，齐王还从各国招来许多学者。当时正是百家争鸣的时代，齐王邀请了各派学者，包括与自己政见不同的学者，让他们自由讨论，并不时向他们请教，人们称他们“稷下先生”。一时，在齐国出现了百花齐放、百家争鸣的局面，可惜的是，他们讨论的主要内容似乎不是科学和数学，这一点不如希腊。“稷下学宫”可能是世界上第一个官办的面向普通知识分子的、可以自由讨论的学府。

中国的西周时期，虽然已有“辟雍”，但这种官办学府是专门针对贵族子弟的，而且也不是可以自由讨论、放飞思想的场所。

三、走向统一的西方与古代科学的繁荣

公元前 800—前 300 年，人类经历了一个思想大解放的时代。无论是在西方还是东方，伴随着刀光剑影，在思想上、文化上都出现了百花齐放、百家争鸣的局面。到了公元前 300—前 200 年，无论是东方还是西方，又都进入了一个新时代，这就是走向统一的时代。

马其顿的亚历山大大帝

亚历山大是马其顿国王腓力二世的儿子。腓力二世不仅把国家治理得十分强盛，还很重视子女的教育，他聘请亚里士多德担任王子们的教师。不幸的是，腓力二世在女儿婚礼的宴会上遇刺身亡。据说刺客是亚历山大的母亲派去的，因为腓力二世又娶了一个年轻漂亮的王妃，她感到自己和儿子亚历山大的地位受到了威胁。腓力二世去世后，20 岁的亚历山大继承了王位。这位血气方刚的年轻国王曾在老师亚里士多德那里听到过特洛伊战争的故事，常自比那些希腊英雄。现在他大权在握，于是发动了大规模的统一战争。他首先统一了整个希腊，进而统一环地中海地区，摧毁波斯帝国，大军直抵印度河流域。在公元前 324 年，亚历山大终于建立起了一个横跨欧、亚、非三洲的大帝国。

在到达印度河流域时，印度的旃陀罗笈多（又译月护王）拜见了他，想请他帮自己统一印度。但是，亚历山大的部将们都认为已经太远离家乡了，不想再向东方前进，而主张返回。于是，亚历山大率军踏上了归途。

印度的阿育王

月护王没有得到外援，但他并不灰心，他决心依靠自己的力量统一印度。他建立起孔雀王朝，并于约公元前 321 年定都华氏城。经过三代人的奋战，月护王的孙子阿育王终于统一了印度全境。

阿育王的前半生是在战争中度过的。残酷的血战震撼了他的心灵，使得他的思想发生了根本变化。他开始憎恶战争，推崇佛教，试图用思想文化的统一来取代战争的统一。阿育王是印度历史上一位伟大的君主，他调动大批人力修路、挖井、种树、建医院和药草种植园，建立了妇女教育和保护少数民族的制度。他创立了一个经济和文化都十分繁荣的印度。他推崇佛教，到处建寺院，并派遣僧侣把佛教传播到周边国家和地区。

阿育王去世后 11 年，即公元前 221 年，秦始皇统一了中国。

这样，古代人类文明的三个主要区域，都在公元前 324—前 221 年的大约 100 年间分别实现了统一。

帝国的分裂

然而，印度的统一和马其顿的统一都是短暂的。阿育王去世（公元前 232 年）不久，他的帝国就分裂了。佛教在后来的漫长岁月中也逐渐被印度教取代。实际上，印度历史上从来没有实现过像中国这样的统一，它的民族、语言、文化、宗教都没有实现大一统。

公元前 323 年，亚历山大大帝在返回故国的途中死于伤寒，年仅 33 岁。他死后，他的帝国马上一分为三。在他的故乡马其顿，他的部将建立了安提柯王朝。在埃及，他的部将建立了托勒密王朝。在西南亚，包括波斯地区和两河流域，则建立了塞琉古王朝。塞琉古即中国史书上所说的条支国。

亚历山大科学院

亚历山大生前在远征埃及的时候，曾站在地中海边，瞭望自己故乡马其顿的方向，下令在自己站立之处建一座城市，并建立一座高高的灯塔，让海上的航船在很远的地方就能看到这座灯塔。这座城市就是亚历山大城，这座灯塔就是称为世界七大奇观之一、高达 120 多米的亚历山大灯塔。

亚历山大死后，他的遗体就被他原来的部将、埃及的托勒密一世国王安放在亚历山大城。托勒密一世和二世都是热爱科学的君主，他们在亚历山大城建立了科学院。亚历山大科学院中有动物园、植物园、演讲厅和藏书 50 多万卷（纸草文书）的图书馆。国王还设立了科研基金，资助科学研究，其中惊人的成就之一是制造出了利用喷气反作用力的汽转球。

数学家欧几里得和科学家阿基米德都曾在亚历山大科学院工作。欧几里得在那里，总结埃及和两河流域的数学成就，写成了《几何原本》一书，创立了欧几里得几何学（简称欧氏几何）。欧氏几何不仅有丰富的数学知识，还有严密的数理逻辑体系。这些内容对人类思想的进步和科学的发展都起着重大的作用。欧氏几何不仅对数学的其他分支产生了重大影响，对物理学也产生了重大影响。牛顿的《自然哲学的数学原理》和爱因斯坦的狭义与广义相对论，都是仿照欧氏几何的逻辑体系而构建的。

中国在近代落后于西方的原因之一，就是虽然我们有诸子百家，但缺了欧几里得这一家。

欧几里得在亚历山大科学院培养了很多徒子徒孙。其中有一位叫阿波罗尼奥斯，他深入研究了圆锥曲线，即椭圆、抛物线和双曲线，这对后来的开普勒和其他天文学家都产生了重大影响。

阿基米德作为欧几里得学生的学生，在亚历山大科学院研究数学和物理。西方的数学原来以几何为主，阿基米德最先把代数和算数从几何中分离出来，使之成为单独的数学分支。他提出了阿基米德原理（关于浮力的理论）和杠杆原理，据说还研究过太阳能。

以上成就都是公元前 3 世纪取得的。差不多与此同时，来自亚里士多德学园的阿利斯塔克提出了不同于地心说的日心说，它可以看作哥白尼日心说的先驱。来自柏拉图学园的埃拉托色尼博学多才，见多识广，曾担任亚历山大图书馆的馆长。有些人讥笑他样样都行，但都不是最好，给他起了个外号叫“β”（即二流人物），或“五项全能”。这种看法失之偏颇，他曾做出过非常优秀的成绩，例如，他测出了地球的精确圆周长，算出的地球半径与现代的测量值只差 2%。

亚历山大科学院经过古希腊时期的繁荣之后，历尽了不少灾难。

在托勒密王朝晚期，公元前 48 年的时候，凯撒攻打占据亚历山大城的庞培，用大火焚烧战船，引燃了岸上的亚历山大图书馆，大量图书被毁。虽然战后又对图书馆进行了重修，并从各地运来一大批图书，但这个图书馆已经元气大伤了。

不过亚历山大科学院的科研活动还在继续。公元 100 多年时（相当于我国的东汉时期），天文学家托勒密在那里发展了地心说。公元 200 年的时候（相当于我们的三国时期），数学家丢番图在那里完成了六卷本的《算术》。

有一段关于丢番图生平的有趣谜语，从中可以算出他活了 84 岁。这段谜语如下：

丢番图的一生，童年时代占六分之一，青少年时代占十二分之一，再过一生的七分之一他结婚，婚后五年有了孩子，孩子只活了父亲一半的年龄就死了。孩子死后四年丢番图也死了。

罗马的崛起——布匿战争

就在马其顿王国实现短暂统一并很快分裂的同时，罗马开始崛起。罗马首先统一了亚平宁半岛，并向地中海区域扩张，与处于北非的腓尼基人（闪米特人的一支）的强国迦太基发生碰撞。由于罗马人称腓尼基人为布匿人，所以这场争霸战争在历史上称为布匿战争。

在公元前 264—前 241 年发生了第一次布匿战争，这场战争中，由于国内发生奴隶暴动，迦太基不得不向罗马妥协，罗马占领了原属迦太基的一些地中海岛屿，如西西里岛、撒丁岛等。这场战争大大加深了罗马和迦太基之间的仇恨。双方都把对方看成了死敌，罗马的一些政治家在国内到处放言："迦太基必须灭亡。"迦太基的统帅则让他幼小的儿子汉尼拔把手放在神坛上，宣誓自己"将成为罗马人最大的敌人"。

汉尼拔兵临罗马

公元前218—前201年（注意，秦始皇刚刚在公元前221年统一了中国），发生了第二次布匿战争，这是两国间的决战。这时在神坛上宣过誓的儿童汉尼拔已经成长为迦太基军队的统帅。他是人类历史上最卓越的军事家之一。他不按常理出牌，率领包括可怕的象队在内的大军，从西班牙出发，翻越阿尔卑斯山，突然打进罗马国内。他在特拉西梅诺（又译为特拉西米诺）湖畔伏击了罗马军，一举歼敌3万。接着又在坎尼会战中以5.4万迦太基军歼灭罗马军主力7万多人（一说5万多人），自己仅损失了约6000人。坎尼会战是世界军事史上的典范。

罗马继续顽强抵抗。汉尼拔每战皆捷，却没有取得政治上的胜利。这一点和中国历史上的楚汉相争非常相似。项羽几乎每战皆捷，却未能取得政治上的胜利。

迦太基军队的统帅和主要将领大都是汉尼拔家族的人，如汉尼拔和他的父亲、姐夫与兄弟等，而罗马军的统帅则是由元老院和议会选择的。这一点也和中国楚汉相争时类似：项羽方面，项梁、项伯、项庄及项羽的大舅子虞子期都曾是军队的主要将领；而刘邦一方，则大多数将领和重要官员都不是他的亲属，如萧何、张良、韩信、陈平等，都是在实际斗争中涌现出的杰出人才。所以，迦太基方面任人唯亲，焉有不败之理？项羽失败的原因之一也是任人唯亲。

罗马转败为胜

汉尼拔在意大利转战了10年，终因国内奸臣作祟，自己得不到援军，罗马又出其不意突袭迦太基本土，而不得不退回北非，并最终被罗马军打败，迦太基投降。

这场战争奠定了罗马在地中海的霸权。50年后，罗马为了根除后患，发动了第三次布匿战争，彻底摧毁了迦太基城，把城中居民全部变卖为奴隶。

布匿战争的双方都是奴隶制国家，没有一方是正义的。对于双方，这都是一场帝国主义战争。不过由于消灭了最强大最可怕的敌人，罗马从此逐渐统一了包括欧洲、北非和西亚的整个西方。

图12-5是身穿铠甲和战裙、手持短剑和盾牌的罗马战士。图12-6表现的是高卢战士在被罗马军打败后返回家乡，杀死自己的妻子，然后自杀的悲壮场面。

图 12-5　罗马战士

图 12-6　高卢战士

四、走向统一的东方，改革与超车

改革与变法

在西方，不管是雅典、斯巴达还是马其顿，都是奴隶制。罗马与迦太基也是奴隶制。在马其顿的短暂统一和分裂之后，罗马实现了比较巩固和持久的统一。这一阶段，罗马的社会内部并没有产生封建社会的萌芽，而只是奴隶制不断完善和巩固。

与西方不同，这时的中国社会正在发生深刻的变化，殷商和西周都是奴隶制国家，比较不同的是，武王克商之后，周公推行了分封制。殷商时，下属的各个小国有自己的国君，与商王一般没有血缘关系，因此可以看作部落联盟。而周公分封时，就把姬姓的子弟和与周同盟的一些盟邦国君的子弟分封到各地做国君，从而加强了中央对各邦国的控制。这样看来，中国从夏商时期的部落制进化到西周的分封制。这种进化加强了中央的权力。这是一个进步，但社会仍是奴隶社会，总的社会制度没有太大的变化，上层建筑是分封制，经济基础是井田制，国君和贵族是奴隶主，生产者是被束缚于井田上的奴隶或者农奴。

从历史上看，西方的奴隶制比中国的奴隶制产生得要早，发展要完善。然而完善的制度比较难以改变。于是产生较晚的、不完善的中国奴隶制，反而较早实现了变革，开始向以地租剥削为主的封建社会过渡。

中国的这一变化开始于春秋时期。最先是公元前 594 年，鲁国实行了“初税亩”，把土地租给原来的农奴，让他们交地租，成为自由的农民，而且土地可以自由买卖。这种社会制度，在中国称为“封建社会”。这个名称是从日本传过来的。封建社会这个名称不大好，容易和西周的分封制相混淆。实际上，西周的这一套分封制，是井田制对应的上层建筑，仍然是奴隶社会。井田制不过是奴隶制的一种具体形式，土地不能自由买卖，所有权归贵族（奴隶主），劳动者是奴隶，被束缚在土地上，先种好奴隶主的“公田”，再种自己的“私田”。

从井田制的奴隶社会向地租制的封建社会的过渡，在中国持续了 200 多年。到公元前 403 年韩、赵、魏三分晋国时，这一过渡才基本完成。中国从此进入了封建社会。欧洲则直到公元 300—500 年，才完成这一过渡，比中国晚了 800 年左右。所以，春秋战国时期，中国相对于西方实现了弯道超车。中国先进的封建制度，优于西方的奴隶制度。中国的经济、文化、技术和综合国力开始大大超越西方。

和地租制相适应的上层建筑是郡县制。春秋战国时期各国的上层建筑都从分封制向郡县制过渡，权力向各国的国君手里集中。然而这种权力的变更牵扯着统治阶级内部各方的利益，所以这一时期各国都在进行内部改革，并产生内斗，同时大国不断吞并小国。

比较著名的有魏国李悝、吴起的改革。这些改革使魏国一度成为战国中最强的国家。后来吴起去了楚国，又在楚国做了一些改革。伴随着政治改革还有军事改革，例如赵武灵王的“胡服骑射”，大大增强了赵国的军事力量。

最为著名的是秦国的商鞅变法。实际上在商鞅变法之前，秦国已经进行了一系列的改革，使秦国这个远离中华核心区的较弱小国家，逐渐发达、强盛起来，成为可以与中原强国相抗衡的国家。后来秦孝公启用商鞅进行变法，一系列激进的新政策使秦国很快达到了富国强兵的目的，成为战国七雄之首。

春秋战国时期，后人看到的首先是战乱不断，其次是思想文化上的百花齐放和百家争鸣。实际上这是一场从奴隶社会向封建社会的过渡。伴随着这一伟大过渡和各项改革的实现，各地的经济都有了大发展，人口也大大增加。

春秋时期，孔子周游列国，从一个城市出来，走很远也见不到别的城市和村庄。到了战国时期，荀子从一个村庄出来，就能在远处看到别的村庄，可见人口密度增长之显著。春秋时期最大的战争是晋楚城濮之战，双方总兵力不过 9 万人（晋国 5 万人，楚国 4 万人）。战国时期，两国交战，动不动就斩首 10 多万。长平之战中，赵国一次阵亡士兵 45 万，战后秦军统帅白起承认，秦军也伤亡过半。而且，长平之战后，赵国居然还有力量继续抗击秦军，虽然是苟延残喘，但也说明还有动员一定兵力的能力。

这些事实都说明，春秋战国时期，人口大量增加了，经济也大大发展了。这些都是社会不断变革的结果，也是封建社会优于奴隶社会的表现。

秦始皇统一中国

战国时期，秦国在外交上采用了张仪的“连横”政策，对东方各国进行各个击破，发起了统一中国的战争。东方各国虽然在苏秦的游说下，采纳了“合纵”的政策，试图联合起来共同抗秦，但由于各国各有各的利益，“合纵”最终未能战胜“连横”。

公元前 260 年发生了战国时期最大的一场战争——长平之战。当时的军事强国赵国几乎调动了举国之力，出动了 45 万大军迎击秦军。但是，赵王在选择统帅上犯了严重错误，不信任具有丰富作战经验的名将廉颇，也没有用在抗击匈奴中表现出色的名将李牧，而是用了“纸上谈兵”的赵括。结果在战国时期最杰出的将领白起的指挥下，秦军一举全歼赵军，赢得了这场大决战。

长平之战后，六国实力已比不上秦国。当时大局已定，秦统一中国的战争势如破竹。六国被各个击破，秦王嬴政终于在公元前 221 年统一了中国。

秦始皇的伟大功勋：中央集权、统一文字

秦始皇统一六国后，在中华大地上实行了中央集权的郡县制。秦统一之前各国也基本实现了郡县制，但各有各的中央政府，而现在各地统一于大秦帝国一个中央政府的治理之下。

秦始皇统一文字、货币和度量衡；统一法律和历法；筑长城、修驰道，巩固边防，改善交通；焚书坑儒，统一思想；实行“车同轨、书同文、行同伦”；建立户口制度，成为世界历史上唯一能直接向每个农民征税的国家。

欧洲和印度至今都未能实现如此彻底的统一。欧洲、印度内部的众多民族各有各的语言和文字，中国则绝大多数人都使用汉字。汉字是方块字，学起来比较困难。方块字的字体与读音分离，虽然不易学习，但却有利于中华民族的统一。古代交通不方便，各地人有不同的口音。如果使用拼音文字，同一个词各地就会有不同的写法，时间长了，就成了不同的语言。而中国人不管各地的发音有多么不同，写出来却都是一样的汉字，相互都认识。所以方块字加强了中华民族的统一。

对中央集权的四次“反动”

历史上对中央集权的郡县制，有过四次“反动”。这是历史学家吕思勉先生首先指出的。第一次是秦末农民大起义推翻秦朝之后，项羽自称“西楚霸王”，分封诸侯，其中刘邦就被封为汉王。项羽封的都是各自为政的异姓王，不久就出现大规模内战，特别是四年的楚汉相争，刘邦最后终于打垮项羽，重新建立起统一的帝国——汉帝国。然而，刘邦没有完全吸取项羽失败的教训，胜利后也开始封王。不过他稍微改进了一点，以封“同姓王”为主，也就是封自己的儿子、侄子等为王，以为这样的血缘关系，会使这些王扶助皇帝。结果恰恰相反，这些同姓王一旦有了势力，就想篡夺皇位，所以发生了七国之乱。最后汉景帝不得不发起平叛战争，这是第二次“反动”。到了东汉灭亡、晋朝建立的时候，晋朝皇帝再次封子弟为王，结果导致八王之乱、五胡乱华、西晋灭亡、南北朝分立，给中华民族带来了大灾难，这是对中央集权的郡县制的第三次“反动”。

隋、唐、宋、元时期没有出现这样的事情。到了明朝建国，朱元璋这位农民出身的皇帝再次分封子弟为王，最后导致燕王反叛，攻杀建文帝。这是中国历史上对中央集权郡县制的第四次，也是最后一次“反动”。

这几次“反动”的时间都比较短，终究挡不住历史的车轮。

汉承秦制

公元前 200 年左右的时候，东西方都实现了比较稳定的大统一局面。在西方，先是亚历山大大帝在公元前 300 多年的时候建立了一个横跨亚、欧、非三洲的马其顿帝国，但帝国不久就分裂为三个王国。此后，罗马崛起，击败迦太基，在公元前 100 多年建立起跨越欧、亚、非三洲的罗马共和国。

与此同时，在东方的中华大地上，先是秦始皇在公元前 221 年实现了短暂的统一，建立起大秦帝国。这个帝国不久就被陈胜、吴广的农民起义所推翻，中国出现全面内战，并终于在公元前 202 年，由刘邦建立起统一的西汉帝国。不过，汉承秦制，西汉帝国建立的基本上是秦的体制，执行的基本上是秦的政策，所以如果不看皇帝的血缘，西汉帝国就是秦帝国的延续。

到了公元元年前后，东西方又都出现了短暂的动荡。在东方的中华大地上，经过短时间的王莽篡位、改制，并引发绿林、赤眉农民大起义之后，中国又统一于刘秀建立的东汉王朝。

罗马：从共和国到帝国

几乎与此同时，罗马共和国爆发了人类历史上最大规模的一次奴隶暴动——斯巴达克起义。这次起义沉重打击了罗马，并导致它从共和国逐渐转变成了帝国。在对外扩张和镇压奴隶起义的过程中，罗马共和国出现了三个能力很强的执政官，也就是被称为“前三头”的克拉苏、庞培和凯撒。克拉苏后来被来自中亚的帕提亚（即中国所称的安息）骑兵击败并斩杀。占领埃及的庞培则在罗马人的内斗中被凯撒击灭。但凯撒不久又被刺杀。前三头很快全部覆灭。这时罗马又涌现出由安东尼、屋大维和李必达（又译雷比达）组成的“后三头”。其中安东尼是凯撒的副将，屋大维是凯撒的养子（实际是凯撒姐姐的外孙，在我们中国人看来，辈分都不对）。最后屋大维击败了娶了埃及艳后克里奥帕特拉（又译为克娄巴特拉）七世的安东尼，独揽罗马的大权，并自称奥古斯都，罗马共和国自此结束，屋大维成了罗马帝国的第一任皇帝。

不管是罗马共和国还是罗马帝国，实行的都是奴隶制。而中国的汉帝国实行的是封建制。汉帝国在政治制度和生产力上都比罗马先进。罗马帝国直到公元 300—500 年才逐步过渡到封建社会，比中国晚了将近 800 年。

汉朝与罗马的交往

汉朝与罗马的交往不多。张骞通西域时听说过罗马的一些信息，当时称罗马为骊靬或大秦。不久就有了连接东西方的丝绸之路，中国的丝绸、瓷器和漆器通过中亚运往西方。东汉时期班超出使西域，曾派副使甘英前往罗马。甘英到了条支（塞琉西）故地，当时条支已灭亡 100 多年，甘英在那里被大海所阻，没有能克服艰难和危险前往罗马，真是非常遗憾。另外，罗马方面记载，皇帝派出的由马其顿商人组成的使团，曾到达东汉王朝。但中国史料上却迟迟找不到有关记录。后来北京师范大学的杨共乐教授终于解开了这一谜团。原来中国史书上把马其顿误写成了“蒙奇”“都勒”两个国家。

秦汉与罗马是东西方的强大帝国。与秦和西汉同时期的是罗马共和国，与东汉同时期的则是罗马帝国。但他们都对中亚的游牧民族感到十分棘手。秦汉时期，中国修筑了万里长城来抵御匈奴；同时采取和亲政策缓和矛盾，并派出张骞、班超等使者联络其他国家，建立反匈奴的统一战线。待到自己实力雄厚之后，汉帝国对匈奴发起了大规模攻击。西汉时期，卫青、霍去病三次大规模北伐，沉重打击了匈奴的力量，使匈奴实力大减并发生了分裂。东汉时期，大将军窦宪联合南匈奴，最后击跑了北匈奴。此后南匈奴与汉族融合，北匈奴则从此远遁。

罗马共和国前三头中的克拉苏和后三头中的安东尼都曾与来自中亚的骑兵作战，但都被击败，损失惨重，其中，克拉苏战死，安东尼逃回。克拉苏全军覆没时，他的长子率领的第一军团 6000 人突围东走，没有了消息，成为罗马历史上的一个谜。近代的历史学家认为，这个军团最后来到了中国，并定居于甘肃一带。那里确实有一个叫骊靬的古城，骊靬正是中国古人对罗马的称呼。《汉书》中的《陈汤传》也有一段记载，公元前 36 年，汉伐匈奴时，曾遇到过一支奇怪的敌军，其战术及构筑的工事都与一般匈奴军不同。现在看来，这支军队像罗马军。有些历史学家怀疑，这就是失踪的克拉苏第一军团，该军团先成为匈奴的同盟军或雇佣军，后被汉军击败，残部被汉军收编，在中国定居了下来。

五、帝国的衰落：瘟疫、入侵与民族融合

瘟疫触发的起义与三国时期

公元 100 多年，有一场瘟疫穿过中亚草原，横扫亚欧大陆，摧毁了东汉和罗马。

在东方，瘟疫导致了黄巾起义。随之而来的军阀大混战，揭开了三国时期的序幕。三国时期激烈复杂的军事斗争和政治斗争，产生了许多惊心动魄、可歌可泣的故事。这些历史和故事被陈寿的《三国志》和罗贯中的《三国演义》传播得在中国老幼皆知。

三国时期打了三场著名的战役，袁（绍）曹（操）官渡之战，孙（权）刘（备）联盟对曹操的赤壁之战，孙（权）刘（备）夷陵之战。三场战役皆是以少胜多，以弱胜强。

三国时期涌现了许多杰出的人物，特别是诸葛亮。在四川成都武侯祠有一副清朝人赵藩写的对联：

能攻心则反侧自消从古知兵非好战

不审势即宽严皆误后来治蜀要深思

上联说的是诸葛亮在南征孟获时，采用了马谡的建议："攻心为上，攻城为下""心战为上，兵战为下。"因而用比较短的时间安定了南方，从而可以集全蜀国之力北伐，去完成他一统天下的目标。诸葛亮会打仗，但他并不好战。这一句还有另一层意思，赞扬诸葛亮能"攻心"，即严于律己，能做自我批评，所以能够团结大家，使那些原来对他有意见的人（"反侧"），也愿意捐弃前嫌，团结在他周围。

下联是说刘备刚占据四川时，与诸葛亮和法正一起，讨论应该执行什么样的治蜀方针。法正主张应该宽松，因为当年刘邦就是采用了宽松的政策而获得关中（包括四川）父老的支持，从而打败项羽统一全国的。诸葛亮认为不然，他说由于秦朝法律太严苛，所以刘邦采用宽松的政策，能得到人民的拥护。而当下四川的情况是，前任统治者刘璋法度松弛，老百姓不满意，所以现在应该采用严的法令，才会得到老百姓的支持。刘备采纳了诸葛亮的意见，后来蜀国治理得很好。所以，不是说宽的法令一定比严的好，也不是说严的法令一定比宽的好，而是要看具体情况来决定法令的宽严。

五胡乱华与民族融合

魏、蜀、吴三国最后统一于晋，这是一个由狡猾凶残的司马氏家族统治的皇朝。统治集团对人民的压迫和剥削非常残暴，司马氏家族内部也刀兵相见，终于形成"八王之乱"，八王相互攻杀，统治集团的力量大为削弱，最后导致五胡乱华，西晋灭亡。

西晋灭亡后，大批士族和普通百姓逃往江南。他们的南迁促进了江南的开发，也促进了汉人和当地少数民族的融合。北方发生的五胡乱华是各民族间的相互攻杀，非常残酷，中原人口大减。氐族最先实现了北方的统一，他们建立的前秦政权在苻坚的领导下试图南下攻灭东晋政权，但在淝水之战中失败，号称百万的前秦军土崩瓦解，北方再度陷入混乱。

此后北方统一于鲜卑族建立的北魏政权。北魏的文明太后冯氏扶助孝文帝登基。冯太后是汉族人。孝文帝从小就受到冯太后的极大影响，接受先进的汉族文化。他登基后大力促进鲜卑人汉化。他提倡儒教文化，推崇孔子，鼓励鲜卑贵族学汉语，鼓励鲜卑人与汉人通婚，并把都城从平城（大同）迁到洛阳。大同的云冈石窟和洛阳的龙门石窟都是那一时期开凿的，所以二者的艺术风格相似，这两个石窟都是中华民族的瑰宝。

五胡十六国促进了各民族的大融合，胡人在汉化，汉人在胡化，相互学习，相互促进。胡汉通婚促进了中华民族的体质改善和文化发展。

这一时期后就是中国历史上的南北朝时期。南方在东晋灭亡后，又经历了宋、齐、梁、陈四个汉族王朝。到了南北朝的后期，北方的少数民族政权已深度汉化，北方的儒学文化已不弱于南方。

匈奴冲击与民族大迁徙

北匈奴在被东汉的大将军窦宪击走后，曾在中亚一带游牧了 100 多年。公元 372 年，匈奴人突然出现在欧洲。他们先西迁到伏尔加河流域，然后继续西迁。勇猛的匈奴骑兵先征服了东哥特人，使东哥特人不得不向西移驱赶西哥特人，西哥特人又驱赶汪达尔人。匈奴人和被他们驱赶的欧洲其他民族一起涌入罗马帝国，给罗马帝国以摧毁性的打击，导致罗马帝国分裂为东、西两个。汪达尔人则不得不从西班牙渡海进入北非。这就是欧洲历史上著名的民族大迁移。公元 400 多年，匈奴领袖阿提拉率军横扫欧洲，惊恐的欧洲人称他为“上帝之鞭”，最后罗马人和西哥特人等欧洲民族组成的联军与阿提拉打成了平手，双方共动员了 100 多万人，这是欧洲古代史上最大规模的一次战役。然而西罗马皇帝依然充满了恐惧，派教皇带着金银财宝去向阿提拉求和，经过苦苦哀求，阿提拉才答应了不去攻打罗马。让欧洲人感到幸运的是，两年后，阿提拉突然去世，匈奴帝国也随之瓦解。

中国的现代诗人顾城对此写了一首诗：

胡尘一入哥特西，
罗马万金拜单于。
谁知全欧皇太岁，
却是汉关夜遁骑。

中国的五胡乱华和南北朝、欧洲的民族大迁移，都促进了民族的大融合。

匈牙利与匈奴

阿提拉死后，匈奴人突然从历史上消失了。他们到哪里去了呢？他们的后裔是什么人呢？不少人认为匈奴人的后裔是匈牙利人，匈牙利人自己也这样认为。然而后来的研究表明，匈牙利人主要是马扎尔人的后裔，马扎尔人似乎属于女真人。研究也表明，匈牙利人确实有少量匈奴血统，还有少量阿瓦尔血统。有学者认为，阿瓦尔人就是来自中国北方的柔然人。柔然人在历史上很少被提及，主要是因为他们没有能打进长城以内，所以对中国历史影响不大。两晋南北朝时期，鲜卑人进入长城以内建立北魏王朝之后，柔然就在长城外的鲜卑故地上崛起。柔然这个游牧民族很快成为北魏的劲敌，与北魏大战 100 多年。北魏一方面攻打南朝的汉族政权，一方面对抗北方的柔然。大家都知道“木兰从军”的故事，花木兰就是北魏人，她代父从军去抵抗的敌人就是柔然。由于当时北魏实力强大，柔然最终未能打进长城，反而被北魏逼迫西迁进入中亚草原，然后出现在欧洲。

那么形成匈牙利人的主体民族马扎尔人与中华民族有关吗？近年来历史学家的研究发现，匈牙利的语言文化和我国裕固族的语言文化比较接近。

中国北方各游牧民族的关系

中国北方民族的历史研究起来比较困难，因为他们大多是游牧民族，不断迁移，自己的历史资料不易保存，而且埋于地下的墓葬我们也很难确定属于哪个民族。

现在我们大致知道中国北方出现过匈奴、东胡、突厥、肃慎等不同民族。这些民族经常以不同名称出现在历史上。例如，属于匈奴血统的还有卢水胡、铁弗等，属于东胡的有乌桓、鲜卑、柔然、契丹、蒙古等，属于突厥的有丁零、敕勒、突厥、回纥、沙陀等，属于肃慎的有肃慎、靺鞨、女真、满族等。

上面这些关于北方各游牧民族的资料来自内蒙古大学林幹教授的《中国古代北方民族通论》。当然随着研究的进一步开展，我们肯定能得到更多更新的知识。

希腊文化在本土的凋零

封建社会是人类历史上最专制的社会。它虽然比奴隶社会更进步，但它却比奴隶社会更加压制思想自由，更加压制科学和文化艺术的发展。

公元476年，西罗马帝国灭亡，东罗马帝国逐渐进入了封建社会。

公元392年，信奉基督教的罗马皇帝下令拆除希腊神庙，消灭希腊文化；基督教徒烧掉了30多万册希腊图书。基督教徒还杀害了亚历山大科学院最后一位重要科学家，也是古代第一位杰出的女科学家许帕提娅（又译为希帕蒂亚），他们把她拖入教堂撕成碎块。

公元529年，罗马皇帝查士丁尼一世下令关闭雅典所有学校，包括柏拉图创立的已有900多年历史的柏拉图学园，下令禁止传播希腊文化和科学。

公元640年，伊斯兰教徒攻占亚历山大城，下令收缴所有有关希腊文化的书籍。他们的首领说："如果这些书籍的内容都是《古兰经》上已经有的，那我们就不需要它；如果是违反《古兰经》的，那我们就不应该读它。"于是那里的希腊藏书被全部焚毁，亚历山大城的公共浴室有半年时间都是用羊皮纸烧水，这些羊皮纸上书写的全是人类文明最宝贵的遗产，亚历山大城从此失去了文化和科学的光辉。

巴格达——新的科学中心

随着封建制度在欧洲的确立，古代科学文明之火逐渐暗淡。一些不愿放弃希腊文化和科学的学者逃往东方，来到拜占庭（即今天的伊斯坦布尔）、伊朗和两河流域，阿拉伯帝国正在西亚崛起。

逃亡的欧洲学者给阿拉伯人送去了源于埃及、巴比伦和希腊的文化与科学，与此同时，阿拉伯商人和军队又从中国引进了造纸术、印刷术、炼丹术、火药和指南针。从印度引进了"阿拉伯"数字和十进制。这里需要解释一下，今天的阿拉伯数字并非阿拉伯人首创，而是印度人最先创造的，后来传入阿拉伯，在那里被广泛使用，欧洲人从阿拉伯人那里学到了这种数字，所以称其为"阿拉伯数字"。

一个新的科学、文化中心在阿拉伯地区形成，特别是在两河流域。那里，国王拉希德奖励先进文化的引进，奖励翻译。另一位国王马蒙在巴格达创立了"智慧馆"（又称"智慧院"），与亚历山大科学院有点相似，只是规模没有那么大。"智慧馆"中有图书馆、翻译馆和天文台。《几何原本》等著名著作被译成了阿拉伯文。

西方文化和科学的中心，从欧洲、北非转移到了西亚地区。巴格达成为西方的科学中心。

六、持续领先的中国：隋、唐、宋、元、明

独孤信的奇特家族

1981 年，陕西旬阳的一位中学生，在回家的路上，偶然发现一个沾满泥的“煤球”。他用脚踢了一下，没想到这一脚却“发现了历史”。这个小黑球原来是一个球形印章，有 24 个面，其中 16 个正方形面上有 14 个刻了字，如图 12-7 所示。这个小黑球的材质不是煤炭，而是硬而贵重的“煤精”。

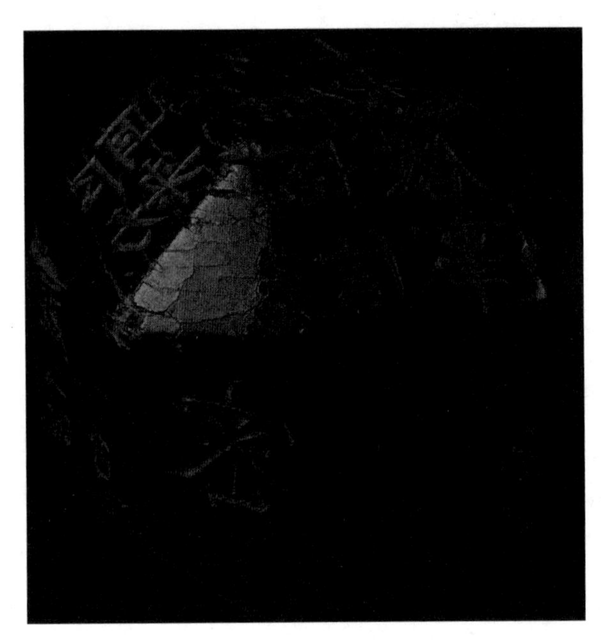

图 12-7　独孤信的煤精印章

考古学家研究后，发现这是南北朝时期北周名将独孤信的印章。独孤信是鲜卑化的突厥人，他有许多官职，印章的各个面上刻着他的不同官衔，例如大司马、大将军、秦州刺史等。此人能文能武，做官清正，打仗勇猛，而且是个帅哥。他做秦州刺史时，有一次外出回城，为了不违反自己规定的制度，必须在城门关闭前返回，于是他快马加鞭，进城后骑马跑过集市，风把帽子吹歪了，他也来不及扶正。没有想到，他歪戴帽子的形象引起了市民的关注，第二天有很多小伙子都学他故意把帽子歪戴，后世有词赞美他“侧帽风前花满路”。

独孤信有七个儿子，七个女儿，她的大女儿是北周的皇后，不过大女婿周文帝懦弱，她心情郁闷，当了不到一年的皇后就去世了。

他的小女儿很有个性，有个姓杨的年轻贵族向他求婚，这个贵族叫杨坚，即后来的隋文帝。这位独孤小姐当即向杨坚提出条件：只许娶我一个女人，不许和其他女人生孩子。杨坚答应了。即使后来做了皇帝，杨坚也基本上遵守了自己的承诺。

独孤信的四女儿嫁了个姓李的贵族，生了个儿子叫李渊，也就是说这位四小姐是唐太宗李世民的祖母。

有些小说中说，隋炀帝杨广和唐高祖李渊是表兄弟，看来还真是如此。其实古代贵族之间往往通过门

当户对的婚姻来加强双方的地位。上面这些有趣的内容正是贵族政治中常有的事。不过，这几位独孤小姐也确实不简单，影响了中国历史。

隋朝的创举

三国、两晋、南北朝一共经历了 300 多年。在这 300 多年的大乱之后，中国终于又统一起来了。首先是隋文帝杨坚完成了统一，建立起隋朝。不过隋朝寿命很短，由于隋炀帝杨广过度使用人力，过分享受豪华，还发动侵略高句丽的战争，老百姓不堪重负，爆发了瓦岗军起义。这场农民战争后来完全转化为各贵族集团争夺统治权的战争，最终导致隋朝灭亡，唐朝建立。

唐朝是中国历史上一个辉煌的时代，当时经济繁荣，国力强盛，人民生活安定、富裕、幸福。相比之下，很多人就小看了隋朝。

其实，“唐承隋制”，唐朝的政府结构和政治制度都是隋朝创建的，只不过唐朝沿用了下来。许多富有创造性的东西其实最初都出现在隋朝，这一点很像秦与汉的关系。

隋朝有哪些创举呢？首先就是选拔人才的科举制。科举制通过全国统一的科举考试选拔人才，比以前的“察举制”和“九品中正制”要好，要公平。科举制使得有才华的知识分子有上进的可能，而“察举制”和“九品中正制”采用上级考察、下级推荐的方式，选拔人才的工作往往被官员和富人所把持，表面公平，实际上很不公平，下层的人才很难晋升。

科举制是隋文帝创建，隋炀帝坚持改进而建立起来的。法国大革命之前杰出的思想家伏尔泰，对中国的科举制赞不绝口。要知道，伏尔泰的赞扬，已经是中国的科举制创建并延续 1000 多年之后的事情了。

有一种观点认为，科举制虽然好，但是侵犯了门阀士族的利益，引起了他们的不满和反抗，造成隋末士族的叛乱，最后引发了农民起义。

第二项创举是最终确立了中央政府机构的三省六部制。秦始皇统一中国时，实行了中央集权的郡县制，地方的政府架构从此确定了下来，但是中央还没有完善的机构。隋文帝的三省六部制是在中央设立中书省（制定法令）、门下省（对上述法令进行审核）和尚书省（负责法令的执行）。尚书省下面再设具体负责执行的六个部，即吏部、兵部、户部、工部、礼部和刑部。此后中国历朝历代的中央政府机构都大体沿用了隋朝的三省六部制。

第三项是修建了大运河，沟通了中国南北的运输线。这条运河造福于唐、宋、元、明、清各代，对这几个朝代的经济繁荣起了重大作用。

隋文帝和他的妻子独孤皇后的生活都非常简朴。隋朝建立后，全国稳定下来，人民安居乐业，生产大发展。有历史学家认为，中国历史上国家之富裕莫过于隋，当时建了不少很大的粮仓，例如洛口仓，周围 20 里，有 3000 个粮窖，每个储粮 8000 担。一直到唐朝建立以后，隋朝储存的粮食还没有吃完。

唐朝诗人皮日休在《汴河怀古·其二》一诗中曾这样赞美隋朝修建大运河：

尽道隋亡为此河，
至今千里赖通波。
若无水殿龙舟事，
共禹论功不较多。

他的意思是这条运河大大造福于中国。如果不是后来隋炀帝坐龙舟通过运河到江南游玩，奢华浪费加重了人民负担，修运河的功绩和大禹治水比较，也不能算过分。

历史学家赵剑敏教授认为："越是在后世为本民族赢得文化盛誉的东西，越是在建设时要付出损民损国的代价，代价越大，盛誉越重。隋炀帝开凿大运河是这样，秦始皇修万里长城也是这样。"

"唐承隋制"——走向盛世

隋唐时期出了中华民族历史上两位伟大的君主，一位是隋文帝，另一位是唐太宗。经过隋末贵族内战、农民起义而造成的天下大乱之后，新诞生的唐帝国终于稳定下来。"唐承隋制"，唐太宗时期，完善了中央机构的三省六部制，完善了科举制，完善了国家的法制建设。唐帝国大力发展经济，实行富国强兵的政策，打垮了北方强国东突厥和西突厥，迫使长城外的突厥人西迁，长城内的突厥人则和进入关内的其他少数民族一样逐渐融合到汉族之中。其实，唐太宗本人就有四分之三的突厥血统，他的祖母和母亲都是突厥人，所以唐太宗本人十分重视各民族之间的平等和融合，重用出身自各民族的文臣武将。魏晋南北朝时期，早已有大量周边民族涌入中原。唐朝建立后，周边民族继续涌入关内。汉族人也通过丝绸之路前往中亚和西亚，少数民族的文化和艺术大量进入中国。各族通婚也很盛行，出现了"胡人汉化"和"汉人胡化"的局面，最终创造了盛唐经济和文化的繁荣。

佛教的兴盛：法显和玄奘的西行取经

从东汉时期（一说西汉时期）开始传入中国的佛教，在南北朝时期盛行起来。到大唐的时候，佛教达到了一个顶峰。当时不仅有印度和中亚的高僧来到中国，也有一些中国的僧侣前往西天（印度）取经。

第一个从国外带回大量佛经的和尚是东晋的法显，公元 399 年左右，他通过陆路，经中亚和帕米尔高原进入印度。他曾经到过孔雀王朝的都城华氏城，在那里凭吊孔雀王朝留下的废墟和遗迹。当时阿育王已去世 600 多年，但那些残破的建筑所透出的昔日繁华，仍然使他赞叹不已。法显在外游历了 14 年，最后从斯里兰卡取道海路坐船回到中国。他回来后写了一本《佛国记》介绍他的所见所闻。

大唐建国后，另一位和尚玄奘于公元 629（一说 627 年）年前往印度取经，他就是小说《西游记》中的"唐僧"。他通过陆路，经帕米尔高原进入印度。当时的印度分裂成许多小国，有不少国家信仰佛教。玄奘周游列国，向各处的高僧学习，后来成为当时印度学术水准最高的僧侣之一。大约 17 年后，他携带 657

部佛经返回中国。他基本上是按出国时的陆路原路返回，但路线不完全相同。回到中国时，唐太宗接见了他。他最后定居于洛阳白马寺。玄奘主持翻译了大批经卷，并写下了《大唐西域记》回顾他的印度之行。这本书不仅记录了他学习到的佛法，更重要的是记录了他游历的众多印度国家的风土人情和历史风貌。玄奘西行和《大唐西域记》不仅大大促进了佛教在中国的繁荣，也为印度人民了解自己的历史留下了一份珍贵的资料。印度是一个伟大的文明古国，但印度民族和中华民族有一些不同，他们比较重视“人与神的关系”，不像中国人那样重视“人与人的关系”，所以他们遗留下来的历史资料不全。玄奘这本书对印度学者研究自己国家的历史有重要的参考价值。

佛教在中国兴盛以后，又以中国为基地向东亚地区传播。日本、高丽和越南等国都成为以佛教为主要宗教的国家。大唐兴盛时期的“鉴真东渡”，又大大促进了佛教在日本的传播和发展。

基督教和伊斯兰教的诞生

当佛教在印度、中国和其他亚洲国家中传播发展的时候，基督教和伊斯兰教先后从巴勒斯坦诞生，并传播到欧洲、西亚和北非。

耶稣诞生在公元元年前后。他是犹太穷人的领袖，出生在马圈里。从《圣经》的《新约全书》对耶稣的描述可以看出，与他交往的都是生活在下层的犹太人。耶稣创立了基督教。基督教的《圣经》包括《旧约全书》和《新约全书》两个部分。《旧约全书》部分和犹太教的《圣经》内容一致。《新约全书》部分则是犹太教的《圣经》中所没有的，是有关耶稣及其门徒的生活和言论的记录。

犹太人只信犹太教，只信《圣经》的《旧约全书》部分，不信《新约全书》和耶稣。耶稣创建的基督教则在非犹太人中传播。后来基督教又分裂成旧教和新教，整个欧洲、美洲的居民几乎都信仰基督教，只有犹太人信仰犹太教，而后来迁入欧美的阿拉伯人信仰伊斯兰教。

公元 7 世纪初，在巴勒斯坦地区诞生了伊斯兰教。创建伊斯兰教的是阿拉伯人。他们相信真主和先知穆罕默德。伊斯兰教认为存在不少先知，犹太教的创始人摩西、基督教的创始人耶稣，都是先知，但穆罕默德是最后一位先知，摩西、耶稣都是他的先行者。

创建伊斯兰教的教徒们几乎同时创建了阿拉伯帝国。当时西罗马帝国已经在匈奴人和哥特人的冲击下灭亡，世界上还存在东罗马帝国、阿拉伯帝国和唐帝国。伊斯兰教徒与中国保持着比较好的关系。穆罕默德告诉他的教徒，“即使知识远在中国，也应该去求取”。阿拉伯人确实从中国学到了不少知识。

安史之乱：从统一到分裂

公元 751 年，向东扩张的阿拉伯帝国与唐朝发生了仅有的一次碰撞——怛罗斯战役。双方在中亚争霸，由于唐军统帅欺负当地的少数民族，当地人的军队临阵倒戈，唐军大败。唐军统帅高仙芝（高丽人）逃回长安，企图搬救兵，再回来争夺，不巧当时正好爆发了安史之乱。高仙芝搬救兵回中亚的企图没有实现。

唐朝与阿拉伯帝国的这次战争对双方来说都算不上重要，重要的是这次战争中有一批唐朝的工匠被俘，使得中国的造纸术和炼丹术西传。另外，阿拉伯人的胜利还造成伊斯兰教在中亚取代佛教，并在那里扎稳了根。

公元 800 年后，东西方又再次陷入混乱。安史之乱使唐朝从盛世的顶峰跌下去。曾经创造了“开元盛世”的唐玄宗，后期沉迷于歌舞和享乐，从“亲贤臣远小人”变成了“亲小人远贤臣”，最终导致了天下大乱。

后来，虽然经过多年战争安史之乱得到平息，但统一的盛世已不能再现，唐朝到处军阀割据，只是在表面上仍是一个统一的国家。

唐朝末年，人民不堪重负，又爆发了黄巢起义。这次起义虽然被镇压了下去，但唐朝也到了尽头，不久就灭亡了。中国进入了五代十国的分裂时期。

五代十国

五代十国是指位于中原地区的 5 个中央王朝和周围 10 个不听中央号令的分裂国家。“五代”一共存在了 53 年，在 53 年中经历了 5 个王朝的更替，先后有 8 个姓的 14 个皇帝，其动荡与混乱程度可想而知。

幸好当时出现了一个“不倒翁”——冯道，此人在 5 个王朝的 4 个中都担任宰相。出使辽国时，辽国国王还封他为太傅，地位不低于宰相。历史上出现了只换皇帝（而且是不同姓的皇帝）、不换宰相的奇葩局面。由于宰相不换，在改朝换代时，政府的政策得以延续，这也算是老百姓在大不幸中的一点福气吧。冯道是个有能力、有操守的官员。他在世时和刚去世的一段时间，名声都不错，有人评价他是好宰相。不过欧阳修、司马光两个史学家认为他对皇帝不忠，在他们编的《新五代史》和《资治通鉴》中，把冯道写成小人，使他后来名声不好。

冯道自己有一首诗，从中可以看出他的思想和无奈：

道德几时曾去世，
舟车何处不通津。
但教方寸无诸恶，
狼虎丛中也立身。

由此诗可见，他当时处境艰难。不过，从历史资料来看，他的一些做法，确实在一定程度上改善了水深火热之中的老百姓的处境。例如，他曾几次劝阻契丹人对中原百姓的掠夺和屠杀。冯道去世后，周世宗柴荣以高规格安葬了他。他死后 100 多年，王安石和苏东坡还称赞他为五代时期的活菩萨。

五代时期的皇帝都出身于军阀，国内是军阀混战，外部还有契丹的入侵。后晋的皇帝石敬瑭，割让了燕云十六州给契丹，使中原王朝元气大伤。

五代最后一个王朝是后周，后周的皇帝周世宗柴荣，是五代时期最杰出的一个皇帝。他能力很强，而且志向远大。他表示自己想当30年皇帝，用10年时间统一全国，10年时间发展生产，10年时间巩固边疆，以达到天下太平。他发动北伐，从契丹手中夺回了燕云十六州的两个州。不幸的是，他恰在此时突发急性心脏病去世，没能完成自己统一全国的宏愿。

柴荣去世之后，他的“好友”赵匡胤发动陈桥兵变，“黄袍加身”，然后“杯酒释兵权”，篡夺了皇位，建立了大宋王朝。

宋朝——繁荣和创造的黄金时代

宋朝由于国防力量始终不强，不断受到外族入侵，先是辽国（契丹）、西夏，后是金国和蒙古。在与外敌的斗争中，宋朝大多处于下风，所以在历史上名声不好，经常被人诟病。然而，近代欧美和日本的学者则看到了宋朝的另一面，认为宋朝是繁荣和创造的黄金时代。

北宋建国后，开国皇帝宋太祖赵匡胤留下遗言：不得杀文官，尤其不能杀给皇帝上书的人；善待前朝皇帝后裔柴家；不要随便加赋税。除去最后一条外，后来的皇帝其余两条都一直执行得很好。所以，知识分子在宋朝过了100多年好日子。宋朝实行了中国历史上最“民主”的文官政治；科举制也执行得很好，历次考试中，能有三分之一的进士出自下层家庭。由于社会稳定，不轻易发动对外战争，宋朝经济繁荣，商业发达，人民生活比较富裕安定。有人认为当时世界上老百姓生活最好的国家就是宋朝。宋朝是世界上第一个发行纸币（交子）的国家。宋朝调整了城市的商业布局，将以往被墙围住的商业集市，改为店面露在街上的商店。北方出现的强敌辽和西夏妨碍了陆上的丝绸之路，所以宋朝不得不大力发展了海上丝绸之路，商船不但到达了朝鲜和日本，还下南洋、下西洋，穿过马六甲海峡，经锡兰（今斯里兰卡），前往阿拉伯地区（西亚和北非）。同时有很多阿拉伯商人来到中国，他们的商船到达中国的广州、泉州一带。宋朝文化发达，诗词歌舞昌盛。当时留下的《清明上河图》使我们可以目睹大宋的繁荣和风情，《东京梦华录》也使我们读到了北宋都城的富裕和繁华。

特别应该指出的是，宋朝的技术发达，水平高于工业革命前的欧洲。要知道，北宋早于欧洲工业革命大约800年就建立了。中国四大发明中的三个，印刷术、指南针和火药，都是在宋朝时期成熟起来，得到广泛应用，并传往欧洲的，同时西传的还有武器突火枪和火箭等。

北宋时出现了一个具有多方面才能的人物沈括。他参与了王安石变法，兴修过水利，在对西夏的战争中也表现出一定才能。但是他胆子小，缺乏政治斗争的经验，结果反而被误解和诬陷。沈括晚年被贬官，最后定居于镇江城外的“梦溪园”，在那里他完成了传世之作《梦溪笔谈》，内容涉及天文、物理、化学、生物、数学、医学等多个领域，从中可以看出他丰富的科学技术知识。他在《梦溪笔谈》中具体记录了中国印刷术，特别是活字印刷的发明等内容。

宋朝时期引进了水稻的优良品种——越南的占城稻，并把水稻从直播改为插秧。插秧的做法是唐朝时从我国南方的一些地区开始的，初衷是有利于除草。到宋朝时实现了“稻麦两茬”。这使得粮食大大增加，人口也随之“暴涨”。唐朝鼎盛的唐玄宗时期中国人口为 0.7 亿，经过唐末军阀混战和五代十国，到北宋建国时剩下 0.35 亿。到了北宋末年，人口达到 1.4 亿，其中宋朝国内超过 1 亿，辽和西夏有三四千万。

宋朝一直未能实现全国统一，先是北宋、辽和西夏三国鼎立，后是南宋、金和西夏三国鼎立。辽和宋之间在“澶渊之盟”后有 120 年没有打仗。双方大致以现在的白沟一带为界，贸易兴盛。这无疑对辽和宋两国人民都是好事情。

突厥的西迁与蒙古的西征

唐宋时期，被大唐从中国北方驱走的突厥人不断西迁。他们穿过中亚、西亚直达欧洲。今天我们看到哈萨克斯坦、乌兹别克斯坦、吉尔吉斯斯坦、土库曼斯坦等中亚国家的语言和文化都深受突厥人的影响。土耳其人自称是突厥人的后裔，他们建立了强大的奥斯曼帝国，深刻影响了欧洲、西亚和北非的历史，在保加利亚和阿塞拜疆都能看到他们的影响。

紧随其后的是蒙古人。成吉思汗及其后人创建了强大的蒙古帝国，他们不仅通过中亚、西亚打向欧洲，还北上征服大小罗斯等国家，兵锋遍及东欧和巴尔干半岛。蒙古人还向南灭了金和南宋，并进入印度，创建了莫卧儿王朝。

战无不胜的蒙古军把火药、火箭、突火枪等传向世界各地，中国的印刷术和指南针也通过海路和陆路传往西方。

蒙古人的西进，是继芬兰人、爱沙尼亚人、匈奴人、柔然人和突厥人之后，黄种人的大规模西迁，强烈地影响了欧洲的历史发展。

强大而统一的蒙古帝国极大地促进了东西方的文化、技术交流。

著名的意大利人马可·波罗就是在这一时期来到中国的。他回国后写的《马可·波罗游记》，向西方人介绍了东方的富裕和灿烂的文明。

七、资本主义的前夜

希腊文明重返欧洲

与蒙古军西征差不多同时，欧洲发生了十字军东征。十字军东征原本是欧洲封建主利用基督教信仰发动的一场侵略战争，对其他国家进行掠夺，当然也有和其他教派对抗的因素。不过，十字军东征却让欧洲人有了一些意想不到的收获。他们意外地在西亚地区发现了以前传播到那里，并保留下来的古希腊文明。欧洲人感到震惊，原来自己的民族曾经有过伟大的过去，有过繁荣的文化和艺术，而这些东西在欧洲早已被基督教扼杀光了。

中国和印度文明的影响

欧洲人在西亚还接触到了印刷术、指南针和火药，接触到了印度的十进制和阿拉伯数字。

中国的造纸术比四大发明中其他三项传入欧洲要早。阿拉伯人早在公元 8 世纪就开始在巴格达用中国的造纸术造纸并销往欧洲，然后造纸术通过北非自东向西传播，渡过直布罗陀海峡，传入西班牙地区，再由西向东传遍欧洲。

十字军东征之后，中国的其他三大发明也传入了欧洲。这些发明对欧洲文化、艺术、科学、技术和军事的发展都产生了重大影响。培根和马克思曾高度评价这三大发明的意义，认为它们“改变了整个世界的全部面貌和状态”，它们“成为科学复兴的手段，发展和创造的最强大动力”。没有其他任何发现对人类产生过比这三大发明更大的影响和动力了。不过当时他们都不知道这三大发明来自何处，不知道它们来自东方的文明中心——中国。

欧洲的文艺复兴

从 1300 年左右到 1600 年左右，欧洲出现了文艺复兴。十字军从西亚带回的古希腊、中国和印度的先进技术与文化，伴随着被掩埋的古希腊雕塑重见天日，启发欧洲知识分子突破中世纪的黑暗和宗教迷信，创作出越来越多的文艺作品，比较有代表性的是文艺复兴早期（1300—1400 年）出现的但丁的诗篇《神曲》，文艺复兴中期（1400—1500 年）出现的达·芬奇、米开朗琪罗和拉斐尔等人的艺术作品（例如《蒙娜丽莎》和《最后的晚餐》），文艺复兴后期（1500—1600 年）出现的莎士比亚的戏剧集等。

文艺复兴时期的绘画从中世纪的画神，画毫无生气的国王、贵族，转变为画普普通通的有血有肉的人。

文艺复兴时期是一个伟人频出的年代，不仅出现了大批艺术家、诗人和文学家，也诞生了伟大的科学家。例如，1564 年画家米开朗琪罗去世，莎士比亚和伽利略出生。1642 年，伽利略去世，牛顿出生（按儒略历算，牛顿生于 1642 年）。

中国的文艺启蒙

在欧洲文艺复兴的同时，中国也开始出现反封建、促进思想解放的作品，例如：元朝时期（1300 年前后），出现了关汉卿的《窦娥冤》、王实甫的《西厢记》；明朝时期（1500 年前后），出现了汤显祖（与莎士比亚同时代）的《牡丹亭》、吴承恩的《西游记》、罗贯中的《三国演义》和施耐庵的《水浒传》；清朝时期（1700 年前后），出现了蒲松龄的《聊斋志异》、曹雪芹的《红楼梦》等优秀作品。

《三国演义》生动地描写了三国时期充满智慧的政治斗争和军事斗争，给后人大量启发。《水浒传》大胆地歌颂那些反对封建统治、反对贪官污吏的人民群众，公然把那些被历代统治者称为“强盗”的人歌颂为“英雄好汉”，把颠倒了的历史重新颠倒过来。当然《水浒传》也有严重缺失，例如它“只反贪官不反皇帝”，没有从根本上否定封建统治，但这也不能怨作者，他受到历史的局限，中国当时还没有资本主义的萌芽。另外，《水浒传》还看不起女性，书中凡是着笔描写了的女人，几乎没有好人，比较好的也是卖人肉包子的女人。

《红楼梦》和《聊斋志异》则与《水浒传》不同，这些作品控诉了封建社会对女性的压迫。《聊斋志异》歌颂了代表底层人民（特别是女性）的妖、狐、鬼。

蒲松龄是一位才华横溢但科举考试不顺利的文人，他写过一副激励自己奋斗的对联：

有志者，事竟成，破釜沉舟，百二秦关终属楚

苦心人，天不负，卧薪尝胆，三千越甲可吞吴

前一句引用的是项羽灭秦的典故，后一句引用的是越王勾践灭吴的典故。

旷世杰作《红楼梦》

曹雪芹的《红楼梦》是中国最优秀的古典小说。作者的才华可以与莎士比亚相比美。

《红楼梦》又名《石头记》，是一部没有完成的长篇小说，保存下来的部分有 80 回。关于小说的最后结局是什么，人们有许多猜测；作者是谁，历史上也有过争论。特别有趣的是，《红楼梦》流传的手抄本上加了大量批注。这些批注都与书中内容密切相关，能够帮助读者更好地理解作者的意图。研究表明，加注之人是与作者同时期的人，与作者很熟，而且很可能就是书中某个人物的原型。现在一般认为，书的作者是曹雪芹，主要加批的人“脂砚斋”可能就是书中人物史湘云的原型。

书中有很多伏笔，让读者感到“戏中有戏”，非常值得玩味。阅读此书的人最好同时参看胡适、俞平伯、周汝昌、吴世昌等红学专家的研究文章，否则不易深入理解书中的内容。

《红楼梦》中，作者留下了许多没有明说的谜团，非常值得读者去思考和玩味，比如秦可卿的来历和死因，贾宝玉的生日在哪一天，贾宝玉佩戴的玉是什么颜色，等等。

在书中，秦可卿是贾家从孤儿院抱来的孩子。在特别讲究门当户对的封建社会，大贵族贾家为何要从孤儿院抱回一个穷孩子做贾家的孙媳妇呢？对于秦可卿的死和葬礼，书中的描写也非常蹊跷。

书中几位小姐甚至一些丫鬟的生日都说了，但是没有明说书中最重要的人物——主角男一号贾宝玉的生日，这可能吗？有人对书中内容分析后，得出贾宝玉生日在芒种节那一天。贾宝玉佩戴的玉，是书中最宝贵的物件，文中曾多次描写此玉的美和珍贵，但唯独不说它的颜色。有人推敲后，认为书中已暗示此玉是红色，而不是一般人想象的白色或绿色。感兴趣的读者，可通过深入阅读此书，而大长见识。

这部书的一大特点是大力歌颂了被封建社会压迫的女性。这是一部颠覆中国古代思想和文化的作品。中国古代的思想和文化认为，“男人大抵都是可以做圣贤的，都是被女人坏了事”。《红楼梦》把这个观点颠倒了过来。大家不要小看这一点，这是整个社会走向思想解放和社会解放的重要一步。空想社会主义者傅立叶尖锐地指出：“妇女解放可以看作是整个社会解放的尺度。”马克思肯定了傅立叶的这一观点。

上述这些文学作品的出现，标志着明清时期的中国社会正在走向思想解放，预示着封建社会的末日即将到来，资本主义的萌芽正在诞生。

八、革命与改革

资本主义的萌芽与殖民地的出现

到 17 世纪中叶（中国的明朝时期），中国的封建社会已经持续了大约 2000 年，封建社会的政治体制和思想文化都已高度发展，统治者已经具有成熟的统治经验，以程朱理学为代表的封建思想、道德和文化已经牢牢地束缚了人们的思想，所以，中国资本主义的萌芽难以发展。

这时，西方的封建社会也已经持续了 1000 年，但相比中国，时间还是要短得多，封建统治者的执政经验没有中国丰富，对人民的思想、文化控制也没有中国那样牢固。因此西方资本主义的萌芽出现得比中国要早。

随着文艺复兴、宗教改革和地理大发现这一系列事件的发生，西方人的思想大大解放，眼界大大开阔。在商业利益的驱动下，葡萄牙、西班牙和荷兰的商业资本主义首先发展起来。这几个国家的贸易船队走遍各大洋，在非洲、亚洲和新发现的美洲大肆掠夺，并建立起殖民地。

各国的革命与改革

1640 年，英国爆发了资产阶级革命。革命的洪流把英国国王查理一世送上了断头台，沉重打击了封建贵族势力。在革命运动经历反复后，英国资产阶级与封建贵族达成了妥协，也就是发生了“光荣革命”。此后，英国国内统治阶级之间的矛盾缓和下来，在 18 世纪中期开始了工业革命。随着纺纱机、蒸汽机的出现，工业资本主义在英国发展起来。

这时的英国也开始像葡萄牙、西班牙、荷兰等国那样，大力建立海外殖民地，魔爪遍及非洲、亚洲、北美洲和澳洲，在世界各地疯狂掠夺，并向北美和澳洲大规模移民。

这些欧洲殖民主义者疯狂地奴役印度人、非洲人和澳洲的原住民，并大肆向美洲贩卖奴隶，屠杀和驱赶印第安人。

1775 年，移居北美地区的以英国裔为主的白种人，发动了反对英国政府压迫的独立战争，创建了美利坚合众国。新兴的美国是一个鼓励个人奋斗，鼓励民主、自由的国家，是有抱负者和冒险家的乐园，比其他国家都更有利于资本主义的发展。但是，这种民主和自由仅限于白种人，黑种人是奴隶，不具有这样的权利。土生的印第安人则被作为野生动物对待，美国对他们加以驱赶和灭绝。作为苦力引入美国的黄种人，也没有上述白种人所具有的公民权利。

1789 年，法国爆发了资产阶级革命，法国各阶层的人民群众，包括很多科学家和知识分子都加入了革命的队伍。革命的洪流一浪高过一浪，逐渐处于失控状态。革命政府制作了断头机，处决了许多反革命的贵族，处死了国王路易十六和他的全家，处死了与剥削者有牵连的科学家拉瓦锡。最后，革命“三巨头”也死于非命：先是马拉被刺，然后是丹东和罗伯斯比尔先后被送上断头台。革命和反革命的恐怖交替笼罩着法兰西。在政权几经反复之后，大权落到了拿破仑手上。这位资产阶级的领袖、独裁者和卓越的军事家、政治家，通过侵略战争把资本主义的种子撒遍欧洲各地，最终引发了全欧洲的资产阶级革命。

在北美和欧洲革命风暴的影响下，作为西班牙和葡萄牙殖民地的南美洲各国也先后爆发了独立战争，并获得了政治上的独立。

由于南方的奴隶制阻碍了美国资本主义的发展，1861 年，美国爆发了南北战争，这场战争可以看作美国继独立战争之后的第二次资产阶级革命。林肯领导的北方政权赢得了南北战争的胜利，解放了奴隶，使美国的资本主义工商业进一步得到发展。南北战争和独立战争一样意义重大，对美国的繁荣富强和民主自由起到了推动作用。不足之处是，黑种人和印第安人及其他有色人种（包括黄种人）仍然受到种族歧视。

几乎同时，德国和日本都在外国资本主义力量的影响下进行了改革。在改革的前夕，两国都发生过内战，但没有出现大规模的人民革命。改革派最后掌权，在德国最有名的是俾斯麦的改革，在日本则是明治维新。明治维新使日本从与中国差不多的封建社会，逐步进入资本主义社会，成为一个极富侵略性的帝国主义国家。日本民族有一个特色，就是善于向强者学习，向比自己强大的国家学习。古代的日本以中国为师，大力学习中国的文化和制度；近代的日本，则向打败了自己的西方列强学习，大力进行改革、维新，发展起工业、现代学堂和现代军队，并马上转入对中国和朝鲜的侵略战争。

1917 年，俄国的十月革命一声炮响，给中国送来了马克思列宁主义。在此之前，在经历了以鸦片战争、甲午战争和八国联军侵略为代表的外敌入侵之后，中国的先进知识分子曾经企图向日本学习，向英美学习，但没有一条路能走通。十月革命之后，中国的先进知识分子突然意识到，“今后之革命，非以俄为师，断无成就”。

十月革命之后的俄国主动向中国示好，以列宁为首的苏维埃政府（苏俄）曾宣布废除沙俄（沙皇俄国）强加于中国的不平等条约，并愿意对中国革命提供帮助。中国的先进知识分子认识到了苏俄是中国人民的真诚朋友，也看到了苏俄怎样从十月革命前的世界上最落后的一个资本主义国家发展成世界强国。当然，苏俄在发展中也犯了不少错误，这些错误也给中国革命带来一些负面影响。

中国模式

以毛泽东同志为代表的中国共产党人把马克思列宁主义的普遍真理和中国革命的具体实践相结合，创造了毛泽东思想，并最终领导中国人民取得了革命的胜利。这一革命的特点是通过北伐战争、土地革命、抗日战争、解放战争等一系列武装斗争，彻底摧毁了帝国主义、封建主义和官僚资本主义在中国的统治，建立了人民政权，并在无产阶级专政下发展了工业、农业、国防和科学技术，建立起了相当强大的中华人民共和国。当然，在这一奋斗历程中，我们也犯过错误，有些错误还比较大。

1978 年，中国人民又在以邓小平同志为核心的中国共产党第二代领导集体的决策和领导下，实行了改革开放路线，使中国经济有了飞速发展，使中国的工业、农业、国防和科学技术迅速实现了现代化。当前，中国已成为世界第二大经济体，让全世界人民刮目相看。

现在，世界上许多人都想“复制”中国模式以发展自己的国家，但是却发现，似乎中国模式不可复制。

这是为什么呢？这是因为他们只看到了从 1978 年开始的中国的改革开放，没有考虑在此之前中国共产党曾进行过 28 年的艰苦奋斗，以摧毁旧世界、摧毁反动统治、赶走帝国主义者。而且，这 28 年中大部分时间是残酷的武装斗争，是造成大量流血牺牲的革命战争。中华人民共和国成立后我们又经过几十年的艰苦奋斗和摸索，打下了初步的经济基础和科学技术基础，建设起了足以保卫自己家园的国家。有了这样的基础，中国才有了自主进行改革开放、不受外部势力影响的能力；否则，外部帝国主义者就会随时破坏我们的改革开放。所以，改革开放之前的中国，国家的权力已经掌握在了人民手中，掌握在了改革派手中，而且已经有了自己决定自己的政策和命运，自己决定自己发展道路的能力。

所以，中国模式有两个阶段，第一个阶段是人民革命，第二个阶段才是改革开放。只改革开放，而排斥人民革命的模式，不是完整的中国模式，也不是真正的中国模式。

革命是历史的火车头

革命斗争是残酷的，往往使人惊骇。中国革命是这样，俄国革命是这样，英国、法国和美国的革命也是这样。

法国作家雨果曾在《九三年》中用下面这段话来描述、歌颂法国大革命和大革命建立的人民政权——国民公会：

世界上有喜马拉雅山，也有国民公会。……一切伟大的东西都有一种神圣的威力。欣赏平凡的东西和小山是容易的；可是那些过于崇高的东西，不管是一个天才或者是一座高山，……在离得太近去看的时候，是会使人惊骇的。……向高处爬和跌下来同样是使人心惊胆战的。因此惊骇的感觉超过了钦佩的心情。人们产生了这种古怪的感觉：厌恶伟大的事物。人们看见深渊，却看不见崇高的境界；人们看见鬼怪，却看不见非凡的人物。……国民公会本来是给巨鹰来欣赏的，却被人用近视的眼光来衡量了。

到了今天，国民公会已经有相当的距离了，因此法国大革命的庞大的侧影，像一幅高高悬在天空中的画一样，轮廓是格外鲜明了。

我们看到，“革命是历史的火车头”。

“己所不欲，勿施于人”

中国的高速发展，使西方的政客感到十分紧张。这时，他们不是想办法解决自己社会中长期积累的问题，从而提高自己经济发展的速度，而是想方设法给中国制造麻烦，对中国进行威胁。他们把军舰派到中国的家门口，还在邻近中国的地方架起大炮。其实，在 18 世纪时，新兴的美国也曾这样被英国威胁，美国人也曾反对过这种不道德的做法，当时的一位美国政治家曾经说过：“正如东大西洋是东大西洋人的东大西洋一样，西大西洋是西大西洋人的西大西洋。”这是什么意思呢？美国在西大西洋，英国在东大西洋，这句话的意思就是告诫英国人管好他们自己的事，不要来给美国制造麻烦。美国人当时的这一观点，显然是正确的。

我们也可以把这一观点用在今天。中国在西太平洋，美国在东太平洋，我们应该各自管好自己的事情，而不是对别人指手画脚，插足别人的内部事务。因此，我们可以类似地告诫美国人：

“正如东太平洋是东太平洋人的东太平洋一样，西太平洋是西太平洋人的西太平洋。”

孔子曾经说过：“己所不欲，勿施于人。”美国既然不愿意别人干涉他们，阻碍他们发展，自己就应该也不去干涉别人，阻碍别人发展。

现在，美国的一些骗子给中国制造了不少谣言，这些谣言欺骗了不少老百姓，但是，正如著名的美国总统林肯所说：

“你可以欺骗全体人民于一时，也可以欺骗部分人民于永远，但是你不可能欺骗全体人民于永远。”

实际上，这些骗子不仅暂时欺骗了西方的人民，而且也暂时欺骗了西方的许多政客。这些被骗的政客，如果依据这些谎言来制定政策，最后肯定会坑了自己。他们有一天终会发现，自己受骗上了大当。

中国领导人一再向美国领导人表示：太平洋足够大，容得下中美两个大国。但许多美国政客不愿接受中国复兴这一事实。想来也可以理解，美国作为世界霸主已有 100 多年，对于再出现一个与美国实力地位相当的国家难以习惯。有的美国政治家还扬言，地球上的资源只允许有 10 亿左右的人口过富裕日子，其他人都必须过穷日子。真是滑天下之大稽，我们中国人靠着自己的双手、自己的勤劳去创造幸福生活为什么不行？他们靠着不平等的贸易规则、靠军舰和大炮去掠夺别人可以，我们没有像他们那样剥削掠夺别人反而不行。真是完全不讲道理。

美国这种态度很危险，很容易导致战争。好在美国领导层目前还没有一致的想法，没有形成统一的政策。

历史的规律：后来者居上

应该认识到，中国经济超车，成为世界的火车头，不仅是可能的，而且是正常的。纵观世界历史，西方古埃及和两河流域创造的文明（奴隶社会）曾领先世界4000年，中国在春秋战国时期才赶超了它们。此后中国的经济和社会制度（封建社会）领先了西方2000年，到明朝中叶，也就是公元1500年左右，西方通过资产阶级革命才再次超越了我们。到现在，又500年过去了，今天的中国正在通过社会主义的革命和改革超越西方。这是符合历史规律的："后来者居上。"

以美国为首的西方，习惯于自己领先世界，不习惯中国富强。什么时候美国才会接受这一事实，与中国长期和平共处呢？经济学家林毅夫有一个推测：

到了中国的GDP达到美国的两倍的时候，虽然那时中国的人均GDP只有美国的四分之一，但东部长三角、粤港澳、环渤海地区的3亿多中国人的人均GDP已与美国持平，这些地区的人口也与美国人口相当。这时，美国可能就会默认与中国平起平坐的事实了。

我们希望如此，这是最好的结局。如果中美争霸，导致大战，那将是整个世界的灾难。

不过，我们应该相信，不管前路如何艰难，任何人也阻挡不了中国再次领先世界的步伐，这是由历史的规律决定的。

梁启超先生曾把中国的希望与未来寄托在中国的青少年身上。他在《少年中国说》中写道：

今日之责任，不在他人，而全在我少年。少年智则国智；少年富则国富；少年强则国强；少年独立则国独立；少年自由则国自由；少年进步则国进步；少年胜于欧洲，则国胜于欧洲；少年雄于地球，则国雄于地球。红日初升，其道大光。河出伏流，一泻汪洋；……纵有千古，横有八荒。前途似海，来日方长。美哉我少年中国，与天不老！壮哉我中国少年，与国无疆！

主要参考书目

科普类

[1] 爱因斯坦. 狭义与广义相对论浅说 [M]. 杨润殷，译. 上海：上海科学技术出版社，1964.

[2] 霍金. 时间简史 [M]. 许明贤，吴忠超，译. 长沙：湖南科学技术出版社，1994.

[3] 彭罗斯. 皇帝新脑 [M]. 许明贤，吴忠超，译. 长沙：湖南科学技术出版社，1994.

[4] 霍金. 霍金讲演录 [M]. 杜欣欣，吴忠超，译. 长沙：湖南科学技术出版社，1994.

[5] 霍金，彭罗斯. 时空本性 [M]. 杜欣欣，吴忠超，译. 长沙：湖南科学技术出版社，1996.

[6] 索恩. 黑洞与时间弯曲 [M]. 李泳，译. 长沙：湖南科学技术出版社，2000.

[7] 温伯格. 最初三分钟 [M]. 冼鼎钧，译. 北京：科学出版社，1981.

[8] 宁平治，唐贤民，张庆华. 杨振宁演讲集 [M]. 天津：南开大学出版社，1989.

[9] 费曼. 爱开玩笑的科学家费曼 [M]. 吴丹迪，吴慧芳，黄涛，译. 北京：科学出版社，1989.

[10] 陶宏. 每月之星 [M]. 武汉：湖北科学技术出版社，2018.

[11] 维略明诺夫. 宇宙 [M]. 郑文光，译. 北京：中国青年出版社，1958.

[12] 方励之，褚耀泉. 从牛顿定律到爱因斯坦相对论 [M]. 北京：科学出版社，1982.

[13] 卢米涅. 黑洞 [M]. 卢炬甫，译. 长沙：湖南科学技术出版社，1997.

[14] 纳里卡. 轻松话引力 [M]. 卢炬甫，译. 长沙：湖南教育出版社，2000.

[15] 吴国盛. 时间的观念 [M]. 北京：中国社会科学出版社，1996.

[16] 诺维科夫. 时间之河 [M]. 吴王杰，陆雪莹，译. 上海：上海科学技术出版社，2001.

[17] 戴维斯. 关于时间 [M]. 崔存明，译. 长春：吉林人民出版社，2002.

[18] 彭加勒. 科学与假设 [M]. 李醒民，译. 北京：商务印书馆，2006.

[19] 彭加勒. 科学的价值 [M]. 李醒民，译. 北京：商务印书馆，2007.

[20] 彭加勒. 科学与方法 [M]. 李醒民，译. 北京：商务印书馆，2006.

[21] 彭加勒. 最后的沉思 [M]. 李醒民，译. 范岱年，校. 北京：商务印书馆，2003.

[22] 赵峥. 探求上帝的秘密 [M]. 武汉：湖北科学技术出版社，2017.

[23] 赵峥. 物理学与人类文明 [M]. 南宁：广西教育出版社，1999.

[24] 赵峥. 物含妙理总堪寻 [M]. 3 版. 北京：清华大学出版社，2021.

[25] 赵峥. 看不见的星：黑洞与时间之河 [M]. 2 版. 北京：清华大学出版社，2021.

[26] 赵峥. 相对论百问 [M]. 3 版. 北京：北京师范大学出版社，2020.

[27] 赵峥. 爱因斯坦与相对论 [M]. 上海：上海教育出版社，2015.

[28] 赵峥. 物理学与人类文明十六讲 [M]. 3 版. 北京：高等教育出版社，2022.

[29] 郑庆璋，崔世治. 相对论与时空 [M]. 太原：山西科学技术出版社，1998.

[30] 邓乃平. 懂一点相对论 [M]. 北京：中国青年出版社，1979.

[31] 陈应天. 相对论时空 [M]. 庆承瑞，译. 上海：上海科技教育出版社，2008.

[32] 吴鑫基，温学诗. 现代天文学十五讲 [M]. 北京：北京大学出版社，2005.

[33] 陆埮. 宇宙 [M]. 长沙：湖南教育出版社，1994.

[34] 刘学富，李志安. 太阳系新探 [M]. 北京：地震出版社，1999.

[35] 郭中一. 科学，从好奇开始 [M]. 台北：文经社，2005.

[36] 倪光炯，王炎森. 文科物理 [M]. 北京：高等教育出版社，2005.

[37] 倪光炯，王炎森，钱景华，等. 改变世界的物理学 [M]. 上海：复旦大学出版社，1998.

[38] LINEWEAVER C H, DAVIS T M. Misconceptions about the big bang[J]. Scientific American, 2005(3): 36.

[39] 赵峥，田贵花，张靖仪，等. 黑洞研究中的重要疑难及可能的解答 [J]. 科技导报，2006，24(1): 19-22.

[40] 赵峥. 时间的开始与终结 [M]// 李喜先. 21 世纪 100 个交叉科学难题. 北京：科学出版社，2005: 143.

[41] 黎澍. 让青春放出光辉 ![N]. 光明日报，1964-3-12.

历史与科学史

[42] 郭奕玲，沈慧君. 物理学史 [M]. 2 版. 北京：清华大学出版社，2005.

[43] 吴国盛. 科学的历程 [M]. 长沙：湖南科学技术出版社，1995.

[44] 派斯. 爱因斯坦传 [M]. 方在庆，李勇，等，译. 北京：商务印书馆，2006.

[45] 艾萨克森. 爱因斯坦传 [M]. 张卜天，译. 长沙：湖南科学技术出版社，2012.

[46] 怀特，格里宾. 斯蒂芬・霍金的科学生涯 [M]. 洪伟，译. 上海：上海译文出版社，1997.

[47] 容克. 比一千个太阳还亮 [M]. 何纬，译. 北京：原子能出版社，1966.

[48] 居里. 居里夫人传 [M]. 左明彻，译. 北京：商务印书馆，1981.

[49] 费米. 原子在我家中 [M]. 何芬奇，译. 北京：科学出版社，1979.

[50] 王自华，桂起权. 海森伯传 [M]. 长春：长春出版社，1999.

[51] 厚宇德. 玻恩与哥廷根物理学派 [M]. 北京：中国科学技术出版社，2017.

[52] 伽莫夫. 物理学发展史 [M]. 高士圻，侯德彭，译. 北京：商务印书馆，1981.

[53] 董光壁，田昆玉. 世界物理学史 [M]. 长春：吉林教育出版社，1994.

[54] 司马迁. 史记 [M]. 北京：中华书局，1992.

[55] 司马光. 资治通鉴 [M]. 北京：中华书局，1992.

[56] 范文澜. 中国通史简编 [M]. 北京：人民出版社，1965.
[57] 周一良，吴于廑. 世界通史 [M]. 北京：人民出版社，1973.
[58] 马吉多维奇. 世界探险史 [M]. 屈瑞，云海，译. 北京：世界知识出版社，1988.
[59] 威尔斯. 文明的脚步 [M]. 刘大基，阎婉，译. 哈尔滨：黑龙江人民出版社，1987.
[60] 吴德成，王湘瑛. 埃及访古 [M]. 上海：上海外语教育出版社，1988.
[61] 兹拉特科夫斯卡雅. 欧洲文化的起源 [M]. 陈筠，沈瀓，译. 北京：生活·读书·新知三联书店，1984.
[62] 夏商周断代工程专家组. 夏商周断代工程 1996-2000 年阶段成果报告 [M]. 北京：世界图书出版公司，2001.
[63] 北京师范大学国学研究所. 武王克商之年研究 [M]. 北京：北京师范大学出版社，1997.
[64] 刘家和. 古代中国与世界 [M]. 武汉：武汉出版社，1995.
[65] 杨共乐. 东西方交往史上的一件大事 [N]. 光明日报. 1996-05-14(1).
[66] 何新. 神龙之谜 [M]. 延边：延边大学出版社，1988.
[67] 王伟芳，余开亮. 世界文明奇迹 [M]. 郑州：大象出版社，2005.
[68] 马思存. 世界历史图鉴 [M]. 北京：外文出版社，2006.
[69] 樊树志. 国史十六讲 [M]. 北京：中华书局，2006.
[70] 黎东方. 黎东方讲史 [M]. 上海：上海人民出版社，2013.
[71] 蔡东藩. 中国历代通俗演义 [M]. 南京：江苏人民出版社，1980.
[72] 李少林. 宋元文化大观 [M]. 呼和浩特：内蒙古人民出版社，2006.
[73] 林幹. 中国古代北方民族通论 [M]. 呼和浩特：内蒙古人民出版社，2007.
[74] 林幹. 中国古代北方民族史新论 [M]. 呼和浩特：内蒙古人民出版社，2007.

科学著作与教材

[75] 爱因斯坦. 相对论的意义 [M]. 李灏，译. 北京：科学出版社，1961.
[76] 爱因斯坦. 相对论原理 [M]. 赵志田，刘一贯，孟昭英，译. 北京：科学出版社，1980.
[77] NEWTON I. Mathematical Principles of Natural Philosophy[M]. Cambridge: Cambridge University Press, 1934.
[78] WALD R M. General Relativity[M]. Chicago and London: The University of Chicago Press, 1984.
[79] HAWKING S W, ELLIS G F R. The large scale structure of space-time[M]. Cambridge: Cambridge University Press, 1973.
[80] BIRRELL N D, DAVIES P C W. Quantum Fields in Curved Space[M]. Cambridge: Cambridge

University Press, 1982.

[81] MILLER A I. Albert Einstein's Special Theory of Relativity[M]. London: Addison-Wesley Publishing Company Inc, 1981.

[82] RINDLER W. Essential Relativity[M]. New York: Springer-Verlag, 1977.

[83] MISNER C W, THORNE K S, WHEELER J A. Gravitation[M]. San Francisco: W. H. Freeman and Company, 1973.

[84] 李政道. 场论与粒子物理学 [M]. 北京：科学出版社，1980.

[85] 普里戈金. 从存在到演化 [M]. 曾庆宏，严士健，马本堃，译. 上海：上海科学技术出版社，1986.

[86] 泡利. 相对论 [M]. 凌德洪，周万生，译. 上海：上海科学技术出版社，1979.

[87] 朗道，栗弗席兹. 场论 [M]. 鲁欣，任朗，袁炳南，译. 8 版. 北京：高等教育出版社，2012.

[88] 温伯格. 引力论和宇宙论 [M]. 邹振隆，张历宁，译. 北京：科学出版社，1980.

[89] 瓦尼安，鲁菲尼. 引力与时空 [M]. 向守平，冯珑珑，译. 北京：科学出版社，2006.

[90] 道德尔森. 现代宇宙学 [M]. 张同杰，于浩然，译. 北京：科学出版社，2016.

[91] 温伯格. 宇宙学 [M]. 向守平，译. 合肥：中国科学技术大学出版社，2013.

[92] 柏格曼. 相对论引论 [M]. 周奇，郝苹，译. 北京：人民教育出版社，1961.

[93] 坦盖里尼. 广义相对论导论 [M]. 朱培豫，译. 上海：上海科学技术出版社，1963.

[94] 韦伯. 广义相对论与引力波 [M]. 陈凤至，张大卫，译. 北京：科学出版社，1977.

[95] 刘辽，赵峥. 广义相对论 [M]. 2 版. 北京：高等教育出版社，2004.

[96] 刘辽，黄超光. 弯曲时空量子场论与量子宇宙学 [M]. 北京：科学出版社，2014.

[97] 梁灿彬，周彬. 微分几何入门与广义相对论 [M]. 2 版. 北京：科学出版社，2006.

[98] 梁灿彬，曹周键. 从零学相对论 [M]. 北京：高等教育出版社，2015.

[99] 俞允强. 广义相对论引论 [M]. 北京：北京大学出版社，1987.

[100] 俞允强. 热大爆炸宇宙学 [M]. 北京：北京大学出版社，2003.

[101] 俞允强. 物理宇宙学讲义 [M]. 北京：北京大学出版社，2002.

[102] 须重明，吴雪君. 广义相对论与现代宇宙学 [M]. 南京：南京师范大学出版社，1999.

[103] 鲁菲尼. 相对论天体物理的基本概念 [M]. 方励之，译. 上海：上海科学技术出版社，1981.

[104] 张元仲. 狭义相对论实验基础 [M]. 北京：科学出版社，1979.

[105] 赵峥. 黑洞的热性质与时空奇异性 [M]. 2 版. 合肥：中国科学技术大学出版社，2016.

[106] 刘辽，赵峥，田贵花，等. 黑洞与时间的性质 [M]. 北京：北京大学出版社，2008.

[107] 赵峥. 弯曲时空中的黑洞 [M]. 合肥：中国科学技术大学出版社，2014.

[108] 赵峥，刘文彪. 广义相对论基础 [M]. 北京：清华大学出版社，2010.

[109] 王永久. 经典黑洞与量子黑洞 [M]. 北京：科学出版社，2008.

[110] 王永久. 经典宇宙与量子宇宙 [M]. 北京：科学出版社，2010.

[111] 喀兴林. 量子力学与原子世界 [M]. 太原：山西科学技术出版社，2000.

[112] 曾谨言. 量子力学导论 [M]. 2 版. 北京：北京大学出版社，1998.

[113] 裴寿镛. 量子力学 [M]. 北京：高等教育出版社，2004.

[114] 赵凯华，罗蔚茵. 新概念物理教程：光学 [M]. 北京：高等教育出版社，2004.

[115] 赵凯华，罗蔚茵. 新概念物理教程：量子物理 [M]. 北京：高等教育出版社，2001.

[116] 方励之，李淑娴. 力学概论 [M]. 合肥：安徽科学技术出版社，1986.

[117] 郭硕鸿. 电动力学 [M]. 北京：高等教育出版社，1997.

[118] 梁绍荣，管靖. 基础物理学 [M]. 北京：高等教育出版社，2002.

[119] 李鉴增，狄增如，赵峥. 近代物理教程 [M]. 北京：北京师范大学出版社，2006.

[120] 何香涛. 观测宇宙学 [M]. 北京：科学出版社，2002.

[121] 李宗伟. 天体物理学 [M]. 北京：高等教育出版社，2000.

[122] 胡中为，萧耐园，朱慈盛. 天文学教程 [M]. 北京：高等教育出版社，2003.